全国技工院校“十二五”系列规划教材

电梯结构原理与安装维修

（任务驱动模式）

主　编　冯志坚　李清海

副主编　曹双奇　单友建　吕　宁

参　编　胡　凌　刘秀娟　宋志鹏
冯跃梅　周　跃　汪　深
王大佐　万正勇

机 械 工 业 出 版 社

本书以任务驱动教学法为主线，以应用为目的，以具体的任务为载体，讲解了电梯的结构与原理，电梯的管理，电梯的安装、调试，电梯的维护保养、检查与调整，电梯的故障维修。本书编写时坚持以能力为本位，着重加强实践能力的培养，大力突出职业教育的特色。在编写模式上采用任务驱动模式，更加符合学生的认知规律；通过大量工作流程图来强化知识点，并给出大量的提示点和注意事项，便于学生重点掌握。

本书可作为技工院校与职业院校的电梯专业、智能楼宇专业、电工类专业的专业教材，也可作为技能鉴定机构的培训教材和电梯安装维修工的自学用书。

图书在版编目（CIP）数据

电梯结构原理与安装维修：任务驱动模式/冯志坚，李清海主编. —北京：机械工业出版社，2015.6（2023.1重印）
全国技工院校“十二五”系列规划教材
ISBN 978-7-111-50397-2

Ⅰ.①电… Ⅱ.①冯…②李… Ⅲ.①电梯-安装-技工学校-教材②电梯-维修-技工学校-教材 Ⅳ.①TU857

中国版本图书馆CIP数据核字（2015）第114761号

机械工业出版社（北京市百万庄大街22号 邮政编码100037）
策划编辑：陈玉芝 责任编辑：陈玉芝 王振国
封面设计：张 静 责任校对：任秀丽
责任印制：郜 敏
中煤（北京）印务有限公司印刷
2023年1月第1版·第7次印刷
184mm×260mm·19.25印张·476千字
标准书号：ISBN 978-7-111-50397-2
定价：45.00元

凡购本书，如有缺页、倒页、脱页，由本社发行部调换

电话服务	网络服务
服务咨询热线：010-88379833	机 工 官 网：www.cmpbook.com
读者购书热线：010-88379649	机 工 官 博：weibo.com/cmp1952
	教育服务网：www.cmpedu.com
封底无防伪标均为盗版	金 书 网：www.golden-book.com

全国技工院校“十二五”系列规划教材编审委员会

序

“十二五”期间，加速转变生产方式、调整产业结构将是我国国民经济和社会发展的重中之重。而要完成这种转变和调整，就必须有一大批高素质的技能型人才作为后盾。根据《国家中长期人才发展规划纲要（2010—2020年）》的要求，至2020年，我国高技能人才占技能劳动者的比例将由2008年的24.4%上升到28%（目前一些经济发达国家的这个比例已达到40%）。可以预见，作为高技能人才培养重要组成部分的高级技工教育，在未来的10年必将会迎来一个高速发展的黄金期。近几年来，各职业院校都在积极开展高级工培养的试点工作，并取得了较好的效果。但由于起步较晚，课程体系、教学模式都还有待完善与提高，教材建设也相对滞后，至今还没有一套适合高级技工教育快速发展需要的成体系、高质量的教材。即使一些专业（工种）有高级工教材也不是很完善，或是内容陈旧、实用性不强，或是形式单一、无法突出高技能人才培养的特色，更没有形成合理的体系。因此，开发一套体系完整、特色鲜明、适合理论实践一体化教学、反映企业最新技术与工艺的高级工教材，就成为高级技工教育亟待解决的课题。

鉴于高级技工教材短缺的现状，机械工业出版社与中国机械工业教育协会从2010年10月开始，组织相关人员，采用走访、问卷调查、座谈等方式，对全国有代表性的机电行业企业、部分省市的职业院校进行了历时6个月的深入调研。对目前企业对高级工的知识、技能要求，各学校高级工教育教学现状、教学和课程改革情况以及对教材的需求等有了比较清晰的认识。在此基础上，他们紧紧依托行业优势，以为企业输送满足其岗位需求的合格人才为最终目标，组织了行业和技能教育方面的专家精心规划了教材书目，对编写内容、编写模式等进行了深入探讨，形成了本系列教材的基本编写框架。为保证教材的编写质量、编写队伍的专业性和权威性，2011年5月，他们面向全国技工院校公开征稿，共收到来自全国22个省（直辖市）的110多所学校的600多份申报材料。在组织专家对作者及教材编写大纲进行了严格的评审后，决定首批启动编写机械加工制造类专业、电工电子类专业、汽车检测与维修专业、计算机技术相关专业教材以及部分公共基础课教材等，共计80余种。

本系列教材的编写指导思想明确，坚持以达到国家职业技能鉴定标准和就业能力为目标，以各专业的工作内容为主线，以工作任务为引领，由浅入深，循序渐进，精简理论，突出核心技能与实操能力，使理论与实践融为一体，充分体现“教、学、做合一”的教学思想，致力于构建符合当前教学改革方向的，以培养应用型、技术型、创新型人才为目标的教材体系。

本系列教材重点突出了如下三个特色：一是“新”字当头，即体系新、模式新、内容新。体系新是把教材以学科体系为主转变为以专业技术体系为主；模式新是把教材传统章节模式转变为以工作过程的项目为主；内容新是教材充分反映了新材料、新工艺、新技术、新方法。二是注重科学性。教材从体系、模式到内容符合教学规律，符合国内外制造技术水平实际情况。在具体任务和实例的选取上，突出先进性、实用性和典型性，便于组织教学，以提高学生的学习效率。三是体现普适性。由于当前高级工生源既有中职毕业生，又有高中生，各自学制也不同，还要考虑到在职人群，教材内容安排上尽量照顾到了不同的求学者，适用面比较广泛。

此外，本系列教材还配备了电子教学课件，以及相应的习题集，实验、实习教程，现场操作视频等，初步实现教材的立体化。

我相信，本系列教材的出版，对深化职业技术教育改革、提高高级工培养的质量都会起到积极的作用。在此，我谨向各位作者和所在单位及为这套教材出力的学者表示衷心的感谢。

原机械工业部教育司副司长

中国机械工业教育协会高级顾问

郝广发

前言

本书充分贯彻了以课程设置为核心的职业教育教学改革指导思想，紧紧地把理论知识学习和动手能力培养密切地融合为一体，满足了以能力为本位，以职业实践为主线，以课程为主题的模块化专业课程设计和教学改革要求；紧紧围绕完成工作任务的需要来选择和组织课程内容教学，突出工作任务与知识的必然联系，克服了知识衔接不畅，层次不明，抽象空洞的弊端，充分调动学生的学习兴趣和参与热情，着重培养学生的分析问题能力、实践动手能力、综合应用能力与创新能力。

本书重视项目的选取和典型任务的确定，既充分考虑专业基础知识的特点，又考虑技能的通用性、针对性和实用性。在考虑中职和高职学生认知规律的同时，紧密结合职业资格鉴定考核的相关要求，把工作任务具体化，产生具体的学习项目，具有很强的实用性、针对性和科学性。

本书在编写过程中，得到了江苏省淮安技师学院、江苏省常州技师学院、机械工业苏州技工学校、南通技师学院、仪征技师学院等学校领导和同行们的大力支持和帮助，同时也得到相关企业的帮助，在此一并表示感谢。

本书由冯志坚、李清海任主编，曹双奇、单友建、吕宁任副主编，参与编写的还有胡凌、刘秀娟、宋志鹏、冯跃梅、周跃、汪深、王大佐和万正勇。

由于编者水平有限，错漏及不足之处在所难免，敬请读者批评指正。

编　者

目录

上　篇

电梯的结构、原理与管护

单元一　电梯的基本知识

1

模块一　电梯的发展概况与分类

一、电梯发展简史

人类利用升降工具运输货物和人员的历史非常悠久。早在公元前2600年，埃及人在建造金字塔时就使用了最原始的升降系统，这套系统的基本原理至今仍无变化：即一个平衡物下降的同时，负载平台上升。早期的升降工具基本上是以人力为动力的。1203年，在法国海岸边的一个修道院里安装了一台以驴为动力的起重机，这才结束了用人力垂直输送重物的历史。英国科学家瓦特发明蒸汽机后，起重机装置开始采用蒸汽为动力。紧随其后，威廉·汤姆逊研制出用液压驱动的升降梯，液压的工作介质是水。在这些升降梯的基础上，一代又一代富有创新精神的工程师们不断改进升降梯技术。1854年，在纽约水晶宫举行的世界博览会上，美国人伊莱沙·格雷夫斯·奥的斯第一次向世人展示了他的发明——历史上第一部安全升降梯。美国人奥的斯研究出的电梯安全装置，是在升降机轿厢顶部的平台上安装一只车用弹簧及制动杠杆，升降梯两侧装有带齿的导轨，提升绳与车用弹簧连接，轿厢自重及载荷拉紧弹簧，并使制动杠杆不与导轨上的卡齿啮合，使得轿厢能正常运行。一旦绳子断裂，弹簧松弛，制动杠杆转动并插入两侧制动卡齿内，使轿厢停于原地，避免下滑，以保安全。“安全”这一概念从此开创了升降机工业或者说电梯工业的新纪元。

从那以后，升降梯在世界范围内得到了广泛应用。1889年12月，美国奥的斯电梯公司制造出名副其实的电梯，它采用直流电动机为动力，通过蜗杆减速器带动卷筒上缠绕的绳索，悬挂并升降轿厢。1892年，美国奥的斯公司开始采用按钮操纵装置，取代传统的轿厢内拉动绳索的操纵方式。19世纪初开始使用交流异步单速和双速电动机作为动力的交流电梯，特别是交流双速电动机的出现，显著改善了电梯的工作性能。1903年出现了曳引式驱动电梯，为长行程和具有高度安全性的现代电梯奠定了基础。由于这种电梯的制造和维修成本低廉，因此，在速度为0.63m/s以下的电梯品种中，仍广泛采用这类交流双速电动机驱动的电梯。在20世纪初，美国奥的斯电梯公司首先使用直流电动机作为动力，生产出槽轮式驱动的直流电梯，从而为后来的高速度、高行程电梯的发展奠定了基础。20世纪30年代美国纽约市的102层摩天大楼建成，美国奥的斯电梯公司为这座大楼制造和安装了74台速度为6.0m/s的电梯。

1924年，信号控制系统用于电梯，使电梯操纵机构简化。1937年，电梯开始采用区分客流最高峰的自动控制系统，实现简易自动化控制；1949 年，电梯上已广泛使用了电子技术，并设计制造了群控电梯，提高了电梯的自动化程度。1955 年，电梯控制系统采用电子真空管小型计算机处理信号。1967 年，电梯上应用晶闸管简化了驱动系统，从而提高了电梯运行性能。1970 年，电梯使用集成电路控制技术。1976 年，微型计算机开始应用于电梯。1990 年，电梯由并行信号传输向串行为主的信号传输方式过渡，使外呼、内选与主机的联系只用一对双绞线就可以实现，既提高了电梯整体系统的可靠性，又为实现智能化和远程局域网监控提供了条件。1996 年，交流永磁同步电动机的 VVVF 控制电梯问世。它不仅提高了电梯拖动系统的起动力矩，还比同等 VVVF 控制的异步交流电梯节省电能40% 以上。因为它不使用减速齿轮箱，所以又向环保、节能、无故障运行迈进了一步。随着科学技术的不断进步，电梯的功能也越来越齐全。

我国电梯的使用历史悠久。从 1908 年在上海汇中饭店等一些高层建筑里安装了第一批进口电梯开始，到新中国成立以前的 1949 年，全国各大城市中安装使用的电梯已有数百台，上海和天津等地也相继建立了几家电梯修配厂，从事电梯的安装和维修业务。新中国成立以后，先后在上海、天津、沈阳、西安、北京、广州等地建立了电梯制造厂，使我国的电梯工业从无到有，从安装维修到制造，从小到大地发展起来。

我国从 20 世纪 50 年代开始批量生产电梯，用自己生产的电梯产品装备了人民大会堂、北京饭店等政府机关和国家宾馆。60 年代开始批量生产手扶梯和自动人行道，用我们自己生产的手扶梯装备了北京地铁车站，用我们自己生产的自动人行道装备了北京首都机场。

20 世纪 80 年代中期以来，随着我国对外开放，作为中国对外开放最早的行业，中国电梯业受到外资各种“蚕食”措施影响，原有的各大国企电梯品牌全军覆没。目前，国际电梯市场 90% 由美国奥的斯，芬兰通力，瑞士迅达，德国蒂森，日本三菱、东芝、日立、富士达八大名牌垄断。我国经过 30 年的努力，逐步打破了外资企业的垄断，到 2010 年，国产品牌电梯已占 30% 的份额。

目前，电梯行业中应用的控制系统主要是微机控制与 PLC 控制，其中微机控制仍是主流的控制方案，尤其在垂直电梯中，超过 90% 使用微机控制。这主要是因为微机控制的高灵敏性与低成本、CPU 的高运算能力与高抗干扰能力。PLC 则在简单的逻辑控制与可靠性方面比较占优势，因此，在自动扶梯上应用比直梯更为广泛。目前，变频器已经成为应用最广泛的电梯驱动。变频器应用在电梯的提升与门机上。垂直电梯与自动扶梯等都会使用变频器来提升，直梯的门机上还会用到小功率的变频器。

为了适应高层建筑多用途、全功能的需要，出现了智能大厦。智能大厦要求大厦主要垂直交通工具电梯智能化。智能电梯就是利用推理和模糊逻辑，采用专家系统方法制定规则，并对选定规则作进一步处理，以确定最佳的电梯运行状态。同时，及时向乘客通报该梯信息，以满足乘客生理和心理要求，实现高效的垂直输送。一般智能电梯均为多微机控制系统，并与维修、消防、公安、电信等众多的服务部门联网，做到节能、安全、环保，并可实现无人化管理。

未来高速电梯也会是一个发展方向。人们对乘梯的舒适感及电梯起动与停止时的平滑过渡的要求会更高。因此在未来几年内微机控制仍会是主流，但 PLC 的高可靠性及容易维护的优势也会让 PLC 有更多的应用。微机控制与 PLC 控制结合能更好地实现人性化设计。

二、电梯的基本工作概况

电梯在垂直运行过程中，有起点站也有终点站。对于三层以上建筑物内的电梯，起点站和终点站之间还设有停靠站。起点站设在一楼，终点站设在最高楼，设在一楼的起点站常被作为基站。起点站和终点站称为端站，两端站之间的停靠站称中间层站。各站的厅外设有召唤箱，箱上设置有供乘用人员召唤电梯用的召唤按钮或触钮。一般电梯在两端站的召唤箱上各设置一只按钮或触钮，中间层站的召唤箱上设置两只按钮或触钮。对于无司机控制的电梯，在各层站的召唤箱上均设置一只按钮或触钮。而电梯的轿厢内部设置有（杂物电梯除外）操纵箱，操纵箱上设置有手柄开关或与层站对应的按钮或触钮，供司机或乘用人员控制电梯上下运行。召唤箱上的按钮或触钮称为外指令按钮或触钮，操纵箱上的按钮或触钮称为内指令按钮或触钮。外指令按钮或触钮发出的电信号称为外指令信号，内指令按钮或触钮发出的电信号称为内指令信号。20 世纪 80 年代中期后，触钮已被微动按钮所取代。

作为电梯基站的厅外召唤箱，除设置一只召唤按钮或触钮外，还设置一只钥匙开关，以便下班关闭电梯时，司机或管理人员把电梯升到基站后，可以通过专用钥匙扭动该钥匙开关，把电梯的厅轿门关闭妥当后，自动切断电梯控制电源或动力电源。电梯的运行工作情况和汽车有共同之处，但是汽车的起动、加速、停靠等全靠司机控制操作，而且在运行过程中可能遇到的情况比较复杂，因此汽车司机必须经过严格的培训和考核。而电梯的自动化程度比较高，一般电梯的司机或乘用人员只需通过操纵箱上的按钮或触钮向电气控制系统下达一个指令信号，电梯就能自动关门、定向、起动、加速，在预定的层站平层停靠开门。对于自动化程度高的电梯，司机或乘用人员一次还可下达一个以上的指令信号，电梯便能依次起动和停靠，依次完成全部指令任务。

尽管电梯和汽车在运行工作过程中有许多不同的地方，但仍有许多共同之处，其中乘客电梯的运行工作情况类似公共汽车，在起点站和终点站之间往返运行，在运行方向前方的停靠站上有顺向的指令信号时，电梯到站能自动平层停靠开门接乘客。而载货电梯的运行工作情况则类似卡车，执行任务为一次性的，司机或乘用人员控制电梯上下运行时一般一次只能下达一个指令任务，当一个指令任务完成后才能再下达另一个指令任务。在执行任务的过程中，从一个层站出发到另一个层站时，假若中间层站出现顺向指令信号，一般都不能自动停靠，所以载货电梯的自动化程度比乘客电梯低。

三、电梯的分类

电梯的分类方式较多，常见的有以下几种分类。

1. 按用途分类

（1）乘客电梯　为运送乘客而设计的电梯。它主要用于宾馆、饭店、办公楼、大型商店等客流量大的场合。这类电梯为了提高运送效率，其运行速度比较快，自动化程度比较高，轿厢的尺寸和结构形式多为宽度大于深度、使乘客能畅通地进出，而且安全设施齐全，装饰美观。主要有：

1）乘客电梯。运送乘客的电梯，适用于宾馆、酒店、学校。

2）住宅电梯。居民住宅使用的电梯，使用条件较为复杂。

3）医用电梯。医院运送病人及医疗器械和救治设备的电梯。

4）观光电梯。轿厢壁透明，便于人们观景的电梯。

（2）载货电梯　为运送货物而设计的并通常有人伴随的电梯。它主要用于两层楼以上的车间和各类仓库等场合。这类电梯装饰不太讲究，自动化程度和运行速度一般比较低，而载重量和轿厢尺寸的变化范围则比较大。主要有：

1）货梯。用于运载货物、手推料车及装卸人员的电梯，要求装载量大，一般有1000kg、1600kg、2000kg、3000kg、5000kg等，速度为0.63m/s、1m/s、2m/s等多种。

2）车用电梯。轿厢宽大，无轿厢顶。

3）杂物电梯（服务电梯）。供图书馆、办公楼、饭店运送图书、文件、食品等，载重量不大于200kg，运行速度不大于1m/s的电梯。这种电梯的安全设施不齐全，不准运送乘客。为了不使人员进入轿厢，进入轿厢的门洞及轿厢的容积都设计得很小，而且轿厢的净高度一般不大于1.2m。

（3）船用电梯　在轮船上供乘客和船员使用的电梯，在船舶晃动中也可运行，且速度不低于1m/s。

（4）客货电梯　主要用作运送乘客，但也可运送货物的电梯，它与乘客电梯的区别在于轿厢内部的装饰结构不同。

（5）特种电梯　除上述常用的几种电梯外，还有为特殊环境、特殊条件、特殊要求而设计的电梯。如防爆电梯、防腐电梯等。

2. 按速度分类

1）低速电梯。速度 $v \leq 1.0\mathrm{m/s}$ 的电梯。

2）快速电梯。速度 $1.0\mathrm{m/s} \leq v < 2.0\mathrm{m/s}$ 的电梯。

3）高速电梯。速度 $2.0\mathrm{m/s} \leq v < 4.0\mathrm{m/s}$ 的电梯。

4）超高速电梯。速度 $4.0\mathrm{m/s} \leq v < 9.0\mathrm{m/s}$ 的电梯。

5）特高速电梯。$v > 9.0\mathrm{m/s}$ 的电梯。

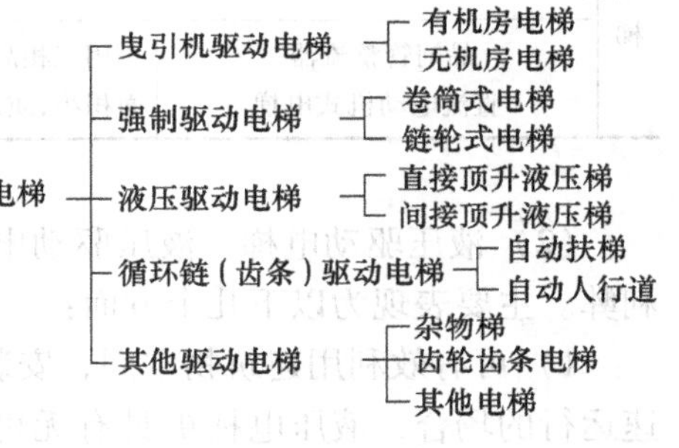

图1-1-1　按驱动方式分类

3. 按驱动方式分类

按驱动方式分类如图1-1-1所示。

（1）曳引机驱动电梯　曳引机驱动电梯又称为曳引电梯，是目前使用最普遍的电梯。按照曳引方式可分为交流和直流两种电动机驱动的电梯。分类及特点见图1-1-2和表1-1-1。

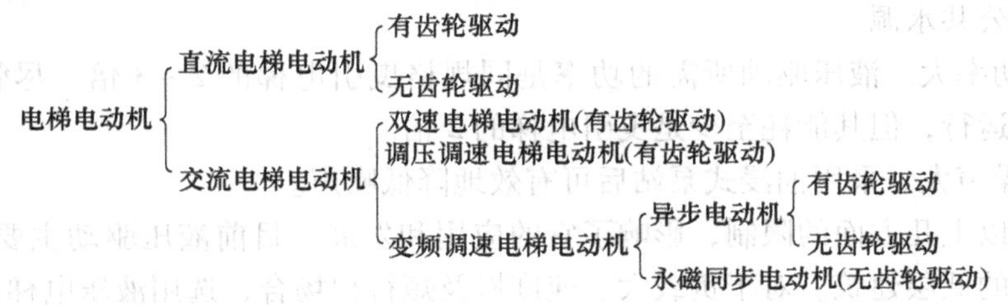

图1-1-2　电梯按所使用的拖动电动机分类

表1-1-1　曳引电梯类别特点

类别		电动机曳引方式和特点
交流电梯	交流单速电梯	只有一种速度，速度较低，通常在0.4m/s以下。用切断电源的方法使电梯减速，采用电磁制动器进行机械制动。主要应用在提升高度不大的小型货梯和杂物梯上，所用元器件少，操作简单 缺点：平层不准，效率低

（续）

类　别		电动机曳引方式和特点
交流电梯	交流双速电梯	交流三相异步电动机的电极分为两组，减速时向多极处变换，产生再生制动。进入低速运转后，再由电磁制动器进行制动。电梯运行性能较好，驱动系统不太复杂。主要应用于提升高度不超过45m的低速客梯、货梯、服务梯、病床电梯及住宅电梯 缺点：舒适感较差，属于淘汰电梯
	交流调压调速电梯（ACVV）	闭环调压调速，高、低速分别控制。用反接制动使电梯按距离制动减速直接停靠，平层准确度高 缺点：反接制动消耗能量大。常用于要求电梯速度不大于2m/s的建筑中
	交流变频变压调速系统（VVVF）	通常采用交-直-交变频变压调速系统，能同时控制电压和频率。能节省40%以上的能量消耗和电源容量，目前正被广泛应用
直流电梯	晶闸管励磁发电机-电动机组式直流电梯	通过调节发电机的励磁改变发电机的输出进行调速。调速性能好、调速范围大，控制的电梯速度达4m/s 缺点：机组结构庞大，耗电多，造价高，维护工作量大。常用于速度、舒适感要求非常高的建筑物中
	晶闸管整流器-直流电动机式电梯	用三相晶闸管整流器把交流变为可控直流，供给直流电动机调速系统。机房占地面积小，质量轻，节能20%～35%。控制电梯速度已达10m/s

（2）液压驱动电梯　液压驱动电梯又称为液压电梯。液压驱动与曳引驱动相比，各有利弊。主要表现为以下几个方面：

1）可有效利用建筑物空间，安装和维修费用低，提升载荷大。对于短行程、不需要高速运行的场合，液压电梯更具有无可比拟的优点。但是由于控制、动力及结构等方面的原因，液压电梯一般用于要求电梯速度在1m/s以下、提升高度一般不超过20m的场合。

2）液压电梯的运行状态会受油温影响。油温变化时，运行速度将有波动。

3）埋入地下的油管难以进行安全及泄漏检查。一旦化学及电解性腐蚀导致系统漏油，会污染环境及公共水源。

4）所需功率大。液压驱动所需的功率是同规格曳引电梯的2～3倍，尽管液压泵站只在轿厢上行时运行，但其能耗至少是曳引电梯的2倍。

5）泵站噪声大。采用油浸式泵站后可有效地降低噪声。

由于受到以上几方面的限制，影响了它的应用和发展。目前液压驱动主要用于停车场、仓库以及小型的低层建筑。对于负载大、速度慢及短行程场合，选用液压电梯比曳引电梯更经济适用。

（3）螺杆式驱动电梯　将直顶式电梯的柱塞加工成螺杆，减速机带动大螺母旋转，驱动螺杆顶升轿厢或下降。

（4）齿轮齿条式驱动电梯　这种驱动形式主要用于前面所述的建筑施工电梯上。

（5）直线电动机驱动电梯　直线电动机最早应用于电力机车上，国外从1983年才开始对应用直线电动机驱动电梯的研究、1990年4月第一台使用直线电动机驱动的电梯（载重量为600kg，速度为105m/min，提升高度为22.9m）安装于日本东京都丰岛区万世大楼。

（6）卷筒驱动电梯　早期电梯除了液压驱动之外都是卷筒驱动的。这种卷筒驱动常用两组悬挂的钢丝绳，每组钢丝绳的一端固定在卷筒上，另一端与轿厢架或对重架相连。一组钢丝绳按顺时针方向绕在卷筒上，而另一组钢丝绳按反时针方向绕在卷筒上。因此，当一组钢丝绳绕出卷筒时，另一组钢丝绳绕入卷筒，卷筒驱动的电梯主要有以下几方面的不足：

1）提升高度低。由于受卷筒尺寸的限制，卷筒式电梯的行程不能很高，其行程很少有超过20m的。若采用叠绕方式，钢丝绳之间互相挤压，磨损严重。因此，只允许绕一层钢丝绳。

2）额定载重量小。电梯的钢丝绳安全系数一般要求较高，卷筒驱动用的钢丝绳安全系数应不小于12，这样随着额定载重量的增加，势必选用粗大的钢丝绳，卷筒尺寸相应也增大。

3）必须根据电梯行程配用卷筒。电梯行程不同，必须配用不同的卷筒。

4）导轨承受的侧向力大。如果卷扬机是上置式，卷筒在提升轿厢过程中，钢丝绳在卷筒上的卷绕位置不断变化，轿厢从底层提升至顶层过程中，钢丝绳自然形成一个偏角，因此会造成轿厢对导轨产生侧向力。一般规定，这个偏角不应大于4°。为了避免这种现象产生，可将卷扬机下置。

5）钢丝绳有过绕或反绕的危险。卷筒式驱动有时会造成轿厢在运行中的搁位。若轿厢下行搁位，则容易使钢丝绳反绕，此时轿厢一旦下落，后果不堪设想；若轿厢上行搁位，则可能使钢丝绳越拉越紧直至断裂，或者过绕后轿厢冲顶。

6）能耗大。由于上述这些因素，目前已很少使用卷筒驱动，仅在杂物梯以及曳引电梯不适用的非标准设计的货梯中使用；而且规定一定不得载人，额定速度不超过0.25m/s。基于以上原因，卷筒式载人电梯已被淘汰。

4. 按有无蜗杆减速器分类

1）有蜗杆减速器的电梯，用于梯速为3.0m/s以下的电梯。

2）无蜗杆减速器的电梯，用于梯速为3.0m/s以上的电梯。

5. 按曳引机放置位置分类

（1）有机房电梯

1）机房上置式，即机房位于井道上部。

2）机房下置式，即机房位于井道下部。

（2）无机房电梯

1）曳引机位于井道顶部的电梯。

2）曳引机位于底坑或底坑附近的电梯。

6. 按控制方式分类

1）轿内手柄开关控制的电梯。

2）轿内按钮控制的电梯。

3）轿内、外按钮控制的电梯。

4）轿外按钮控制的电梯。

5）信号控制的电梯。

6）集选控制的电梯。

7）2台或3台并联控制的电梯。

8）梯群控制的电梯。

7. 按信号处理方法分类

1）继电器控制电梯，用继电器逻辑电路实现各种信号处理功能的电梯。

2）可编程序控制器（PLC）控制电梯，用软件实现各种控制功能的电梯。

3）单片机控制电梯，以专用单片机为核心，用系统程序实现调速和信号处理的电梯。

8. 按曳引机结构分类

1）有齿曳引机，即有减速齿轮箱传动机构的电梯。

2）无齿曳引机，即不用齿轮减速而由电动机直接拖动曳引轮转动的电梯，其传动特点见表 1-1-2。

表 1-1-2　有齿轮与无齿轮传动特点

类　别		传动特点
有齿轮电梯	蜗轮蜗杆传动	在电动机转轴和曳引轮转轴间设置蜗轮蜗杆减速器，具有传动比大、运行平稳、噪声低、体积小诸多优点，一般用在速度小于 2m/s 的电梯上 缺点：效率低，工艺性差，磨损快，维修费用高
	斜齿轮传动	通常用在中、高速电梯中，速度为 2～4m/s。上海三菱电梯有限公司采用斜齿轮二级减速机构，电动机轴与曳引轮轴平行配置，制动器装在电动机和减速机之间，编码器与减速机安装在电动机的两侧
	螺旋齿轮传动	用螺旋齿轮传动，齿轮的齿形修正量和鼓形齿量采用最优化设计。噪声小，与蜗轮蜗杆减速器比，传送效率提高 15%～25%，电能消耗降低 15%，电源设备容量减少 15%～25%。日本用在三菱电机公司古兰特电梯系列中
	行星齿轮传动	用在高速电梯传动中。20 世纪 80 年代末，开始在德国应用
	齿轮齿条传动	齿轮固定在构架上，电动机-齿轮传动机构装在轿厢上，靠齿轮在齿条上爬行来驱动轿厢。一般作为建筑施工用电梯等，便于转移输送设备
无齿轮电梯		无减速器。曳引轮和制动轮直接固定在电动机轴上，电动机转子直接与绳轮连接，带动电梯运行。因此电动机转速与曳引轮转速相等，要求电动机具有低转速和大转矩的特性。通常应用在高速或超高速电梯中

模块二　电梯的基本构造及主要参数

一、电梯的基本结构

曳引电梯由机房、井道、轿厢和层站四大部分组成，将驱动、吊挂装置、轿厢、导向装置、电力拖动装置、门和各种安全装置安装于这四个空间之内，是一种提升运输设备。

不同规格型号的电梯，其组成部件也不相同，曳引电梯的基本结构组成如图 1-1-3 所示。从图中可以看出一部完整电梯部件组成的大致情况。图 1-1-4 和图 1-1-5 是电梯的基本构造。

一部完整电梯部件根据其属性，可将其归纳为机械结构部分、电气控制系统和安全装置三大部分。

（1）机械结构部分　由曳引系统、导向系统、轿厢和重量平衡系统以及门系统四大系统组成。

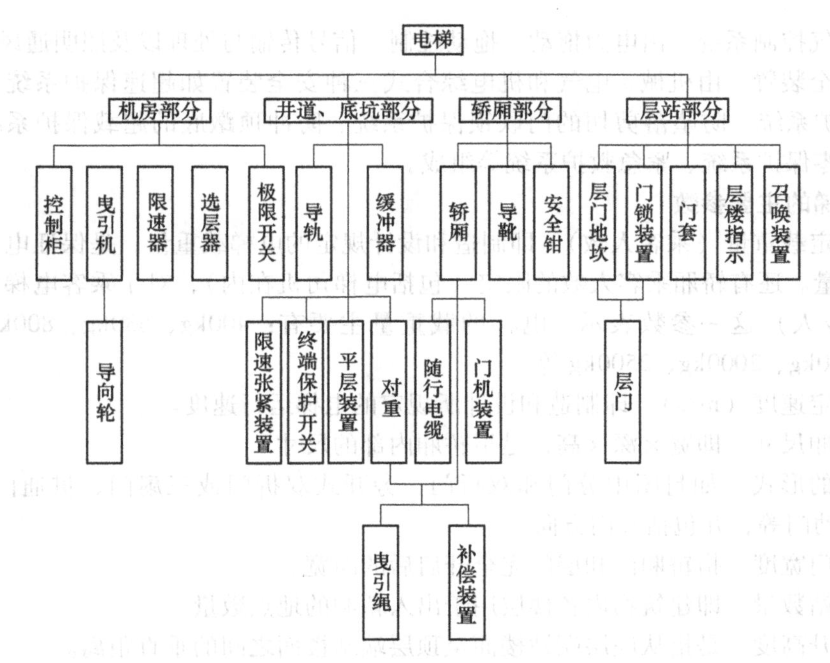

图 1-1-3 曳引电梯的基本结构组成

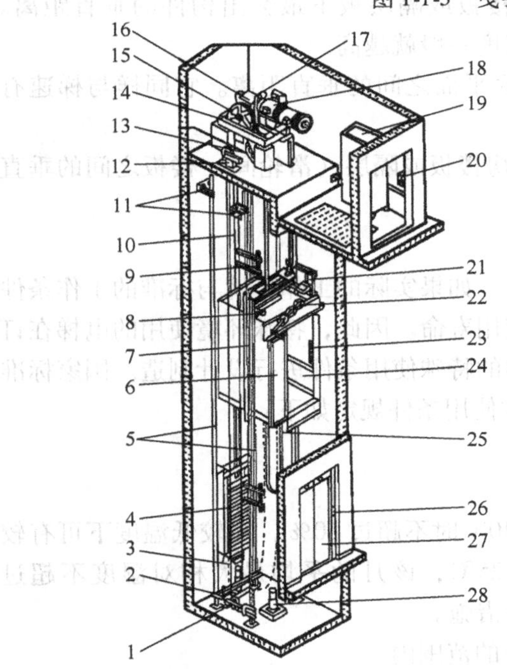

图 1-1-4 电梯的基本构造

1—张紧装置 2—补偿链导轮 3—补偿链 4—对重 5—导轨 6—轿门 7—轿架 8—紧急终端开关 9—开关碰铁 10—曳引钢丝绳 11—导轨支架 12—限速器 13—导向轮 14—曳引机底座 15—曳引轮 16—减速箱 17—抱闸 18—曳引电动机 19—控制柜 20—电源开关 21—井道传感器 22—开门机 23—轿内操纵盘 24—轿壁 25—随行电缆 26—呼梯盒 27—厅门 28—缓冲器

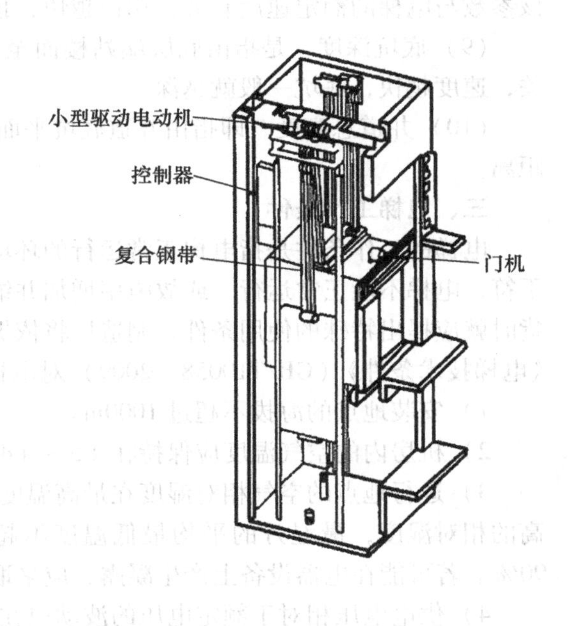

图 1-1-5 无机房电梯的基本构造

（2）电气控制系统　由电力拖动、拖动控制、信号传输与处理以及照明通风等组成。

（3）安全装置　由机械、电气和机电综合式三种安全装置如超速保护系统、防越位的终端限位保护系统、防坠落剪切的门联锁保护系统、防冲顶蹾底的超载保护系统、制动系统、接地接零保护系统、紧急救护系统等组成。

二、电梯的主要参数

（1）额定载重量（乘客人数）即制造和设计规定的电梯载重量，是保证电梯正常运行的允许载重量。还有轿厢乘客人数的限定（包括电梯司机在内），对于乘客电梯常用乘客人数（按75kg/人）这一参数表示。电梯的载重量主要有：400kg、630kg、800kg、1000kg、1250kg、1600kg、2000kg、2500kg 等。

（2）额定速度（m/s）即制造和设计所规定的电梯运行速度。

（3）轿厢尺寸　即宽×深×高，是指轿厢内部的尺寸。

（4）门的形式　如封闭中分门和双折门、旁开式双折门或三扇门、贯通门、栅栏门、自动门、手动门等，并包括开门方向。

（5）开门宽度　指轿厢门和层门完全开启后的净宽。

（6）层站数量　即建筑物内各楼层用于出入轿厢的地点数量。

（7）提升高度　是指从底层端站楼面至顶层端站楼面之间的垂直距离。

（8）顶层高度　即指由顶层端站楼面至机房楼板或隔层板下最突出构件的垂直距离。该参数与电梯的额定速度有关，梯速越快，顶层高度一般就越高。

（9）底坑深度　是指由底层端站楼面至井道底平面之间的垂直距离。它同样与梯速有关，速度越快，底坑一般就越深。

（10）井道总高度　即指由井道底坑平面至机房楼板或隔层（滑轮间）楼板之间的垂直距离。

三、电梯工作条件

电梯的工作条件是指电梯正常运行的环境条件。如果实际的工作环境与标准的工作条件不符，电梯不能正常运行，或故障率增加并缩短使用寿命。因此，特殊环境使用的电梯在订货时就应提出特殊的使用条件，制造厂将依据提出的特殊使用条件进行设计制造。国家标准《电梯技术条件》（GB/T10058—2009）对电梯正常使用条件规定如下：

1）安装地点的海拔不超过1000m。

2）机房内的空气温度应保持在+5～+40℃。

3）运行地点的空气相对湿度在最高温度为+40℃时不超过50%，在较低温度下可有较高的相对湿度，最湿月的平均最低温度不超过+25℃，该月的平均最大相对湿度不超过90%。若可能在电器设备上产生凝露，应采取相应措施。

4）供电电压相对于额定电压的波动应在±7%的范围内。

5）环境空气中不应含有腐蚀性和易燃性气体，污染等级不应大于GB 14048.1—2006 规定的3级。

四、电梯整机性能要求

根据《电梯技术条件》（GB/T 10058—2009）的规定，电梯的整机性能如下：

1）当电源为额定频率和额定电压时，载有50%额定载重量的轿厢向下运行至行程中段（除去加速和减速段）时的速度，不得大于额定速度的105%，宜不小于额定速度的92%。

2）乘客电梯起动加速度和制动减速度最大值均不应超过1.5m/s²。

3）当乘客电梯额定速度为1.0m/s＜v≤2.0m/s时，按GB/T 24474—2009测量，A95加、减速度不应小于0.50m/s²；当乘客电梯额定速度为2.0m/s＜v≤6.0m/s时，A95加、减速度不应小于0.70m/s²。

4）乘客电梯的中分自动门和旁开自动门的开关门时间宜不大于表1-1-3规定的值。

表1-1-3 乘客电梯的开关门时间 （单位：s）

开门方式	开门宽度 B/mm			
	B≤800	800＜B≤1000	1000＜B≤1100	1100＜B≤1300
中分自动门	3.2	4.0	4.3	4.9
旁开自动门	3.7	4.3	4.9	5.9

5）乘客电梯轿厢运行在恒加速度区域内的垂直（Z轴）振动的最大峰峰值不应大于0.3m/s²，A95峰峰值不应大于0.20m/s²。

乘客电梯轿厢运行期间水平（X轴和Y轴）振动的最大峰峰值不应大于0.2m/s²，A95峰峰值不应大于0.15m/s²。

6）电梯的各机构和电气设备在工作时不应有异常振动或撞击声响。乘客电梯的噪声值应符合表1-1-4中的规定。

表1-1-4 乘客电梯的噪声值 （单位：dB（A））

额定速度 v/(m/s)	v≤2.5	2.5＜v≤6.0
额定速度运行时机房内平均噪声值	≤80	≤85
运行中轿厢内最大噪声值	≤55	≤60
开关门过程最大噪声值	≤65	

7）电梯轿厢的平层准确度宜在±10mm的范围内。平层保持精度宜在±20mm的范围内。

8）曳引式电梯的平衡系数应在0.4～0.5范围内。

9）电梯应具有以下安全装置或保护功能，并应能正常工作。

①供电系统断相、错相保护装置或保护功能。电梯运行与相序无关时可不设错相保护装置。

②限速器-安全钳系统联动超速保护装置，监测限速器或安全钳动作电气安全装置以及监测限速器绳断裂或松弛的电气安全装置。

③终端缓冲装置（对于耗能型缓冲器还应包括检查复位的电气安全装置）。

④超越上下极限工作位置时的保护装置。

⑤层门门锁装置及电气联锁装置。

a. 电梯正常运行时，应不能打开层门；如果一个层门开着，电梯应不能起动或继续运行（在开锁区域的平层和再平层除外）。

b. 验证层门锁紧的电气安全装置；证实层门关闭状态的电气安全装置；紧急开锁与层门的自动关闭装置。

⑥动力操纵的自动门在关闭过程中，当人员通过入口被撞击或即将被撞击时，应有一个自动便门重新开启的保护装置。

⑦轿厢上行超速保护装置。

⑧紧急操作装置。

⑨滑轮间、轿顶、底坑、检修控制装置、驱动主机和无机房电梯设置在井道外的紧急和测试操作装置上应设置双稳态的红色停止装置。若距驱动主机 1m 以内或距无机房电梯设置在井道外的紧急和测试操作装置 1m 以内设有主开关或其他停止装置，则可不在驱动主机或紧急和测试操作装置上设置停止装置。

⑩不应设置两个以上的检修控制装置。

若设置两个检修控制装置，则它们之间的互锁系统应保证：

a. 如果仅其中一个检修控制装置被置于“检修”位置，通过按压该检修控制装置上的按钮能使电梯运行。

b. 如果两个检修控制装置均置于“检修”位置，在两者中任一个检修控制装置上操作均不能使电梯运行，同时按压两个检修控制装置上相同功能的按钮才能使电梯运行。

⑪轿厢内以及在井道中工作的人员存在被困危险处应设置紧急报警装置。当电梯行程大于 30m 或轿厢内与紧急操作地点之间不能直接对话时，轿厢内与紧急操作地点之间也应设置紧急报警装置。

⑫对于 EN81—1：1998/A2：2004 中 6.4.3 工作区域在轿顶上（或轿厢内）或 EN81—1：1998/A2：2004 中 6.4.4 工作区域在底坑内或 EN8l—1：1998/A2：2004 中 6.4.5 工作区域在平台上的无机房电梯，在维修或检查时，如果由于维护（或检查）可能导致轿厢的失控和意外移动或该工作需要移动轿厢可能对人员产生人身伤害的危险时，则应有分别符合 EN81—1：1998/A2：2004 中 6.4.3.1、6.4.4.1 和 6.4.5.2b 的机械装置；如果该操作不需要移动轿厢 EN81—1：1998/A2：2004 中 6.4.5 工作区域在平台上的无机房电梯应设置一个符合 EN8l—1：1998/A2：2004 中 6.4.5.2b 规定的机械装置，防止轿厢任何危险的移动。

⑬停电时，应有慢速移动轿厢的措施。

⑭若采用减行程缓冲器，则应符合 GB 7588—2003 中 12.8 的要求。

模块三 电梯常用术语及与建筑物的关系

一、电梯的常用术语

1. 电梯总体常用术语（见表 1-1-5）

表 1-1-5 电梯总体常用术语

名　　称	含　义
曳引驱动电梯	提升绳靠主机的驱动轮绳槽的摩擦力驱动的电梯
强制驱动电梯	用链或钢丝绳悬吊的非摩擦方式驱动的电梯
使用人员	利用电梯为其服务的人
乘客	电梯轿厢运送的人员
电梯司机	经专门训练的授权操纵电梯的工作人员

（续）

名　　称	含　　义
有司机操作	由专职司机操纵电梯的运行方式
无司机操作	无需专职司机操纵电梯的运行方式
检修操作	在对电梯进行检验维修保养时，电梯以慢速（不大于0.6m/s）运行的一种操作
对接操作	在特定条件下，为了方便装卸货物，货梯轿门和层门均开启，使轿厢在规定区域内低速运行，与运载货物设备相接的操作
满载直驶	电梯的一种功能，当电梯载重量达到额定载重量的80%以上时，为防止满载的轿厢应答层站召唤而浪费时间，电梯即转为直驶运行，且只执行轿内指令，对层站召唤信号不应答，但可登记，便于下次应答
隔站停靠	电梯的一种功能，电梯隔一层站停站，以缩短停站时间，在单层未达额定速度时使电梯加快速度，提高运送效率
独立运行操作	电梯的一种功能，也称为专用模式，为一些特定的人士提供特别服务，独立运行时，层站召唤无效，电梯自动门需要手动操作
超载保护	电梯的一种功能，当电梯载重量达到额定载重量的110%时，电梯不起动且保持开门状态，同时有声音或灯光警告信息
消防功能	电梯的一种功能，当发生火灾时，电梯能够让梯内乘客脱险或让消防员通过电梯对火灾进行救援。它包括火灾自动返基站和消防员操作功能两部分
强迫关门	电梯的一种功能，当电梯平层开门后，如果因为某些原因长时间迫使电梯不能自动关门投入运行，且电梯开门等待时间超过了预先设定的时间时，电梯执行强迫关门操作
紧急电动运行	当电梯发生停电或其他故障时而进行的紧急运行。使用其他电源应急与使用自身电源应急操作时运行方式不同
提升高度	指电梯从底层端站至顶层端站楼面之间的总运行高度
运行周期	单台电梯沿建筑物楼层上下运行，往返一次所需的时间。包括电梯运行时间、开关门过程所需时间、乘客出入轿厢所需的时间即开门保持时间以及无效时间（占运行周期10%的损失时间）
检修速度	电梯检修运行时的速度
点动	通过人工操作按钮使轿厢稍许移动，通常用在客梯检修
召唤	分内召唤和外召唤，通过按压各候梯厅的层站召唤按钮或轿厢操纵箱的目的层按钮，召唤信号将被控制装置所登记，再决定电梯运行
平层	轿厢在层站准确停靠的一种动作，有手动平层和自动平层之分，现今电梯一般都实现了自动平层
再平层	轿厢在平层区域内，允许电梯进行低速校正轿厢停止位置的一种动作
平层区域	轿厢停靠站上方或下方的一段距离，在此区域内平层装置动作，使轿厢准确平层
平层精度	轿厢到站停靠后，其上坎与层门地坎上平面之间的垂直距离

2. 电梯机房部分常用术语（见表1-1-6）

表1-1-6　电梯机房部分常用术语

名　　称	含　　义
机房	安装一台或多台驱动主机及其附属设备的专用房间
电梯机房设置方式	由不同曳引方式和建筑物空间状态决定的电梯的机房布置方式
机房高度	机房地面至机房顶板之间的最小垂直距离

（续）

名　称	含　义
机房宽度	沿平行于轿厢宽度方向测得的机房水平距离
机房深度	机房内垂直于机房宽度的水平距离
机房面积	机房宽度与深度的乘积
机房承重	机房承载横梁的总负载能力
机房布置	机房内的布置及其尺寸关系
混凝土开孔图	为安装电梯而绘制的土建图中的有关开孔的图。示出井道、机房等建筑结构中为了安装电梯所必须开孔的位置和尺寸
辅助机房、隔层和滑轮间	机房在井道的上方时，机房楼板与井道顶之间的房间。它有隔音功能，也可以安装滑轮、限速器和电气设备
承重梁	敷设在机房楼板上面或下面，承受曳引机自重及其负载的钢梁
提升梁	设在曳引机座下的钢梁，用以将曳引机负载力传递到井道承重墙，提高机房内设备的水平高度
支撑梁	支撑电梯主要载重的梁
吊钩	设置在机房天花板上用以提吊曳引设备的钩子
减振器	用以减少电梯运行时振动和噪声的装置
活板门	开设在机房或隔层地板上，供检修人员通过或运送检修电梯材料的只能向上开启的门
曳引机	包括电动机在内的用以驱动和停止电梯运行的装置。它是依靠钢丝绳与曳引轮绳槽的摩擦力牵引轿厢和对重升降的机械，包括电动机、制动器及减速装置
电动机	驱动电梯运行的动力装置
制动器	也称为抱闸，对主动转轴或曳引轮起制动作用的装置
减速器	在电动机和曳引轮之间起连接和减速作用的装置
曳引轮	曳引机上的驱动轮
速度检测装置	检测轿厢运行速度并将其转换为电信号的装置
曳引绳	连接轿厢和对重装置，并靠与曳引轮槽的摩擦力驱动轿厢升降的专用钢丝绳
复合钢带	替代传统钢丝绳，安全、环保、节能、运行噪声低、使用寿命长
导向轮	为了增大轿厢和对重的距离，使曳引绳经过该装置再导向轿厢或对重
复绕轮	为了增大曳引绳的包角，改善曳引条件，将曳引绳绕出曳引轮经过该装置再绕入曳引轮，且有导向作用
惯性轮	也称为飞轮，在交流电梯中，设置在曳引电动机轴输出端部，用以增加转动惯量的轮子
控制柜	对电梯作速度控制、运行管理等电气控制的箱柜，是电梯的核心部分
绳头组合	曳引绳与轿厢、对重装置或机房承重梁连接用的部件
电梯曳引绳曳引比	悬吊轿厢的钢丝绳根数与曳引轮单侧的钢丝绳根数之比
限速器	限制电梯运行速度的装置。当电梯的运行速度超过额定速度一定值时，其动作能通过其他装置使电梯制停的安全装置
上行超速保护装置	防止轿厢上行超速发生危险或损害的安全保护装置
松闸扳手	手动松开制动器的工具
盘车手轮	配合松闸扳手，手动使曳引轮转动，移动轿厢的工具

3. 电梯井道部分常用术语（见表 1-1-7）

表 1-1-7 电梯井道部分常用术语

名 称	含 义
井道	轿厢和对重装置或(和)液压缸柱塞运动的空间。该空间是以井道底坑的底井道壁和井道顶为界限的
单梯井道	只供一台电梯运行的井道
多梯井道	可供两台以上电梯运行的井道
部分封闭井道	在不要求井道起防火灾蔓延的观光梯、竖井、塔式建筑物使用的非全封闭井道
井道宽度	从平行轿厢门宽度方向测得的井道壁内表面之间的水平距离
井道深度	垂直于井道宽度方向测得的井道壁内表面之间的水平距离
井道照明	用于检修人员在井道内检修时所用照明
底坑	位于轿厢最低层站以下的井道部分
底坑深度	最低层站地坎至井道底面的垂直距离
顶部空间	曳引电梯发生冲顶故障时的极限位置，对重完全压在缓冲器上、曳引绳在曳引轮槽内打滑时的轿厢顶部各构件与井道顶部各部分组成的空间，是为了保护在轿顶工作人员的安全空间
底部空间	曳引电梯发生蹲底故障时的极限位置，轿厢完全压在缓冲器上、曳引绳在曳引轮槽内打滑时的轿厢底部各构件与底坑底各部分组成的空间，是用于保护在底坑工作人员的安全空间
导轨	为轿厢或对重提供的运行导向部件
T 形导轨	电梯导轨的一种，横截面如“T”，系电梯标准导轨
空心导轨	电梯导轨的一种，由钢板经冷轧折弯成空腹“T”形的导轨
导轨连接板	连接两根电梯导轨接缝处用的垫板
导轨支架	把导轨固定在电梯井道内的支撑件
导轨夹扳	把电梯固定在导轨支架等支撑件上的固定件
导靴	引导轿厢和对重在导轨上作上下运行的部件
固定滑动导靴	滑动导靴的一种，其靴头可在轴向位置固定
弹性滑动导靴	滑动导靴的一种，其靴头可在轴向位置浮动
滚动导靴	导靴的一种，用于高速电梯，以三个滚轮代替滑动导靴三个滑动工作面，在弹簧力的作用下压贴在导轨面上滚动运行，以减少摩擦损耗
层站	各楼层用于出入轿厢的地点
层门	也称为厅门、被动门，设置在层站用于出入的门
层门宽度	层门完全开启后的净宽
层门门套	装饰层门门框的构件
地坎	出入口等开口紧贴地面的金属水平构件
水平滑动门	沿门导轨和地坎槽水平滑动开启的层门
牛腿、加腋架	位于各层站出入口下方井道内侧，供支撑层门地坎所用的建筑物突出部分
层门地坎	层门入口处的地坎
门锁装置	轿门与层门关闭后锁紧，同时接通控制回路，轿厢方可运行的机电联锁装置
开锁区域	轿厢停靠层站时在地坎上、下延伸的一段区域，当轿厢底位于此区域内时门机动作才能驱动轿门层门开启

（续）

名　称	含　义
紧急开锁装置	正常情况下层门外应不能打开层门，紧急情况下，通过三角钥匙孔可将层门开启的装置
召唤盒	即呼梯按钮，设置在层站门一侧，召唤轿厢停靠在呼梯层站的装置
铰链门	门的一侧为铰链连接，由井道向通道方向开启的层门
护脚板	从层门地坎或轿厢出入口向下延伸的具有光滑垂直部分的保护板
检修门	设在底坑中供保养人员维修保养缓冲器等设备的出入口，一般可经最底层楼层门出入
井道安全门	当相邻层门地坎间距超过 11m 时，轿厢因故障停在盲区内时用作乘客撤离并作为修理处理的安全门
基站	轿厢无投入运行指令时停靠的层站，一般位于大厅或底层端站乘客最多的地方
预定基站	并联或群控的电梯轿厢无运行指令时，指定停靠待命运行的层站
底层端站、顶层端站	最低的轿厢停靠站称为底层端站，最高的轿厢停靠站称为顶层端站
对重装置	设置在井道中，由曳引绳经曳引轮与轿厢连接，在运行过程中起平衡作用的装置
对重护栏	设在底坑，位于轿厢与对重之间对电梯维护人员起防护作用的栅栏
限速器钢丝绳张紧装置	给限速器钢丝绳以适当张力的张紧轮，一般设置在底坑内，有绳松弛开关和压缩装置
选层钢带	安装在轿厢的钢带，随电梯运行并计算电梯在运行中所处的实际位置
反绳轮	一般设置在轿厢架和对重装置上部的动滑轮称为反绳轮，根据需要曳引绳经过反绳轮可以构成不同的曳引比
随行电缆	连接于运行的轿厢底部与井道固定点之间的电缆
补偿装置	用以补偿电梯运行过程中钢丝绳和随行电缆长度变化引起的张力差的装置
补偿链	用金属链构成的补偿装置
补偿绳防跳装置	当补偿绳张紧装置超出限定位置时，能使曳引机停止运转的电气安全装置
补偿绳	用钢丝绳及张紧轮构成的补偿装置
二次保护装置	用于提高补偿装置与轿厢或对重连接的可靠度，防止发生补偿链松脱事故
安全钳	轿厢或对重向下运行超速甚至在曳引悬挂装置断裂情况下，能使其停止并夹紧在导轨上的一种机械装置
安全绳	系在轿厢、对重（或平衡重）上的辅助钢丝绳，在悬挂装置失效情况下，可触发安全钳动作
缓冲器	设置在行程端部的一种弹性制停装置
蓄能型缓冲器	一般为弹簧缓冲器或聚氨酯缓冲器，以弹簧或聚氨酯的变形来吸收动能的缓冲器
耗能型缓冲器	一般为液压式缓冲器，以油作为介质，利用液体流动的阻尼作用来消耗动能的缓冲器
压缩行程	蓄能缓冲器弹簧或聚氨酯受压后形变的垂直距离；液压缓冲器柱塞受压后所移动的垂直距离
强迫减速装置	当轿厢将到达端站时，强迫其减速并停层的保护装置
终端限位开关	用行程开关在基站和顶站井道轿厢侧面适当位置，以限制电梯越位的装置
极限开关	当轿厢运行超越终端限位开关，在轿厢或对重装置未接触缓冲器之前，强迫切断主电源和控制电源的非自动复位的安全装置

4. 电梯轿厢部分常用术语（见表 1-1-8）

表 1-1-8 电梯轿厢部分常用术语

名 称	含 义
轿厢	电梯中运载乘客或其他载荷都被包围起来的部分
轿厢高度	从轿厢内部测得的地坎至轿厢顶部的垂直距离
轿厢入口	在轿隔壁上的开口部分，是构成从轿厢到层站之间的正常通道
轿厢宽度	沿垂直于轿厢入口方向，在距轿厢底 1.0m 高处测得的轿厢壁两个内表面之间的水平距离
轿厢深度	沿垂直于轿厢宽度的方向，在距轿厢底 1.0m 高处测得的轿厢壁两个内表面之间的水平距离
轿厢有效面积	地板以上 1.0m 高处测得的轿厢面积
轿厢扶手	固定在轿厢壁上的扶手
轿厢架	用于安装轿厢的金属结构的组合框架，由立柱、下梁、上梁和拉杆等部件组成
立柱	是电梯轿厢的主要组成部分，其上、下端与上梁、下梁相连，设在轿厢两侧
下梁	也称为“下横梁”、“下框架”、“底梁”，与立柱下端连接，是支承轿厢底的构件
上梁	也称“上横梁”、“上框架”，其上安装固定曳引钢丝绳的绳头板或轿顶轮
拉杆	也称为“拉条”。拉杆连到轿底，保证轿厢架和轿厢底的正确位置，增强轿厢架的刚度，防止轿厢负载偏心
轿厢壁	由金属薄板制作，与轿厢底、轿厢顶和轿厢门构成封闭空间
袖壁	为轿厢内壁中门两侧的部分，组成出入口的门斗，其表面安装操纵箱、铭牌和识别标记等
轿厢护板	货梯或客货梯中，防止货物进出损伤轿厢内装饰面而临时粘贴的保护板
轿厢安全窗	设在轿厢顶部向外开启的封闭窗，供安装、检修人员使用或发生事故时供乘客出入之用
轿厢操纵箱	电梯为了运行必须设置的以按钮组成的控制设施
轿厢应急照明	正常电源发生故障时会自动灯亮，使乘客免于惊慌，得以救助
轿厢位置指示	设置在轿厢内，显示其运行方向和层站的装置
紧急报警装置	电梯发生故障时，轿内乘客通过该装置能够同建筑物内组织机构进行呼救通话，使其得到救援
夹层玻璃	二层或更多层玻璃之间用塑胶膜组合成的玻璃
轿厢门	设置在轿厢入口的门
开门机	使轿厢门和层门开启或关门的装置
自动门	靠动力开关的轿门或层门
手动门	用人力开关的轿门或层门
中分门	层门或轿门，由门口中间各自向左、右以相同速度开启的门
旁开门	也称为“双折门”、“双速门”。层门或轿门的两扇门，以两种不同速度向同一侧开启的门
左开门	面对轿厢，向左方向开启的层门或轿门
右开门	面对轿厢，向右方向开启的层门或轿门
垂直滑动门	沿门两侧垂直门导轨滑动开启的门
垂直中分门	层门或轿门的两扇门，由门中间以相同速度各自向上、下开启的门
安全触板	在轿门关闭过程中，当有乘客或障碍物触及时，轿门重新打开的机械门保护装置
光幕	轿门边设置两组水平的光电设置，当有人或物在门的行程中遮断了任一根光线都会使门重新打开
轿顶检修装置	设置在轿顶上部，供检修人员检修对应用的装置
轿顶照明装置	设置在轿顶上部，供检修人员检测时照明的装置
称重装置	为防止电梯超载而能自动检测轿厢载荷的安全装置

二、电梯与建筑物的关系

与一般机电设备比较，电梯与建筑物的关系要紧密得多。电梯的零部件分散安装在电梯的机房、井道四周的墙壁、各层站的层门洞周围、井道底坑等各个部位，因此，不同规格参数的电梯产品，对安装电梯的机房、井道、各层站门洞、底坑等都有比较具体的要求。根据电梯产品的这一特点，可知电梯产品是庞大、零碎、复杂的，而且总装工作一般需在远离制造厂的使用现场进行。电梯产品的质量在一定程度上取决于安装质量。但是，安装质量又取决于制造质量和建筑物的质量。因此，要使一部电梯具有比较满意的使用效果，除制造和安装质量外，还需按使用要求正确选择电梯的类别、主要参数和规格尺寸，搞好电梯产品设计、井道建筑结构设计以及它们之间的互相配合等。只有协调做好各方面的工作，才能完成一部较好的电梯产品。

为了统一和协调电梯产品与井道建筑之间的义系，国家标准 GB/T 7025.1～3 中对乘客电梯、住宅电梯、载货电梯、病床电梯、杂物电梯等的轿厢、井道、机房的形式与尺寸作了具体的规定。

1. 机房

在电梯上，电梯的控制部分和电梯驱动主机及其附属设备应设置在一个专用房间里，称为机房。机房可以设置在井道顶部，也可以设置在井道底部，后者结构复杂，建筑物承重大，对井道尺寸要求大，只有在不得已情况下才使用。大多情况使用的是前者。机房内部一般装有曳引机、导向轮、控制柜（控制屏）、限速器等主要设备。液压电梯的机房一般都在底层。目前，为了解决建筑物顶部不能设置机房，而下置式机房传动又十分复杂的问题，出现了“无机房”电梯。将曳引机等安装在井道壁和导轨上，或安装在底坑中央。这些曳引机一般技术含量较高，制造得十分紧凑轻巧。

（1）机房的结构要求　机房应是专用房间，有实体的墙、顶和向外开启的有锁的门。机房内不得设置与电梯无关的设备或作电梯以外的其他用途，不得安装热水或蒸汽采暖设备。火灾探测器和灭火器应具有较高的动作温度并能防止意外碰撞。

机房应使用经久耐用、不易产生灰尘和非易燃材料建造，地面应用防滑材料或进行防滑处理。机房顶和窗要保证不渗漏。

（2）机房尺度要求　通向机房的通道和机房门的高度不应小于 1.8m，宽度不应小于 0.6m，机房内供活动的净高度不应小于 1.8m，工作地点的净高度不应小于 2m，电梯驱动主机旋转部件的上方应有不小于 0.3m 的垂直净空距离。

控制柜前面应有一块深度不小于 0.7m、宽度为柜宽且不小于 0.5m 的检修操作场地。在进行人工紧急操作（盘车）和对设备进行维修和检查的地方，应有不小于 0.5m×0.6m 的水平净空面积。通往操作检修场所的通道宽度应不小于 0.5m（没有运动部件时可减为 0.4m）。

机房尺度一般参照制造厂的图样尺寸，也可参照国家标准《电梯主参数及轿厢、井道、机房的型式与尺寸》（GB/T 7025—2008）。

多台电梯共用机房时，机房面积应为各台电梯单独机房面积之和。当载重量不同时，还要加上不同井道面积的差值。

机房宽度应为共用井道的总宽度再加上最大一台电梯侧向延伸长度之和。深度为单独安装深度再加 2100mm。

机房布置时，后墙应与井道相对应的墙在一条直线上。两侧的墙，应有一侧与井道相对应的墙在一条直线上。面对面排列时，机房超出后墙的距离一般不大于0.5m。

（3）防护要求 机房地面高度不同，在高差大于0.5m时，应设置楼梯或台阶并设护栏。通道进入机房有高差时也应设楼梯，若不是固定的楼梯，则梯子应不易滑动或翻转，与水平面的夹角一般不大于70°，在顶端应设置扶手。

地板上必要的开孔要尽可能小，而且周围应有高度不小于50mm的圈框。若地板上设有检修用活板门，则门不得向下开启，关闭后任何位置上均应能承受2000N的垂直力而无永久变形。

（4）通风和照明 机房内应通风，以防灰尘、潮气对设备的损害。从建筑其他部分抽出的空气不得排入机房内。机房的环境温度应保持在5～40℃，否则应采取降温或取暖措施。

机房应有固定的电气照明，在地板上的照度应不小于200lx。

2. 井道

井道是电梯轿厢和对重装置或液压缸柱塞运动的空间，由井道顶、井道壁和底坑底围成，井道应为电梯专用，不得装设与电梯无关的设备和电缆，采暖设施不能用热水或蒸汽作热源。井道的顶一般就是机房的地板，曳引机的承重梁一般支承在井道壁上端。井道壁上还要安装导轨和层门，底坑底上要安装缓冲装置和支承导轨。所以，井道结构应至少能承受运行时驱动主机、轿厢、对重施加的载荷和安全钳动作时通过导轨施加的载荷以及缓冲器动作时施加的载荷。

（1）材料与结构要求 井道应用坚固的、非易燃和不易产生灰尘的材料制造，为了承受各种载荷，应有足够的强度。一般用钢筋混凝土整体浇灌和钢筋混凝土框架加砖填充，也有用钢结构的。由于现在井道内结构的安装大都用膨胀螺栓，所以对井道壁的质量要求应比较高。

井道是个封闭的空间，只允许有运行功能必需的开口，如层门开口、通向机房的运动部件的开口和必要时设置的检修门及通风孔道，以及当相邻两层站地坎间距离大于11m时设置的井道安全门。只有在不要求井道起防止火灾蔓延作用的场合，如与瞭望台、竖井、塔式建筑物连接的观光梯和建筑外的观光梯等，井道可以不完全封闭。但各层站必须有用无孔材料构成的、高度不低于2.5m的围封，当层门侧面高度在2.5m以上时，可使用孔洞不大于75mm的网格或穿孔板。

层门侧的井道壁应与层门组合，在整个轿厢宽度上形成一个无孔的表面（门的动作间隙除外）。而且，井道壁从层门地坎向下应是连续坚硬的光滑表面与下一个层门的门楣连接，或是向下延伸到地坎下1/2的开锁区再加50mm的距离，即250～400mm，但此时该光滑表面应向井道外倾斜，斜面与水平面夹角不小于60°，斜面的水平投影不小于20m。上述表面可以由井道壁的材料构成，也可以另外用金属薄板构成。

（2）井道的尺寸 根据所定电梯的额定载重量和额定速度，确定出轿厢的内净尺寸，再进一步推算出轿厢的轮廓尺寸及井道尺寸。井道尺寸指内部的宽和深，它由轿厢的外廓尺寸、对重尺寸、轿厢与对重的间隙及各自与井道壁的间隙等加以确定。另外，它与对重设置的位置有关。

我国《电梯主参数及轿厢、井道、机房的型式与尺寸》（GB/T 7025—2008）中给出了电梯标准主参数所对应的井道尺寸，可适用于额定速度2.5m/s、额定载重量在2500kg以下的各类电力拖动电梯。

为了提高建筑空间的利用效率，电梯井道的尺寸应尽可能小些，即在保证电梯安全运行的前提下，各部件之间的间隙应尽量小。但其中必须注意到：

1）轿厢与导轨安装侧井道壁之间的间隙应不小于200mm，在这个间隙中，除了安装轿厢导轨外，还要设置电缆、限速器钢丝绳、平层感应器、端站保护装置等。

2）轿厢与非导轨安装侧井道壁的间隙或对重与井道壁的间隙均不应小于100mm。

3）轿厢地坎与层门地坎间隙应不大于35m。

4）轿厢地坎与井道前壁间隙不得大于150mm，目的是防止人跌入井道及在电梯正常运行期间，将人夹进轿厢门和井道间的空隙中，这在折叠式门的情况下尤应注意。

规定的井道水平尺寸是用铅锤测定的最小净空尺寸，允许偏差值为：高度≤30m的井道：0~25mm；30m<高度≤60m的井道；0~35mm；60m<高度≤90m的井道：0~50mm。

以上偏差仅适用于对重装置使用刚性金属导轨的电梯。

若电梯对重装置装有安全钳时，则根据需要，井道的宽度和深度尺寸允许适当增加。

无轿门电梯的井道壁必须是光滑的，不允许有任何凸出物及凹口。

多台并列成排电梯的共用井道的总宽度，等于单梯井道宽度之和，再加上单梯井道之间的分界宽度之和，每个分界宽度最小按200mm计算。

（3）顶层高度和轿厢顶部间隙　顶层高度指电梯最高层站楼面与井道顶面下最突出构件之间的垂直距离。轿厢顶部间隙指轿厢停在最高层时，轿厢上梁顶面至井道顶面之间的高度。这两个值都与电梯额定速度有关，它们要保证当对重装置处于完全压缩缓冲器位置时，轿顶仍有一定的高度，即应满足：

1）轿顶站人的平面与位于轿厢投影部分的井道顶最低部件的水平面（包括梁和固定在井道顶下的零部件）之间的自由垂直距离不应小于$1.0+0.035v^2$（以m为单位），v为电梯的额定速度。

2）井道顶最低部件与固定在轿顶上的设备的最高部件之间的自由距离应不应小于$0.3+0.035v^2$（以m为单位）。

3）井道顶的最低部件与导靴或滚轮之间，钢丝绳附件和垂直滑动门的横梁或部件的最高部件之间的自由距离应不小于$0.1+0.035v^2$（以m为单位）。

4）轿厢上方应有足够的空间，该空间的大小以能放进一个不小于0.5m×0.6m×0.8m的矩形块为准，任一平面朝下放置即可。对于用曳引绳直接系住的电梯，只要每根曳引绳中心线距长方体的一个垂直面（至少一个）的距离均不大于0.15m，则悬挂曳引绳和它的附件可以包括在这个空间内。

（4）底坑　底坑是底层端站地板以下的井道部分。井道设计时应考虑如下几个问题：

1）底坑深度。由底层端站地板至井道底坑地板之间的垂直距离。底坑深度是根据电梯的速度和容量来确定的。电梯的额定载重量和额定速度越大，则底坑越深。无论何种规格的电梯，其底坑深度不小于1.4m，且当轿厢完全压实在缓冲器上时应同时满足：

①底坑中有足够的空间。该空间的大小以能放进一个不小于0.5m×0.6m×1.0m的矩形块为准，矩形块可以任何一面着地。

②轿厢最低部分之间的净空距离（除下面述及的以外），应不小于0.5m。

③导靴或滚轮、安全钳楔块、护脚板或垂直滑动门的部件之间的净空距离不得小于0.1m。

2）底坑承受力（单位N）。首先要考虑到安全钳或缓冲器动作瞬间，底坑底部的反作用力，具体可按下述方法计算：轿厢缓冲器底座下部40（$P+Q$），对重缓冲器底座下部$40G$，每根导轨底部$10D_0+F$。式中D_0为导轨质量，单位为kg；F为安全钳动作时，每根导轨上产生的作用力，单位N。对滚柱式以外的瞬时式安全钳，$F=25(P+Q)$；对渐进式安全钳，$F=10(P+Q)$；对滚柱瞬时式安全钳，$F=15(P+Q)$。其中P是空载轿厢及其支撑的其他部件质量之和，单位为kg；Q是额定载重量，单位为kg；G是对重重量，单位为kg。

电梯井道最好不要设置在人们能到达的空间。如果轿厢或对重底下确有人员到达的空间，底坑的地面至少按5000Pa载荷设计，并且对重应设置安全钳装置，防止出现对重高速冲击缓冲器的情况。当对重无安全钳时，对重缓冲器必须安装在一直延伸到坚固地面上的实心桩墩上。

（5）井道内的防护　在底坑中对重运行的区域应设刚性隔障防护，该隔障从电梯底坑地面上不大于0.30m处向上延伸到至少2.50m的高度，其宽度应至少为对重（或平衡重）宽度两边各加0.10m。

装有多台电梯的井道中不同电梯的运动部件之间也应设置隔障，这种隔障应至少从轿厢、对重（或平衡重）行程的最低点延伸到最底层站楼面以上2.50m高度。宽度尺寸以能防止人员从一个底坑通往另个底坑为宜。

如果轿厢顶部边缘和相邻电梯的运动部件（轿厢、对重）之间的水平距离小于0.50m，这种隔障应该贯穿整个井道，其宽度至少为该运动部件或运动部件的需要保护部分的宽度每边各加0.10m。

三、电梯在建筑物中的位置

电梯是建筑物最为引人注目的设备，它应与建筑物的布置和装饰相协调。电梯在建筑物中的位置安排，建筑设计师是有充分研究的。一般应遵循以下几个原则。

1）因为电梯是大部分出入建筑物的人经常使用的交通工具，所以要设置在最容易看到的地方。要从运行效率、缩短候梯时间以及降低建筑费用等方面综合考虑，最好把电梯集中在一个地方，而不要分散设置。

2）从电梯使用方便角度考虑，可将电梯对着正门或大厅入口并列设置。

3）可以将电梯设置在正门或大厅通路的旁侧或两侧。这时靠近正门或大厅入口的电梯利用率就高，较远的利用率就低。为了防止这种情况，需要将电梯指定服务层，使各电梯服务均等。

4）在百货大楼中，电梯最好集中设置在售货区一端容易看到的地方。当电梯同扶梯并排安放时，应当通过分析来决定两者的位置。

5）在超高层建筑物中，电梯的数量可能多达数十台，所以必须特别注意它们的布置形式，一般可采取分区运行的方法，将梯群分成高、中、低运行梯组。此时电梯都将集中设置在建筑物的中央。

总之，建筑物中的电梯布置，应尽量便于乘客使用，应能缩短平均使用等候时间，提高运行效率。

单元二 电梯曳引原理及机械结构

2

模块一 电梯曳引的基本原理

一、曳引式提升机构

1. 曳引式电梯提升机构的优越性

曳引式提升机构是世界上电梯行业广泛采用的提升形式。在曳引式提升机构中，钢丝绳悬挂在曳引轮上，其一端与轿厢连接，另一端与对重连接（平衡重）。曳引轮转动时，使曳引钢丝绳与曳引轮之间产生摩擦力，从而带动电梯轿厢上、下升降，如图 1-2-1 所示。

由于悬挂轿厢和对重的曳引钢丝绳与曳引轮绳槽间有足够的摩擦力来克服任何位置上的轿厢侧和对重侧曳引钢丝绳上的拉力差，因此保证了轿厢和对重随着曳引轮的正转和反转不断地上升和下降。曳引式提升机构与卷扬式（又称为强制式）提升机构相比具有以下优越性。

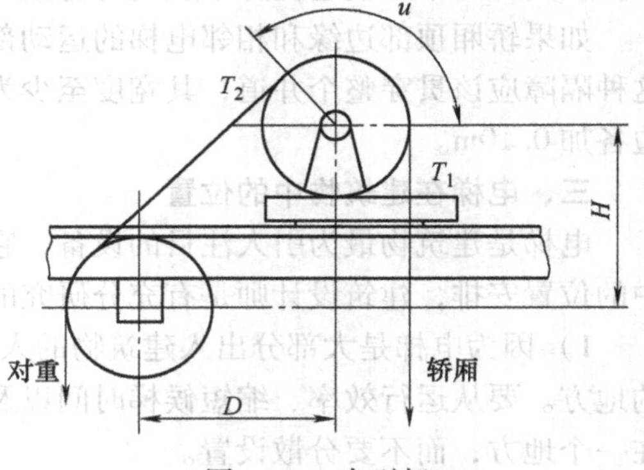

图 1-2-1 曳引架

（1）安全可靠 如果下降中的轿厢或对重因为某种原因冲击底坑中的缓冲器时，曳引式提升机构能自动消失曳引能力，不至于使轿厢或对重继续向上运行直到冲击电梯机房楼板或拉断曳引钢丝绳，造成伤亡事故和财产损失。

（2）允许提升高度大 曳引式提升机构不像卷扬式提升机构那样，随着电梯的上升，曳引钢丝绳不断地一圈一圈地绕在卷筒上，其曳引钢丝绳的长度不受限制，因此，可以实现将轿厢提升到任何实际需要的高度上。

（3）结构紧凑 对于垂直起吊设备，根据规范要求，曳引轮（或卷筒）直径与钢丝绳直径之比不得小于40。

曳引式提升机构可以比较容易地通过增加钢丝绳的根数或减少曳引钢丝绳的直径，从而达到曳引轮直径的减小和使整个提升机构的重量减轻的目的。

由于电梯上曳引钢丝绳都在 3 根以上，因此，电梯上采用曳引式提升机构比卷扬式提升机构的结构更紧凑。

（4）便于选用价格便宜、结构紧凑的高转速电动机 在电梯额定速度一定的情况下，曳引轮直径越小，则需要曳引轮转速越高，与此同时也就要求驱动电动机转速越高。因此，采用曳引式提升机构便于选用结构紧凑、价格便宜的高转速电动机。

2. 常见的曳引传动结构

（1）常见的曳引传动结构的特点及其应用　目前，电梯生产中常见的最基本的曳引传动结构如图 1-2-2 所示。其中图 1-2-2a 结构最为简单，应用也最为广泛，一般的交流客梯和载重量较小的货梯大多采用这种结构。

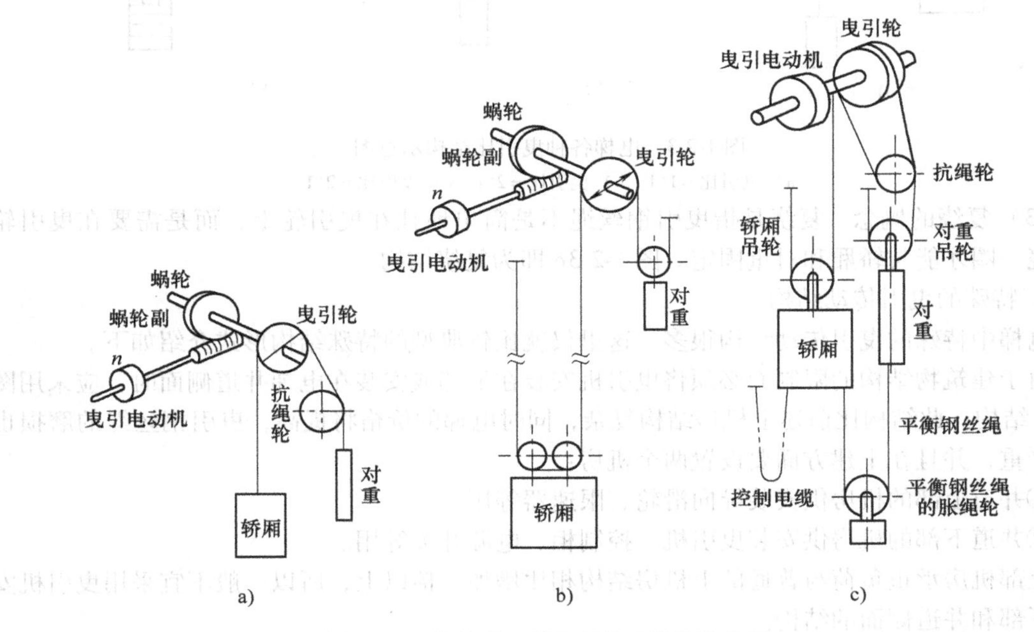

图 1-2-2　常见的电梯曳引传动机构示意图

a）1∶1 绕法的有齿轮电梯　b）2∶1 绕法的有齿轮电梯　c）2∶1 绕法的无齿轮电梯

一般的货梯由于使用并不频繁，对于电梯的提升速度要求不高，但希望载重量能大一些。

在不增加电动机功率的情况下，为了增大货物的载重量降低些电梯的提升速度，这对提高机构的使用效率是有利的，所以载货电梯一般都采用图 1-2-2b 所示的结构。

如果曳引钢丝绳和曳引轮之间的摩擦力表现不足，需要增大曳引钢丝绳在曳引轮上的包角时，就采用复绕式结构，如图 1-2-2c 所示。该结构目前大都应用在高速直流无齿轮电梯上，这里只是讲的一般情况，无齿轮直流电梯也有采用单绕的。采用 GH330、GH400、ZFP420 类型无齿轮曳引机就是单绕的。

（2）曳引比的概念　曳引比是指电梯在运行时曳引钢丝绳的线速度与轿厢升降速度之比值。电梯各种曳引比结构示意图如图 1-2-3 所示。

若曳引钢丝绳的速度等于轿厢的升降速度，我们就称曳引比为 1∶1，图 1-2-3a 即为 1∶1 结构。

若曳引钢丝绳的线速度等于轿厢的升降速度的 2 倍，我们称曳引比为 2∶1，图 1-2-3b、图 1-2-3c 即为 2∶1 结构。

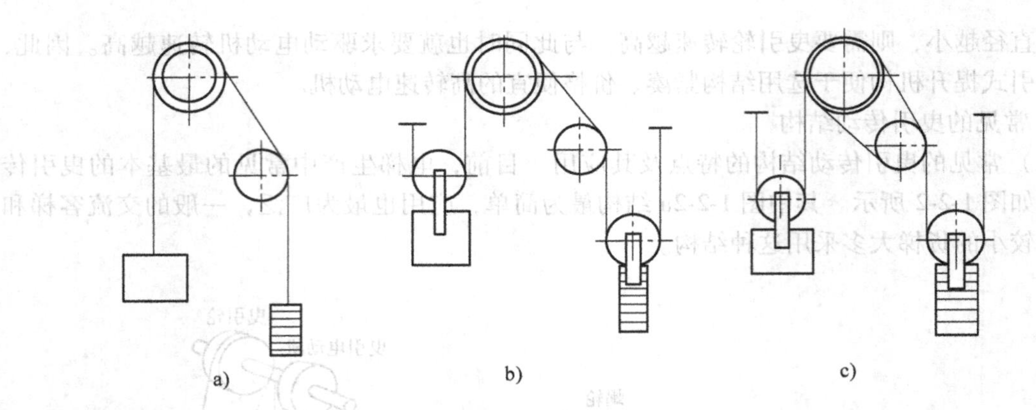

图 1-2-3　电梯各种曳引比结构示意图

a）曳引比 =1∶1　b）曳引比 =2∶1　c）曳引比 =2∶1

（3）复绕的概念　复绕是指曳引钢丝绳不是简单地挂在曳引轮上，而是需要在曳引轮上再绕一圈才能与轿厢和对重固定。图 1-2-3c 即为复绕结构。

3. 特殊的曳引传动结构

电梯中特殊的曳引传动结构很多，这里仅就比较典型的特殊结构形式介绍如下。

由于建筑物结构的限制而必须将曳引机安装在下部或安装在电梯井道侧面时，应采用图 1-2-4a 结构。此结构比前述上机房结构复杂，同时电梯的价格将提高，曳引钢丝绳的磨损也比较严重，并且在土建方面要设置两个机房：

①井道上部的机房供安装导向滑轮、限速器等用。

②井道下部的机房供安装曳引机、控制柜、电源开关等用。

上部机房承重负荷与普通的上机房结构相比增加一倍以上，所以一般不宜采用曳引机安装在下部和井道侧面的结构。

当电梯井道顶层高度不够或只允许电梯轿厢突出顶面的场合，可采用图 1-2-4b 所示结构。此结构较图 1-2-4a 更为复杂，采用时更要慎重。

对于汽车梯之类的各种大型载货电梯可参照采用图 1-2-4c 所示结构。

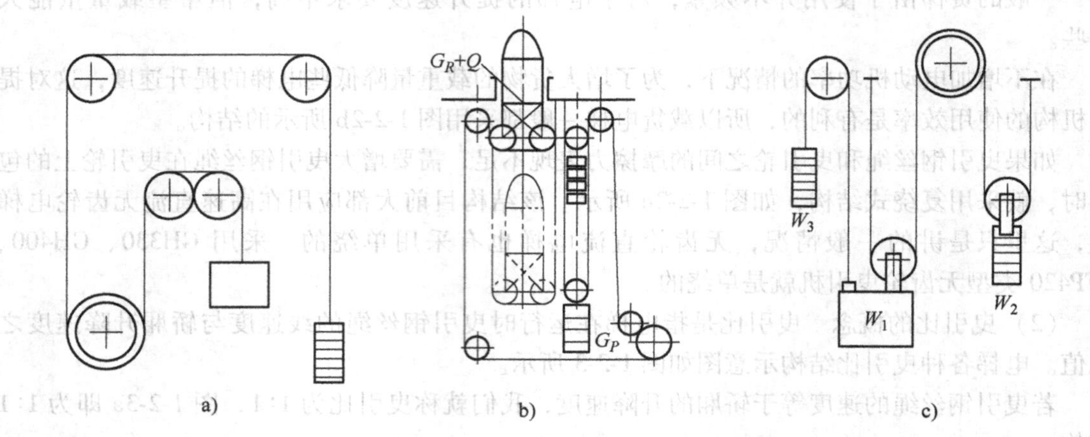

图 1-2-4　各种特殊曳引传动结构示意图

a）曳引机安装在下部或井道侧面　b）在井道顶层高度不够或只允许轿厢突出顶面的场合

c）大型载货电梯的情况

二、电梯的曳引能力

1. 曳引系数

图 1-2-5 所示为提升中的电梯曳引钢丝绳受力简图。

设此时曳引钢丝绳在曳引轮上正处于将要打滑，但还没有打滑的临界平衡状态。

这时曳引钢丝绳悬挂轿厢一端的拉力 T_1 和悬挂对重一端的拉力 T_2 之间应满足什么关系呢?

根据著名的欧拉公式 T_1 与 T_2 之间有如下关系：

$$\frac{T_1}{T_2}=e^{f\alpha} \tag{1-2-1}$$

式中　f——曳引钢丝绳与曳引轮绳槽间的摩擦因数；

α——曳引钢丝绳与曳引轮相接触的一段圆弧所对应的圆心角（rad）（此角度在电梯行业中称为包角）；

e——自然常数，e = 2.71828。

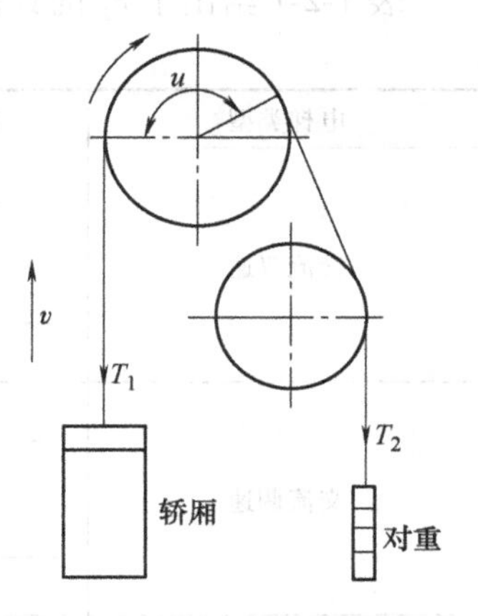

图 1-2-5　电梯曳引钢丝绳受力简图

式中的 $e^{f\alpha}$ 称为曳引系数，曳引系数是一个客观量，它与 f、α 有关。

$e^{f\alpha}$ 限定了 T_1/T_2 的允许比值，$e^{f\alpha}$ 越大，则表明 T_1/T_2 和（T_1-T_2）的允许值越大，也就是表明电梯曳引能力越强。

因此，一台电梯的曳引系数代表了该台电梯的曳引能力。

曳引系数越大，电梯的载货或载客能力就越大。反之，如果曳引系数较小，则电梯的载货或载客能力就较小。

2. 保证电梯正常工作的曳引条件

根据分析和计算，按照国家标准《电梯制造与安装安全规范》（GB 7588—2003）中规定：电梯在下面两种工作状态下应保证曳引钢丝绳在曳引轮绳槽上不出现打滑现象。

1）空载电梯在最高停站处上升制动状态（或下降起动状态）。

2）装有额定载荷的电梯，在最低停站处下降制动状态（或上升起动状态）。

为了满足上面的曳引条件，在设计曳引系数时应按下式进行：

$$\frac{T_1}{T_2}c_1c_2\leqslant e^{f\alpha} \tag{1-2-2}$$

式中　T_1/T_2——在载有 125% 额定载荷的轿厢位于最低层站及空载轿厢位于最高层站的情况下，曳引轮两边曳引钢丝绳中的较大静拉力与较小静拉力之比；

c_1——与加速度、减速度有关的动力系数，$c_1=(g+a)/(g-a)$，g 为自由落体标准加速度，$g=9.8\text{m/s}^2$。a 为轿厢的制停加速度（或起动加速度）（m/s^2）；

c_2——与因磨损而发生的绳槽形状改变有关的系数，对于曳引轮绳槽为半圆形和半圆形下部切口的，$c_2=1$，对于曳引轮绳槽为 V 形的，$c_2=1.2$。

按照《电梯制造与安装安全规范》中的规定，c_1 的最小允许值如下：

c_1 值	电梯额定速度
1.10	$v\leqslant 0.63\text{m/s}$
1.15	$0.63\text{m/s}<v\leqslant 1.00\text{m/s}$

1.20　　1.00m/s < v ≤ 1.60m/s

1.25　　1.60m/s < v ≤ 2.50m/s

表 1-2-1 给出了 c_1 的具体值。

表 1-2-1　c_1 值

电梯类型	额定速度/(m/s)	制动加速度[①]/(m/s²)	c_1
交流双速	≤0.63	0.5	1.107
	>0.63 ≤1.0	0.7	1.154
	>1.0	0.9	1.202
交流调速	≤1.0	1.0	1.227
	>1.0 ≤1.6	1.1	1.253
	>1.6	1.2	1.279
交(直)流无齿轮	≤1.6	1.2	1.279
	>1.6 ≤3.15	1.4	1.333
	>3.15	1.6	1.390

① 紧急刹车时电梯的制动加速度。

对于无司机和有司机乘客电梯，额定载荷的工作情况是不可能出现的。

无司机乘客电梯的轿厢底部都有自动称重装置，超载时将发生超载信号，电梯不能起动。

有司机乘客电梯由于轿厢面积的限制和司机的监督也不可能出现 125% 额定载荷的工作状态。

因此乘客电梯只要空载轿厢在最高停站处上升制动时（或下降起动时）能满足曳引条件式（1-2-2），这台电梯就能满足于正常工作了。

3. 电梯的最大曳引能力

当曳引系数 $e^{f\alpha}$ 已经确定的情况下，电梯的最大曳引力可以通过以下公式估算。

当对重重量等于 $G+0.5Q$ 时，电梯的最大曳引力 Q_{max} 为

$$Q_{max} \leqslant \frac{2Ge^{f\alpha}}{c_1 c_2} - 2(G-P) \tag{1-2-3}$$

式中　G——空载轿厢自重；

Q——额定载重量；

P——对应电梯提升高度这一长度范围内的未被平衡的曳引钢丝绳的重量，当电梯有补偿链或补偿绳装置时，式中的 P 值不存在。

当对重重量已经确定时，电梯的最大曳引力 Q_{max} 为

$$Q_{max} \leqslant \frac{We^{f\alpha}}{c_1 c_2} - G - P \tag{1-2-4}$$

式中　W——对重重量，当电梯有补偿链或补偿绳装置时，式中的 P 值不存在。

4. 允许的轿厢最小自重

当空载轿厢位于最高停站处上升制动时，有

$$\frac{T_1}{T_2}=\frac{G+0.5Q+P}{G} \tag{1-2-5}$$

当装有125%额定载荷的电梯位于最低停站处下降制动时，有

$$\frac{T_1}{T_2}=\frac{G+1.25Q+P}{G+0.5Q} \tag{1-2-6}$$

从式（1-2-5）、式（1-2-6）可以看出：轿厢自重 G 越小越接近 $e^{f\alpha}/(c_1c_2)$，若轿厢自重 G 小到一定程度，则可能出现超过允许值 $e^{f\alpha}/(c_1c_2)$ 的情况。在这种情况下，曳引钢丝绳就要在曳引轮绳槽上产生打滑现象，因此，我们必须限制轿厢最小自重。

1）当电梯曳引比为 $k=\dfrac{e^{f\alpha}}{c_1c_2}\geqslant 1.5$ 时，电梯轿厢最小自重 $G_{\min}$ 为

$$G_{\min}\leqslant\frac{0.5Q+Pk}{\dfrac{e^{f\alpha}}{c_1c_2}-1} \tag{1-2-7}$$

电梯有补偿链或补偿绳装置时，式中 P、k 不存在。

2）当 $\dfrac{e^{f\alpha}}{c_1c_2}<1.5$ 时，电梯轿厢最小自重 $G_{\min}$ 为

$$G_{\min}\geqslant\frac{Q\left[1.25-\dfrac{e^{f\alpha}}{c_1c_2}\times 0.5\right]+Pk}{\dfrac{e^{f\alpha}}{c_1c_2}-1} \tag{1-2-8}$$

电梯有补偿链或补偿绳装置时，式中 P、k 不存在。

三、提高电梯曳引能力的途径

提高电梯曳引能力的途径主要有提高曳引系数 $e^{f\alpha}$（包括增加摩擦系数和增大包角两种方法）和降低 T_1/T_2 的比值。

（1）增加摩擦因数 f　摩擦因数 f 的大小与曳引轮的材料以及曳引轮绳槽的形状有关。目前，电梯上经常采用的曳引轮材料多为QT600-3A球墨铸铁。此材质强度大、韧性好、耐磨损、耐冲击。曳引轮绳槽的形状大致有三种，如图1-2-6所示。

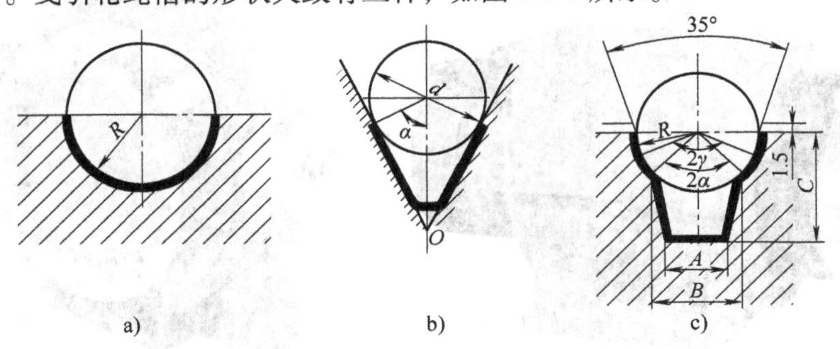

图1-2-6　曳引轮绳槽的形状

a）半圆槽　b）V形槽　c）带切口半圆槽

当曳引轮槽为半圆形时，钢丝绳几乎有半个圆周接触在槽面上，其接触面积大，使用寿命较长，但摩擦力小，曳引力小。

当曳引轮槽为V形时，能有较大的摩擦力，但曳引钢丝绳在运转时磨损较大，同时曳引轮槽因磨损而变形，因此，此种曳引槽很少使用。

当曳引轮槽为带切口半圆槽时，曳引轮不但摩擦力大，而且可使曳引钢丝绳在槽内运行自如，可获得较大的曳引力，所以，此种槽形的曳引轮在电梯上被广泛应用。

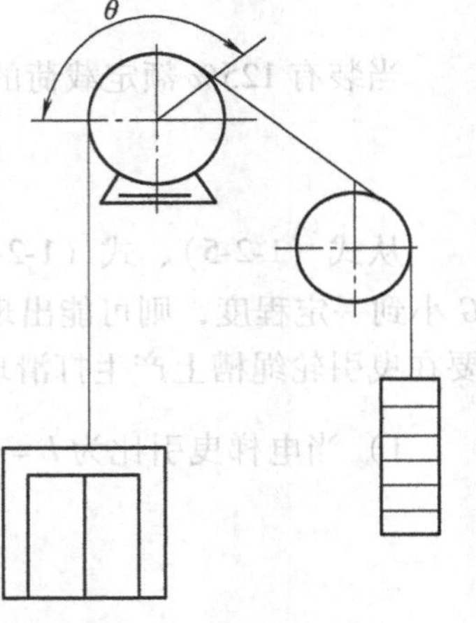

图1-2-7　包角示意图

（2）增大包角　包角是指曳引钢丝绳经过曳引轮槽内所接触的弧度，用θ表示（图1-2-7）。包角越大，摩擦力就越大，曳引力也随之增大，提高了电梯的安全性。要想增大包角，就必须合理地选择曳引钢丝绳在曳引轮槽内的缠绕方法。目前，曳引钢丝绳在曳引轮槽内缠绕的方法有两种，即半绕式（又称为直绕式，见图1-2-2a）和全绕式（又称为复绕式）。增大包角，提高曳引力就应采用全绕式（见图1-2-2b、c）。

（3）降低T_1/T_2比值　具体做法是增加轿厢自重或合理选择平衡链和平衡绳装置。

模块二　电梯曳引机的结构

电梯曳引机通常由电动机、制动器、减速器（无齿轮电梯没有减速器）、曳引轮等组成，是输出与传递动力，使电梯运行的设备。

一、曳引机的形式

曳引机按有无减速器，可分为无齿轮曳引机和有齿轮曳引机。按曳引轮的支承方式可分为单支承式和双支承式。有齿轮曳引机的减速器结构若采用蜗杆传动，按蜗轮蜗杆放置位置，分为蜗杆下置和蜗杆上置两种。

（1）无齿轮曳引机　其拖动装置的动力不靠中间的齿轮减速器而直接传递到曳引轮。无齿轮曳引机的外形、结构如图1-2-8、图1-2-9所示。

图1-2-8　无齿轮曳引机的外形

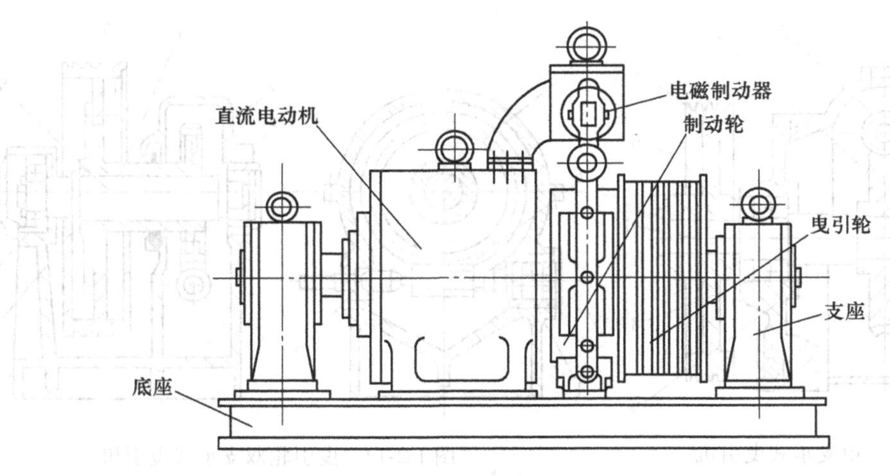

图 1-2-9 无齿轮曳引机结构

无齿轮曳引机一般用直流电动机为动力，用于 2m/s 以上的高速电梯。它具有传动效率高、噪声低等优点，但结构体积大、造价高。目前，也有采用交流同步永磁式电动机拖动的无齿轮电梯曳引机，其优点是体积小、质量轻、振动小、能耗低，并具有平滑运行和乘载舒适感。

（2）有齿轮曳引机　其拖动装置的动力通过中间齿轮减速器传递到曳引轮，具有降低电动机输出转速、提高输出力矩的作用，如图 1-2-10 所示。有齿轮曳引机配用的电动机有交流式和直流式。

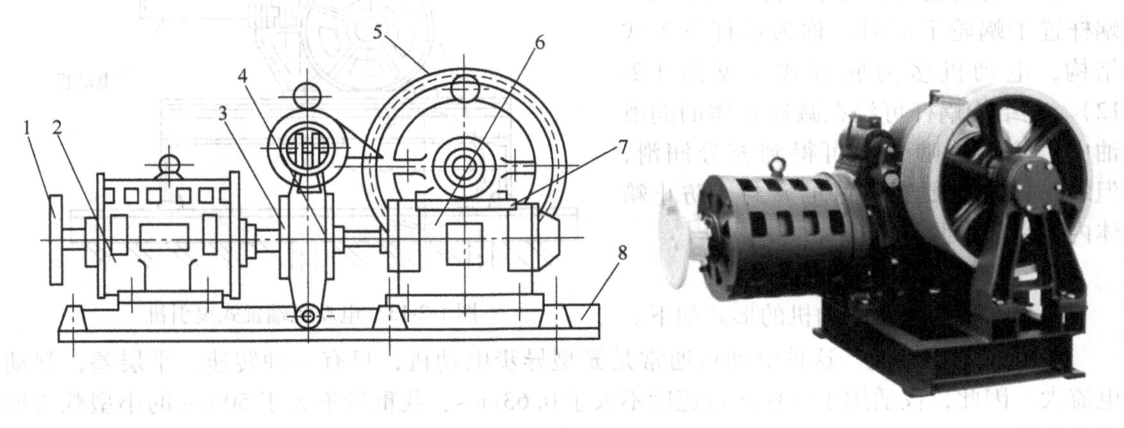

图 1-2-10 有齿轮曳引机

1—手轮 2—电动机 3—制动轮 4—电磁制动器 5—曳引轮 6—减速器 7—垫片 8—底座

（3）曳引轮单支承式曳引机　此种曳引机又称为悬臂式曳引机，如图 1-2-11 所示，曳引轮安装在主轴伸出端，结构简单轻巧，但载重量较小，一般用于额定载重量不大于 1000kg 的电梯。

（4）曳引轮双支承式曳引机　如图 1-2-12 所示，曳引机的主轴两端都有支承，能适应大的载重量的电梯。

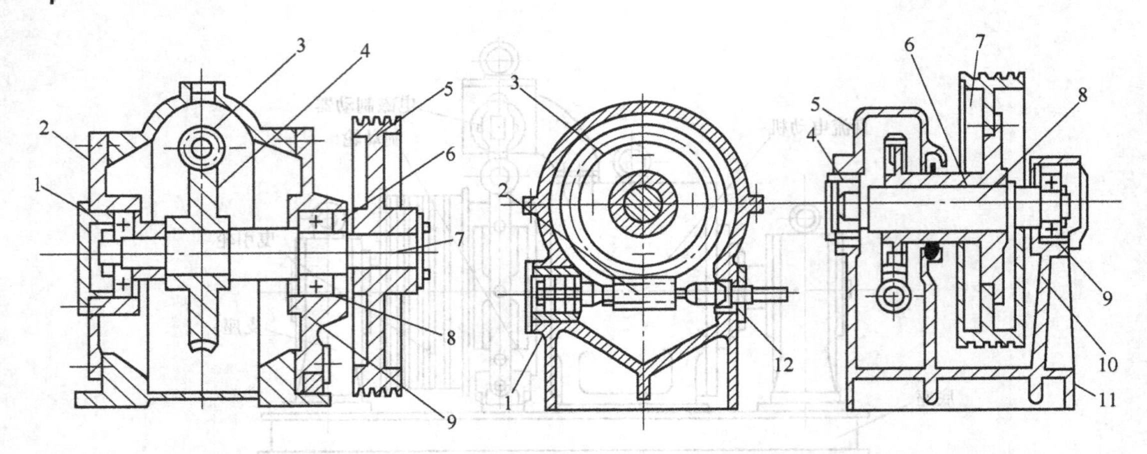

图 1-2-11　单支承式曳引机
1—轴承　2—端盖　3—蜗杆　4—蜗轮　5—曳引轮　6—密封圈　7—主轴　8—轴承　9—端盖

图 1-2-12　曳引轮双支承式曳引机
1—轴承　2—蜗杆　3—蜗轮　4—轴承盖　5—上箱体　6—套筒　7—曳引轮　8—主轴　9—偏心套　10—支座　11—下箱体　12—密封圈

（5）有齿轮蜗轮蜗杆上置式曳引机　蜗杆置于蜗轮上面的称蜗杆上置式结构，如图 1-2-11 所示。此结构在蜗轮蜗杆齿的啮合面不易进入杂物，但润滑性较差，必须采用高黏度齿轮油润滑。对于这种结构的电动机多采用端置式，安装维修方便，如图 1-2-13 所示。

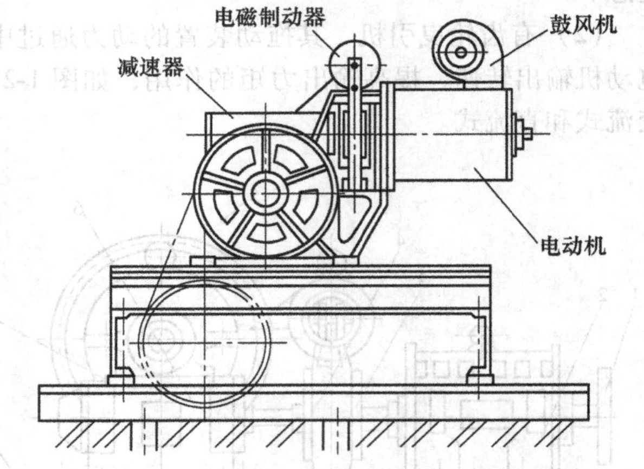

图 1-2-13　电动机端置式曳引机

（6）有齿轮蜗轮蜗杆下置式曳引机　蜗杆置于蜗轮下面时，称为蜗杆下置式结构，电动机多为底置式（见图 1-2-12）。此结构蜗杆可浸在减速箱体的润滑油中，使齿的啮合面可得到充分润滑，但蜗杆伸出端要有良好的密封，防止箱体内润滑油渗漏。

二、电动机

电梯上常用交流电动机的形式如下。

（1）单速电动机　这种电动机通常是笼型异步电动机，只有一种转速，平层差，起动电流大。因此，仅适用于电梯运行速度不大于 0.63m/s、载重量不大于 500kg 的小型载货梯或杂物梯。

（2）双速电动机　双速双绕组笼型或绕线转子异步电动机，用于拖动电梯较为普遍。

1）笼型电动机常用于额定速度不大于 1m/s 的国产双速电梯。电动机极数为 4/16 或 6/24，转速比为 4∶1。高速绕组用于起动、运行，起动时采用定子串电抗或电阻的办法减压，然后再短接电抗或电阻；低速绕组用于减速过程和检修运行，电梯减速时，高速绕组断电，低速绕组通电，切换时电动机转速高于低速绕组的同步转速，电动机进入发电制动状态，转速迅速下降。

2）线绕转子异步电动机除了定子绕组外，转子中也嵌入高速绕组和低速绕组，通过换向器与外部电阻相连。这种结构的电动机在降低发热和提高效率方面均优于笼型电动机，但是，制造成本相应提高。

（3）三速电动机　这种电动机定子绕组内有三个不同的极对数的绕组，经常用的有两种：一种是6/8/24极，另一种是6/4/24极。前者多了一个8极绕组，主要作为电梯制动减速时的附加制动绕组，使减速开始的瞬间具有较好的舒适感，从而简化制动减速时的控制元件；后者的作用是6极绕组作为起动绕组，以限制起动电流，待电动机转速达到650r/min时，自动切换到4极绕组，作为正常稳速运行，而24极绕组作为制动减速与平层停车所用。

电动机增加极对数主要是为了调速需要，但是，电梯的运行速度不断提高，仅靠变极调速已不能适应电梯发展的需要。电动机的极数多，制造工艺复杂、成本高。近年由于调压（调频）调速技术的快速发展，三速电动机在电梯上已很少使用。

过去曾广泛使用电梯速度为1.0～2.0m/s的直流快速电梯。所谓直流快速电梯就是运行速度不超过2.0m/s的一种性能较为良好的中速电梯。但这种直流快速电梯通常是由直流发电机组、直流电动机所组成的一个驱动系统，在现在能源十分紧缺的情况下，这种电能消耗大、机组结构复杂、初期投资成本大的低效率的直流快速电梯已逐渐被节约能源、成本低、维护保养方便而又高效率的交流调速电梯所取代。为此，1986年8月我国公布建筑机械第一批淘汰产品中明确规定“取消耗能大、结构复杂、机房占地面积大、造价高、噪声大、维护保养费用高的直流发电机组供电的直流快速电梯，应以交流调速电梯和晶闸管供电的直流快速电梯所取代”。

三、制动器

电梯必须设有制动系统，在出现动力电源失电或控制电路电源失电时，制动器能自动动作，以保证电梯安全运行。为此，制动系统应具有一个机-电式制动器（摩擦型）。

（1）制动器结构形式　通常制动器的制动作用应由导向的压缩弹簧或重锤来实现。制动力矩应足够使以额定速度运行并载有25%额定载重量的轿厢制停。制动器的松开可由电磁操纵。

如果向上移动具有额定载重量的轿厢，所需的操作力不大于400N。电梯驱动主机应装设手动紧急操作装置。这种装置只需用一持续力就能使制动器保持松开状态，以便借用平滑的盘车手轮将轿厢移到一个层站。

1）图1-2-14所示为卧式电磁制动器，由一组弹簧、带有制动衬垫的制动闸瓦、制动臂及电磁铁组成。当电磁线圈通电时，制动器松闸；当电磁线因失电，制动闸瓦由弹簧压紧于制动轮而产生制动力矩。

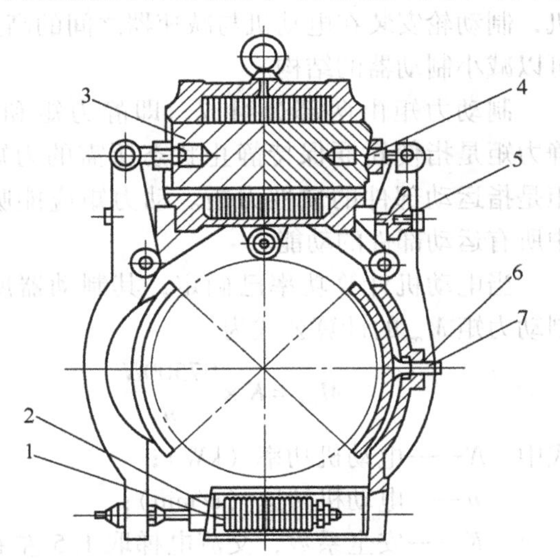

图1-2-14　卧式电磁制动器

1—制动弹簧　2—偏斜套　3—铁心　4—锁紧螺母　5—限位螺钉　6—连接螺栓　7—蝶形弹簧

2）图1-2-15所示为立式电磁制动器，是具有两个制动闸瓦的外抱式制动器。为提高制动的可靠性，可以对所有参与向制动轮（或盘）施加制动力的制动器部件分两组装设，以满足当一组部件不起作用时，制动轮（或盘）

上仍能获得足够的制动力，使载有额定载重量的轿厢缓速下行。

a)

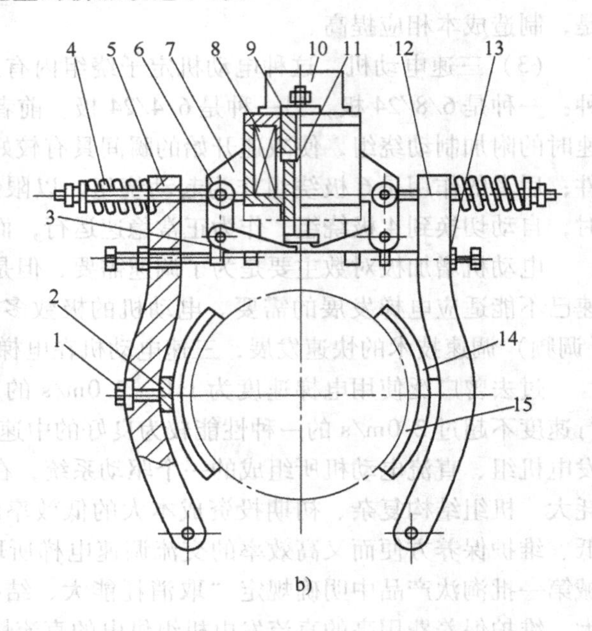

b)

图 1-2-15　立式电磁制动器

a）外形　b）结构

1—连接螺钉　2—球头面　3—转臂　4—制动弹簧　5—拉杆　6—销钉　7—电磁铁座　8—线圈　9—动铁心　10—罩盖　11—顶杆　12—制动臂　13—顶杆螺栓　14—闸瓦块　15—制动带

3）图 1-2-16 所示为内胀式制动器，是用于大型的无齿轮曳引机上的制动器。

（2）制动力矩　对于无齿轮曳引机，制动轮直接安装在电动机轴上，对于有齿轮曳引机，制动轮安装在电动机与减速器之间的高速输入轴上，因在此输入轴上的制动力矩较小，可以减小制动器的结构。

制动力矩由两部分组成，即静力矩和动力矩。静力矩是指使轿厢保持静止状态所需的力矩，动力矩是指运动部件的惯性力矩。动力矩应能吸收系统中所有运动部件的动能。

当电动机计算功率已确定，其制动器所需要的制动力矩 M_{res} 的计算公式为

$$M_{res}=K\times\frac{97500N}{n} \qquad (1\text{-}2\text{-}9)$$

式中　N——电动机功率（kW）；

n——电动机转速（r/min）；

K——安全系数，交流电梯取 1.5 左右；直流电梯取 1～1.2。

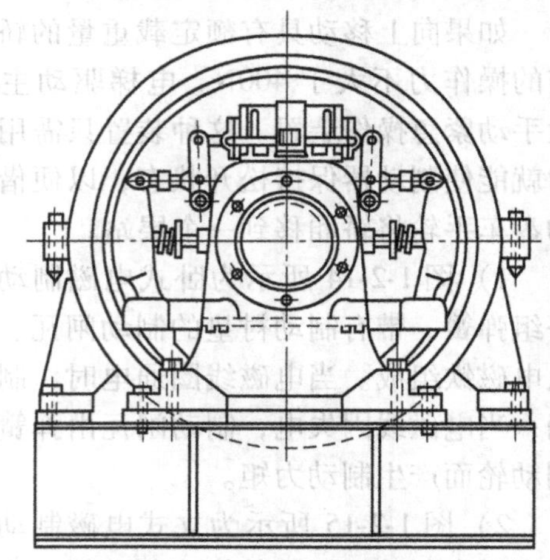
图 1-2-16　内胀式制动器

四、减速器

减速器是应用于原动机和工作机之间的独立的闭式传动装置。减速器的种类很多，用以

满足各种机械传动的不同要求，有齿轮电梯的曳引机选用的减速器有如下几种。

（1）蜗杆传动　蜗杆结构减速器，传动速比较大，运行较平稳，且结构紧凑和噪声较小。其缺点是传动效率较低和发热量较大。蜗杆结构减速器有蜗杆下置、蜗杆上置和立式蜗杆传动，其中以蜗杆下置式使用效果好（见图 1-2-12）。

蜗杆减速器以蜗杆的形状分为圆柱形蜗杆传动和圆弧面蜗杆传动，如图 1-2-17 所示。圆柱形蜗杆的特点是加工方法简单；圆弧面蜗杆因为蜗杆的圆弧曲面包围蜗轮，使啮合的齿面增多，从而增强传动能力。

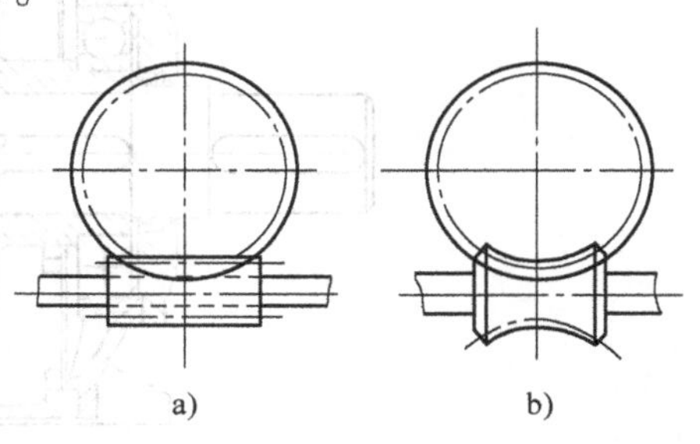

图 1-2-17　蜗杆传动
a）圆柱形蜗杆传动　b）圆弧面蜗杆传动

（2）斜齿轮传动　斜齿轮结构减速器传动效率高，曳引机整体尺寸小、重量轻。在调频调压（VVVF）高速电梯中，由于蜗杆传动在速比上无法适应要求而采用斜齿轮传动结构，如图 1-2-18 所示。用于电梯曳引机的减速器斜齿轮，应有比普通使用的齿轮更高的质量，从安全考虑应确保机械的强度和可靠性。

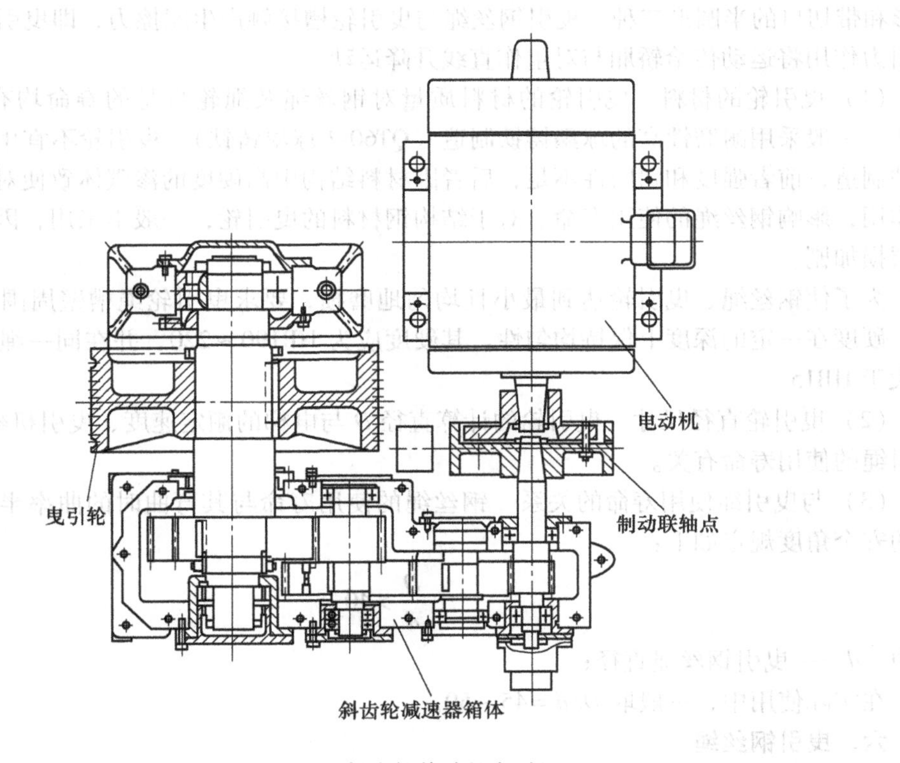

图 1-2-18　用斜齿轮传动的曳引机

（3）行星齿轮传动　行星齿轮结构减速器传动速比大，传动效率高，曳引机整体尺寸小、重量轻。由于行星齿轮结构减速器的重量与体积仅为普通减速器的 1/6 ~ 1/2，所以应用日益广泛。但行星减速器结构复杂，制造精度要求高，如图 1-2-19 所示。

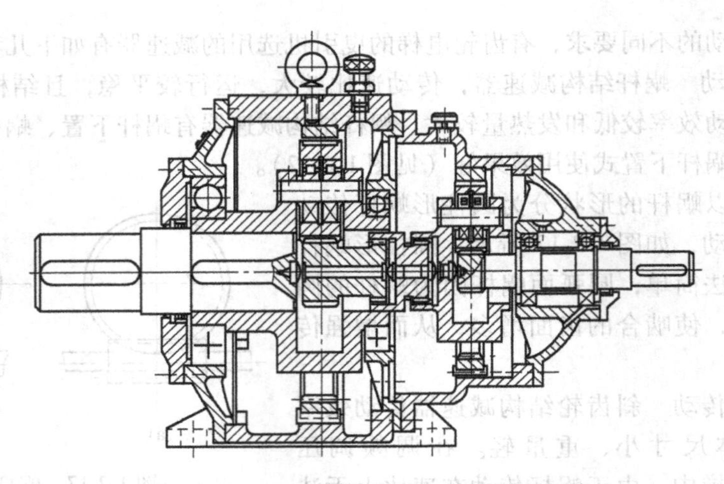

图 1-2-19　NGW 两级行星齿轮结构减速器

五、曳引轮

曳引轮是曳引机上的驱动轮。轮缘上经车削加工制成绳槽，常用绳槽的形状有半圆形、V 形和带切口的半圆形三种。曳引钢丝绳与曳引轮槽接触产生摩擦力，即曳引力，从而通过曳引力作用将运动传给轿厢与对重作直线升降运动。

（1）曳引轮的材料　曳引轮的材料质量对钢丝绳及绳轮自身的寿命均有很大的影响。因此，一般采用耐磨性高的球墨铸铁制造（QT60-2 球墨铸铁）。曳引轮不宜用灰铸铁和合金铸铁制造，前者强度和耐磨性不足，后者因材料结构中高硬度的渗碳体致使对钢丝绳产生切削作用，影响钢丝绳的使用寿命。对于结构钢材料的曳引轮，一般不采用，因其会使钢丝绳的磨损加剧。

为了使钢丝绳、曳引轮达到最小且均匀地磨损，要求曳引轮绳槽壁周围的材料金相组织、硬度在一定的深度上保持均匀性。其硬度应为 HB190 ~ 220，并在同一绳轮上的硬度差不大于 HB15。

（2）曳引轮直径尺寸　曳引轮的计算直径 D 与电梯的额定速度、曳引机额定工作力矩、曳引绳的使用寿命有关。

（3）与曳引绳使用寿命的关系　钢丝绳的使用寿命与其弯曲时的曲率半径有关，从电梯的安全角度规定如下：

$$\frac{D}{d}>40 \tag{1-2-10}$$

式中　d——曳引钢丝绳直径；

在实际使用中，一般取 $D/d=45\sim50$。

六、曳引钢丝绳

电梯用钢丝绳主要指曳引用钢丝绳。曳引绳承受着电梯的全部悬挂重量，并在电梯运行中绕着曳引轮、导向轮或反绳轮作反复的弯曲。钢丝绳在绳轮槽中承受着较高的比压，并频繁承受电梯起、制动时的冲击。据此工作状况，电梯用钢丝绳的结构应具有较高的强度、挠性及耐磨性。曳引钢丝绳的结构和技术要素如下。

1. 钢丝绳生产制造标准

电梯用钢丝绳一般是圆形股状结构，主要由钢丝、绳股和绳芯组成。钢丝是钢丝绳的基本组成件，钢丝材料由含碳量为0.4%～1%（质量分数）的优质钢制成。为了防止脆性，材料中硫、碘等杂质的含量不应大于0.035%（质量分数）。当整个钢丝绳中钢丝的抗拉强度相同时，称为单一抗拉强度钢丝绳。当钢丝绳中外层钢丝与内层钢丝的抗拉强度不同时，称为双强度钢丝绳。制绳用钢丝应符合《电梯钢丝绳用钢丝》（YB/T 5198—2004）的规定。

钢丝绳股由钢丝捻成，电梯常用的是6股和8股。绳芯的材料通常由植物剑麻纤维或聚烯烃类（聚丙烯或聚乙烯）的合成纤维制成，能起到支撑固定绳和提高钢丝绳韧性的作用，而且能储存滑润剂达到防锈效果。钢丝绳的结构和直径，应符合国家标准《电梯用钢丝绳》（GB 8903—2005）规定。

钢丝绳的捻制方法为右交互捻。若使用方有其他捻法的要求，可另外注明。

2. 钢丝绳的结构和技术的新发展

图1-2-20所示为塑芯电梯绳，取代了传统的8×19纤维芯或麻芯的电梯绳。因为它具有普通电梯绳的结构和抗拉强度，外层钢绞线含固体塑胶芯，金属绳芯部分由平行钢绞线组成。外层钢丝抗拉强度为1370N/mm^2，内层钢丝抗拉强度为1770N/mm^2，而且交互捻结构的延伸率很低，永久性延伸率为0.08%，它是麻芯电梯绳的1/8～1/6（在相同条件下比较结果），所以安装后很少或无需再进行紧绳和张拉调节。

图1-2-21所示为抗旋扭电梯绳，其钢丝间即线接触的金属绳芯钢丝和外层钢绞线钢丝之间，存在一种精确的几何结构。这种结构，使该种绳索的使用寿命大大超过普通电梯绳，这主要是绳索内层钢绞线的捻向和外层钢绞线的捻向相反所产生的效果，解决了绳索在绳轮槽内的旋扭现象，从而控制了瞬间打滑。

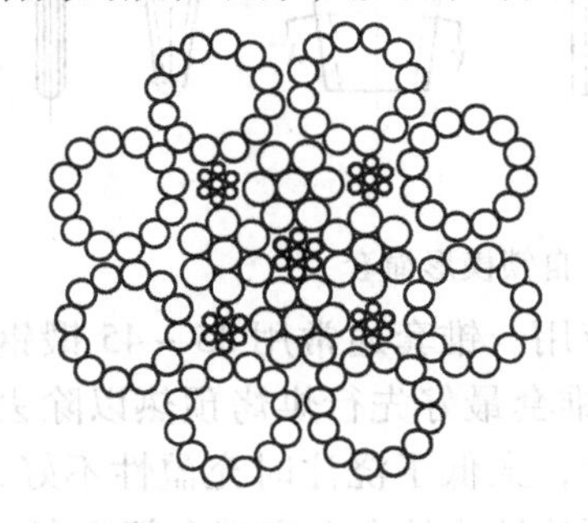

图1-2-20 塑芯电梯绳

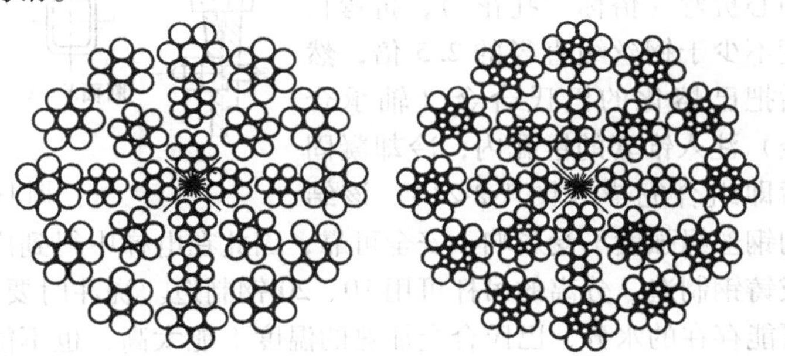

图1-2-21 抗旋扭电梯绳

3. 曳引钢丝绳的端接装置

曳引绳的两端要与轿厢、对重或机房的固定结构相连接，这连接装置即为绳端接装置，一般称为绳头组合。

《电梯安装验收规范》（GB/T 10060—2011）中规定：曳引绳头组合应安全可靠，并使每根曳引绳受力相近，其张力与平均值偏差均不大于5%，且每个绳头锁紧螺母均应安装有锁紧销。可以通过调节绳头组合上的螺母来调节钢丝绳的张力，当螺母拧紧时，弹簧受压，曳引钢丝绳的拉力随之增大，曳引绳被拉紧。反之，当螺母放松时，弹簧伸长，曳引钢丝绳受力减小，曳引绳就变得松弛。

端接装置不仅用以连接钢丝绳和轿厢等结构，还要缓冲工作中曳引绳的冲击负荷、均衡各根钢丝绳中的张力并能对钢丝绳的张力进行调节。端接装置的连接必须牢固，《电梯制造与安装安全规范》（GB 7588—2003）要求：钢丝绳与其端接装置的结合处至少应能承受钢丝绳最小破断负荷的80%。

电梯中常用的连接钢丝绳与绳头端接装置的方法有以下几种。

（1）绳夹　用绳夹固定绳头是十分方便的方法（图1-2-22），但必须注意绳夹规格与钢丝绳直径的配合和夹紧的程度。固定时必须使用三个以上绳夹，而且U形螺栓应卡在钢丝绳的短头。绳夹的连接由于强度不稳定，一般只用在杂物梯上。

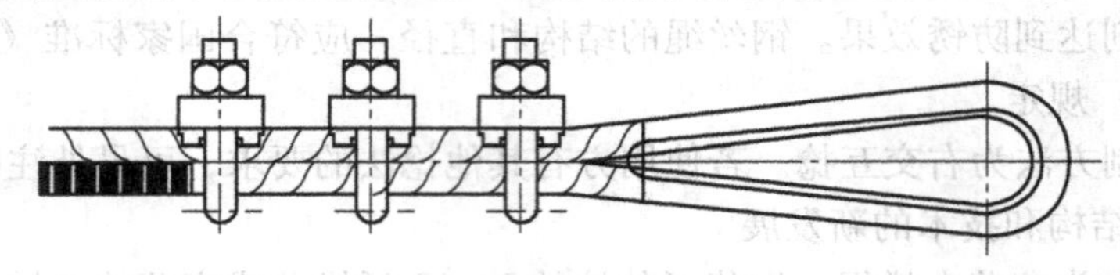

图1-2-22　绳夹

（2）自锁楔形绳套　依靠楔块与套筒孔斜面配合（图1-2-23），在拉力作用下自动锁紧。它结构简单，装拆方便，因此在电梯上得到越来越多的应用。

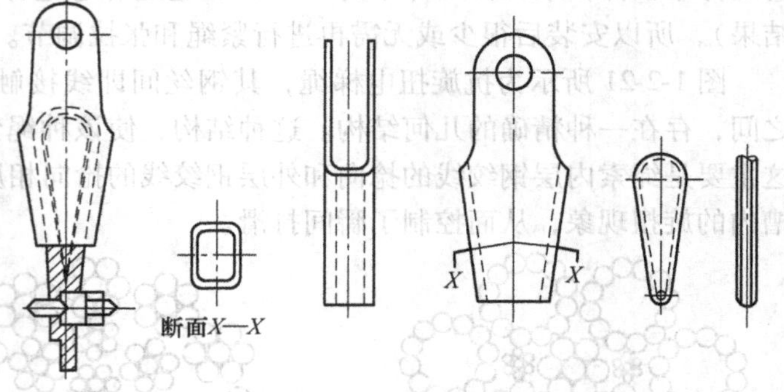

图1-2-23　自锁楔形绳套

（3）浇灌锥套　先将钢丝绳穿过锥形套筒内孔，将绳头拆散剪去绳芯洗净油污，将绳股或钢丝向绳中心折弯（俗称“扎花”），折弯长度不少于钢丝绳直径的2.5倍，然后把已熔化的巴氏合金（轴承合金）注入锥套的锥孔内，冷却凝固后即组合完毕（图1-2-24）。该结构钢丝绳强度不受影响，安全可靠，因此在电梯中得到广泛应用。锥套通常用35～45锻钢或铸钢制造，分离的吊杆可用10、20钢制造。浇注时要注意锥套最好先行烘烤预热以除去可能存在的水分，巴氏合金加热的温度不能太高，也不能太低，太低了浇注时充盈性不好，太高易烧伤钢丝绳，一般为330～360℃。浇注要一次完成，要让熔化的合金充满全部锥套。

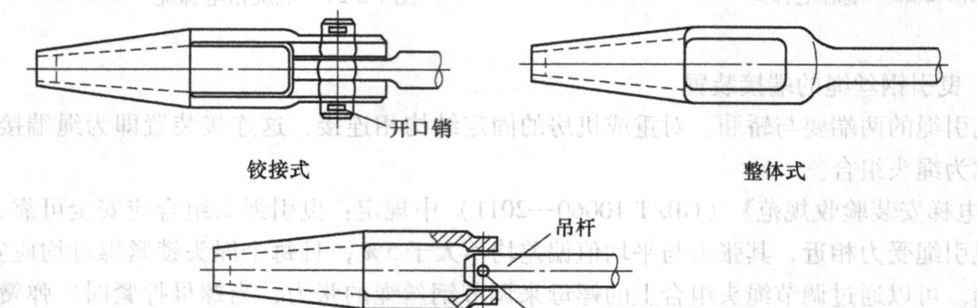

图1-2-24　浇灌锥套的结构

模块三　轿厢和平衡系统

一、轿厢

轿厢是用来运送乘客或货物的电梯组件。轿厢由轿厢架和轿厢体两大部分组成，其总体结构如图 1-2-25 所示。

（1）轿厢架　轿厢架是轿厢的承载结构，轿厢的负荷（自重和载重）由它传递到曳引钢丝绳。当安全钳动作或蹲底撞击缓冲器时，还要承受由此产生的反作用力，因此轿厢架要有足够的强度。

轿厢架一般由上梁、立柱、底梁和拉条等组成。轿厢架一般采用槽钢制成，也有用钢板弯折成形代替型钢的，其优点是重量轻、成本低、轿厢架各个部分之间采用焊接或螺栓紧固连接。拉条的作用是固定轿底，防止因轿底载荷偏心而造成轿底倾斜。如果电梯采用1∶1绕法，在上梁中间还装有绳头板，用以穿入和固定钢丝绳锥套。在轿厢架中，底梁的强度要求最高，轿厢蹾底时，要能承受缓冲器的反力，在额定载荷时挠度不应超过1/1000。

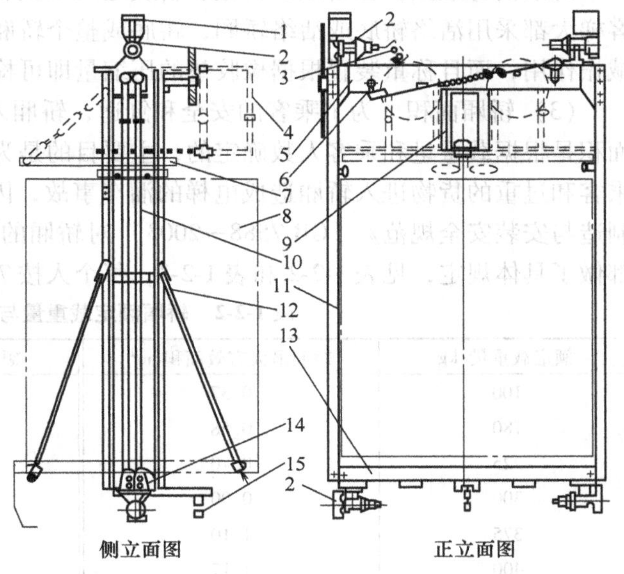

图 1-2-25　轿厢总体结构及其有关构件

1—导轨加油壶　2—导靴　3—轿顶检修箱　4—轿顶安全栅栏　5—轿架上梁　6—安全钳传动机构　7—开门机架　8—轿厢　9—风扇架　10—安全钳拉条　11—轿架立柱　12—轿架拉条　13—轿架底梁　14—安全钳嘴　15—补偿链

（2）轿厢体　轿厢体是形成轿厢空间的封闭围壁，除必要的出入门和通风孔外不得有其他开口，轿厢体由不易燃和不产生有害气体和烟雾的材料制成。

1）轿底板由轿底和框架组成，在地板四周一般设有轿壁围裙板，在前沿有供轿门滑动的地坎。地坎下面在轿门的全部宽度处有钢板制成的护脚板，护脚板的作用一是为了在特殊用途下，电梯开门运行时可以保护脚，二是当电梯停在比层门地面高的位置时，可以挡住轿底下部的空洞，防止人员跌落井道。《电梯制造与安装安全规范》（GB 7588—2003）要求：护脚板垂直部分的高度不应小于0.75m，护脚板的垂直部分以下应成斜面向下延伸，斜面与水平面的夹角应大于60°，该斜面在水平面上的投影深度不得小于20mm。

2）轿壁用厚度1.2～1.5mm的薄钢板制成，表面用喷涂或贴膜装饰，或用不锈钢板制成。《电梯制造与安装安全规范》（GB 7588—2003）要求轿壁强度为：在5cm^{2}的面积上作用300N的垂直力，应无永久变形，弹性变形（凹陷深度）不大于15mm。观光梯的玻璃轿壁，应使用压层玻璃，并经摆锤冲击试验合格，若在轿底上1.1m高度内使用玻璃轿壁的，则应在0.9～1.1m范围内设置安装在其他结构上的扶手。

3）轿顶用薄钢板制成，由于轿顶要供紧急出入，安装和维修时也需要站立，因此要求有足够的强度，轿顶能支撑两个携带工具的人员，即在轿顶的任何位置上均能承受2000N

的垂直力而无永久变形。轿顶应有一块不小于0.12m²、短边不小于0.25m的地方供维修人员站立。轿顶上有时还有安全窗，还应有停止装置（急停开关）、检修运行控制装置、照明和电源插座以及门机和其控制盒。当井道壁离轿顶外缘的水平距离超过0.30m时，在轿顶还应设防护栏。

为了消音减振，在轿顶、轿壁和轿底之间以及轿顶与立柱间，都垫有消音减振橡胶垫。客梯大都采用活络轿底或活络轿厢，轿底或整个轿厢安设在底梁的弹性橡胶垫上，可以起到减振作用，而且称重装置根据橡胶垫的压缩量即可检出轿厢的载荷。

（3）轿厢面积　为了乘客的安全和舒适，轿厢入口和内部的净高度不得小于2m。轿厢面积是根据载重量和乘客人数确定的，主要目的是为了防止因为轿厢面积过大，使得过多的乘客和过重的货物进入轿厢造成电梯的溜车事故，因此轿厢的有效面积应予以限制。《电梯制造与安装安全规范》（GB 7588—2003）对轿厢的最大有效面积与额定载重量、乘客人数都做了具体规定，见表1-2-2和表1-2-3，每个人按75kg计算。

表1-2-2　轿厢额定载重量与最大有效面积

额定载重量/kg	轿厢最大有效面积/m²	额定载重量/kg	轿厢最大有效面积/m²
100	0.37	900	2.20
180	0.58	975	2.35
225	0.70	1000	2.40
300	0.90	1050	2.50
375	1.10	1125	2.65
400	1.17	1200	2.80
450	1.30	1250	2.90
525	1.45	1275	2.95
600	1.60	1350	3.10
630	1.66	1425	3.25
675	1.75	1500	3.40
750	1.90	1600	3.56
800	2.00	2000	4.20
825	2.05	2500	5.00

在乘客电梯中为了保证不会过分拥挤，标准还规定了轿厢的最小面积，见表1-2-3。

表1-2-3　轿厢最小有效面积

乘客人数/人	轿厢最小有效面积/m²	乘客人数/人	轿厢最小有效面积/m²
1	0.28	11	1.87
2	0.49	12	2.01
3	0.60	13	2.15
4	0.79	14	2.29
5	0.98	15	2.43
6	1.17	16	2.57
7	1.31	17	2.71
8	1.45	18	2.85
9	1.59	19	2.99
10	1.73	20	3.13

注：乘客人数超过20人时，每增加1人，增加0.115m²。

二、平衡系统

平衡系统包括对重装置和补偿装置两部分。

对重装置起到相对平衡轿厢重量的作用，它与轿厢相对悬挂在曳引绳的另一端。

补偿装置的作用是：当电梯运行的高度超过30m时，由于曳引钢丝绳和电缆的自重，使得曳引轮的曳引力和电动机的负载发生变化，补偿装置可弥补轿厢两侧重量不平衡，保证轿厢侧与对重侧的重量比在电梯运行过程中不变。

1. 对重装置

对重装置位于井道内，通过曳引绳经曳引轮与轿厢连接。在电梯运行过程中，对重装置通过对重导靴在对重导轨上滑行。对重的作用是：

1）与轿厢重量一起将曳引绳共同压紧在曳引轮的绳槽内，使之产生足够的摩擦力。

2）平衡轿厢侧重量，减小对驱动电机的功率需求。

对重装置由对重架和对重块两部分组成，采用曳引比1∶1和2∶1的对重装置如图1-2-26所示。对重块放入对重架后，需要压板压紧，防止电梯运行过程中发生窜动而产生噪声。

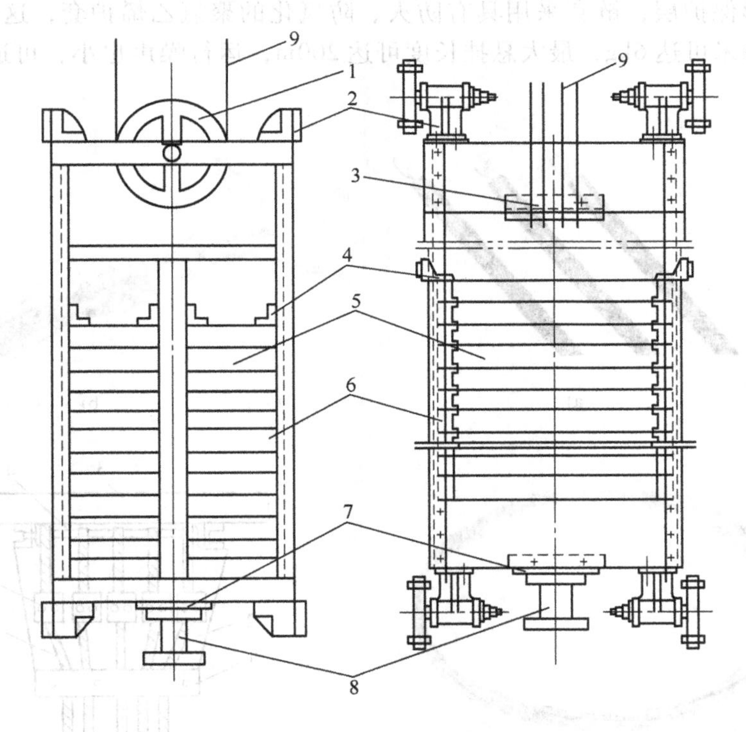

图1-2-26 对重装置

1—对重绳轮 2—对重导靴 3—对重绳头板 4—压板 5—对重块 6—对重架 7—对重调整垫 8—缓冲碰头 9—曳引钢丝绳

对重的总重量一般由下式决定

$$W = P + KQ \tag{1-2-11}$$

式中 W——对重装置的总重量，单位为kg；

P——轿厢自重，单位为kg；

K——平衡系数，取0.4～0.5；

Q——额定载重量，单位为kg。

2. 补偿装置

（1）补偿装置的形式

1）补偿链（图1-2-27b），以铁链为主体，悬挂在轿厢与对重下面。为了减小运行中铁链碰撞引起的噪声，在铁链中穿上了麻绳。这种装置结构简单，但不适用于高速电梯，一般用在速度小于1.75m/s的电梯上。

2）补偿绳（图1-2-27c），以钢丝绳为主体，悬挂在轿厢或对重下面，具有运行较稳定的优点，常用于速度大于1.75m/s电梯上。

为了防止平衡绳在电梯运行过程中的漂移，电梯井道中需设置张紧装置；当速度大于3.5m/s时，平衡绳或张紧装置中需配置防跳装置。

3）补偿缆（图1-2-27a）。补偿缆是近些年常用的一种以铁链为主体、在外层包裹橡胶层的补偿装置。补偿缆的中间有用钢制成的环链，填塞物为金属颗粒与聚氯乙烯的混合物，形成圆形保护层，链套采用具有防火、防氧化的聚氯乙烯护套，这种补偿缆质量大，密度高，每米可达6kg，最大悬挂长度可达200m，运行噪声也小，可适用于各类中、高速电梯。

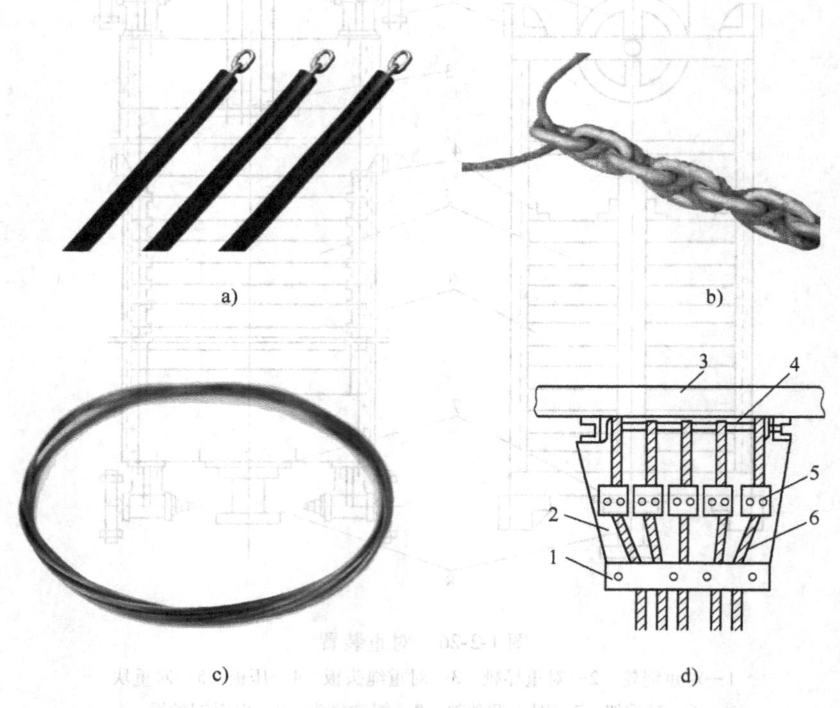

图1-2-27　补偿装置

a）补偿缆　b）补偿链　c）补偿绳　d）补偿绳及其连接

1—定位卡板　2—钢丝　3—轿厢底梁　4—挂绳架　5—绳卡　6—钢丝绳

（2）补偿方法　常用的补偿方法有三种：单侧补偿法、双侧补偿法、对称补偿法，如图1-2-28所示。

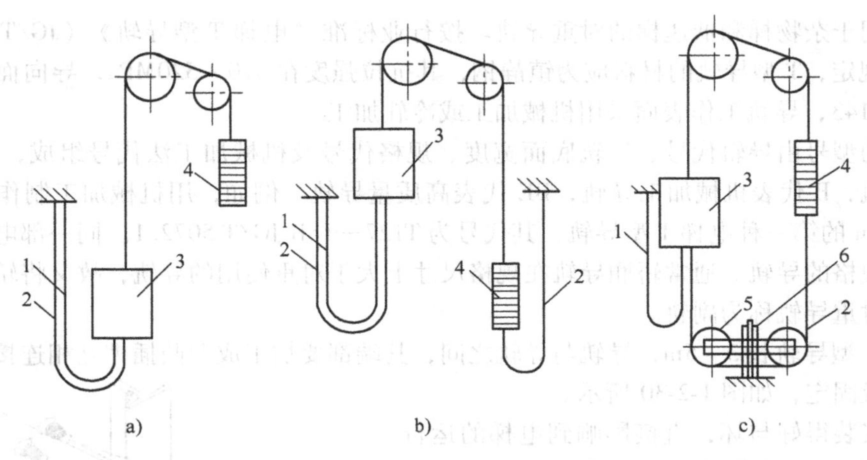

图 1-2-28　补偿方式

a）单侧补偿法　b）双侧补偿法　c）对称补偿法

1—随行电缆　2—补偿绳（链或缆）　3—轿厢　4—对重　5—张紧轮　6—导轨

模块四　引导系统和门系统

一、导向系统

电梯导向系统的功能是限制轿厢和对重的活动自由度，使轿厢和对重只能沿着导轨作升降运动，包括轿厢导向系统和对重导向系统两种，均由导轨、导轨架和导靴三种机件组成。在安全钳动作时，导轨作为支承件吸收轿厢或对重的动能，支撑轿厢或对重。

1. 导轨

电梯常用的导轨有 T 型导轨、空心导轨和热轧型钢导轨，如图 1-2-29 所示。其中，空心导轨只能用于没有安全钳的对重导向，热轧型钢导轨只能用于速度不大于 0.4m/s 的电梯，而 T 型导轨广泛用于各种电梯。

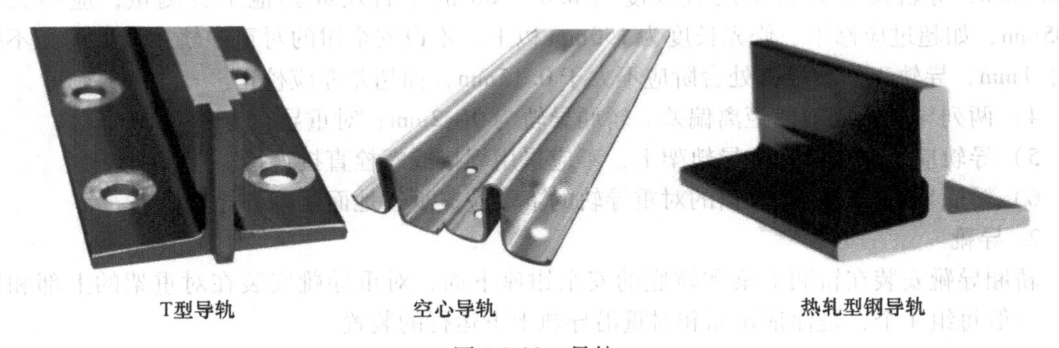

图 1-2-29　导轨

导轨工作面粗糙度对 2m/s 以上额定速度的电梯的运行平稳性有很大影响。导向面和顶面粗糙度要求为 $Ra \leqslant 1.6\mu m$。导轨加工的纹向直接影响其工作面的粗糙度。所以在加工导轨工作面时，通常是沿着导轨的纵向刨削加工，而不采用铣削加工，且刨削后还要磨削。对于采用冷拉加工的导轨面，其粗糙度要求略低于刨削加工，对于工作面粗糙度不作要求的导轨，只能用于杂物梯和低速梯的对重导轨。按行业标准《电梯 T 型导轨》（JG/T 5072.1—1996）的规定，T 型导轨的材料应为镇静钢，其抗拉强度在 370～520MPa，导向面的硬度应不大于 HB143，导轨工作表面采用机械加工或冷轧加工。

导轨的型号由导轨代号、导轨底面宽度、规格代号及机械加工法代号组成，其中 A 代表冷轧导轨，B 代表机械加工导轨，BE 代表高质量导轨。例如，用机械加工制作的底面宽度为 127mm 的第一种电梯 T 型导轨，其代号为 T127—1/B JG/T 5072.1。同一部电梯，经常使用两种规格的导轨。通常轿厢导轨在规格尺寸上大于对重使用的导轨，故又将轿厢导轨称为主轨，对重导轨称为副轨。

每根 T 型导轨长 3～5m，导轨与导轨之间，其端都要加工成凹凸插榫互相连接，并在底部用连接板固定，如图 1-2-30 所示。

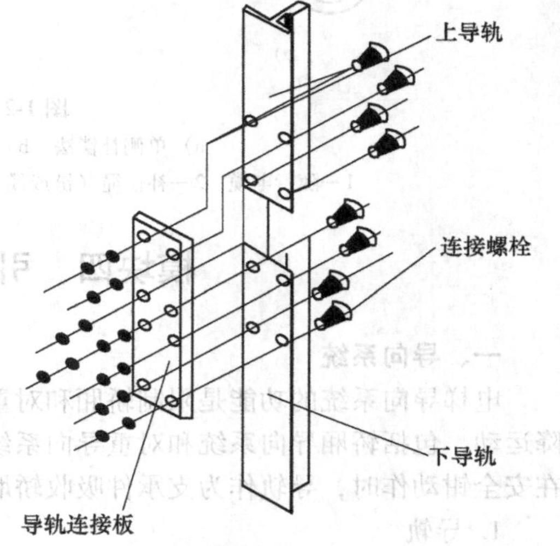

图 1-2-30 导轨的连接

导轨安装得好与坏，直接影响到电梯的运行质量：《电梯安装验收规范》（GB 10060—2011）对导轨的安装质量提出了如下若干规定。

1）电梯冲顶时，导靴不应越出导轨。

2）每列导轨工作面（包括侧面和顶面）对安装基准线每 5m 的偏差均应不大于下列数值：轿厢导轨和设有安全钳的对重导轨为 0.6mm，不设安全钳的 T 型对重导轨为 1.0mm。

在有安装基准线时，每列导轨应相对基准线整列检测，取最大偏差值。电梯安装完成后检验导轨时，可对每 5m 铅垂线分段连续检测（至少测 3 次），取测量值间的相对最大偏差，应不大于上述规定位置处的 2 倍。

3）轿厢导轨和设有安全钳的对重导轨工作面接头处不应有连续缝隙，且局部缝隙不大于 0.5mm，导轨接头处台阶用直线度为 0.01/300 的平直尺或其他工具测量，应不大于 0.05mm，如超过应修平，修光长度为 150mm 以上。不设安全钳的对重导轨接头处缝隙不得大于 1mm，导轨工作面接头处台阶应不大于 0.15mm，如超差亦应校正。

4）两列导轨顶面间的距离偏差。轿厢导轨为 0～2mm；对重导轨为 0～3mm。

5）导轨应用压板固定在导轨架上，不应采用焊接或螺栓直接连接。

6）轿厢导轨与设有安全钳的对重导轨的下端应支承在地面坚固的导轨座上。

2. 导靴

轿厢导靴安装在轿厢上梁和轿底的安全钳座下面，对重导靴安装在对重架的上部和底部，一般每组 4 个，是保证轿厢和对重沿导轨上下运行的装置。

常用的导靴有固定滑动导靴、弹性滑动导靴、滚轮导靴 3 种。

（1）固定滑动导靴（图 1-2-31） 固定滑动导靴主要由靴衬和靴座组成。靴座为铸件或钢板焊接件，靴衬由摩擦因数低、滑动性能好、耐磨的尼龙制成。为增加润滑性能有时在靴衬材料中加入适量二硫化钼。固定滑动导靴的靴头是固定的，在安装时要与导轨留一定的滑动间隙。故在电梯运行中，尤其是靴衬磨损较大时会产生一定的晃动。固定滑动导靴只用于对重和速度低于 0.63m/s 的货梯。

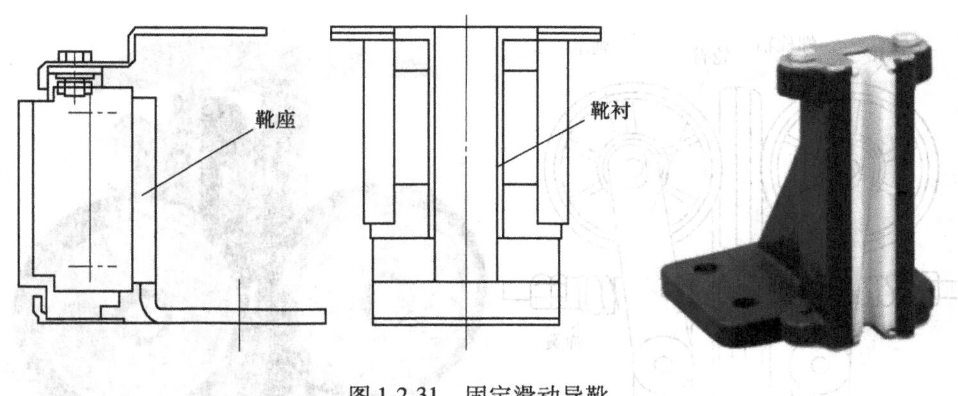

图 1-2-31　固定滑动导靴

（2）弹性滑动导靴（图 1-2-32）　弹性滑动导靴由靴座、靴头、靴衬、靴轴、压缩弹簧或橡胶、调节套筒或调节螺母组成。这种导靴多用于速度在 2. 0m/s 以下的电梯。

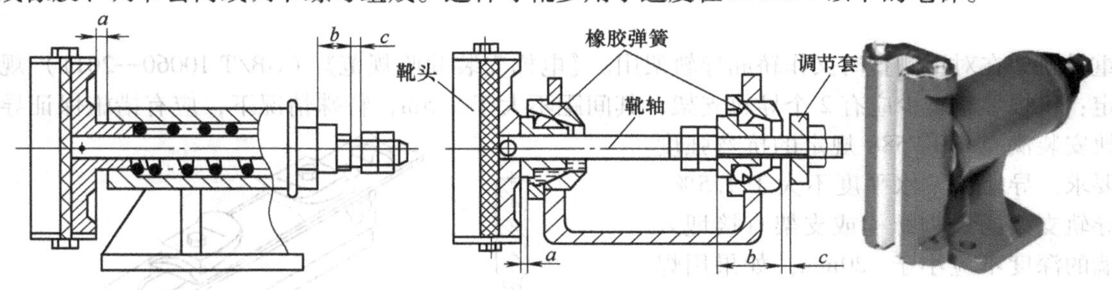

图 1-2-32　弹性滑动导靴

靴衬选用尼龙槽形滑块，将其放入靴头铸件架内而构成整体。通过压簧的弹性力，滑块以适当的压力全部接触导轨，以保证轿厢平稳运行。

与刚性滑动导靴相比，其不同之处在于靴头是浮动的，在弹簧的作用下，靴衬的底部始终压贴在导轨端面上，因此运行时有一定的吸振性。弹性导靴的压缩弹簧初始压力调整要适度，过大会增加轿厢运行的摩擦力，过小会失去弹簧的吸振作用，使轿厢运行不平稳。

滑动导靴均须在其摩擦面上加注润滑剂，可在导轨上定期添加润滑剂（如黄油）或采用润滑油盒自动润滑。

（3）滚动导靴（图 1-2-33）　滚动导靴一般用在高速电梯上。三个内弹簧支承的滚轮代替滑动导靴的靴头和靴衬，工作时滚轮由弹簧的压力压在导轨的三个工作面上。轿厢运行时，三个滚轮在导轨上滚动，不但有良好的缓冲吸振作用，也大大减小了运行阻力，使舒适感有较大的改善。

滚轮外缘一般由橡胶或聚氨酯材料制作，在使用中不需要润滑，在开始使用时还要将新导轨表面的防锈涂层清洗掉。当滚轮表面有剥落时，轿厢运行的水平振动明显增大，必须及时更换滚轮。滚动导靴不允许在导轨工作面上加润滑油。

3. 导轨架

导轨架（见图 1-2-34）的作用是支撑导轨，导轨架的安装距离不超过 2. 5m。

导轨架分为轿厢导轨架和对重导轨架两种。轿厢导轨架是专门用来支承轿厢导轨的，对

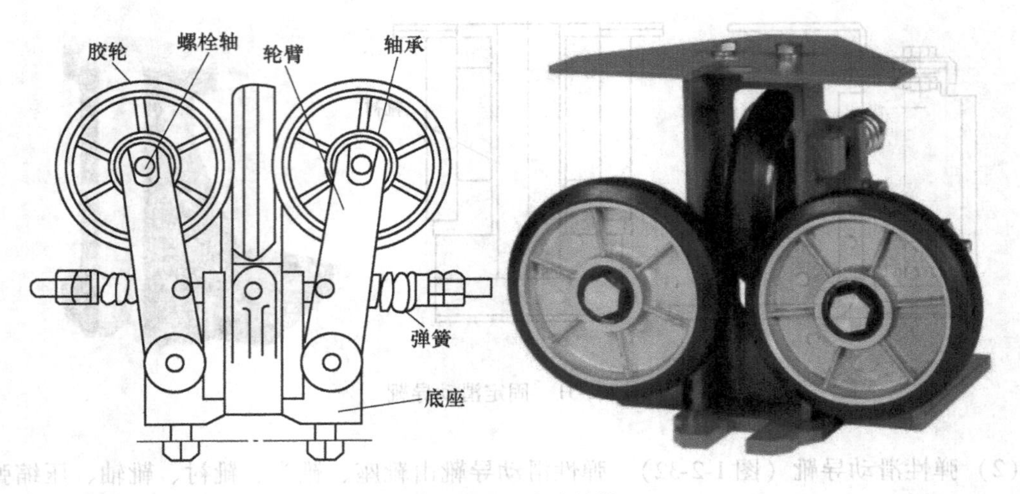

图 1-2-33　滚动导靴

重导轨架在对重侧置时又作轿厢导轨架用。《电梯安装验收规范》（GB/T 10060—2011）规定：每根导轨至少应有 2 个导轨支架，其间距不大于 2.5m，特殊情况下，应有措施保证导轨安装满足 GB 7588 规定的抗弯强度要求。导轨支架水平度不大于 1.5%，导轨支架的地脚螺栓或支架直接埋入墙的深度不应小于 120mm，如果用焊接支架，其焊缝应是连续的，并应双面焊牢。

常见的安装方法主要有预埋地脚螺栓法、导轨架埋入法、预埋钢板法、对穿螺栓法和膨胀螺栓固定法。

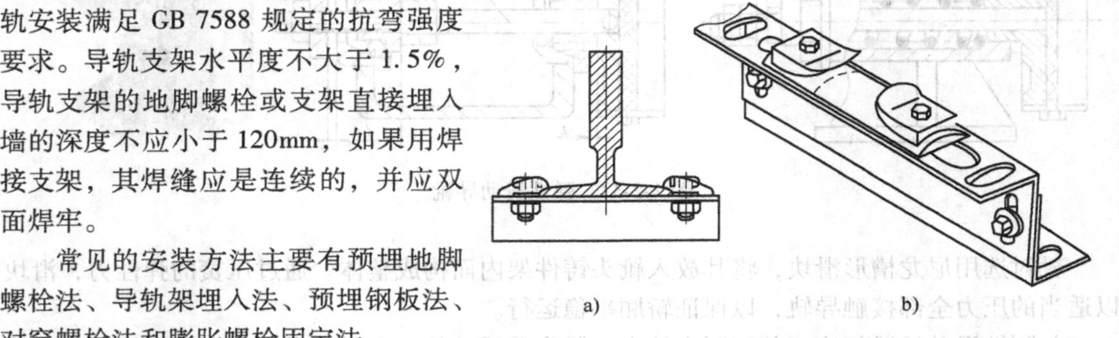

图 1-2-34　导轨架

a）导轨紧固示意图　b）可调金属支架

二、门系统

电梯门可分为轿门和层门（或厅门）。轿门是设置在轿厢入口的门，装有自动开关门机构的称为自动门，对一些简易电梯，开关门是手动操作的，称为手动门。由于轿门的开关带动层门动作，所以轿门称为主动门。

层门是设置在层站入口的封闭门，由轿门带动，因此，层门也称为被动门。为了保证电梯在正常运行时安全可靠，只有在轿门和层门完全关闭时，电梯才能运行。所以，在层门上装有带电气机械联锁装置的自动门锁，轿门的关闭状态也同样有电气安全触点来验证。轿门上方装有开关门机构，当轿厢运行到层站时，轿厢上的门刀与门锁滚轮互相咬合；当轿厢开门机构带动轿厢门时，便由其上的门刀把层门打开。轿厢起动运行前，轿厢开关门机构带动轿门闭合时，门刀带动层门关闭后，轿厢才能起动运行。为了防止轿门关闭时夹人，一般设有安全装置，当关门受阻时，门便能自动退回去。

1. 门的型式与结构

电梯门一般有滑动和旋转门，滑动门又分为水平滑动门和垂直滑动门。旋转门在家用电梯中用得较多，垂直滑动门则用于杂物梯、汽车电梯和部分货梯。目前使用最普遍的是水平滑动门，水平滑动门又分为中分门、中分双折门、旁开门（从厅门往外看时，可分为左开门和右开门）等。

门一般由门扇、门滑轮、门导轨架（俗称上坎）和门地坎等部件组成。门扇由门滑轮悬挂在导轨上，下部滑块插在门地坎内，使门只能水平左右滑动，而不能在前后方向移动，电梯门的结构如图 1-2-35 所示。

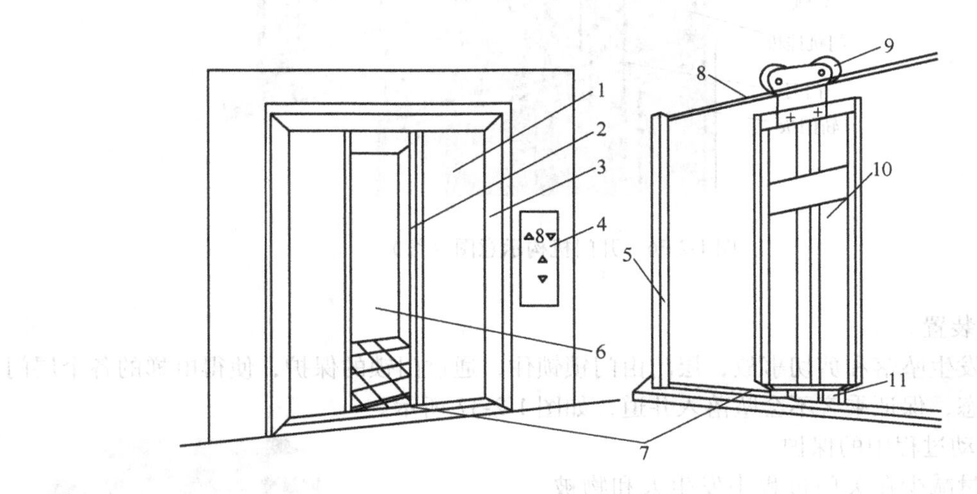

图 1-2-35 电梯门的结构

1—厅门 2—轿门 3—门套 4—召唤盒 5—门立柱 6—轿厢 7—门地坎（门滑槽）8—厅门导轨 9—门滑轮 10—门扇 11—门滑块

2. 门机与层门装置

门的起动除少数是手动外，大部分是由开门机构完成的。开门机构安装在轿顶的门口处，由电动机通过减速机构，再通过传动机构带动轿门。到层站时，轿门上的门刀卡入层门门锁的锁轮，在轿门开启时打开门锁并带动层门同步水平运动，如图 1-2-36 所示。

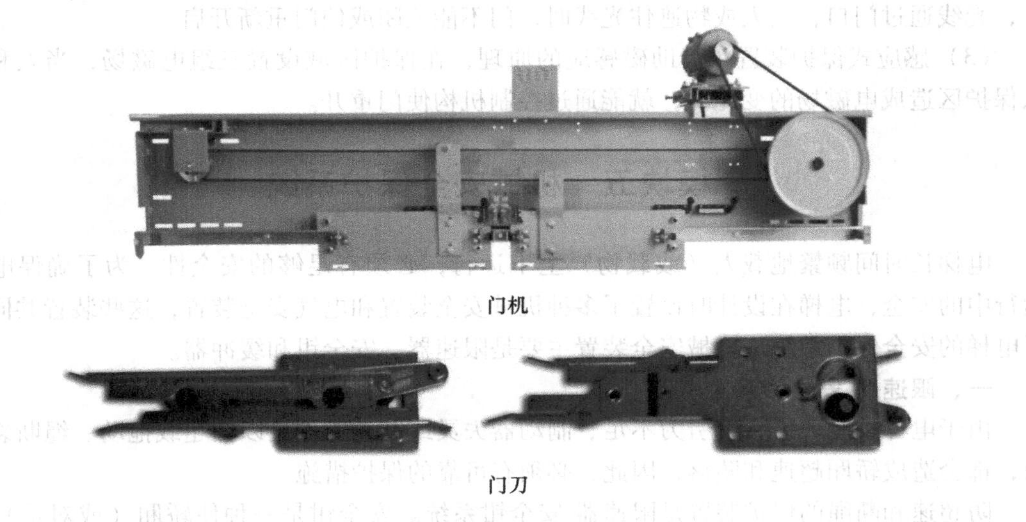

图 1-2-36 开门机构示意图

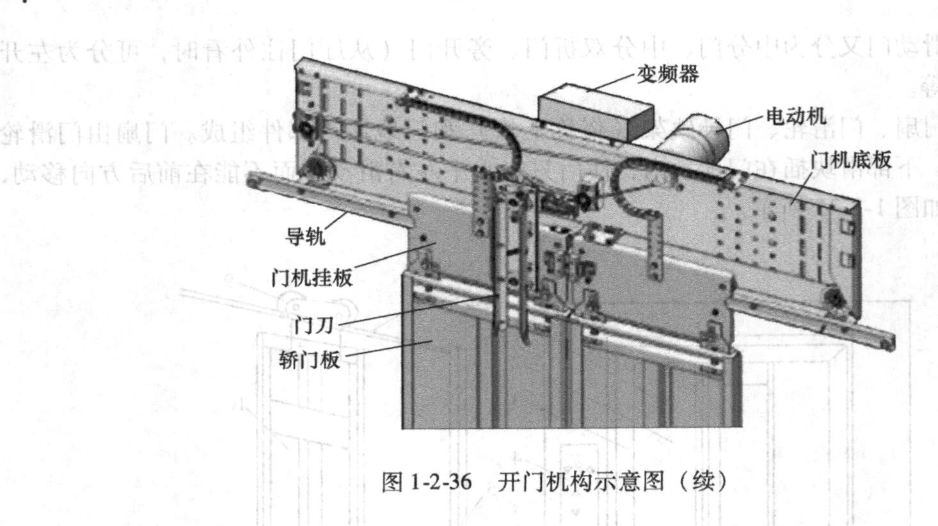

图 1-2-36　开门机构示意图（续）

3. 门锁装置

为防止发生坠落和剪切事故，层门由门锁锁住，通过门锁的保护，使得电梯的各个层门处于关闭状态，保证乘客不会坠落入井道，如图 1-2-37 所示。

4. 门运动过程中的保护

为了尽量减少在关门过程中发生人和物被门撞击或夹住的事故，对门的运动提出了保护性要求。防止人或物被门夹住的安全装置，主要有以下几种。

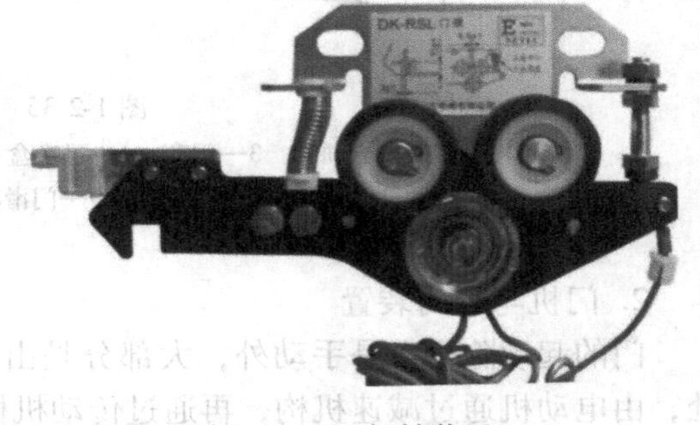

图 1-2-37　门锁装置

（1）安全触板装置　设置在轿门上，采用机械结构，轿门关闭过程中，人或物触及安全触板时，轿门立即返回开启位置。

（2）光电式保护装置　光电装置安装在门上，光线通过门口，当人或物遮住光线时，门不能关闭或使门重新开启。

（3）感应式保护装置　借助磁感应的原理，在保护区域设置三组电磁场，当人和物进入保护区造成电磁场的变化时，就能通过控制机构使门重开。

模块五　机械安全保护系统

电梯长时间频繁地载人（或载物）上下运行，必须有足够的安全性。为了确保电梯在运行中的安全，电梯在设计时设置了多种机械安全装置和电气安全装置，这些装置共同组成了电梯的安全保护系统。机械安全装置主要是限速器、安全钳和缓冲器。

一、限速器-安全钳系统

由于电梯控制失灵、曳引力不足、制动器失灵或制动力不足以及超载拖动、绳断裂等原因，都会造成轿厢超速和坠落，因此，必须有可靠的保护措施。

防超速和断绳的保护装置是限速器-安全钳系统。安全钳是一种使轿厢（或对重）停止向下运动的机械装置，凡是由钢丝绳或链条悬挂的电梯轿厢均应设置安全钳。当底坑下有人能进入的空间时，对重也可设安全钳。安全钳一般安装在轿架的底梁上，成对地同时作用在导轨上。

限速器是限制电梯运行速度的装置，一般安装在机房内。当轿厢超速下降时，轿厢的速度立即反映到限速器上，使限速器的转速加快，当轿厢的运行速度超过电梯额定速度的115%时，达到限速器的电气设定速度和机械设定速度后，限速器开始动作，分两步迫使电梯轿厢停下来。第一步是限速器会立即通过限速器开关切断控制电路，使电动机和电磁制动器失电，曳引机停止转动，制动器牢牢卡住制动轮，使电梯停止运行。如果这一步没有达到目的，电梯继续超速下降，这时限速器进行第二步制动，即限速器立即卡住限速器钢丝绳，此时钢丝绳受到限速器的提拉力，就拉动安全钳拉杆，提起安全钳楔块，楔块牢牢夹住导轨，迫使电梯停止运动。在安全钳动作之前或之间时，安全钳开关动作，也能起到切断控制电路的作用（该开关必须采用人工复位后，电梯方能恢复正常运行）。一般情况下限速器动作的第一步就能避免事故的发生，应尽量避免安全钳动作，因为安全钳动作后安全钳楔块牢牢地卡在导轨上，会在导轨上留下伤痕，损伤导轨表面。所以一旦安全钳动作了，维修人员在恢复电梯正常后，需要修锉一下导轨表面，使表面保持光洁、平整，以避免安全钳误动作。安全钳动作后，必须经电梯专业人员调整后，才能恢复使用。

1. 限速器

（1）限速器的种类及选用　电梯额定速度不同，使用的限速器也不同，对于额定速度不大于0.63m/s的电梯，采用刚性夹持式限速器，配用瞬时式安全钳，额定速度大于0.63m/s的电梯，采用弹性夹持式限速器，配用渐进式安全钳。常见限速器包括凸轮式限速器、甩块式限速器和甩球式限速器。其中凸轮式限速器又分为下摆杆凸轮棘爪式和上摆杆凸轮棘爪式；甩块式限速器又分为刚性夹持式和弹性夹持式。甩球式限速器目前已逐步淘汰。限速器如图1-2-38所示。

（2）限速器的安全技术要求　根据《电梯制造与安装安全规范》（GB 7588—2003）的规定，有以下要求。

1）操纵轿厢安全钳的限速器的动作应发生在速度至少等于额定速度的115%但小于下列各值的情况下：

①对于除了不可脱落滚柱式以外的瞬时式安全钳为0.8m/s。

②对于不可脱落滚柱式瞬时式安全钳为1m/s。

③对于额定速度小于或等于1m/s的渐进式安全钳为1.5m/s。

2）对于额定速度大于1m/s的电梯，当轿厢上行或下行的速度达到限速器动作速度之前，限速器或其他装置应借助超速开关（电气安全装置开关）使电梯安全回路断开，迫使电梯曳引机停电而停止运转。对于速度不大于1m/s的电梯，其超速开关最迟在限速器达到动作速度时起作用。若电梯在可变电压或连续调速的情况下运行，最迟当轿厢速度达到额定速度的115%时，此超速开关应动作。

3）限速器动作时的夹绳力应至少为带动安全钳起作用所需力的2倍，并不小于300N。

4）限速器应由柔性良好的钢丝绳驱动。限速器绳的被断负荷与限速器动作时所产生的限速器绳的张紧力相关，其安全系数应不小于8。限速器绳的公称直径应不小于6mm。限速器绳轮的节圆直径与绳的公称直径之比应不小于30。

2. 安全钳装置

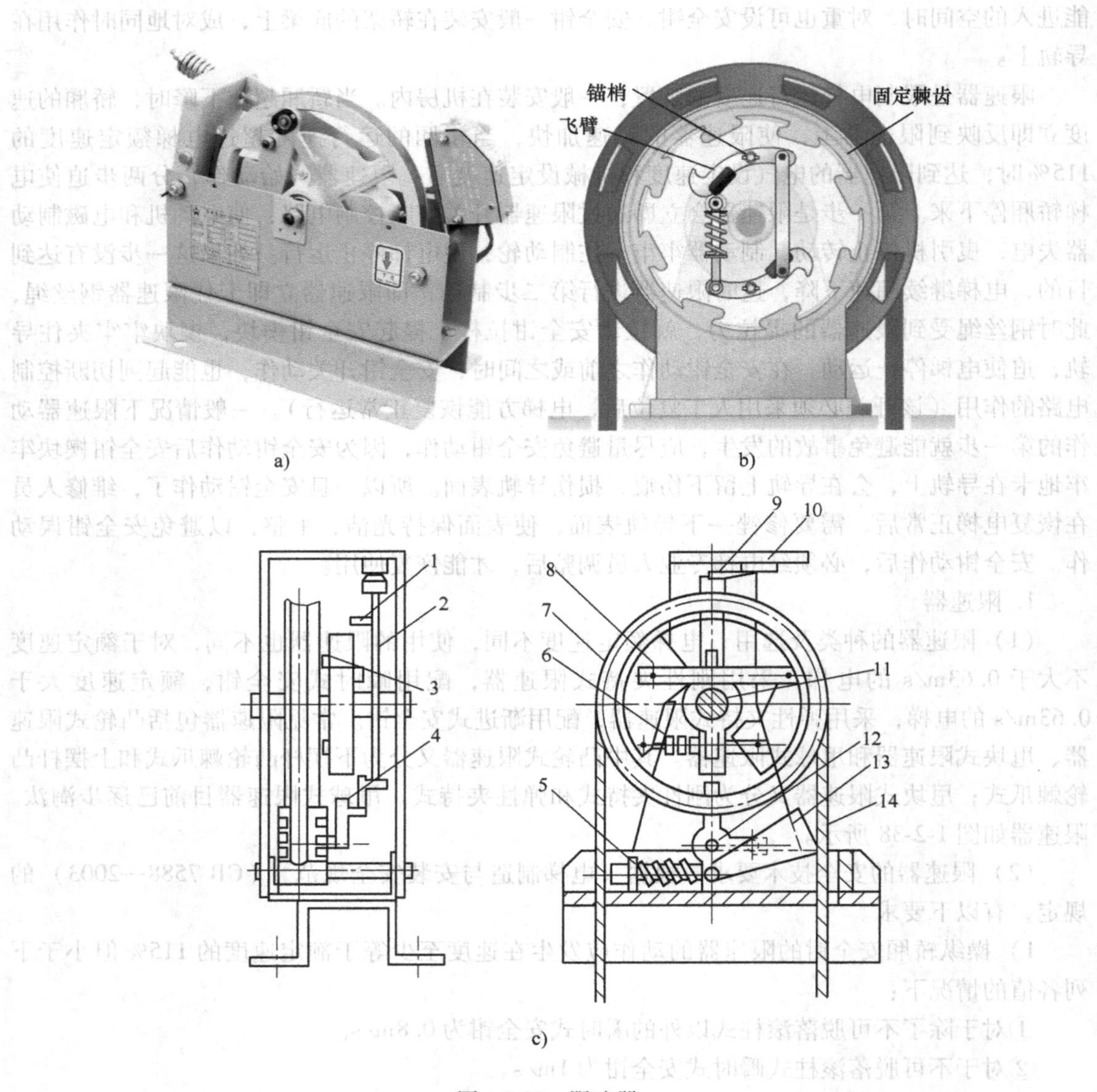

图 1-2-38　限速器

a）限速器外形　b）凸轮棘爪式限速器结构示意图　c）甩块式弹性夹持式限速器

1—开关打板碰铁　2—开关打板　3—拉簧　4—夹绳打板碰铁　5—夹绳钳弹簧　6—离心重块弹簧　7—限速器绳轮　8—离心重块　9—电开关触头　10—电开关　11—轮轴　12—夹绳打板　13—夹绳钳　14—阻速器绳

安全钳装置包括安全钳本体、安全钳提拉联动机构和电气安全触点，如图 1-2-39 所示。

（1）安全钳的种类和特点　按钳块的结构特点可分为单面偏心式、双面偏心式、单面滚柱式、双面滚柱式、单面楔块式、双面楔块式等。其中双楔块式在动作的过程中对导轨损伤较小，而且制动后方便解脱，因此是应用最广泛的一种。不论是哪一种结构型式的安全钳，当安全钳动作后，只有将轿厢提起，方能使轿厢上的安全钳释放。按安全钳动作过程，常见的安全钳可分为瞬时式安全钳、渐进式安全钳。

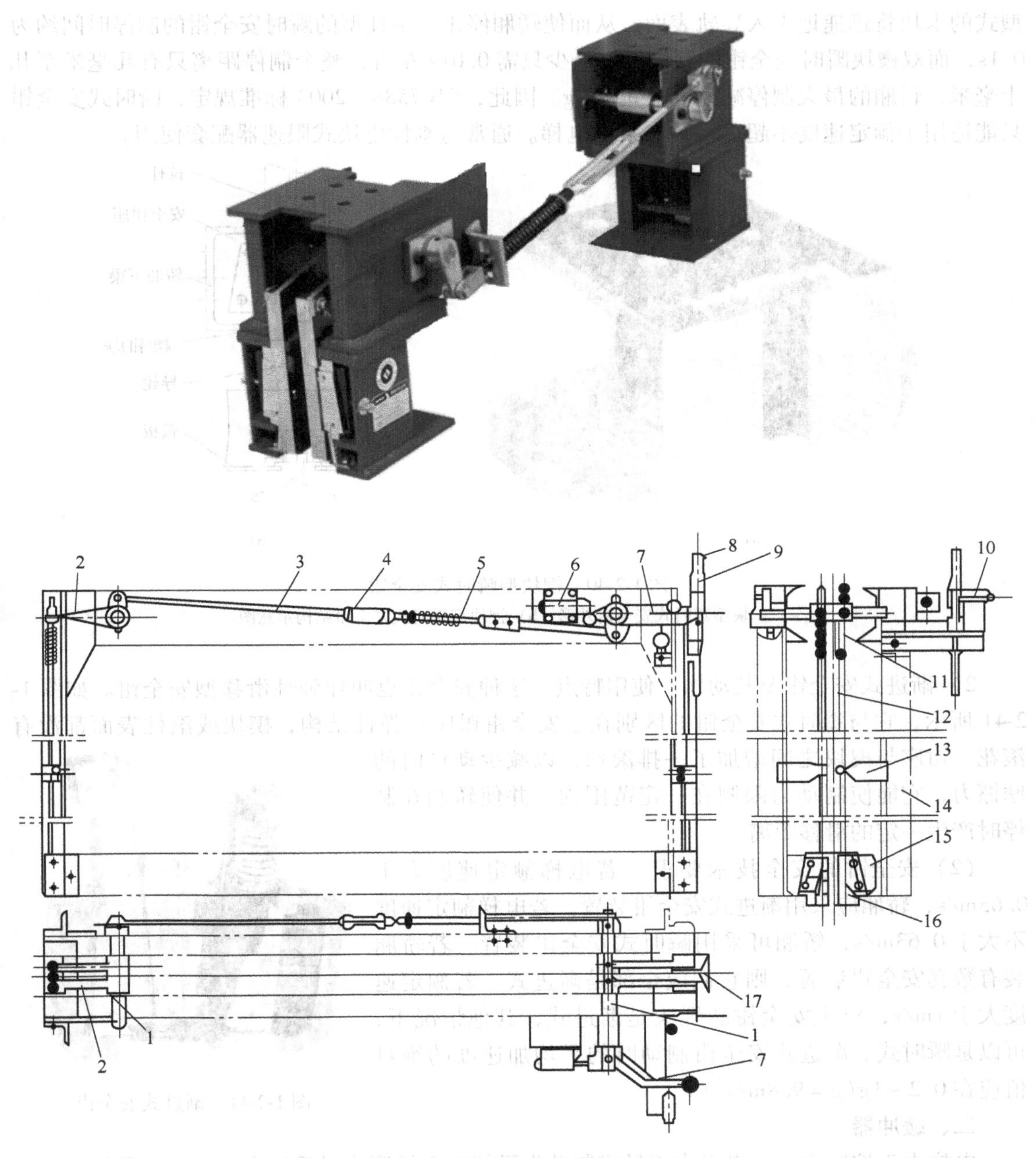

图 1-2-39 安全钳结构及安装位置

1—转轴 2—从动杠杆 3—横拉杆 4—正反扣螺母 5—压簧 6—安全钳急停开关 7—主动杠杆 8—限速器绳 9—绳头 10—防跳器 11—压簧 12—垂直拉杆 13—防晃架 14—轿厢架 15—安全钳 16—安全钳楔块 17—导轨

1）瞬时式安全钳及其动作、使用特点。瞬时式安全钳也叫作刚性、急停型安全钳。如图 1-2-40 所示，它的承载结构是刚性的，动作时产生很大的制停力，使轿厢立即停止。

瞬时式安全钳使用的特点是：制停距离短，轿厢承受冲击大。在制停过程中楔块或其他型式的卡块将迅速地卡入导轨表面，从而使轿厢停止。滚柱型的瞬时安全钳的制停时间约为 0.1s，而双楔块瞬时安全钳的制停时间最少只需 0.01s 左右，整个制停距离只有几毫米至几十毫米，轿厢的最大制停减速度在 5～10g。因此，GB 7588—2003 标准规定，瞬时式安全钳只能适用于额定速度不超过 0.66m/s 的电梯。通常与刚性甩块式限速器配套使用。

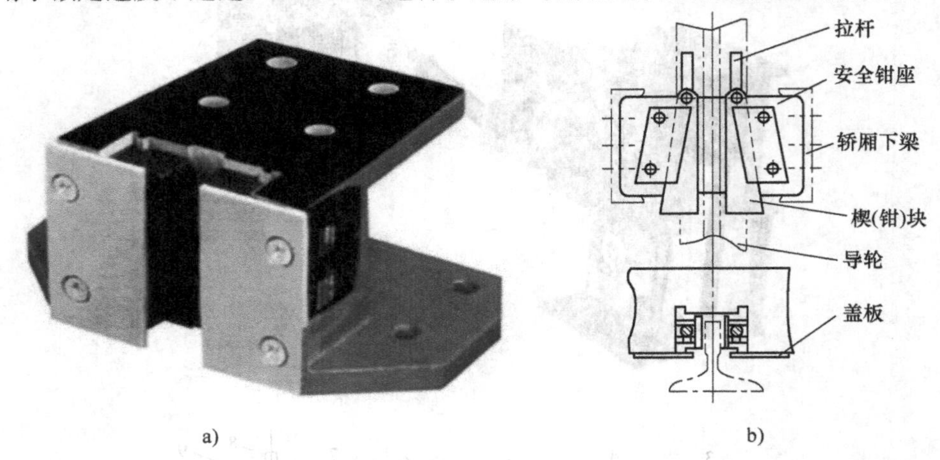

图 1-2-40　楔块型瞬时式安全钳
a）楔块型瞬时式安全钳外形　b）楔块型瞬时式安全钳结构示意图

2）渐进式安全钳及其动作、使用特点。这种安全钳也叫作弹性滑移型安全钳。如图 1-2-41 所示，它与瞬时式安全钳的区别在于安全钳钳座是弹性结构，楔块或滚柱表面都没有滚花。钳座与楔块之间增加了一排滚珠，以减少动作时的摩擦力，它能使制动力限制在一定范围内，并使轿厢在制停时产生一定的滑移距离。

（2）安全钳的安全技术要求　若电梯额定速度大于 0.63m/s，轿厢应采用渐进式安全钳装置。若电梯额定速度不大于 0.63m/s，轿厢可采用瞬时式安全钳装置。若轿厢装有数套安全钳装置，则它们应全部是渐进式。若额定速度大于 1m/s，对重安全钳装置应是渐进式，其他情况下，可以是瞬时式。渐进式安全钳制动时的平均加速度的绝对值应在 0.2～1g（g=9.8m/s^2）。

图 1-2-41　渐进式安全钳

二、缓冲器

电梯由于控制失灵、曳引力不足或制动失灵等发生轿厢或对重蹲底时，缓冲器将吸收轿厢或对重的动能，提供最后的保护，以保证人员和电梯结构的安全。

缓冲器分为蓄能型缓冲器和耗能型缓冲器。前者主要以弹簧和聚氨酯材料等为缓冲元件，后者主要是油压缓冲器。

1. 弹簧缓冲器

弹簧缓冲器（见图 1-2-42）一般由缓冲垫、缓冲座、弹簧、弹簧座等组成，用地脚螺栓固定在底坑基座上。弹簧缓冲器是一种蓄能型缓冲器，因为弹簧缓冲器在受到冲击后，它将轿厢或对重的动能和势能转化为弹簧的弹性变形能（弹性势能）。由于弹簧的作用，使轿厢或对重得到缓冲、减速。但当弹簧压缩到极限位置后，弹簧要释放缓冲过程中的弹性变形能使轿厢反弹上升，撞击速度越高，反弹速度越大，并反复进行，直至弹力消失，能量耗尽，电梯才完全静止。因此弹簧缓冲器的特点是缓冲后存在回弹现象，存在着缓冲不平稳的缺点，所以，弹簧缓冲器仅适用于额定速度不大于1m/s的低速电梯。

弹簧缓冲器的总行程是重要的安全指标，国家标准规定总行程应至少等于相当于115%额定速度的重力制停距离的两倍，在任何情况下，此行程不得小于65mm。

图1-2-42　弹簧缓冲器

2. 非线性蓄能型缓冲器

非线性蓄能型缓冲器又称为聚氨酯类缓冲器。弹簧式缓冲器的使用率较高，这种缓冲器制造、安装都比较麻烦，成本高，并且在起缓冲作用时对轿厢的反弹冲击较大，对设备和使用者都不利。液压式缓冲器虽然可以克服弹簧式缓冲器反弹冲击的缺点，但造价太高，且液压管路易泄漏，易出故障，维修量大。现在市场上出现了采用新工艺生产的聚氨酯类缓冲器，这种缓冲器克服老式缓冲器的主要缺点，动作时对轿厢没有反弹冲击，单位体积的冲击容量大，安装非常简单，不用维修，抗老化性能优良，而且成本只有弹簧式缓冲器的1/2，比液压式缓冲器更低。聚氨酯缓冲器适用于额定速度不大于1m/s的低速电梯。聚氨酯类缓冲器如图1-2-43所示。

当载有额定载重量的轿厢自由落体并以115%额定速度撞击轿厢缓冲器时，缓冲器作用期间的平均加速度的绝对值应不大于1g，2.5g以上的加速度时间应不大于0.04s（g为重力加速度）；轿厢反弹的速度不应超过1m/s。缓冲器动作后，应无永久变形。

3. 液压缓冲器

与弹簧缓冲器相比，液压缓冲器具有缓冲效果好、行程短、没有反弹作用等优点，适用于各种速度的电梯。液压缓冲器由缓冲垫、柱塞、复位弹簧、油位检测孔、缓冲器开关及缸体等组成，如图1-2-44所示。

图1-2-43　聚氨酯类缓冲器

图1-2-44　液压缓冲器

缓冲垫由橡胶制成，可避免与轿厢或对重的金属部分直接冲撞，柱塞和缸体均由钢管制成，复位弹簧的弹力使柱塞处于全部伸长位置。缸体装有油位计，用以观察油位。缸体底部有放油孔，平时油位计加油孔和底部放油孔均用油塞塞紧，防止漏油。轿厢或对重撞击缓冲器时，柱塞受力向下运动，压缩缓冲器油，油通过环形节流孔时，由于面积突然缩小，使液体内的质点相互撞击、摩擦，将动能转化为热能，也就是消耗了能量，使轿厢（对重）以一定的加速度停止。当轿厢或对重离开缓冲器时，柱塞在复位弹簧反作用下，向上复位直到全部伸长位置，油重新流回油缸内。缓冲器油的黏度与缓冲器能承受的工作载荷有直接关系，一般要求采用有较低的凝固点和较高黏度指标的高速机械油。在实际应用中不同载重量的电梯可以使用相同的油压缓冲器，而采用不同的缓冲器油，黏度较大的油用于载重量较大的电梯。

液压缓冲器的总行程至少等于相当于115%额定速度的重力制停距离（$0.067v^2$）。在下述情况下可以降低缓冲器的行程：电梯在达到端站前，电梯减速监控装置能检查出曳引机转速确实在缓慢下降，且轿厢减速后与缓冲器接触时的速度不超过缓冲器的设计速度，则可以用这一速度来代替额定速度计算缓冲器的行程。其行程不得小于以下值：当电梯额定速度不超过4m/s时，其缓冲行程为$0.067v^2$的50%，但在任何情况下缓冲器的行程不应小于420mm；当电梯额定速度超过4m/s时，其缓冲行程为$0.067v^2$的1/3，但在任何情况下缓冲器的行程不应小于540mm。

装有额定载重量的轿厢自由下落时，缓冲器作用期间的平均加速度的绝对值应不大于1g，绝对值2.5g以上的加速度时间应不大于0.04s（g为重力加速度）。

缓冲器动作后，应无永久变形。依靠复位弹簧进行复位，复位的时间应不大于120s，并有电气触点进行验证。

单元三　电梯电气控制系统

3

电梯由机械部分和电气部分组成，机械部分仅仅构成了电梯运动的主体结构，但缺少驱动和控制，电梯还不能运行和操纵。若要使电梯能够在操纵控制下按照预期自动运行，还必须对其进行拖动和控制。这些任务由电梯的电气部分来完成，电气系统的原理结构如图 1-3-1 所示。

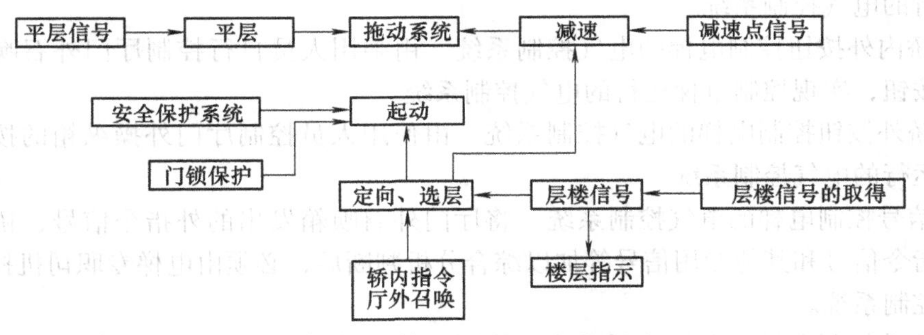

图 1-3-1　电梯电气系统的原理结构

由图 1-3-1 可看出，拖动系统是电气部分的核心，因为电梯的运行是由拖动系统来完成的，从电梯的运行情况可看出拖动系统在电梯系统中的重要性。轿厢的上下、起动、加速、匀速运行、减速、平层停车等动作，完全由曳引电动机拖动系统来完成，曳引拖动的规律就是电梯轿厢的运动规律，电梯运行的速度、舒适感、平层精度由拖动系统决定。另外，电梯运行方向的确定、电梯的选层、电梯层楼的检测和指示、电梯门的开关、电梯轿内指令和轿外召唤记忆响应与消除等，这些控制功能是由电气系统中除拖动系统以外的逻辑控制部分来完成的。该部分又称为电梯的电气控制系统，它负责电梯的运行、控制以及安全保护等。由此可见，电梯的电气部分是由电力拖动和电气控制系统组成的。

模块一　电梯电气控制系统的分类

电气控制系统是电梯电气部分的两大系统之一。电气控制系统由控制柜、操纵箱、指层灯箱、召唤箱、限位装置、换速平层装置、轿顶检修箱等十几个部件，以及曳引电动机、制动器线圈、外关门电动机及开关门调速开关、极限开关等几十个分散安装在电梯井道内外和各相关电梯部件中的电器元件构成。

电梯电气控制系统与机械系统比较，变化范围比较大。当一台电梯的类别、额定载重量和额定运行速度确定后，机械系统各零部件就基本确定了，而电气控制系统则有比较大的选择范围，必须根据电梯安装使用地点、乘载对象进行认真选择，才能最大限度地发挥电梯的使用效益。

电气控制系统决定着电梯的性能、自动化程度和运行可靠性。随着科学技术的发展和技术引进工作的进一步开展，电气控制系统发展换代迅速。在国产电梯中，在中间逻辑控制方面，已淘汰继电器控制，采用 PLC 和微机控制。在拖动方而，除速度 $v \leq 0.63\mathrm{m/s}$ 的低速梯仍有部分产品采用交流双速电动机变极调速拖动外，对于速度 $v > 1.0\mathrm{m/s}$ 的各类电梯，均采用交流调压调速和交流调频调压调速拖动系统。

电梯电气控制系统的分类方法比较多。常见的分类方法有以下几种。

一、按控制方式分类

（1）轿内手柄开关控制电梯的电气控制系统　由电梯司机控制轿内操纵箱的手柄开关，实现控制电梯运行的电气控制系统。

（2）轿内按钮控制电梯的电气控制系统　由电梯司机控制轿内操纵箱的按钮，实现控制电梯运行的电气控制系统。

（3）轿内外按钮控制电梯的电气控制系统　由乘用人员自行控制厅门外召唤箱或轿内操纵箱的按钮，实现控制电梯运行的电气控制系统。

（4）轿外按钮控制电梯的电气控制系统　由使用人员控制厅门外操纵箱的按钮，实现控制电梯运行的电气控制系统。

（5）信号控制电梯的电气控制系统　将厅门外召唤箱发出的外指令信号、轿内操纵箱发出的内指令信号和其他专用信号等加以综合分析判断后，必须由电梯专职司机控制电梯运行的电气控制系统。

（6）集选控制电梯的电气控制系统　将厅门外召唤箱发出的外指令信号，轿内操纵箱发出的内指令信号和其他专用信号等加以综合分析判断后，由电梯司机或乘用人员控制电梯运行的电气控制系统。

（7）两台集选控制作并联控制运行的电梯电气控制系统　两台电梯共用厅外召唤信号，由专用微机或两台电梯 PLC 与并联运行控制微机通信联系，调配和确定两台电梯的起动、向上或向下运行的控制系统。

（8）群控电梯的电气控制系统　对集中排列的多台电梯，共用厅门外的召唤信号，由微机按规定顺序自动调配、确定其运行状态的电气控制系统。

二、按用途分类

按用途分类主要指按电梯的主要乘载任务分类。由于乘载对象的特点及对电梯乘坐舒适感以及平层准确度的要求不同，电气控制系统在一般情况下是有区别的。用这种方式分类有下列几种：

（1）载货电梯、病床电梯的电气控制系统　这类电梯的提升高度一般比较低，运送任务不太繁忙，对运行效率没有过高的要求，但对平层准确度的要求则比较高。按控制方式分类的轿内手柄开关控制电梯的电气控制系统、轿内按钮控制电梯的电气控制系统，以往都作为这类电梯的电气控制系统。但是随着科学技术的发展，货、病梯的自动化程度已经日益提高。

（2）杂物电梯的电气控制系统　杂物电梯的额定载重量只有 100 ~ 200kg，运送对象主要是图书、饭菜等物品，其安全设施不够完善。国家有关标准规定，这类电梯不许乘人，因此，控制电梯上下运行的操纵箱不能设置在轿厢内，只能在厅外控制电梯上下运行。按控制方式分类的轿外按钮控制电梯的电气控制系统，多作为这类电梯的电气控制系统。

（3）乘客或病床电梯的电气控制系统　装在多层站，客流量大的宾馆、医院、饭店、写字楼和住宅楼里，作为人们上下楼交通运输设备的乘客或病床电梯，要求有比较高的运行速度和自动化程度，以提高其运行工作效率。按控制方式分类的信号控制电梯电气控制系统、集选控制电梯电气控制系统、两台并联和二台以上群控电梯电气控制系统等都作为这类电梯的电气控制系统。

三、按拖动系统的类别和控制方式分类

（1）交流双速异步电动机变极调速拖动（以下简称交流双速）、轿内手柄开关控制电梯的电气控制系统　采用交流双速、控制方式为轿内手柄开关控制，适用于速度 $v \leqslant 0.63\mathrm{m/s}$ 一般货、病梯的控制系统。

（2）交流双速、轿内按钮控制电梯的电气控制系统　采用交流双速，控制方式为轿内按钮控制，适用于速度 $v \leqslant 0.63\mathrm{m/s}$ 一般货、病梯的电气控制系统。

（3）交流双速、轿内外按钮控制电梯的电气控制系统　采用交流双速，控制方式为轿内外按钮控制，适用于客流量不大，速度 $v \leqslant 0.63\mathrm{m/s}$ 的建筑物里作为上下运送乘客或货物的客货梯电气控制系统。

（4）交流双速、信号控制电梯的电气控制系统　采用交流双速，控制方式为信号控制，具有比较完善的性能，适用于速度 $v \leqslant 0.63\mathrm{m/s}$，层站不多，客流量不大且较均衡的一般宾馆、医院、住宅楼、饭店的乘客电梯电气控制系统（近年来已很少采用）。

（5）交流双速、集选控制电梯的电气控制系统　采用交流双速，控制方式为集选控制，具有完善的工作性能，适用于速度 $v \leqslant 0.63\mathrm{m/s}$，层站不多，客流量变化较大的一般宾馆、医院、住宅楼、饭店、办公楼和写字楼的电梯电气控制系统。

（6）交流调压调速拖动、集选控制电梯的电气控制系统　采用交流双速电动机作为曳引电动机，设有对曳引电动机进行调压调速的控制装置，控制方式为集选控制，具有完善的工作性能，适用于速度 $v \leqslant 1.6\mathrm{m/s}$，层站较多的宾馆、医院、写字楼、办公楼、住宅楼、饭店的电梯电气控制系统。

（7）直流电动机拖动、集选控制电梯的电气控制系统　采用直流电动机作为曳引电机，设有对曳引电机进行调压调速的控制装置，控制方式为集选控制，具有完善的工作性能，适用于多层站的高级宾馆、饭店的乘客电梯电气控制系统（我国从1987年后不再生产）。

（8）交流调频调压调速拖动、集选控制电梯电气控制系统　采用交流单绕组单速电动机作曳引电机，设有调频调压调速装置，控制方式为集选控制，具有完善的工作性能，适用各种速度和层站，各种使用场合的电梯电气控制系统。

（9）交流调频调压调速拖动、2～3台集选控制电梯作并联运行的电梯电气控制系统　采用交流调频调压调速拖动、2～3台集选控制电梯作并联运行，以减少2～3台电梯同时扑向一个指令信号而造成扑空的情况，以提高电梯的运行工作效率，还可以省去1～2套外指令信号的控制和记忆装置，适用于宾馆、饭店、写字楼、医院、办公楼、住宅楼，层站比较多，速度 $v \geqslant 1.0\mathrm{m/s}$ 的电梯电气控制系统。

（10）群控电梯的电气控制系统　采用交流调频调压调速拖动，具有根据客运任务变化情况，自动调配电梯行驶状态的完善性能，适用于大型高级宾馆、饭店、写字楼内，具有多台梯群的电气控制系统。

四、按管理方式分类

任何电梯不但应该有专职人员管理，而且应该有专职人员负责维修。按管理方式分类，主要指有无专人负责监督以及由专职司机或忙时由专职司机去控制，闲时由乘用人员自行控制电梯运行的方式进行分类。按这种方式分类有下列几种：

（1）有专职司机控制的电梯电气控制系统　按控制方式分类的轿内手柄开关控制电梯电气控制系统、轿内按钮控制电梯电气控制系统和信号控制电梯电气控制系统，都是需要专职司机进行控制的电梯电气控制系统。

（2）无专职司机控制的电梯电气控制系统　按控制方式分类的轿内外按钮控制电梯电气控制系统、群控电梯电气控制系统和轿外按钮控制电梯电气控制系统，都是不需要专职司机进行控制的电梯电气控制系统。

（3）有/无专职司机控制电梯的电气控制系统　按控制方式分类的集选控制电梯电气控制系统就是有/无专职司机控制电梯电气控制系统。采用这种管理方式的电梯，轿内操纵箱上设置一只具有“有、无、检”三个工作状态的钥匙开关，司机可以根据乘载任务的忙、闲，以及出现故障等情况，用专用钥匙扭动钥匙开关，使电梯分别置于有司机控制、无司机控制、故障检修控制三种状态下，以适应不同乘载任务和检修工作需要的电梯电气控制系统。对于无专职司机控制的电梯，应有专人负责开放和关闭电梯，以及经常巡查监督乘用人员正确使用和爱护电梯，并作好日常维护保养工作等。

模块二　电梯典型控制环节的继电器控制

尽管电梯有多种控制方式，但它们的运行过程基本是相同的，各种方式的电梯控制系统均有相同的控制环节，而继电器控制电路原理简单直观，这里以继电器控制电路来介绍有关的控制环节。

一、自动开关门控制电路

自动门机安装于轿厢顶上，它在带动轿门启闭时，还需通过机械联动机构带动层门与轿门同步启闭。为使电梯门在启闭过程中达到快、稳的要求，必须对自动门机系统进行速度调节。当采用小型直流伺服电动机时，可用电阻的串、并联方法。当采用小型交流转矩电动机时，常用增加涡流制动器的调速方法。直流电动机调速方法简单，低速时发热较少，交流门机在低速时电动机发热厉害，对三相电动机的堵转性能及绝缘要求均较高。

图 1-3-2 是用小型直流伺服电动机作为门系统的自动门机主控电路原理。

近年变频门电动机已在门机中推广使用，其变速不再依靠切除电阻改变电枢分压的方法，而是通过位置传感装置或光码盘，有的是由微处理器的软件控制发出变速信号，由变频装置改变输出频率使电动机变速，所以变速平滑，运行十分平稳。

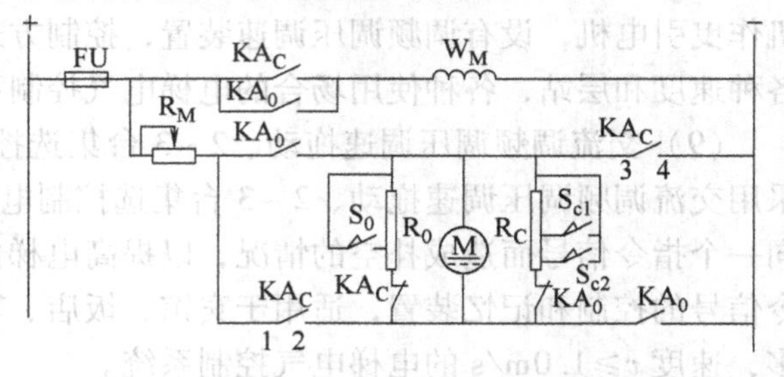

图 1-3-2　直流伺服电动机的自动门机主控电路原理

二、轿内指令和层站召唤电路

轿内操纵箱上对应每一层站设一个带灯的指令按钮，也称为选层按钮。乘客进入轿厢后按下要去层站的按钮，该按钮的灯亮，此指令便被登记。到达目的层站后，指令被消除，灯也熄灭。图 1-3-3 是一般的轿内指令电路，每一层站都设一个继电器。

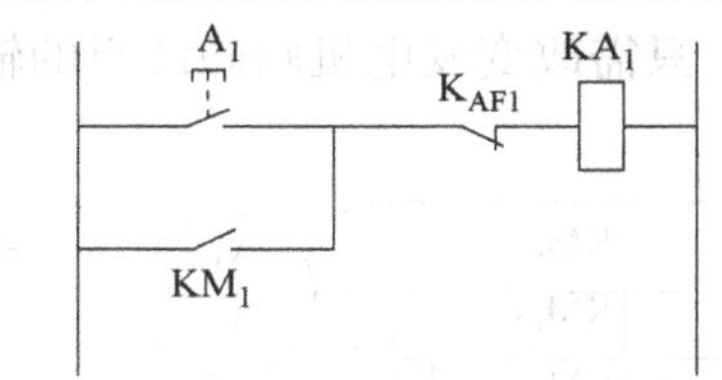

图 1-3-3　一般轿内指令电路

电梯的层站召唤信号是通过各个楼层门口旁的按钮实现的。信号控制或集选控制的电梯，除顶层只有下呼按钮，底层只有上呼按钮外，其余每层都有上、下召唤按钮。在电气线路上，每个按钮对应一只继电器。图 1-3-4 所示为可用于集选控制电路（线路为 4 层站）。

按电梯集选控制原则，电梯上行时响应层站的上呼叫信号，下行时响应下呼叫信号，在上行时应保留层站的下呼信号，在下行时应保留层站的上呼信号。

在有司机操作时，如果司机不想在某一层停留，可按下操纵箱上的“直驶”按钮，使直驶继电器 KA_{MD} 吸合，则电梯在该层不停留，而该层的召唤信号继续保持。

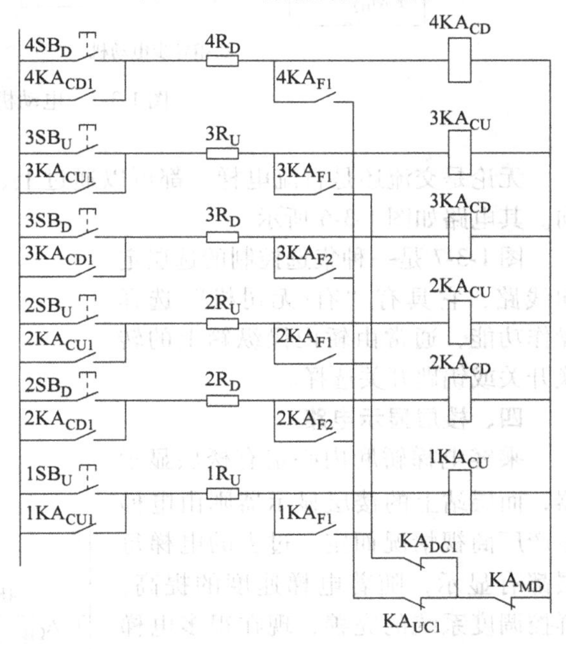

图 1-3-4　集选控制电路

三、定向与选层电路

电梯的方向控制就是根据电梯轿厢内乘客的目的层站指令和各层楼召唤信号与电梯所处层楼的位置信号进行比较，凡是在电梯位置信号上方的轿内指令和层站召唤信号，都令电梯上行，反之下行。

方向控制环节必须注意到以下几点。

1）轿内召唤指令优先于各层楼召唤指令而定向。轿厢到达某层后，某层乘客进入轿内，即可指令电梯上行或下行。若在乘客进入轿厢而尚未按轿内指令前，出现其他层站召唤指令时，乘客再按轿内指令，且指令有别于层站的召唤信号的方向，则电梯的运行方向由轿内乘客指令而定，不是根据其他层站信号而定。这就是所谓的“轿内优先于层站”原则。

只有当电梯门延时关闭后，而轿内又无指令定向的情况下，才能按各层站召唤信号的要求而定向运行。一旦电梯已确定方向后，再有其他层站外召唤，就不能改变其运行方向了。

2）电梯要保持最远层楼召唤信号的方向运行。为保证最高层站（或最底层站）乘客的用梯要求，在电梯完成最远层楼乘客要求后，才能改变电梯运行方向。

3）在司机操纵时，当电梯尚未起动运行的情况下，应让司机有强行改变电梯运行方向的可能性。这种“强迫换向”的功能给司机带来操作上的灵活性。

4）在检修状态下，由检修人员直接持续按轿内操纵箱上或轿厢顶上的方向按钮，电梯才能运行，而当松开方向按钮，电梯即停止。

改变电梯的运行方向，实际就是改变电动机的旋转方向。对三相异步电动机来说，只需任意对调两根线，就可以改变电动机电源的相序，从而改变电动机的转动方向。对于直流电动机来说，只需改变发电机励磁绕组的输入极性，就可以改变电动机的转动方向，如图 1-3-5 所示。

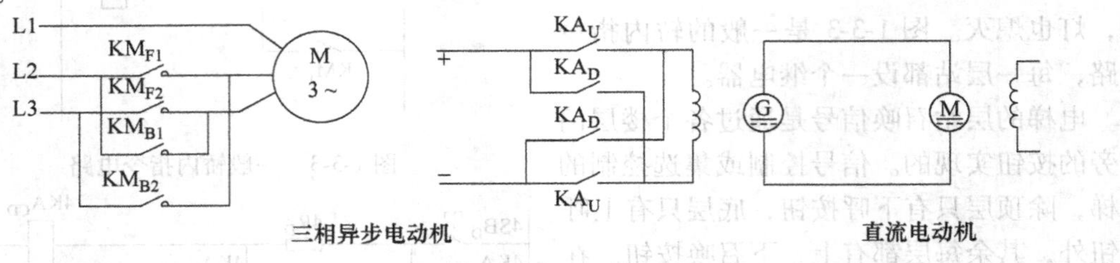

图 1-3-5　电动机转向的改变

无论是交流还是直流电梯，都可以通过上、下行接触器或继电器来改变电梯的运行方向。其电路如图 1-3-6 所示。

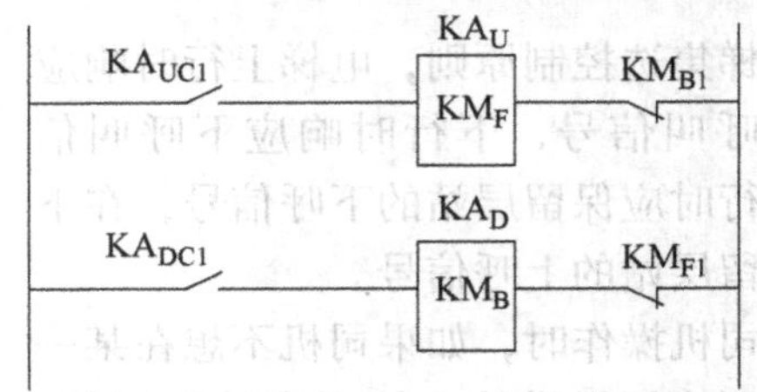

图 1-3-6　以方向继电器确定电梯的选向

图 1-3-7 是一种集选控制的选层定向线路，它具有“有/无司机”选择操作功能，通常由轿内操纵箱上的转换开关或钥匙开关选择。

四、楼层显示电路

乘客电梯轿厢内必定有楼层显示器，而层站上的楼层显示器则由电梯生产厂商视情况而定。过去的电梯每层都有显示，随着电梯速度的提高，群控调度系统的完善，现在很多电梯取消了层站楼层显示器，或者只保留基站楼层显示，到达召唤层站时采用声光预报，如电梯将要到达，报站钟发出声音，方向灯闪动或指示电梯的运行方向，有的采用轿内语言报站提醒乘客。楼层显示可通过井道传感器发出信号（如轿厢隔磁板通过干簧感应器时，磁路被隔断，触点复位接通）来实现。

五、检修运行电路

为了便于检修和维护，应在轿顶安装一个易于接近的控制装置。该装置应有一个能满足电气安全要求的检修运行开关。该开关应是双稳态的，并设有无意操作防护。

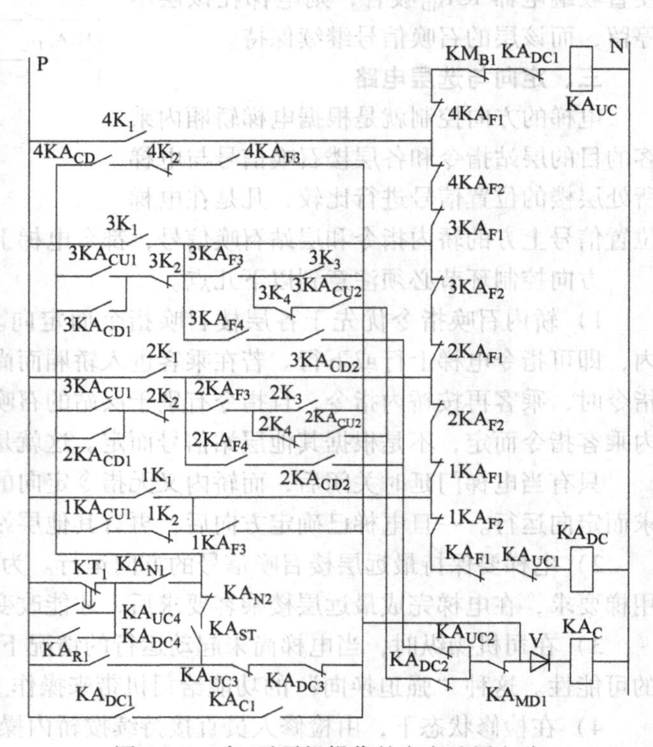

图 1-3-7　有/无司机操作的定向选层电路

1）一经进入检修运行，应取消：

①正常运行，包括任何自动门的操作。

②紧急状态下的电动运行（如备用电源供电）。

③对接装卸运行。

只有再一次操作检修开关，才能使电梯重新恢复正常工作。

2）上、下行只能点动操作，为防止意外操作，应标明运行方向。

3）轿厢检修速度应不超过0.63m/s。

4）电梯运行应仍依靠安全装置，运行不能超过正常的行程范围。

在检修运行时，通过检修继电器切断内指令、层站上下召唤回路、平层回路、减速回路、速运行回路，有的电梯还需要切断层外指层回路。

如果轿内、机房中也设置以检修速度点动运行电梯的操作装置时，则检修电路上必须保证“轿顶优先操作”的原则。图1-3-8、图1-3-9是一种交流双速电梯的检修电路。

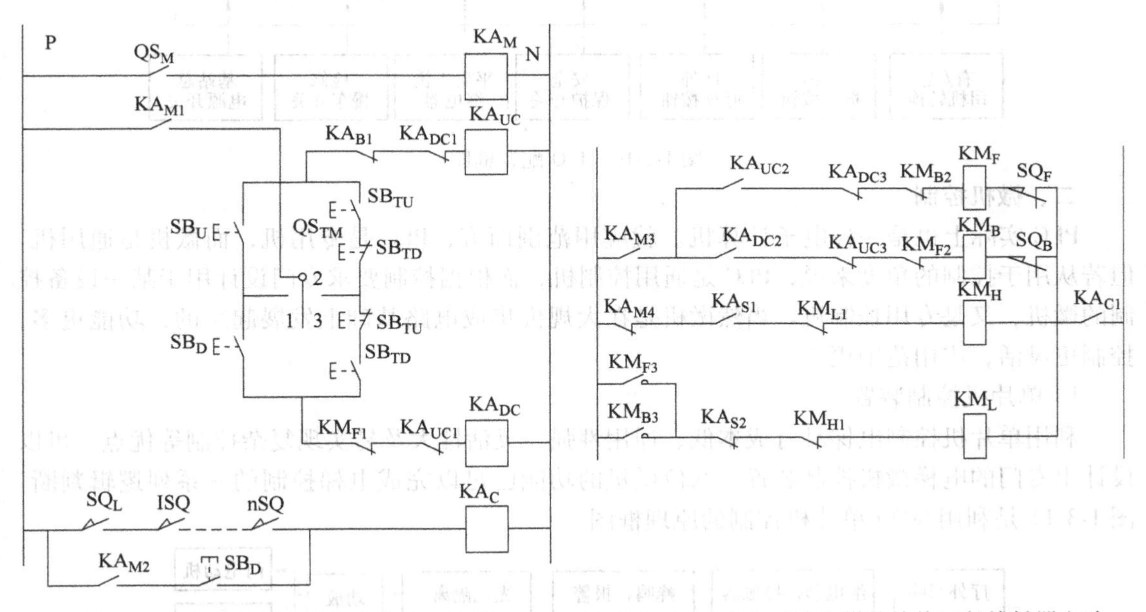

图1-3-8　交流双速电梯的检修选向电路　　图1-3-9　交流双速电梯的检修运行接触器电路

模块三　PLC控制和微机控制

一、PLC控制

可编程序逻辑控制器（PLC）是一种数字运算操作的电子系统，专为在工业环境下应用而设计，它采用可编程的存储器，用于存储执行逻辑运算、顺序控制、定时、计数和算术计算等操作指令，并通过数字式或模拟式输入输出控制各种类型的机械或生产过程，已成为现代十分重要和应用最多的工业控制器。

用PLC控制电梯的方法是，将电梯发出的指令信号诸如基站的电源钥匙、轿内选层指令、层站召唤、各类安全开关、位置信号等都作为PLC的输入，而将其他的执行元件如接触器、继电器、轿内和层站指示灯、通信设施等作为PLC的输出部分。图1-3-10是一种系统 I/O 配置框图。根据电梯的操纵控制方式，确定程序的编制原则。程序设计可以按照继电器逻辑控制电路的特点来完成，也可以完全脱离继电器控制电路重新按电梯的控制功能进行分段设计。前者程序设计简单，有现成的控制电路作依据，易于掌握；后者可以使相同功能的程序集中在一起，程序占用量少。

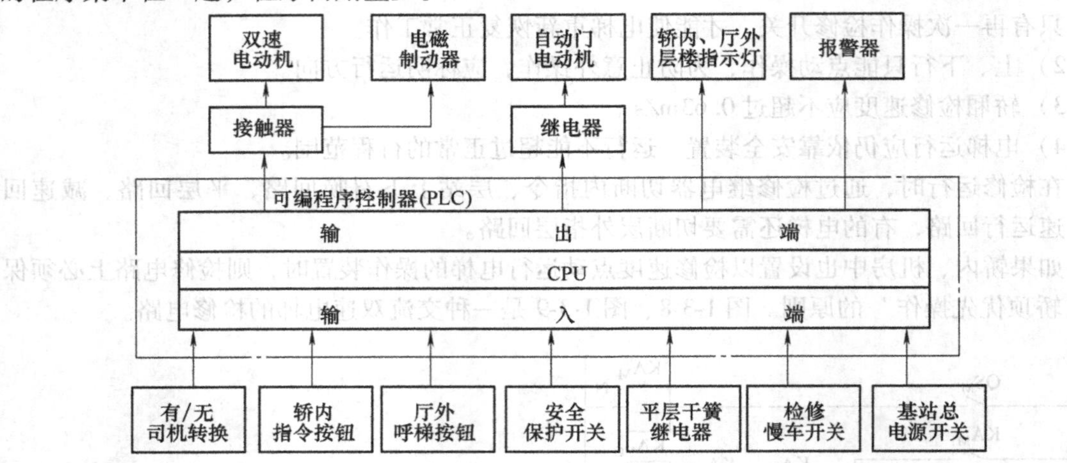

图 1-3-10　I/O 配置框图

二、微机控制

PLC 实际上也是一种电子计算机。就应用范围而言，PLC 是专用机，而微机是通用机。但若从用于控制的角度来说，PLC 是通用控制机，而根据控制要求专门设计用于某一设备控制的微机，又是专用控制机。当然微机是在大规模集成电路基础上发展起来的，功能更多，控制更灵活，应用范围更广。

1. 单片机控制装置

利用单片机控制电梯具有成本低、通用性强、灵活性大及易实现复杂控制等优点，可以设计出专门的电梯微机控制装置。八位微机的功能已足以完成电梯控制的一系列逻辑判断。图 1-3-11 是利用 8039 单片机控制的原理框图。

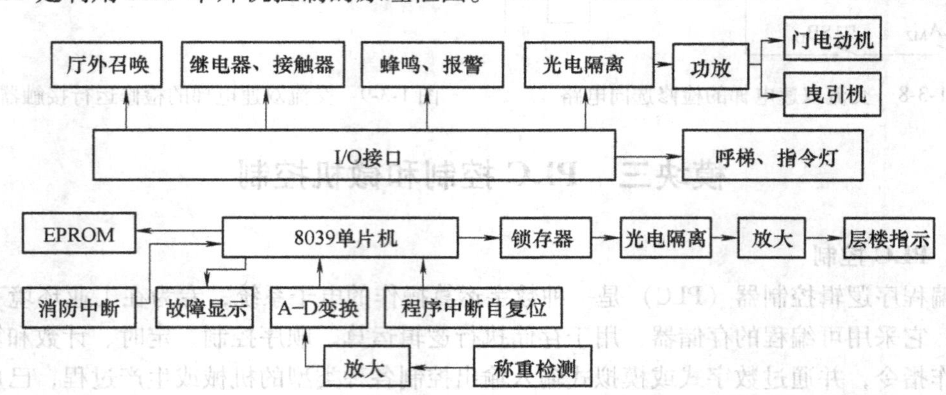

图 1-3-11　8039 单片机控制的原理框图

2. 单台电梯的微机控制系统

对于不要求群控的场合，利用微机对单梯进行控制。过台电梯控制器可以配以两台或更多台微机。如一台担负机房与轿厢的通信，一台完成轿厢的各类操作控制，还有一台专用于速度控制。但不论如何应用微机控制单梯，它总是包括三个主要组成部分。

（1）电气传动系统控制　微机控制驱动系统的主要环节是实现数字调节、数字给定和数字反馈。

1）数字化的数字调节器。无论是直流或交流电梯，大多采用双闭环或三闭环调节系统。各调节器可以单台或共用一台微机来完成数字调节。软件化的数字调节器便于改变数学模型，实现各种规律，提高系统的控制精度和响应时间，由于硬件简化，系统的可靠性提高。

2）数字化的速度给定曲线。速度给定曲线可以用三种方法来实现：第一种是把已编好的速度曲线数据存放在 EPBOM 中，以位置传感器的位移脉冲数编码成为 EPROM 的地址，再从该地址中取出给定数据，这就是位移控制原则；第二种是时间控制原则，它以分频器作为时钟，按时钟脉冲计数编码成为 EPROM 的地址，再由该地址取出数据构成速度给定曲线；第三种是实时计算原则，它根据移动距离、最佳的加速度及其变化率，通过微机直接实时计算出速度给定曲线，这是比较先进的控制方法。

3）数字化的反馈环节。电梯的电气传动系统可以是速度和位置的闭环调节系统，在轿厢接近平层时引入位置控制，以保证停层准确。作为速度和位置的检测元件已数字化，目前发送数字脉冲的传感元件广泛采用的是光电元件。

速度传感器用电机轴上的转角脉冲发送器发送脉冲，然后再计算出速度值。位置传感器采用位移脉冲发送器，直接测量轿厢的位移，或通过转角脉冲发送器间接测量轿厢的位移。

（2）信号的传输与控制　微机信号传输有并行传输方式和串行传输方式两种。前者传输速度快，但接口及传输线用量大，抗干扰能力差。后者可大量节省接口和电缆，且可靠性高，抗干扰性好。为了实现对召唤信号和内指令信号的串行扫描，主要解决的问题是如何实现串行通信。由主机发出串行扫描信号，然后，分布在各层楼的扫描器对串行信号产生作用并与主机之间进行通信，实现信号的登记和显示。目前，已有电梯采用光缆来传输信号，速度快，可信度高。

（3）轿厢的顺序控制　微机收集了轿内外、井道及机房各种控制、保护及检测信号后，按软件规定的控制原则进行逻辑判断和运算，决定操作顺序及工作方式。

1）自学习功能。自学习功能是指微机自动计算并记录下电梯运行过程中的停站数、各层站的间距、减速点位置，一旦电梯安装完毕，在底层将电梯慢速逐层运行至顶层，微机就将上述这些参数自动地计算并记录下来。这使系统的调试工作大大简化，提高了效率并保证了系统的控制质量。

2）自诊断功能。计算机具有辨别内部出错的能力，它会将自检查结果储存在一个特殊的被保护的存储器中，保存的事件记录可显示在 TV 上或用打印机输出，能提供不正常事件的详细记录，用户也可以通过 TV 旁的键盘查找故障记录。对于高级系统，还能按故障级别进行处理及采取应急措施。

3）电梯开关门功能。在微机的参与下，电梯的开关门可以实现平滑调速和按位置减速，进行无触点控制。门控制单元有：逻辑控制、速度编程发生器、速度控制器、晶闸管触发器和安全监控装置，这些单元都由微机控制。开关门速度曲线可以预先输入，图 1-3-12 是几条典型的开关门速度及时间关系曲线。这些指令曲线可由微机来加以选择，作为速度调整的模式。如同曳引电动机控制一样，门电动机速度控制也可采用双闭环结构，即速度反馈和位置反馈，以保证速度和位置的准确性，速度信号可由测速机取得，位置信号可由滑动电阻取得。

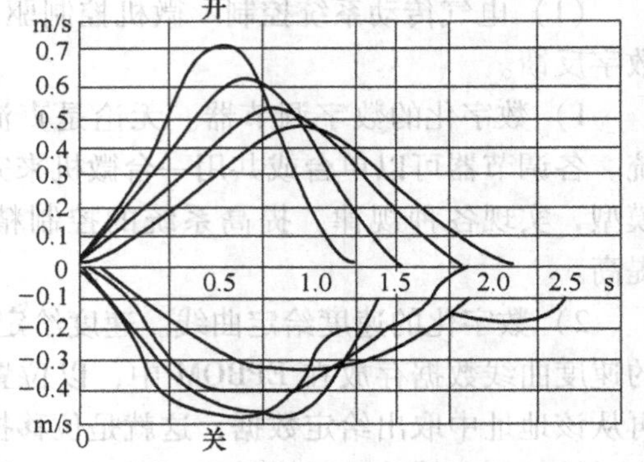

图 1-3-12　开关门速度及时间关系曲线

轿厢门的入口保护、自动重新开门、本层顺向外召唤重开门、到时间强迫关门等功能也都由微机控制。

3. 群控——多台微机控制系统

为了提高建筑物内多台电梯的运行效率，节省能耗，减少乘客的候梯时间，将多台电梯进行集中统一的控制称为群控。群控目前都是采用多台微机控制的系统。梯群控制的任务是：收集层站呼梯信号及各台电梯的工作状态信息，然后按最优决策最合理地调度各台电梯；完成群控管理机与单台梯控制微机的信息交换；对群控系统的故障进行诊断和处理。而目前对群控技术的要求是，如何缩短候梯时间和与大楼的信息系统相对应，并采用电梯专家知识，组成非常周到的服务及具有灵活性的控制系统。

一般群控管理程序预编制好后固化在程序寄存器内，根据电梯客流模式（如上行高峰、下行高峰、空闲状态等）编制响应的调度原则。当交通状态变更，如建筑物内布局改变或客户变更时，可重新更换程序。

现在较新的群控方式采用了心理性时间评价方法，并实行即时预告。由于物理性等候时间与乘客的焦躁程度呈抛物线关系，心理等候时间就是将物理性等待时间转化为乘客的心理焦躁感觉，以此作为指标来调度电梯。

在现代的群控技术中，已经开始应用模糊理论，在应答层站召唤信号分配电梯时，采用综合评价方法，将综合考虑的因素（即专家知识）吸收到控制系统中。在这些综合因素中，既有心理影响的因素，也有对即将要发生情况的评价。

单元四　电梯电力拖动系统

4

模块一　电梯电力拖动系统的种类及特点

目前，用于电梯的电力拖动系统主要有如下几类。

1. 交流变极调速系统

交流异步电动机要获得两种或三种转速，由于它的转速是与其极对数成反比，因此，变速的最简单方法是，只要改变电动机定子绕组的极对数就可改变电动机的同步转速。

该系统大多采用开环方式控制，线路比较简单，造价较低，因此被广泛用在电梯上，但由于乘坐舒适感较差，此种系统一般只应用于额定速度不大于1m/s的货梯。

2. 交流调压调速系统

由于大规模集成电路和计算机技术的发展，使交流调压调速拖动系统在电梯中得到广泛应用。该系统采用晶闸管闭路调速，其制动减速可采用涡流制动、能耗制动、反接制动等方式，使得所控制的电梯乘坐舒适感好，平层准确度高，明显优于交流双速拖动系统，多用于速度2.0m/s以下的电梯。但随着调速技术和电子元器件的发展，有被变频变压调速系统淘汰的趋势。

3. 变频变压调速系统

变频调速是通过改变异步电动机供电电源的频率而调节电动机的同步转速，也就是改变施加于电动机进线端的电压和电源频率来调节电动机的转速。目前交流可变电压可变频率（VVVF）控制技术得到迅速发展，利用矢量变换控制的变频变压系统的电梯速度可达12.5m/s，其调速性能已达到直流电动机的水平。且具有节能、效率高、驱动控制设备体积小、重量轻和乘坐舒适感好等优点，目前，已在很大范围内替代了直流拖动系统。

4. 直流拖动系统

直流电动机具有调速性能好，调速范围大的特点，因此具有速度快、舒适感好、平层准确度高的优点。

电梯上常用的有两种系统，一是发电机组构成的晶闸管励磁发电机-电动机系统，二是晶闸管直接供电的晶闸管-电动机系统。前者是通过调节发电机的励磁来改变电机的输出电压，后者是用三相晶闸管整流器，把交流电变成可控的直流电，供给直流电动机，这样可省去了发电机组，节省能源，降低造价，且结构紧凑。但随着变频变压调速的发展，目前，电梯已很少使用直流拖动。

曳引电梯因其负载和运行的特点，与其他提升机械相比，在电力拖动方面有下列特点。

（1）四象限运行　虽然电梯与其他提升机械的负载都属于位能负载，但一般提升机械的负载力矩方向是恒定的，都是由负载的重力产生的。但在曳引电梯中，负载力矩的方向却随着轿厢载荷的不同而变化，因为它是由轿厢侧与对重侧的重力差决定的。

（2）运行速度高　一般用途的起重机的提升速度为0.1～0.4m/s，而电梯速度大都在0.5m/s以上，一般都在1～2m/s，最高的可超过13m/s。

（3）速度控制要求高　电梯属于输送提升设备，在考虑人的安全和舒适的基础上也要讲究效率。故规定电梯的最大加速度不能大于1.5m/s²，平均加速度不能小于0.48m/s²。

在直流驱动和交流调压调速和变频调速中，均由速度给定电路提供一个较理想的运行速度曲线，通过反馈的拖动装置的速度调节，使电梯实时跟踪给定的曲线。若在加速、减速段中加速度变化的部位跟踪精度不高或各曲线段过渡不平滑，都影响乘坐的舒适感。

（4）定位精度高　一般提升机械如起重机的定位精度要求都不高，在要求较精确的定位如安装工件时，也是在工作人员的指挥和操作人员的控制下才能达到。而电梯在平层停靠时依靠自动操作，定位精度都在15mm左右，变压变频调速电梯可在5mm以内。

模块二　交流变极调速拖动系统

一、交流变极调速原理

由电机学可知，三相异步电动机的转速 n（单位 r/min）为

$$n=\frac{60f}{p}(1-s) \tag{1-4-1}$$

式中　f——电源频率；

p——电动机绕组极对数；

s——转差率。

从式（1-4-1）可看出，改变电动机绕组极数就可以改变电动机转速。电梯用交流电动机有单速、双速及三速3种。单速仅用于速度较低的杂物梯；双速的极数一般为4极和16极或6极和24极，少数也有4极和24极或6极和36极；国内的三速电动机极数一般为6极、8极和24极，它比双速梯多了一个8极（同步转速为750r/min），这一绕组主要用于电梯在制动减速时的附加制动绕组，使减速开始的瞬间具有较好的舒适感，有了8极绕组就可以不要在减速时串入附加的电阻或电抗器。电动机极数少的绕组称为快速绕组，极数多的称为慢速绕组。变极调速是一种有级调速，调速范围不大，因为过大地增加电动机的极数，就会显著地增大电动机的外形尺寸。

二、交流变极调速控制电路

图1-4-1是交流双速电梯的主拖动系统的结构原理。从图中可以看出，三相交流异步电动机定子内具有两个不同极对数的绕组（分别为6极和24极）。快速绕组（6极）用于起动和稳定运行速度，而慢速绕组作为制动减速和慢速平层停车用。起动过程中，为了限制起动电流，以减小其对电网电压波动的影响，一般按时间原则，串电阻、电抗进行一级加速或二级加速。减速制动是在慢速绕组中按时间原则进行二级或三级再生发电制动减速，以慢速绕组（24极）进行低速稳定运行，直至平层停车。

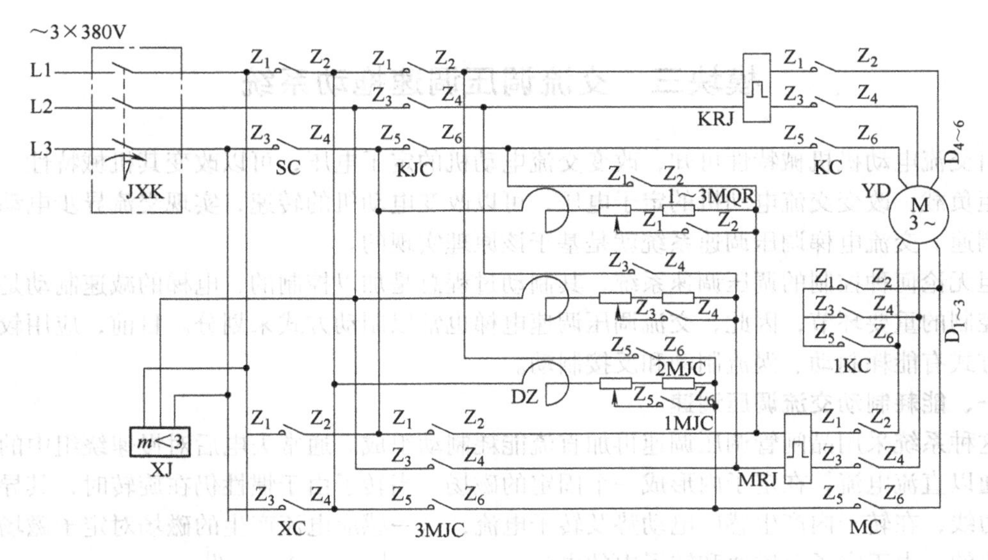

图 1-4-1　交流双速电梯的主拖动系统的结构原理

图 1-4-2 为交流电动机的机械特性曲线，以此图来说明电梯起动、恒速运行、减速制动的整个过程。

电梯串电抗后以特性曲线 1 起动，起动转矩为 M_a，转速上升到 n_b 时，短接电抗器 X_H 和 R_H，转到自然特性 2，由于转速不能突变，过渡到 c 点，转矩有增量 $\Delta M = M_c - M_b$，然后加速到 n_b 以恒速运行。减速制动时已从快速绕组切换至慢速绕组上，为减少电流冲击，串入电抗 X_L、电阻 R_L，电动机按运行特性曲线 3 的 e 点开始减速，制动转矩大大降低，一直到 f 点时，KM_{A2} 吸合，短接电阻 R_L，电动机串电抗 X_L 以特性 4 运行，转速下降到 n_b，KM_{A3} 吸合短接全部电阻、电抗，电动机以特性 5 运行，直到 KM_L 释放，电动机失电，停止运行。

增加电阻或电抗，可减小起动电流、制动电流，提高电梯舒适感，但会使起动转矩或制动转矩减小，使加速时间延长。一般应调节起动转矩为额定转矩的 2 倍左右，慢速为 1.5 ~ 1.8 倍。

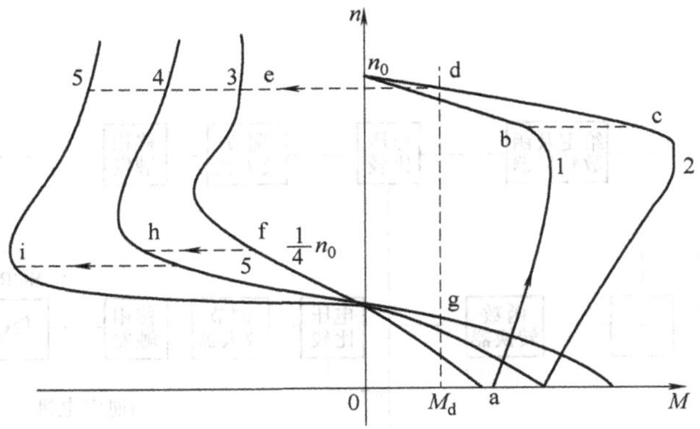

图 1-4-2　交流电动机的机械特性曲线

1—串电抗 X_H 特性　2—6 极自然特性　3—串电抗、电阻特性

4—串自抗 X_L、R_L 特性　5—24 极自然特性　M_d—恒负载转矩

模块三　交流调压调速拖动系统

由交流电动机机械特性可知，改变交流电动机的定子电压，可以改变其机械特性。对于恒转矩负载，改变交流电动机的定子电压，可以改变电动机的转速，实现交流异步电动机的调压调速。交流电梯调压调速系统就是基于该原理实现的。

但无论何种控制的调压调速系统，其制动过程总是加以控制的，电梯的减速制动是电梯运行控制的重要环节，因此，交流调压调速电梯也常以制动方式来划分。目前，应用较多的制动方式有能耗制动、涡流制动和反接制动。

一、能耗制动交流调压调速

这种系统采用晶闸管调压调速再加直流能耗制动组成。通常失电后对慢速绕组中的两相绕组通以直流电流，在定子内形成一个固定的磁场。当转子由于惯性仍在旋转时，其导体切割磁力线，在转子内产生感应电动势及转子电流，这一感应电流产生的磁场对定子磁场而言是静止的。由于定子总磁通和转子中的电流相互作用的结果，即与定子电流相应产生了制动力矩，其大小与定子的磁化力及电动机转速有关。这种状态下的机械特性曲线是在第二象限通过坐标原点向外延伸的曲线，如图 1-4-3 所示。从曲线可见，当电动机转矩下降为零时，转速也为零，所以采用能耗制动使轿厢准确停车，再加上用晶闸管构成闭环系统调节速度，可以得到满意的舒适感及平层精度。

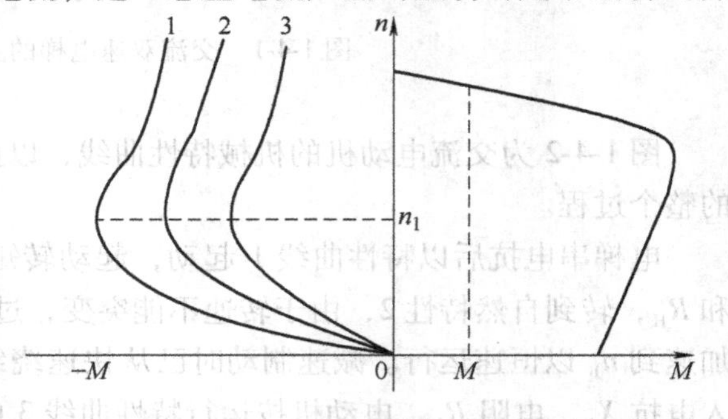

图 1-4-3　交流异步电动机能耗制动曲线

由于能耗制动力矩是由电动机本身产生的，因此，对起动加速、稳速运行和制动减速实现全闭环的控制不但可能而且方便。具体可根据电动机特性及调速系统的配置而定。图 1-4-4 是一种交流调压调速能耗制动电梯的主拖动系统原理框图。

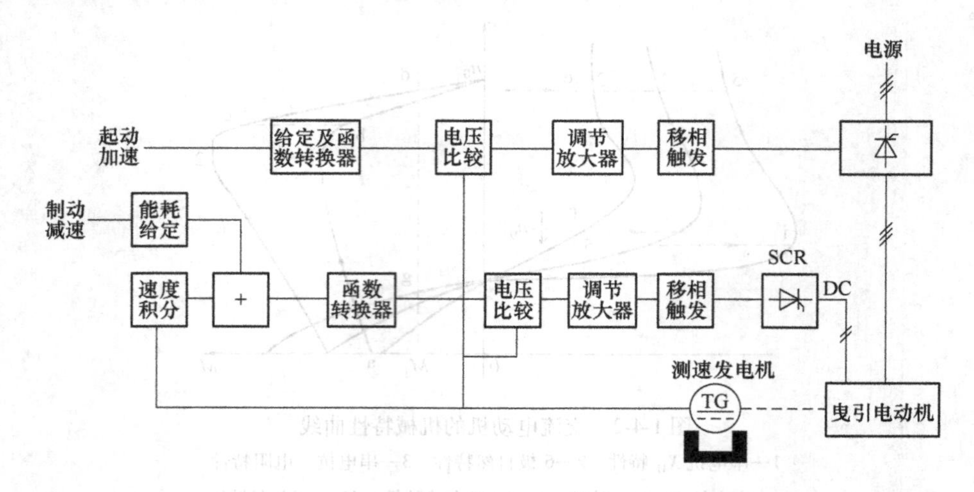

图 1-4-4　交流调压调速能耗制动电梯的主拖动系统原理框图

这种系统对电动机的制造要求较高，电动机在运行过程中一直处于转矩不平衡状态，从而导致电动机运行噪声增大以及电动机会发生过热现象。

二、涡流制动器交流调压调速

涡流制动器通常由电枢和定子两部分组成。电枢和异步电动机的转子相似，其结构可以是笼型，也可以是简单的实心转子。定子绕组由直流电流励磁。涡流制动器在电梯中使用时，或与电梯的主电动机共为一体，或与电动机分离，但两者的转子是同轴相连的，因而它具有可调节制动转矩的特性。当电梯运行中需要减速时，则断开主电动机电源，而给同轴的涡流制动器的定子绕组输入直流电源，以产生一个直角坐标磁场。由于此时涡流制动器转子仍以电动机的转速旋转，并切割定子产生磁力线，这样在转子中产生并分布与定子磁场相关的涡流制动转矩。按照给定的规律输给涡流制动器定子绕组直流电源，就可控制涡流制动器转矩的大小，从而也就控制了电梯的制动减速过程。

图1-4-5是一种利用涡流制动器控制的交流调速系统的原理框图。该系统开环分级起动，开环稳定运行至减速位置时，由井道内每层的永磁体与轿厢顶上的双稳态开关相互作用而发出减速信号，一方面使曳引电动机撤出三相电源，另一方面给电动机同轴的涡流制动器绕组输入可控的直流电源，使其产生相应的制动力矩，从而令电梯按距离制动减速直接停靠，准确停层于所需的层站。

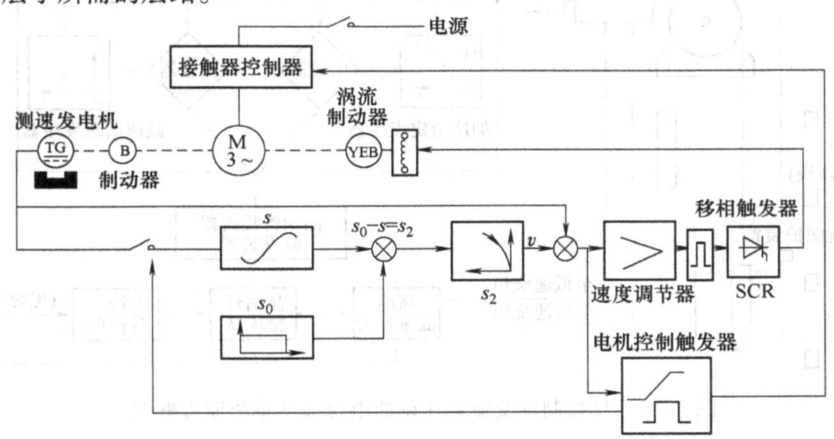

图1-4-5 交流调速涡流制动器控制的电梯主拖动系统原理框图

按距离制动减速的控制：根据电梯不同的额定速度，有一个事先设定的减速距离 s_0，则电梯瞬时距楼层平面处的距离 s 为

$$s = s_0 - \int v\mathrm{d}t \tag{1-4-2}$$

而实际需要的是速度的量，即 $v = \sqrt{2as}$，a 为设定的平均加速度值。将这一瞬时速度量作为涡流制动器的给定量。随着距离 s 的减少，其制动强度也相应减少，直到准确停车为止。制动减速过程不仅随距离的减少而减弱，而且这一过程是转速反馈的闭环系统控制过程，从而可大大提高控制的质量和精度，使电梯的停层准确度保证在 ±7mm 之内。

这种系统结构简单、可靠性高。由于控制是通过控制涡流制动器内的电流来实现的，故被控对象只是一个电流。这样的控制不仅容易做到，而且其稳定性好。另外，在制动减速时电动机撤出电网，借涡流制动器把系统所具有的动能消耗在涡流制动器转子的发热上。因此，电梯系统从电网获得的能量大大低于其他系统，一般可减少20%左右。但由于是开环起动的，因此起动的舒适感不是很理想，其额定速度也只能限制在2m/s以下。

三、反接制动交流调压调速

反接制动也是电梯的一种制动调速方法。电梯在减速时，把定子绕组中的任意两相交叉，改变其相序，使定子磁场的旋转方向改变，而转子的转向仍未改变，即电动机转子逆磁场旋转方向运转，产生制动力矩，使转速逐渐降低，此时电动机以反相序运转于第二象限。当转速下降到零时，需立即切断电动机电源，抱闸制动，否则电动机就会反转起动。

图1-4-6是一种反接制动交流调压调速电梯的拖动系统原理框图。该系统的电动机仍可用交流双速异步电动机，起动加速至稳速以及制动减速均是闭环调压调速，且高、低速分别控制。但在制动减速时，将低速绕组接成与高速绕组相序相反的状态，使之产生制动转矩亦即反接制动，与此同时，高速绕组的转矩也在逐渐减弱，从而使电梯按距离制动并减速直接停靠。

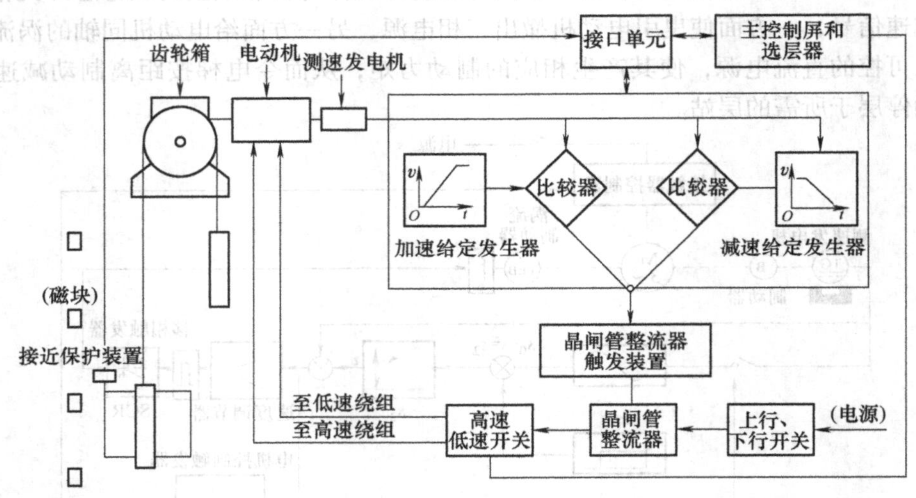

图1-4-6 反接制动交流调压调速电梯拖动系统原理框图

这种系统是全闭环调压调速系统，运行性能良好。由于采用反接制动方式使电梯减速，因此对电梯系统的惯性矩要求不高，不像前述的涡流制动系统或能耗制动系统那样，要求电梯有一定数量级的惯性矩（一般在电动机轴端加装适当的飞轮），这样使得机械传动系统结构简单、轻巧。另外，在制动减速时，高速绕组不断开，而仅在低速绕组上施加反相序电压（即反接制动），因此该系统的动能全部消耗在电动机转子的发热上，能量消耗较前述几个系统都大，故电动机必须要有强迫风冷装置。这也是该系统的主要缺点。

反接制动的交流调速电梯虽有能耗大的不足之处，但其运行性能良好，故仍较多地应用于额定速度不大于2m/s的电梯上。

模块四 调频调压调速拖动系统

交流异步电动机的转速是施加于定子绕组上的交流电源频率的函数，均匀且连续地改变定子绕组的供电频率，可平滑地改变电动机的同步转速。但是根据电动机和电梯为恒转矩负载的要求，在调频调速时需保持电动机的最大转矩不变，维持磁通恒定，这就要求定子绕组供电电压也要作相应的调节。因此，电动机的供电电源的驱动系统应能同时改变电压和频率，即对电动机供电的变频器要求有调压和调频两种功能。使用这种变频器的电梯常称为VVVF电梯。

一、低中速 VVVF 电梯拖动系统

VVVF 电梯的驱动部分是其核心，这也是与定子调压控制方式的主要区别之处。图 1-4-7 是一个中低速 VVVF 电梯拖动系统的结构原理框图。其 VVVF 驱动控制部分由三个单元组成，第一单元是根据来自速度控制部分的转矩指令信号，对应该供给电动机的电流进行运算，产生电流指令运算信号；第二单元是将经数-模转换后的电流指令和实际流向电动机的电流进行比较，从而控制主回路转换器的 PWM 控制器；第三单元是将来自 PWM 控制部分的指令电流供给电动机主回路的控制部分。

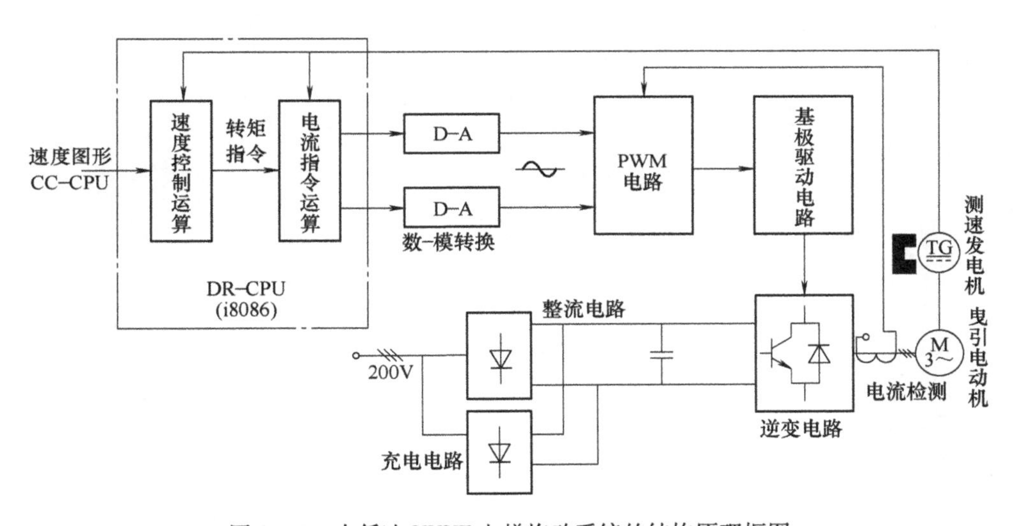

图 1-4-7　中低速 VVVF 电梯拖动系统的结构原理框图

主回路由下列部分构成：

1）将三相交流电变换成直流的整流部分。

2）平滑该直流电压的电解电容器。

3）电动机制动时，再生发电的处理装置以及将直流转变成交流的大功率逆变器部分。当电梯减速以及电梯在较重的负荷下（如空载上行或重载下行）运行时，电动机将再生电能返回逆变器，然后用电阻将其消耗，这就是电阻耗能式再生电处理装置。

高速电梯的 VVVF 装置大多具有再生电返回装置，因为其再生能量大，若用电阻消耗能量的办法来处理，势必使再生电处理装置变得很庞大。基极驱动电路的作用是放大由正弦波 PWM 控制电路来的脉冲列信号，再输送至逆变器的大功率晶体管的基极，使其导通。另外，其还具有在减速再生控制时，将主回路大电容的电压和充电回路输出电压与基极驱动电路比较后，经信号放大，来驱动再生回路中大功率晶体管导通以及主回路部分的安全回路检测功能。

二、矢量变换控制的高速 VVVF 电梯拖动系统

VVVF 调速系统性能优良，但对于高速电梯系统仍不能满足动态要求，尤其是电梯负载运行过程中受到外来因素扰动时（例如运行中遇到导轨的接头台阶，安全钳动作后的导轨工作表面拉伤、变形，门刀碰撞门锁滚轮而引起瞬间冲击等），可能导致交流电动机电磁转矩的变化，从而影响电梯的运行性能。但是，使用带有矢量变换控制的调频调压调速系统后，能使高速（甚至超高速）电梯充分满足系统的动态调节要求。

矢量变换 VVVF 拖动系统大多需要采用多微机处理系统。

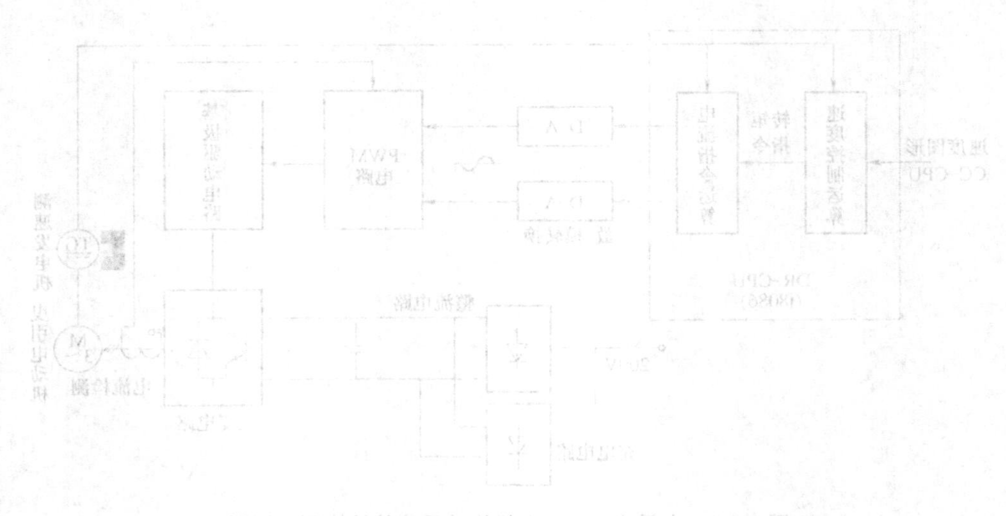

单元五 电梯的管理与使用

5

电梯在完成安装、调试，并经政府主管部门验收合格交付使用后，便进入了运行管理阶段。为了使电梯能够安全可靠地运行，充分发挥其应有的效益，延长使用寿命，必须在管理好、使用好、维修好上面下功夫。这就要建立相应的管理制度，使电梯的日常使用和维修保养规范化和制度化。

模块一 电梯的管理

加强电梯的使用管理，需要明确管理职责，建立管理制度，重视电梯安全使用的控制。

一、明确电梯的使用管理职责

这是电梯投入使用后首先要落实的一项管理措施。电梯使用单位应根据本单位电梯配置的数量，设置专职司机和专职或兼职维修人员，负责电梯的驾驶和维护保养工作。电梯数量少的单位，管理人员可以是兼管人员，也可以由电梯专职维修人员兼任。电梯数量多而且使用频繁的单位，管理人员、维护修理人员、司机等应分别由一个以上的专职人员或小组负责，最好不要兼管，特别是维护修理人员和司机必须是专职人员。司机和专（兼）职维修人员须取得证书，才能上岗操作。

在一般情况下，管理人员需开展下列工作：

1）收取控制电梯厅外自动开关门锁的钥匙，操纵箱上电梯工作状态转换开关的钥匙，机房门锁的钥匙等。

2）收集和整理电梯的有关技术资料，具体包括井道及机房的土建资料、安装平面布置图、产品合格证书、电气控制说明书、电路原理图和安装接线图、易损件图册、安装说明书、使用维护说明书、电梯安装及验收规范、装箱单和备品备件明细表、安装验收试验和测试记录以及安装验收时移交的资料和材料以及国家有关电梯设计、制造、安装等方面的技术条件、规范和标准等。

资料收集齐全后应登记建账，妥为保管。只有一份资料时应提前联系复制。

3）收集并妥善保管电梯备品、备件、附件和工具。根据随机技术文件中的备品、备件、附件和工具明细表，清理校对随机发来的备品、备件、附件和专用工具，收集电梯安装后剩余的各种安装材料，并登记建账，合理保管。除此之外，还应根据随机技术文件提供的技术资料编制备品、备件采购计划。

4）根据本单位的具体情况和条件，建立电梯管理、使用、维护保养和修理制度。

5）熟悉收集到的电梯技术资料，向有关人员了解电梯在安装、调试、验收时的情况，条件具备时可控制电梯作上下试运行若干次，认真检查电梯的完好情况。

6）做好必要的准备工作，而且条件具备后可交付使用，否则应暂时封存。封存时间过长时，应按技术文件的要求适当处理。

二、建立电梯使用管理制度

电梯的使用管理包括岗位职责、机房管理、安全操作管理、维修管理、备件工具管理及技术资料档案管理等。为了使这些管理工作有章可循，需要建立以下管理制度。

1. 岗位责任制

这是一项明确电梯司机和维修人员工作范围、承担的责任及完成岗位工作的质和量的管理制度，也是管理好电梯的基本制度。岗位职责定得越明确、具体，就越有利于在工作中执行。因此，在制订此项制度时，要以电梯的安全运行管理为宗旨，将岗位人员在驾驶和维修保养电梯的当班期间应该做什么工作及达到的要求进行具体化、条理化、程序化。对电梯的日常检查、维护保养、定期检修以及紧急状态下应急处理的程序也做出了相应的规定，所以，电梯的完好状态和使用管理都比较好。这说明，电梯的使用管理关键在于责任的落实。

2. 交接班制度

对于多班运行的电梯岗位，应建立交接班制度，以明确交接双方的责任，交接的内容、方式和应履行的手续。否则，一旦遇到问题，易出现推诿、扯皮现象，影响工作。在制订此项制度时，应明确以下内容：

1）明确交接前后的责任。通常，在双方履行交接签字手续后再出现的问题，由接班人员负责处理。若正在交接时电梯出现故障，应由交班人员负责处理，但接班人员应积极配合。若接班人员未能按时接班，在未征得领导同意前，待交班人员不得擅自离开岗位。

2）因电梯岗位一般配置人员较少，遇较大运行故障，当班人力不足时，已下班人员应在接到通知后尽快赶到现场共同处理。

3. 机房管理制度

1）非岗位人员未经管理人员同意不得进入机房。

2）机房内配置的消防灭火器材要定期检查，放在明显易取部位（一般在机房入口处），经常保持完好状态。

3）保证机房照明、通信电话的完好、畅通。

4）经常保持机房地面、墙面和顶部的清洁及门窗的完好，门锁钥匙不允许转借他人。机房内不准存放与电梯无关的物品，更不允许堆放易燃、易爆危险品。

5）注意电梯电源配电盘的日常检查，保证完好、可取。

6）保持通往机房的通道、楼梯间的畅通。

4. 安全使用管理制度

这项制度的核心是通过制度的建立，使电梯得以安全合理地使用，避免人为损坏或发生事故。对于主要为乘客服务的电梯，还应制定单位职工使用电梯的规定，以免影响对乘客的服务质量。

5. 维修保养制度

为了加强电梯的日常运行检查和预防性检修，防止突发事故，使电梯能够安全、可靠、舒适、高效率地提供服务，应制定详细的操作性强的维修保养制度。在制定时，应参考电梯厂家提供的使用维修保养说明书及国家有关标准和规定，结合单位电梯使用的具体情况，将日常检查、周期性保养和定期检修的具体内容、时间及要求，做出计划性安排，避开电梯使用的高峰期。维修备件、工具的申报、采购、保管和领用办法及程序，也应列于此项管理制度中。

6. 技术档案管理制度

电梯是建筑物中的大型重要设备之一，应对其技术资料建立专门的技术档案。对于多台电梯，每台电梯都应有各自单独的技术档案，不能互相混淆。电梯的技术档案包括以下内容。

（1）新梯的移交资料

1）电梯的井道及机房土建图和设计变更证明文件。

2）产品质量合格证书，出厂试验记录及装箱单。

3）使用维修保养说明书、电气控制原理图、接线图、主要部件和元器件的技术说明书等随机技术资料。这些资料在电梯安装过程中因频繁使用，容易造成损坏、脏污甚至丢失，应从安装开始就明确专人负责统一保管。

4）安装、调试、试验、检验的记录和报告书。

5）电梯安装方案或工艺卡及隐蔽工程验收记录。

6）设备和线路的绝缘电阻、接地电阻的测试记录及有关图样等。

以上资料对电梯今后的使用管理和维修保养及改造、更新都极为重要。在进行电梯的交接验收时，使用单位应注意清点、核审、收集，作为电梯技术档案的重要组成部分，由专人管理。

（2）设备档案卡　设备档案卡是以表格、卡片的形式将每台电梯产品的名称从性能特征、技术参数和安装、启用日期、安装地点等内容表示出来，具有格式清晰、内容详细、使用方便等优点。格式的式样，各使用单位应根据以下内容进行具体的设计：设备名称、型号规格、生产厂家、出厂日期、出厂编号、安装地点、安装单位、安装日期、启用日期、订购合同编号、安装合同编号、设备现场编号、额定载重量、乘客人数、额定速度、驱动方式、额定功率、操纵方式、几层几站、提升高度、层高、顶层高度、底坑深度、梯井总高、井道及平面图、机房平面图、曳引绳规格及根数、控制柜型号、轿厢尺寸、开门宽度、开门方向、开门方式（自动或手动）、限速器型号及限制速度、缓冲器型号及其工作行程、轿厢指示灯型号及电压、厅门指示灯型号及电压、门锁型号、曳引机型号、电动机型号、每分钟转速、减速器型号、曳引比、蜗杆头数、蜗轮齿数、曳引轮直径及槽型、槽数、电动机额定电流、绕组接线方式、制动器类型、联轴器类型、测速发电机型号及传动方式、自动门机型号及带规格、蜗杆铀承型号及密封方式、曳引主轴轴承型号、曳引电动机轴承型号、减速辖润滑油型号、曳引机总重量、供电方式和供电电压等。

对于直流电梯，还应将直流供电设备的有关型号、技术参数写入设备卡中。

（3）电梯运行阶段的各种记录　包括运行值班记录、维修保养记录、大中修记录、各项试验记录、故障或事故处理记录、改造记录等。对于主管部门的安全技术检验记录（整改意见）和报告书应一起归档管理。各种记录应认真填写，准确反映实际情况。表 1-5-1 ~ 表 1-5-3 为电梯运行值班记录、电梯维修保养记录和大中修（项修）记录格式。

值班姓名：__________

日　　期：__________

值班时间：__________

记录时间		
室外温度/°C		
室内温度/°C		

表 1-5-1　电梯运行值班记录

检查部位及项目			1#梯	2#梯	3#梯
机房	电源主开关工作状态				
	控制柜工作状态				
	电动机 发电机	轴承温度/℃			
		油位			
	电磁 制动器	线圈温升/℃			
		工作间隙			
	减速器	轴承温度/℃			
		油位			
	曳引机运行状态				
	限速器及其他设备工作状态				
轿厢井道	照明、电风扇				
	报警装置、电话				
	各按钮、开关、指示灯				
	开、关门状态				
	平层状态				
	平稳性、舒适性				
	导靴、安全钳、缓冲器、对重				
	清洁情况				
层站	各层召唤、层楼指示灯				
	门锁状态				
	地坎卫生				

紧急情况处理记录：

维修工具、消防器材					
留言					
交班签字		接班签字		主管签字	

表 1-5-2 电梯维修保养记录

检修日期：

电梯型号		额定速度	m/s	额定载荷	kg 人
设备编号		出厂编号		安装地点	
制造厂商		安装单位		启用日期	
提升速度	m/s	层站数	层 站	顶层高度	m
维修保养记录					
维修保养前情况					
维修保养内容及调试情况					
备件更换记录					
主操作人		参加人员		主管审核签字	

表 1-5-3　电梯大小修（项修）记录

检修日期：

电梯型号		额定速度	m/s	额定载荷	kg　人
设备编号		出厂编号		启用日期	
检修项目	检修前精度及状况		检修内容及精度标准		备件更换情况
调试结果及变更记录					
安检结果及整改意见的处理					
检修单位 主持人 参加人员			验收单位 负责人 验收意见		

模块二　电梯的安全使用

电梯是楼房里上下运送乘客或货物的垂直运输设备。根据电梯的运送任务及运行特点，确保电梯在使用过程中人身和设备安全是至关重要的。

一、电梯安全操作的必要条件

电梯作为一种机电合一的大型的垂直运输工具，它既运送乘客又运送货物，所以必须处于安全可靠的工况下，必须有一定的条件来保证。

（1）严格执行国家和地方标准　要保证电梯安全可靠运行，必须严格执行我国制定的有关电梯的各项标准。各个城市和省区也根据本地区的特点制定了电梯管理标准和管理办法，其目的都是要达到保证电梯安全可靠的运行，这些标准必须严格遵守并贯彻执行。

（2）制定严格的管理办法　从事电梯安装、维修、管理的单位、部门，必须制定具体可行的严格的电梯管理办法，并应有一套自己的管理制度及安装保养规程，并在业务管理中加以实施。

（3）培训操作者　从事电梯安装维修的人员以及专职司机，必须由经政府批准的培训部门培训，经考核合格，并取得合格证，才能上岗。他们必须掌握电梯的基本工作原理、各部件的构造、功能，并能排除各种故障，熟悉各种操作要领，具备操作技能。

(4) 电梯设备完好　电梯处于良好的状态下，是保证电梯安全运行及操作的重要条件。电梯设备的各个部件、除了按规定进行定期定项的维护保养外，还应按规定对部分损坏或达到规定年限的部件进行更换，不使其超期服役，以免造成事故。

二、对电梯司机的要求

1. 基本要求

电梯司机属于特种作业人员，应选派具有初中以上文化、身体健康的人员来担任。严格限制心脏病、高血压、精神病患者和耳聋眼花、四肢残疾、低能者担任电梯驾驶员。因为电梯是一个多层及高层建筑的上下垂直运输设备，频繁地上下起动停止，人经常处于加速度及颠簸状态，时间长了会使患者身体疲劳或精神高度紧张，从而产生操作中误动作，对电梯运行中发生的情况也无能力处理，造成不必要的事故，患者本人还会加重病情。

电梯司机应有一定的机械与电工基础知识，懂得电梯的基本构造，主要零部件的形状、安装位置和作用，了解电梯的起动、加速、减速、平层等运行原理和电梯保养及简单故障排除的方法。

电梯司机应知道自己驾驶电梯的服务对象、井道层站数、层楼高度及总提升高度、电梯在建筑物中所处的位置、通道及紧急出口，还应知道本电梯的主要技术参数，如电梯速度、载重量、轿厢尺寸、开门宽度以及驱动操纵方式等。

电梯司机还要掌握电梯中各种安全保护装置的构造、工作原理和安装位置，熟练掌握本电梯操纵方法、知道安全窗、应急按钮、急停开关的作用和正确使用方法，并能对电梯运行中突然出现的停车、失控、冲顶、蹲底等情况临危不惧，采取正确的处理力法。

2. 电梯司机在工作中要遵循“五要五不要”

1）要让经过培训、考核且有特种作业操作证者驾驶电梯，不要让无证者驾驶电梯。

2）要按安全操作规程驾驶电梯，不要违章驾驶电梯。

3）要用手操纵开关（按钮或手柄），不要（能）用手臂和身体其他部体操纵开关（按钮或手柄）。

4）要站在（包括乘客）轿厢里或井道外等候，不要站在轿厢与井道之间等候。

5）要听从检修人员指挥（检查时），不要听从其他任何人指挥（紧急情况除外）。

3. 电梯司机严格做到“十不开”

1）超载荷不开。

2）安全装置失效不开。

3）物件装得太大不好关门不开。

4）物件堆放不牢靠、不稳妥不开。

5）物体超长，伸出安全窗及紧急出口不开。

6）层（厅）门、轿厢门关闭不好不开。

7）有人把头、手、脚伸出轿厢或伸入井道不开。

8）轿厢行驶速度比平时超快或减慢不开。

9）电梯不正常（声响不对、有异样感觉、有地方碰撞等）不开。

10）有易燃、易爆、易破碎等危险品不开。

三、确保电梯在使用过程中人身和设备安全

1）重视加强对电梯的管理，建立并坚持贯彻切实可行的规章制度。

2）有司机控制的电梯必须配备专职司机，无司机控制的电梯必须配备管理人员。除司机和管理人员外，还需根据本单位的具体情况配备维修人员，条件许可的单位应配备专职维修人员，不能配备专职维修人员的单位，也应指定一名钳工和一名电工兼负电梯的机、电维修工作。维护人员必须经过培训并保持相对稳定，也可委托合适的电梯专业安装维修单位维修保养。

3）制定并坚持贯彻司机、维修人员的安全操作规程。

4）制定并坚持贯彻维修人员的日常维护和预检修制度。

5）司机、管理人员、维修人员等发现不安全因素时，应及时采取措施直至停止使用。

6）停用超过一周后重新使用时，使用前应经认真检查和试运行后方可交付继续使用。

7）电梯电气设备的一切金属外壳必须采取保护性接地或接零措施。

8）机房内应备有灭火设备。

9）照明电源和动力电源应分开供电。

10）电梯的工作条件和技术状态应符合随机技术文件和有关标准的规定。

模块三　电梯的安全操作规程

制定并严格贯彻司机、乘用人员、维修人员的安全操作规程，是安全使用电梯的重要环节之一，也是提高电梯使用效率和避免发生人身、设备事故的重要措施之一。

一、司机和乘用人员的安全操作规程

1. 行驶前的准备工作

1）在开启电梯厅门进入轿厢之前，必须先确认轿厢是否停在该层。

2）每日开始工作前，必须将电梯上、下行驶数次，检查有无异常现象。检查厅、轿门地坎有无异物并进行清理。

3）做好轿厢、厅轿门及其他等乘用人员可见部分的卫生工作。

2. 使用注意事项

1）电梯出现故障，应停止运行，并及时通知维修人员进行修理。

2）运载的物品应尽可能稳妥地放在轿厢中间，避免在运行中倾倒。禁止采用开启轿厢顶部安全窗、轿厢安全门的方法装运超长物件。

3）电梯操作人员应劝告他人勿乘载货电梯。

4）有司机控制的电梯，司机在工作时间内需要离开轿厢时，应将电梯开到基站，在操纵箱上切断电梯的控制电源，用专用钥匙扭动厅外召唤箱上控制开关门的钥匙开关，把电梯门关闭好。

5）严禁在开启轿门的情况下，通过按应急按钮，控制电梯以慢速作正常运行的行驶。除在特殊情况下，不允许用电梯的慢速检修状态当作正常运送任务行驶。

6）不得通过扳动电源开关或按急停按钮等方法，作为一般正常运行中的消号。

7）乘用人员进入轿厢后，切勿倚靠轿厢门，以防电梯起动关门或停靠开门时碰撞乘用人员或夹住衣物等。

8）手柄开关控制的电梯，在运行过程中发生中途停电时，司机应立即将手柄开关放回原位，防止来电后突然起动运行发生事故。

9）手柄控制的电梯，不允许借厅、轿门电联锁开关，作控制电梯开或停的控制开关。

10）司机、乘用人员及其他任何人员均不允许在厅、轿门中间停留或谈话。

3. 使用完毕后的工作

1）使用完毕关闭电梯时，应将电梯开到基站，把操纵箱上的电源、信号复位，将电梯门关闭。

2）打扫机房设备卫生时，必须在专人监护下进行。

3）不得将电梯钥匙交给无证人员使用。

4. 发生下列现象之一时，应立即停机并通知维修人员检修

1）作轿内指令登记和关闭厅门、轿门后，电梯不能起动，或司机扳动手柄开关和关闭厅门、轿门后电梯不能起动。

2）在厅门、轿门开启的情况下，在轿内按下指令按钮或扳动手柄开关时能起动电梯。

3）到达预选层站时，电梯不能自动提前换速，或者虽能自动提前换速，但平层时不能自动停靠，或者停靠后超差过大，或者停靠后不能自动开门。

4）电梯在额定速度下运行时，限速器和安全钳动作刹车。

5）电梯在运行过程中，在没有轿内外指令登记信号的层站，电梯能自动换速和平层停靠开门，或中途停车。

6）在厅外能把厅门扒开。

7）人体碰触电梯部件的金属外壳时有麻电现象。

8）熔断器频繁烧断或断路器频繁跳闸。

9）元器件损坏，信号失灵，无照明。

10）电梯在起动、运行、停靠开门过程中有异常的噪声、响声、振动等。

5. 发生下列情况之一时应采取相应措施

1）电梯运行过程中发生超速、超越端站楼面继续运行，出现异常响声和冲击振动，有异常气味等。并对准备企图跳离轿厢的乘客进行严肃的劝阻。

2）电梯在运行中突然停车，在未查清事故原因之前应切断电源、指挥乘客撤离轿厢，若两厢不在厅门口处，应设法通知维修人员到机房用盘车手轮盘车，使电梯与门口停平。

3）发生火灾时，司机和乘用人员要保持镇静，把电梯就近开到安全的层站停车，并迅速撤离轿厢，关闭好厅门，停止正常使用。

4）地震和火灾后，要组织有关人员认真检查和试运行，确认可继续运行时方能投入使用。

二、维修人员的安全操作规程

1. 维护修理前的安全准备工作

1）电梯检修时，应在厅门处挂“电梯检修停止运行”警示牌。

2）让无关人员离开轿厢或其他检修工作场地，关好层门，不能关闭层门时，需用合适的护栅挡住入口处，以防无关人员进入电梯。

3）检修电器设备时，一般应切断电源或采取适当的安全措施。

4）一个人在轿顶上做检修工作时，必须按下轿顶检修箱上的急停按钮，或扳动安全钳

的联动开关，关好层门，在操纵箱上挂“人在轿顶，不准乱动”的标示牌。

5）进入地坑应先打开地坑内的低压照明，然后按动地坑停车开关，切断电梯回路，使轿厢不能再运行，并在层站和层门、轿厢门上挂上警示牌。

2. 检修过程中的安全注意事项

1）给转动部位加油、清洗或观察钢丝绳的磨损情况时，必须停闭电梯。

2）有人在轿顶工作时，站立处应有选择，脚下不得有油污，否则应打扫干净，以防滑倒。

3）人在轿顶上准备开动电梯以观察有关电梯部件的工作情况时，必须牢牢握住轿厢绳头板、轿架上梁或防护栅栏等机件，不能握住钢丝绳，并注意整个身体置于轿厢外框尺寸之内，防止被其他部件碰伤。需由轿内的司机或检修人员开电梯时，要交代和配合好，未经许可不准开动电梯。

4）在多台电梯共用一个井道的情况下，检修电梯时应加倍小心，除注意本电梯的情况外，还应注意其他电梯的动态，以防发生碰撞。

5）检修电器部件时应尽可能避免带电作业，必须带电操作或难以在完全切断电源的情况下操作时，应预防触电，并有主持和助手协同进行，应注意电梯突然起动运行。

6）使用的手灯必须采用带护罩的，电压为36V以下的安全灯。

7）严禁维修人员站在井道外探身到井道内，以及两只脚分别站在轿厢顶与层门上坎之间或层门上坎与轿厢踏板之间进行长时间的检修操作。

8）进入底坑后，应将底坑检修盒上的急停开关或限速张紧装置的断绳开关断开。

9）维修作业间隙需暂时离开现场时，应有以下安全措施：

①关好各层（厅）门，一时关不上的必须设置明显障碍并在该层门口悬挂“危险”、“切勿靠近”警告牌。

②切断总电源开关。

③切断热源如喷灯、烙铁、电焊机和强光灯等。

④必要时应设专人值班。

3. 检修作业结束后的工作

1）收集清点工具材料，清理并打扫工作现场，除去警告牌和告示牌。

2）将所有开关恢复到原来位置，并试车运行，检查各机构、电气等完好无误。

3）填写维修记录。

4）把修好的电梯交付验收。

5）大修后应由有资格的单位进行检查验收，符合国家或当地安全技术标准的方可投入运行。

下　篇

电梯的安装、调试、维护、保养与故障维修

单元一　电梯的安装与调试

1

模块一　电梯的安装

电梯安装是对技术要求较高的特殊工作，它既要求从事这项工作的人员具有较好的基础理论、机械制造基础、电气基础、管理等相关知识以及多工种的操作技能，又要求必须熟练掌握电梯安装的专业知识和操作技能。只有这样，才能做到保质保量、安全顺利地完成电梯的安装任务。电梯工程施工的一般工作流程如图 2-1-1 所示。

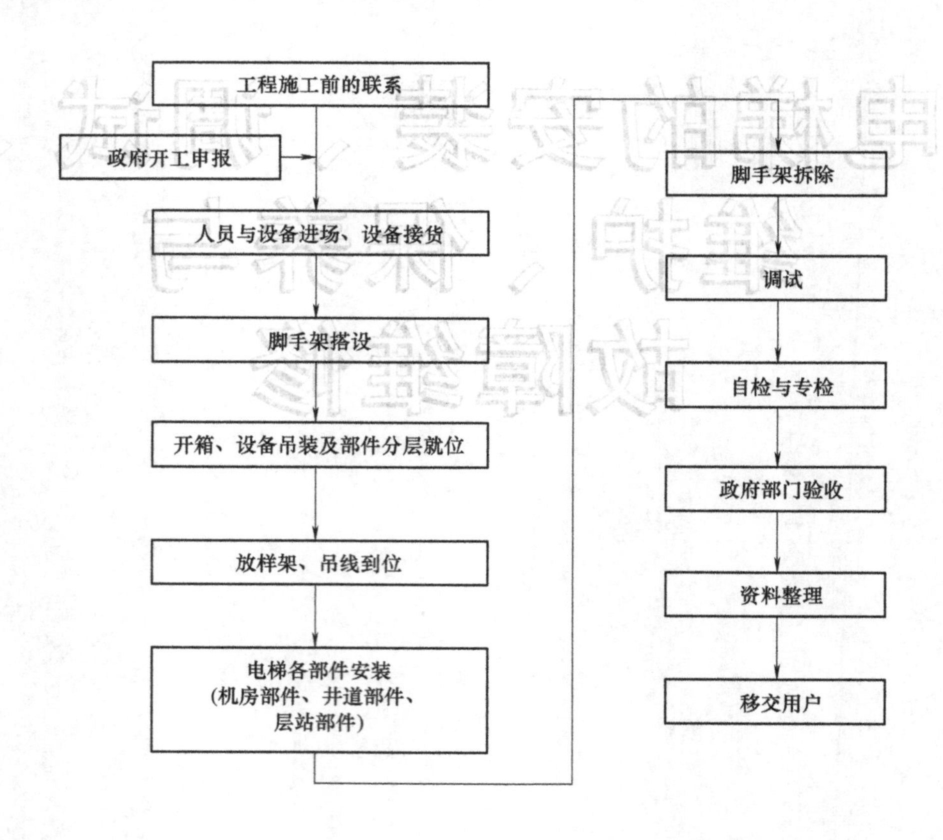

图 2-1-1　电梯工程施工的一般工作流程

任务1　安装前的准备工作

知识目标

1. 了解电梯安装前准备工作的流程。
2. 掌握电梯安装前各项准备工作的具体内容及要求。

能力目标

1. 能够正确、快速地准备电梯安装所需的工具、技术资料等。
2. 能够按照电梯安装准备工作流程，快速高效地组建队伍，完成勘查现场、制定方案等安装前各项工作。

任务描述（见表2-1-1）

表2-1-1　任务描述

工作任务	要　求
1. 组建安装队伍	1. 掌握施工人员的基本条件及要求 2. 定期对施工人员进行安全教育
2. 勘查安装现场	1. 熟悉电梯安装施工布置图、电梯安装工艺标准、安装说明书、电梯安装安全操作规程 2. 正确填写电梯施工前现场勘测记录表，组织落实现场的基本施工条件
3. 制定施工方案	1. 制定先进、合理、切实可行的施工方案，并严格执行相关国家标准 2. 合理安排工程进度及预算
4. 准备施工技术资料	正确准备电梯安装所需的各项技术材料
5. 设备清点与吊运	1. 学会编制设备清单的方法、技巧及注意事项 2. 掌握吊运操作的方法及注意事项
6. 工具仪表准备	1. 能够正确、快速地准备电梯安装的各种工具 2. 初步了解各种工具的使用方法

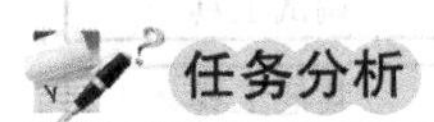

安装前的准备工作是电梯安装工程的一个必需而重要的环节，只有充分重视该项工作，才能保证电梯安装顺利进行。因此，在电梯安装之前，做好一系列的工作，将会为经济、有效的电梯安装打下良好的基础。安装前的准备工作一般按图2-1-2所示流程进行。

1. 安装队伍的组建

电梯安装工程需要配备1个安装班组和2名现场工程师，安装班组一般由4~6人组成，安装1~2台电梯。参加安装的技术工人必须是经过特种作业安全技术培训考核，持有电梯安装维修工种“特种作业操作证”的人员。小组中必须有1~2名中级以上的电梯技术人员负责主持现场安装、调度工作，还必须有1名熟练的机械安装钳工或电工负责安全工作。根据安装进度还需要适时配备一定数量的有独立作业能力的工人。

（1）施工人员要求

1）必须熟悉和掌握电工、钳工、起重以及电梯驾驶等相关理论知识和实际操作技术。

2）电梯安装、维修人员的身体必须健康，凡有以下疾病者，均不能从事电梯安装、维修等工作：听觉或视觉有障碍者、高或低血压病患者、心脏病患者、癫痫病患者、精神分裂症患者、恐高症患者等。

3）熟悉电焊、气焊、高空作业、防火等安全知识。

（2）安全操作要求

1）所有安装人员应认真贯彻并执行“安全第一，预防为主”的方针，严格遵守安全操作规程和各项安全生产规章制度。必须做到“安全生产、人人有责”。

2）凡遇到以下情况者，应向上级报告或停止操作。

①不符合安全生产要求的情况。

②遇有严重危及生命安全的情况。

3）进入施工场所，必须按规定穿戴好安全帽、安全带、工作衣、安全鞋、遮光面罩等保护作业人员劳动防护用品。同时，施工人员必须熟练掌握安全防护用品的使用方法和使用注意事项，确保安全防护用品定人定岗保管。

4）操作前应检查设备或工作场所，排除故障隐患和安全隐患。

5）工作现场不得打闹和做与本工作无关的事。

6）工作中应集中精力、坚守岗位，不得擅自把自己的工作交给他人。

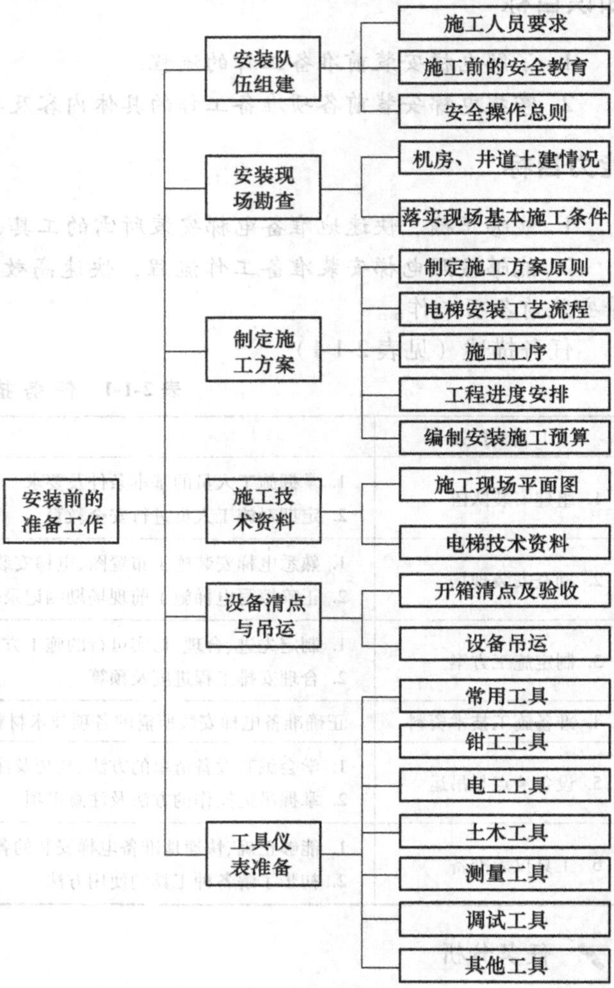

图 2-1-2　安装前的准备工作流程

7）施工人员必须严格遵守电工安全操作规程。修理机械、电气设备之前，必须在动力开关处挂上“有人工作，严禁合闸”的警示牌。

8）作业过程应尽量减少使用移动电具，如需使用时，必须使用漏电保护器，以保证施工的安全，防止触电事故的发生。

（3）安装前的安全教育

1）定期召开安装小组安全工作会议，一般每周一次，检查小结本周内的安全工作情况。

2）在施工现场醒目位置应张贴救护车、消防队的电话号码、急救站地址和有关部门规定的安全标语。

3）必须采取切实有效的安全技术措施确保现场人员和设备的安全。

4）在工作开始前和进行中，对工地现场和一切施工用的设备、装置作定期安全检查。安装人员必须牢记“安全第一，预防为主”的思想，遵守安全法规和安全操作规程，消除存在的不安全因素。

5）经常检查组员个人的防护用具使用情况，应积极帮助组员按规定正确使用劳动保护用品。

6）要尽可能掌握组员的各种情况及组员的身体状况，如组员因吃饭或有事离开工地的情况等。

7）发生事故时，记录现场情况，严重事故应立即上报上级领导和有关部门，轻微事故也应在24h内上报有关部门。

2. 安装现场勘查

电梯安装施工前，施工人员必须熟悉电梯安装施工布置图、电梯安装工艺标准、安装说明书、电梯安装安全操作规程。项目负责人及安装组长应对安装现场进行了解、调查，落实必要的施工条件，并做好记录，为编制施工方案提供依据。

（1）了解电梯机房、井道土建情况 为了避免在电梯安装时，由于电梯土建工程尺寸不符合要求或其他因素造成电梯不能安装的状况，在电梯安装前必须根据《电梯主参数及轿厢、井道、机房的型式与尺寸》（GB/T 7025—2008）和委托单位所提供的电梯井道、机房土建图的尺寸进行检查验收，如不符合要求，应同用户商谈相关事宜，确保电梯安装符合技术要求和验收规范。例如：机房（机器设备间）的结构应能承受预定的载荷能力；机房（机器设备间）的平面及高度等尺寸应能满足电梯安装后作业人员安全操作空间的要求；机房内应通风良好，并有足够的照明；机房总电源配板一般设在入口处等都需一一核对。

检测电梯各层门前的地坪标高，墙体装饰层厚度等，取得相关数据，这些数据对地坎、门套等设备的安装是不可或缺的。

了解井道壁的结构，是砖砌或混凝土还是钢结构；观察预留孔或预埋铁件是否符合要求，为安装支架提供合理依据。

勘查完毕，应填写电梯施工前现场勘测记录，见表2-1-2。

表2-1-2 电梯施工前现场勘测记录表

1. 设备概况

使用单位及项目或楼盘名称				施工类别	□安装 □改造
安装地点		用户编号		层站门数	层 站 门
制造单位				设备型号	
额定载重量		额定速度		提升速度	

2. 检查记录

序号	类别	项目编号及检查记录	检查结果	结论
1	机房	机房（机器设备间）的结构应能承受预定的载荷能力		
2		机房（机器设备间）的平面及高度等尺寸应能满足电梯安装后作业人员安全操作空间的要求		

（续）

序号	类别	项目编号及检查记录	检查结果	结论
3	井道	井道壁应有足够的机械强度，能够满足电梯各种运行工况下的受力要求		
4		钢结构的井道应有承载能力的验收证明		
5		井道平面尺寸应能保证轿厢、对重及导轨等安装后相应的安全间距满足要求		
6		井道顶部结构及顶层高度应能保证安装后其顶部空间符合要求	顶层高度 m	
7		井道围梁及预埋件等应满足导轨和层门等安装工艺的要求		
8		电梯实际提升高度以及各层门、井道安全门及检修门的井道开口应与参数及图样相符并满足相关要求		
9		当相邻两层门地坎的间距大于 11m 时，其间应当设置高度不小于 1.80m、宽度不小于 0.35m 的井道安全门		
10	底坑	底坑地面的强度应满足 GB 7588—2003 的 5.3.2 条款规定的各种受力条件要求		
		如果轿厢与对重之下有人能够到达的空间，其设计受力强度还应不小于 5000N/m² 且 a 将对重缓冲器安装于一直延伸到坚固地面上的实心桩墩或 b 对重上装设安全钳	选择方案 a □ b □	
11		底坑深度应能保证电梯安装后，其底坑空间符合要求		

3. 结论

经检查及测量，（填写使用单位及楼盘或项目名称和安装地点及设备编号）电梯的机房（机器设备间）、井道、底坑等相关土建工程均符合电梯施工的条件要求。

质检员（签字）：

施工单位（加盖公章）　　　　年　　　　月　　　　日

注：检测结果及结论栏中，打“✓”、“×”和“/”分别表示“合格”“不合格”和“无此项”。

（2）落实现场的基本施工条件

1）了解设备的到货、保管情况以及从设备堆放到安装现场的道路状况、距离，以便确定采取何种水平运输方式。

2）了解土建单位是否在电梯井道和机房封顶之前，将曳引机吊装到位。如果没有，则在其他工作开始之前，确定设备大件的吊运方式，将电动机和控制柜从井道内搬运至最顶层。

3）提供给施工的临时用电必须是三相四线制，且容量应满足施工用电和电梯试运转的需要。电源应引到机房内，并设置开关。

4）落实现场的材料、工具用房，一般要求在井道附近的房间，底层、顶层各一间，15m² 左右，门窗齐全。一般 10 层以上的电梯，在中间层宜备一间。

5）落实建设单位、土建单位现场联系人，并熟悉现场办公室位置。现场的配电房、医疗站、保卫处、食堂、火警报告处和灭火设施等均需了解清楚。

3. 制定施工方案

施工方案是以指导专业工程为对象的技术、经济文件，是指导现场施工的法则。制定先进、合理、切实可行的施工方案是保证高速、优质、高效完成安装工程的主要措施。

（1）制定施工方案的原则　制定先进、合理、切实可行的施工方案必须严格执行相关国家标准。根据所安装电梯的随机技术文件，选择先进、合理的电梯安装工艺及安全操作规程，确保工程质量和施工安全。从工程的全局利益出发，加强与土建、电梯制造厂家的协作，科学的安排施工顺序，在保证质量的基础上加快工程速度、缩短工期。

（2）电梯安装工艺流程　无脚手架电梯安装工艺流程如图 2-1-3 所示。

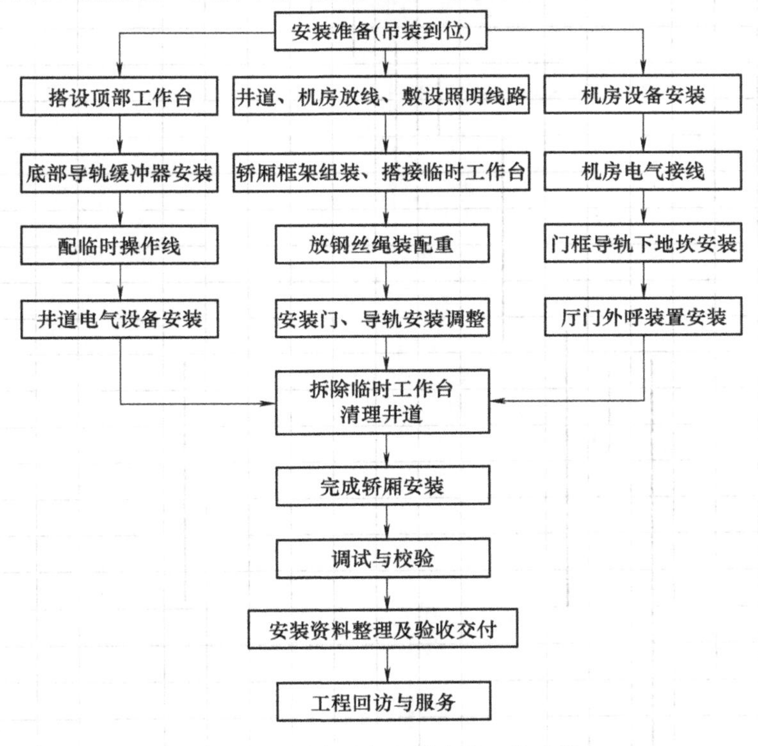

图 2-1-3　无脚手架电梯安装工艺流程

（3）施工工序　施工程序按如图 2-1-3 所示电梯标准安装程序进行，不能无序，更不能颠倒程序进行施工；只有在人员充足、现场情况允许、施工安全可靠情况下，并列程序方可以平行施工，但必须严格控制。

（4）工程进度安排　为了提高安装进度，可将安装组划分为机和电两个施工作业组。电梯机械和电气两个系统的安装工作，可由两个作业组采用平行交叉作业，同时进行施工。作业计划由安装小组根据进度统一安排，协商制定。表 2-1-3 为一般电梯安装程序日程表。它是以电梯行程在 15 层以内为例进行计算的。

（5）编制安装施工预算，提出用工用料计划　电梯在安装过程中，需要根据施工期的不同阶段，配备一定数量辅助工，保证安装工作的顺利进行。例如木工、泥瓦工、电气焊工、架子工、起重工及辅助民工等。安装电梯的专用材料，制造厂一般已配备齐全，但部分辅助材料需要由使用单位在安装电梯时供应，如水泥、木材、氧气、电石、电焊条等。

表 2-1-3　一般电梯安装进度日程表

安装程序	安装内容	1	2	3	4	5	6	7	8	9	10	11	12	13	14	15	16	17	18	19	20	21	22	23	24	25	26	27	28	29	30	31	32	33	34
		工作日																																	
（一）	安装前的准备工作	—	—	—	—																														
（二）	机械部分																																		
1	安装样板架			—	—																														
2	导轨					—	—	—	—	—	—	—	—	—	—	—	—																		
3	缓冲器对重、承重梁														—	—	—																		
4	层门（厅门）										—	—	—	—	—	—	—	—																	
5	轿厢、轿门、轿架、开门机、导靴																		—	—	—	—	—												
6	安全钳、过载装置																							—	—										
7	曳引机、直流发电机																						—	—	—	—									
8	导向轮（复绕轮）																									—	—								
9	限速器																										—	—	—						
10	曳引机、补偿装置																												—	—	—	—	—		
（三）	电气部分																																		
1	安装电线管和线槽										—	—	—	—	—	—	—																		
2	楼层指示灯、召唤箱、消防按钮																																		
3	控制柜、机房布线																																		
4	井道内各类电气装置																																		
5	机房内各类电气装置																																		
（四）	清理井道、机房																															—	—		
（五）	试车调整																															—	—	—	—

注：表格的横线段表示工作所占的起止天数。

4. 施工技术资料

（1）施工现场平面图　施工现场平面图是根据建筑总平面规划，标出各电梯井道的位置、编号、材料、设备堆放位置、施工现场办公室、临时用电设施、医疗站、保卫处、报警处、主要通道等位置。

（2）电梯技术资料的准备　安装人员应熟知我国电梯安装及验收标准、地方法规、厂家标准和电梯安装维护操作的有关规定并予以严格执行。

制造企业应提交的图样及技术资料是电梯安装、调试、验收的重要技术资料，包括装箱单、产品出厂合格证、使用维护说明书、安装说明书、部件安装图、电气敷线图、动力电路和安全回路的电气回路示意图及符号说明、安全部件（门锁装置、限速器、安全钳装置及缓冲器）型式试验报告结论副本、限速器和渐进式安全钳调试证书副本、电梯技术规格表、电梯机房示意图、井道示意图。

其中，电梯技术规格表内容包括电梯订购单位、产品合同号、电梯型号、规格用途、控制系统、载重量、速度、层数、站数、出厂日期、开门方式、动力电源要求、照明电源要求、电动机参数等，还须对电梯土建、机房、电源开关位置等特别注意事项加以说明。

电梯机房示意图内容包括机房净空尺寸、承重梁位置、曳引机位置、曳引钢丝绳预留孔位置及尺寸、限速器安装位置及预留孔尺寸、控制柜安装位置、预留电缆孔位置及尺寸等。

井道示意图内容包括电梯底坑深度、顶层高度、井道深度、井道宽度、轿厢导轨距、对重导轨距、开门距、轿门地坎至井道壁尺寸、各层站地坎牛腿尺寸、导轨支架预留孔和预埋铁板位置及尺寸、轿门地坎至轿厢导轨中心尺寸、轿厢导轨中心与对重导轨中心的尺寸等。

5. 设备清点与吊运

电梯安装前，需规范地对进场的电梯设备进行清点验收与吊运堆放。

（1）开箱清点及验收　虽然电梯在出厂时都进行了详细的检验、清检、包装，然后才进行装箱。但是，在安装工地开箱前，为了分清生产厂家、供货商、购货方及安装公司的管理责任，有必要进行由电梯业主主持，供货商、电梯安装单位参加的开箱检查程序。三方代表共同在场，业主负责召集、主持、组织开箱验收，查看验收产品装箱单、出厂合格证以及下列随机技术资料是否齐全：

1）机房井道土建布置图。

2）使用维护说明书。

3）电气线路示意图及符号说明。

4）电气敷线图。

5）部件安装图。

6）安装调试说明书等。

根据供货商提供的装箱清单逐一进行开箱、清检，同时做好验货记录。在清检中如发现因运输造成的损伤、出厂装箱缺件或者实物与装箱单不符时，应由供货商负责退换、补齐；若无误，经三方人员（厂家、委托安装单位、安装队）在开箱验收单上签字认可，然后将所有电梯部件交由电梯安装单位负责保管。

至此，一直到电梯安装完毕交业主接收前，所有设备和部件的保管、安装及施工现场人员安全均由电梯安装公司全盘负责。

【小技巧】

1）电梯开箱应按工程的电梯梯号顺序进行，如在开1号电梯的包装箱时，就不应该同时打开其他梯号的包装箱，否则会造成混乱。

2）在开箱时应同时与吊装单位联系好，指示吊运人员将清点完毕后需要吊运的零部件吊运到指定位置；一般情况下，曳引机、控制屏应吊运到机房，轿厢龙门架、轿厢底板等应吊运至顶层。

3）对仓库小或现场管理较规范的工地，应及时将层门门头、层门等分别运至各层层门口附近；将对重架、缓冲器、对重块等运至底层层门口附近。

4）电梯物品在仓库的堆放一定要有序，不能杂乱无章。

①零部件应堆放整齐，以便领用。

②成品堆放位置也是相当重要的，如导轨应水平放置，工作面向上，不能施压重物，否则就会造成导轨变形从而影响电梯工作性能。

【注意事项】

1）未办理开工报告的，严禁开箱施工。

2）开箱时应通知相关各方同时到场，严禁私自开箱。

3）电梯的开箱清点应在现场即时进行，清点完毕后才能入库，严禁将零部件搬到仓库进行。

(2) 设备吊运　电梯曳引机、直流发电机必须整体吊运进入机房，严禁拆卸解体后再进行吊运，可在机房未封顶前，借助土建塔吊解决。如塔吊已拆除，可在屋顶架起人字爬杆，沿外墙将设备吊运到屋顶，再引入机房；也可用卷扬机将设备从电梯井道内吊到顶层，再从楼梯斜面将设备牵引进入机房。

【注意事项】

1）吊装作业必须由专人指挥，且指挥者必须经过专业培训，并具有吊装作业安全操作岗位证书。

2）使用吊装的工具设备，必须仔细检查，确认完好，方可使用。同时应根据吊装物件的重量，选择合适的吊装工具设备。

3）在吊装正在进行时，吊装区域，不得有人从事其他工作或行走。

4）吊装使用的吊钩要带有安全销，避免重物脱钩。

5）悬挂手动链条葫芦的位置必须准确，具有承受吊装负荷的足够强度，同时必须拉动灵活，人员必须站立在安全的位置进行操作。

6）在起吊轿厢时，应用强度足够的钢丝绳对轿厢进行保险，起吊后确认无危险，方可放松链条葫芦；在起吊有补偿绳及反绳轮的轿厢时，不能超过补偿绳和反绳轮的允许高度。

7）钢丝绳扎头的规格必须与钢丝绳匹配，扎头的压板应装在钢丝绳受力的一边，对于ϕ16mm以下的钢丝绳，使用钢丝绳扎头的数量应不少于3只，被夹绳的长度不应少于钢丝绳直径的15倍，但最短不允许少于300mm，每个扎头间的间距应大于钢丝绳直径的6倍。钢丝绳扎头只允许将2根同规格的钢丝绳扎在一起，严禁扎3根或不同规格的钢丝绳。

8）应使吊装机器底座处于水平位置平稳起吊。抬、扛重物应注意用力方向及协调一致性，防止滑杠脱开伤人。

9）顶撑对重时，应选用较大直径的钢管或大规格的木材，严禁使用劣质材料，操作时支撑要稳妥，不可歪斜，并要做好保险措施。

10）放置对重块时，应用手动链条葫芦等设备进行对重；当用人力放置对重块时，应有两人共同配合，防止对重块坠落伤人。

11）施工人员在吊装、起重操作时，必须严格遵守高空作业和起重作业安全操作规程。

6. 工具仪表准备

安装电梯时必备的一般工具和设备包括常用工具、钳工工具、电工工具、测量工具和各种专用工具等。所配备的工具和仪表每次开工前应作全面的检查，所有测量工具和仪表应由专业的检测机构检测合格，符合安装要求后才可以使用。

（1）常用工具 电梯安装的常用工具的名称、规格及用途见表2-1-4。

表2-1-4 电梯安装的常用工具的名称、规格及用途

序号	名称	规格	用途
1	钢丝钳	200mm	紧固螺母
2	尖嘴钳	160mm	紧固螺母
3	斜口钳		配线用
4	剥线钳		配线用
5	压线钳		配线用
6	老虎钳		紧固螺母
7	呆扳手	8mm、10mm、14mm、17mm、19mm、36mm、41mm、46mm	
8	梅花扳手	7mm×10mm、12mm×14mm、14mm×17mm、17mm×19mm	
9	套筒扳手		
10	活扳手	150mm、200mm、250mm、300mm	
11	一字螺钉旋具	吸力型	紧固螺钉
12	十字螺钉旋具	吸力型	紧固螺钉
13	电工刀		配线用
14	线锤	100～150g、5～10kg	放样架

（2）钳工工具 电梯安装的钳工工具的名称、规格及用途见表2-1-5。

表2-1-5 电梯安装的钳工工具的名称、规格及用途

序号	名称	规格	用途
1	台虎钳	2号	机加工
2	钢锯架、锯条	300mm	机加工
3	锉刀	扁、方、半圆、圆、三角、粗中细	机加工
4	整形锉		机加工
5	钳工锤		机加工
6	木锤		机加工
7	冲击钻	12mm、22mm、38mm	机加工
8	台钻		机加工
9	电钻	6～13mm	机加工

（续）

序号	名称	规格	用途
10	手提砂轮机	100～150mm	
11	铁皮剪		
12	划线规	150mm、250mm	
13	样冲		
14	丝锥	M3、M4、M6、M8、M10、M12、M14、M16	攻螺纹
15	丝锥扳手	180mm、230mm、280mm、380mm	
16	开口刀	自制	
17	射钉枪		
18	三抓卡盘		
19	导轨调整弯曲工具	自制	

（3）电工工具　电梯安装的电工工具的名称、规格及用途见表2-1-6。

表2-1-6　电梯安装的电工工具的名称、规格及用途

序号	名称	规格	用途
1	手电筒		电工用
2	验电器		电工用
3	电烙铁	40W	电工用
4	吸锡器	18g	电工用
5	剥线钳		电工用
6	笔试万用表		电工用
7	接线板		电工用
8	充电式照明灯		电工用
9	手提行灯	36V（带护翼）	电工用
10	电源拖线板		电工用
11	电源变压器	220V/36V	电工用

（4）土、木工具　电梯安装的土、木工具的名称、规格及用途见表2-1-7。

表2-1-7　电梯安装的土、木工具的名称、规格及用途

序号	名称	规格	用途
1	木工锤	0.5kg、0.75kg	
2	手锯	600mm	
3	钻子		凿墙洞
4	抹子		抹泥沙浆
5	吊线锤	0.5kg、10kg、15kg、20kg	
6	棉纱		
7	钢丝		

（5）测量工具　电梯安装的测量工具的名称、规格及用途见表2-1-8。

表2-1-8　电梯安装的测量工具的名称、规格及用途

序　号	名　称	规　格	用　途
1	钢直尺	150mm、300mm、1000mm	测量用
2	钢卷尺	2m、30m	测量用
3	游标卡尺	150～300mm	测量用
4	直尺水平仪	300～500mm	测量用
5	弯尺	200～500mm	测量用
6	塞尺	0.02～1mm	测量用
7	粗校卡尺	自制	检查导轨用
8	精校卡尺	自制	检查导轨用
9	厚度规		

（6）起重工具　电梯安装的起重工具的名称、规格及用途见表2-1-9。

表2-1-9　电梯安装的起重工具的名称、规格及用途

序　号	名　称	规　格	用　途
1	索具套环		
2	索具卸扣		
3	钢丝绳扎头	Y4～12、Y5～15	
4	C形夹头	50mm、70mm、100mm	
5	手拉葫芦	3t、5t	
6	双轮吊环型滑车	0.5t	
7	油压千斤顶	5t	

（7）调试工具及仪器　电梯安装的调试工具仪器的名称、规格及用途见表2-1-10。

表2-1-10　电梯安装的调试工具仪器的名称、规格及用途

序　号	名　称	规　格	用　途
1	弹簧秤	0～1kg、0～20kg	
2	秒表		测量时间
3	数字式速度表		测电梯速度
4	数字式电流表		测电路电流
5	数字式绝缘电阻表	500V	测绝缘电阻
6	数字式温度计		测量温度
7	噪声计		测量噪声
8	同步示波器	双踪	
9	对讲机		

（8）其他工具　电梯安装的其他工具的名称、规格及用途见表2-1-11。

表2-1-11　电梯安装的其他工具的名称、规格及用途

序　号	名　称	规　格	用　途
1	皮风箱	手拿式	
2	熔缸		熔巴氏合金
3	喷灯	2.1kg	
4	油枪	0.2ml	
5	油壶	0.5～0.75kg	
6	乙炔发生器		焊接
7	气焊工具		焊接
8	小型电焊机		焊接
9	电焊工具		焊接

任务准备

根据任务，准备相关工具、图样、资料等。

任务实施

1）根据电梯安装的具体情况，合理组建安装队伍。

2）按照正确的步骤对电梯安装现场进行勘查。

3）根据现场勘查情况，制定先进、合理、切实可行的施工方案。

4）准备电梯安装时所需的各项技术资料。

5）正确地清点和吊运电梯设备。

6）准确、快速地准备电梯安装调试过程中使用的工具仪表。

7）注意事项：

①电梯施工人员应定期学习电梯安装安全操作规程，安装过程中应严格按照规程进行操作。

②现场勘查应认真仔细，制定施工方案时，应将现场情况考虑在内，合理制定方案。

③设备吊运时，应按吊运要求，正确操作。

④为电梯安装所准备的技术资料应准确、全面。

任务2　机械部分的安装

知识目标

1. 了解电梯机械部分设备的结构和工作原理。
2. 掌握电梯机械部分设备安装的方法及注意事项。

能力目标

1. 能够正确快速地准备电梯机械部分安装所需的工具、技术资料等。

2. 学会井道、机房与轿厢等机械部件安装方法，并能够在教学电梯上正确且准确地安装各种机械部件。

任务描述（见表2-1-12）

表2-1-12 任务描述

工作任务	要求
1. 安装井道设备	1. 掌握井道内机械设备的结构及类型 2. 学会安装各种井道机械设备
2. 安装机房设备	1. 掌握机房内机械设备的结构及类型 2. 学会安装各种机房机械设备
3. 安装轿厢设备	1. 掌握轿厢机械设备的结构及类型 2. 学会安装各种轿厢机械设备

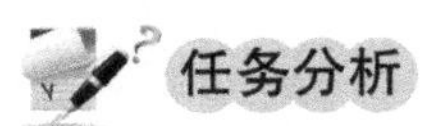

任务分析

电梯各部件安装包括机房部件、井道部件、层站部件安装，其工艺流程如图2-1-4所示。一般的安装顺序是先井道，再层站，最后机房。有时为了提高生产效率，有些工艺

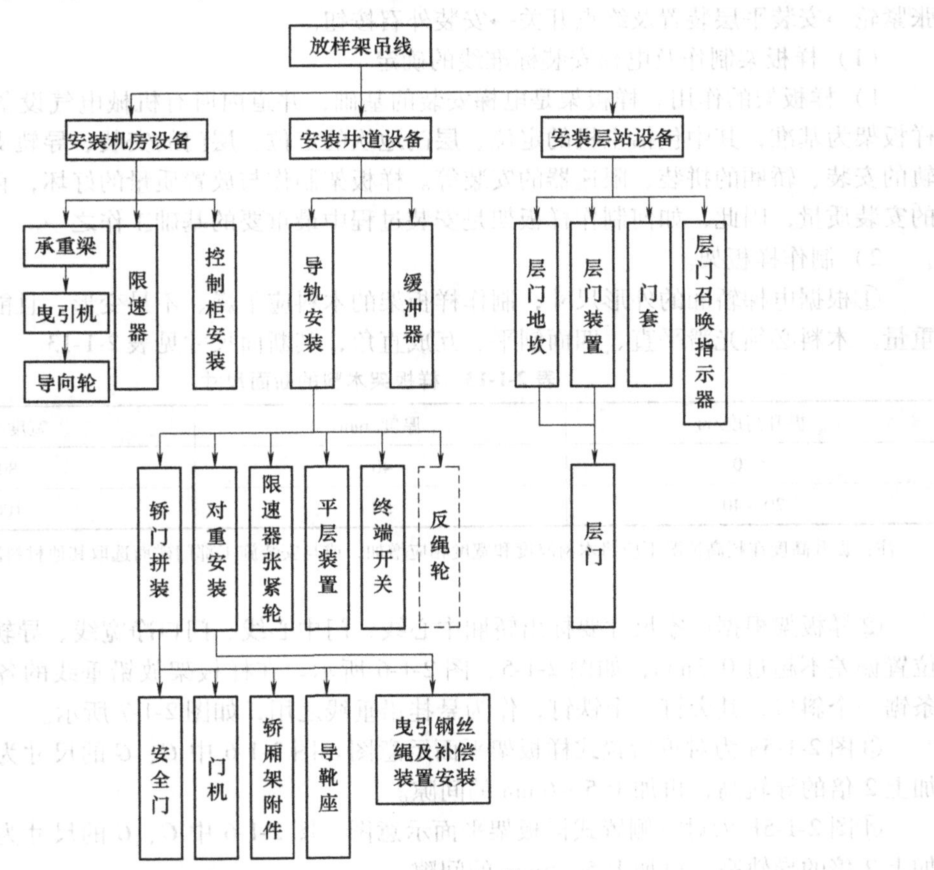

图2-1-4 电梯安装工艺流程

可交错进行，如安装机房和井道，但要注意作业时的安全防护；有些工艺流程也可进行适当的调整，如有些先安装地坎、门框，有些先安装导轨支架等，应视具体情况加以调整。

【小提示】

1）电梯安装工作流程是个顺序流程，上一个工作未做好，不得进入下一个阶段的施工。

2）由于每个班组的安装习惯、现场工地的特殊要求、现场安装人员情况、施工进度等诸多因素，使得电梯安装工艺流程可适当调整，但大部分流程是不能变化的，否则将会出现质量问题或存在安全隐患。

3）由于拼装轿厢时，需要拆除顶层部分安装架，切记不可在没有紧固脚手架的情况下直接拼装。

相关知识

1. 安装井道设备

井道内安装的一般顺序是：安装底码→安装导轨支架→安装地坎、门框→拼装龙门架→安装对重架子、缓冲器→悬挂钢丝绳→拼装轿厢及附件→安装对重→安装层门→安装限速器张紧轮→安装平层装置及终点开关→安装外召按钮。

（1）样板架制作及电梯安装标准线的确定

1）样板架的作用。样板架是电梯安装的基础，井道内所有机械电气设备的安装都是以样板架为基准，其中包括主机的定位、层门地坎的定位、层门的安装、导轨支架的定位、导轨的安装、轿厢的拼装、限速器的安装等。样板架制作与放置质量的好坏，直接关系到电梯的安装质量，因此，如何制作样板架是安装过程中最重要的基础工作之一。

2）制作样板架。

①根据电梯轿厢的外形尺寸，制作样板架的木料应干燥、不易变形，且能够承受一定的重量。木料必须光滑平直、四面刨平、互成直角，其断面尺寸见表2-1-13。

表2-1-13　样板架木料的断面尺寸

提升高度/m	厚度/mm	宽度/mm
≤20	40	80
20～40	50	100

注：提升高度在超高情况下应将木料厚度和宽度相应增加，或与安装施工部门磋商选取其他材料制作。

②样板架根据厂家尺寸要标出轿厢中心线、门中心线、门口净宽线、导轨中心线，各线位置偏差不超过0.3mm，如图2-1-5、图2-1-6所示。在样板架放铅垂线的各点处，用薄锯条锯一个斜口，其旁钉一个铁钉，作为悬挂铅垂线之用，如图2-1-7所示。

③图2-1-5a为对重后置式样板架平面示意图。图2-1-6中C、G的尺寸为导轨端面距离加上2倍的导轨高，再加上5～6mm的间隙。

④图2-1-5b为对重侧置式样板架平面示意图。图2-1-6中C、G的尺寸为导轨端面距离加上2倍的导轨高，再加上5～6mm的间隙。

3）安置样板架和铅垂线悬挂。

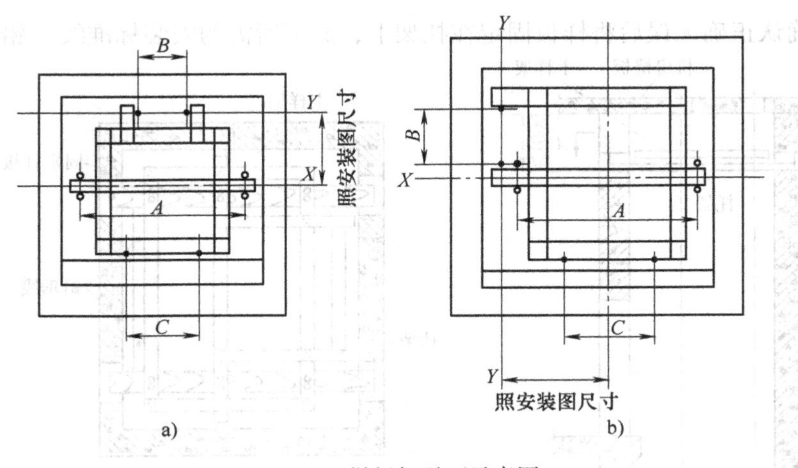

图 2-1-5 样板架平面示意图

a）对重在轿厢后面 b）对重在轿厢侧面

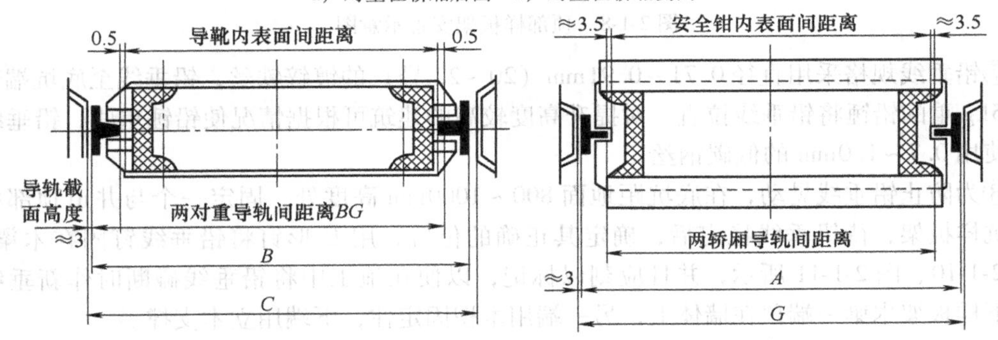

图 2-1-6 对重后置式样线与导轨

①在机房楼板下面 600～800mm 处，根据样板架宽度但不影响放铅垂线位置，在井道墙上，平行地凿 4 个 150mm×150mm、深 200mm 的孔洞，将两根截面尺寸不小于 100mm×100mm 刨平的木梁，校正成相互平行和水平后，将其两端稳固在井道墙上，作为样板架托架。

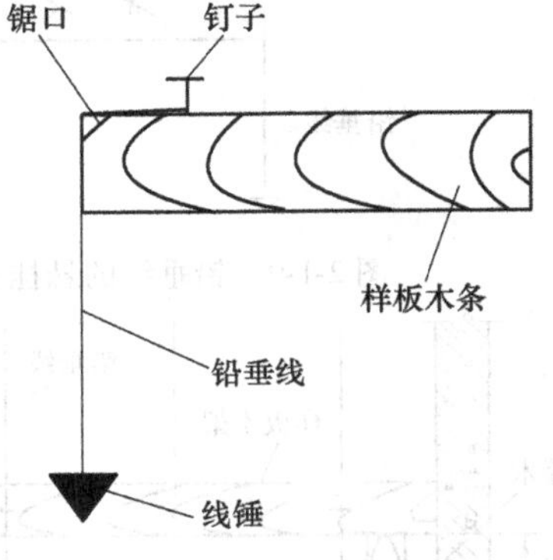

图 2-1-7 样板架

②对于混凝土井壁，可在上述要求的部位，用膨胀螺栓固定 4 块 50mm×50mm×5mm 角铁，在角铁上铺设 2 根 12#槽钢，作为样板架托架，并校正水平后固定。

③将样板架安置在托架上，如图 2-1-8 所示。安置时应考虑沿整个井道高度垂直的最小有效的净空面积。此时样板架在托架上尚能调整。

④在样板架上需要垂下铅垂线的各处，预先用薄锯条锯一斜口，在其旁钉一铁钉，以固定销垂线之用，其悬挂方法如图 2-1-9 所示。

⑤从样板架上按已确定的放线点先放下升门净宽线（即轿门坎边沿位置线），初步确定样板架的位置。

⑥往复测量井道，根据各层层门、井道平面布置、机房承重梁位置等综合因素校正样板

架的位置，确认正确无误后将样板固定在托架上，放下所需的安装标准线（铅垂线）。

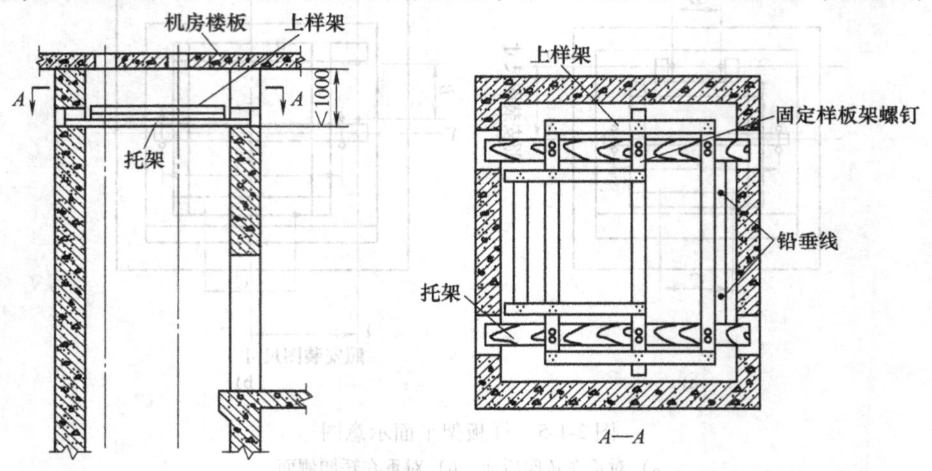

图 2-1-8　顶部样板架安置示意图

⑦铅垂线规格采用直径 0.71～0.91mm（20～22 号）的镀锌铁丝，铅垂线至底坑端部坠以约 5kg 重的铅锤将铅垂线拉直。对提升高度较高的建筑可根据情况使铅锤重些，铅垂线也可以使用 0.7～1.0mm 的低碳钢丝。

⑧为防止铅垂线晃动，在底坑距地面 800～1000mm 高度处，固定一个与井道顶部相似的底坑样板架，待铅垂线稳定后，确定其正确的位置，用 U 形钉将铅垂线钉固在木梁上，如图 2-1-10、图 2-1-11 所示，并且应刻以标记，以便在施工中将铅垂线碰断时作新垂线之用。下样板架木梁一端顶在墙体上，另一端用木楔固定住，下端用立木支撑。

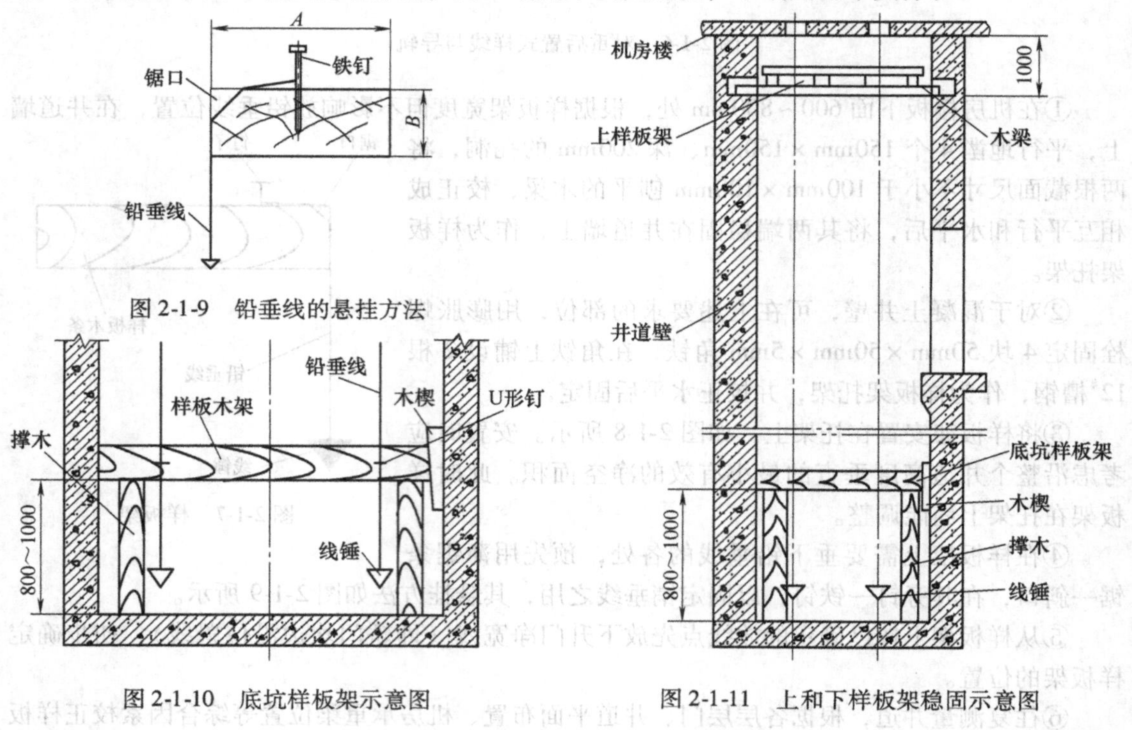

图 2-1-9　铅垂线的悬挂方法

图 2-1-10　底坑样板架示意图

图 2-1-11　上和下样板架稳固示意图

【小提示】

a. 样板架应按照井道的实际净空尺寸安置。

b. 安置样板架时的水平度不大于5mm，顶、底两个样板架的水平偏移不能超过1mm。

c. 样板架托梁应采用截面尺寸大于100mm×100mm的矩形木材制作。四面应刨成直角，凡材质疏松、有断口、扭曲的材料均应剔除。

d. 样板架托梁与井道墙必须牢牢固定，保证安装工人上去调整位置或进行样板架接线时，不会发生变形或坍塌的事故。

e. 样板架使用的材料应符合材质要求，以保证不会发生弯曲或折断。

f. 当电梯的提升高度超过40m时，样板架托梁应采用相应强度的型钢制作，以满足铅垂加载重量的要求。

4）电梯安装标准线的确定。在电梯安装前，确定电梯安装的标准线是关系到电梯安装内在质量和外观质量的必不可少的关键性工作。

电梯安装标准线是通过在制作的放线样板架上悬挂下放的铅垂线位置来确定的，而样板架下放铅垂线的位置是依据电梯安装平面布置图中给定的参数尺寸，并考虑井道实际尺寸（或井道较小修复量）来确定的。

由于土建在对电梯井道施工时垂直误差一般较大，因此，电梯安装前首先应进行井道测量，并根据测量结果，在考虑井道内安装位置的同时，还必须考虑各层门与建筑物的配合协调，从而逐步调整电梯样板架放线点，确定出电梯的安装标准线。

（2）安装导轨支架　导轨包括轿厢导轨和对重导轨两种。导轨固定在导轨支架上，导轨支架根据电梯的安装平面布置图和样板架上悬挂下放的导轨和导轨支架铅垂线，确定位置并分别稳固在井道的墙壁上。导轨支架之间的距离一般为1.5～2m，但上端最后一个导轨支架与机房楼板的距离不得大于500mm。稳固导轨支架之前应根据每根导轨的长度和井道的高度，计算左右两列导轨中各导轨接头的位置，而且两列导轨的接头不能在一个水平面上，必须错开一定的距离。导轨支架的位置必须让开导轨接头，让开的距离必须在200mm以上。每根导轨应有2个以上导轨支架。

1）导轨支架的稳固方式。导轨支架在墙壁上的稳固方式有埋入式、焊接式、预埋螺栓或涨管螺栓固定式、对穿螺栓固定式等四种，见表2-1-14。

表2-1-14　导轨支架稳固方式

稳固方式	图　例	适用范围	特点
埋入式	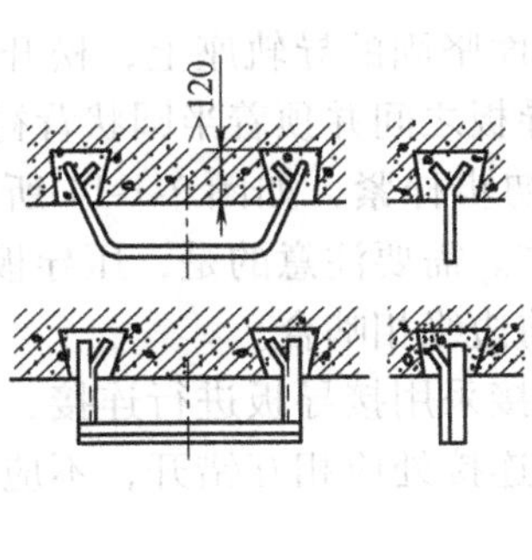 ≥120	井道为砖混结构	简单、方便，应用较多

【提示】（续）

稳固方式	图例	适用范围	特点
焊接式	75～100 150～200 φ6 16～20 500～700 300	井道钢筋混凝土结构	简单、方便，但焊接速度要快
预埋螺栓或涨管螺栓固定式		井道钢筋混凝土结构	具有简单、方便和灵活可靠的特点
对穿螺栓固定式		井道钢筋混凝土结构且井壁较薄	简单、方便，但要求水泥必须在400#以上

2）导轨支架安装位置的确定。按照井道图样的要求，在安装前对每档支架安装位置划线标定。通常从最下一档开始，确定最低档导轨支架安装位置的标高，并在墙上作出标记。在每根导轨上一般安装两个导轨支架，每隔 2.5m，逐档在井道壁上划线标识，划线时用角尺借助样线钢丝做出定位，如图 2-1-12、图 2-1-13 所示。

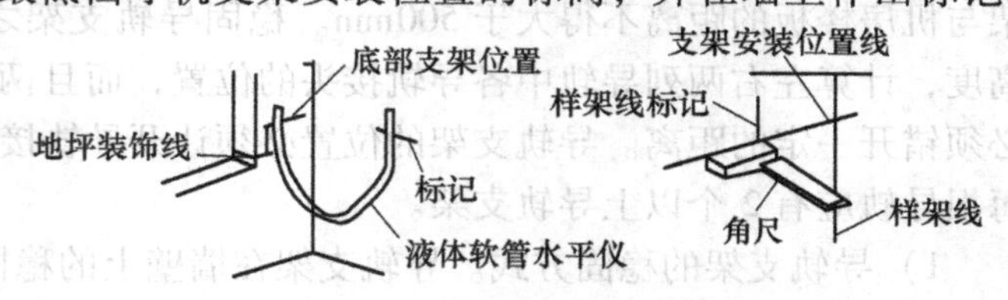

图 2-1-12 导轨支架的定位

【小提示】

a. 当井道偏大而导轨支架偏短时，不允许采用将导轨支架局部接长的方法。

b. 导轨支架一般不允许直接埋入墙中，具体情况应由生产厂家的设计确定。

（3）安装导轨

1）导轨固定。将第一对导轨竖立在地面坚固的导轨座上，松开支架上导轨压导板上的螺栓并旋转以使能够将导轨铺设在两个压导板之间并顶着半圆状背衬，然后将压导板重新放置在它们通常安装的位置上并用手将螺栓初步拧紧，如图 2-1-14 所示。其他每节导轨的安装、校正和临时固定都按上述方法依次类推。需要注意的是，压导板背面的整个宽度应与半圆状背衬接触，两个压导板与导轨凸缘的前边缘相啮合。

2）导轨的连接。导轨与导轨之间的连接采用接导板进行连接，其端部有凹凸榫头进行定位，如图 2-1-15a 所示。井道两侧的导轨连接处应相互错开，不应在同一水平位置，如图 2-1-15b 所示。

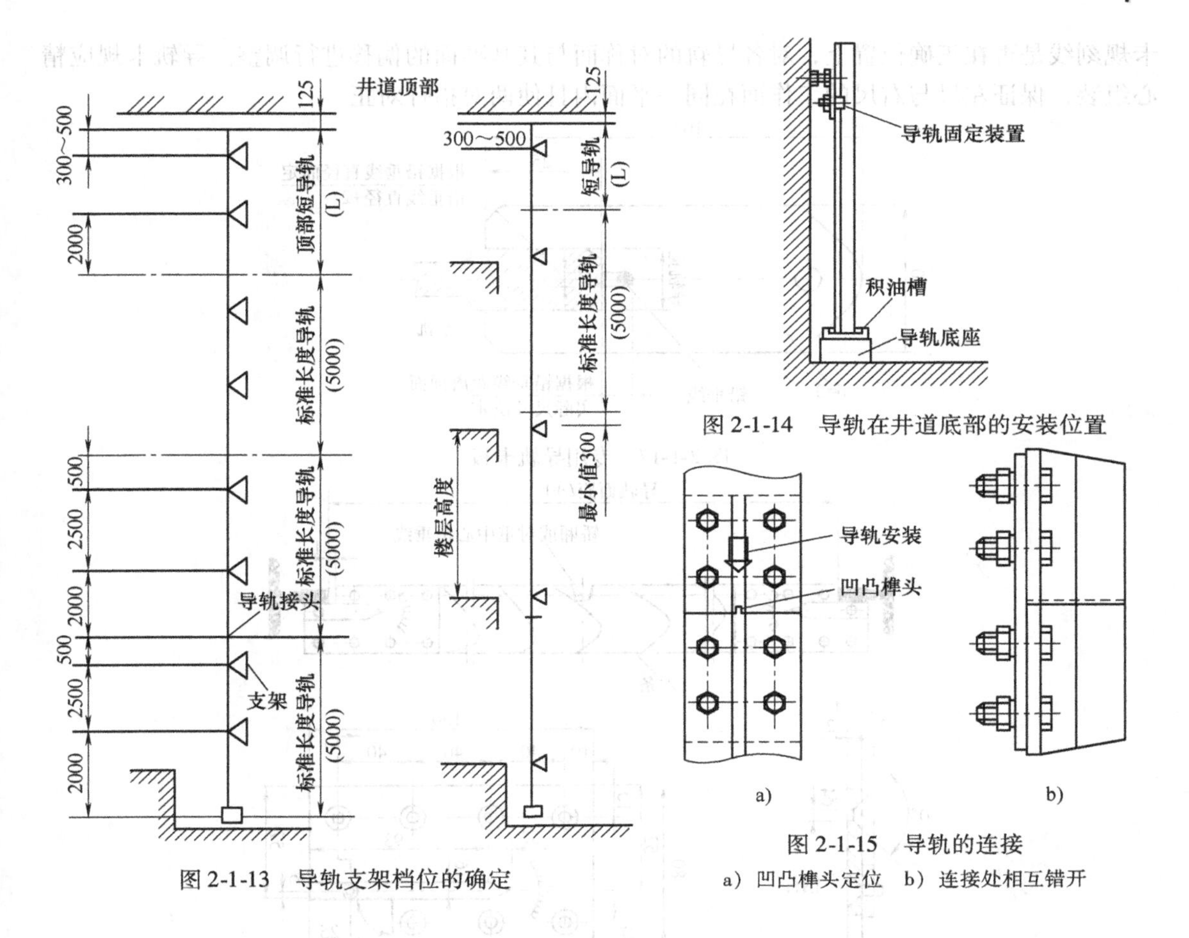

图 2-1-13　导轨支架档位的确定

图 2-1-14　导轨在井道底部的安装位置

图 2-1-15　导轨的连接
a）凹凸榫头定位　b）连接处相互错开

3）导轨的校正。当导轨临时固定后，为了确保电梯的运行性能还必须对导轨予以校正。

①在距导轨端面小于 15mm 处，有样板架垂吊轿厢或对重的标准垂线，并准确地紧固在底坑样板上，如图 2-1-16 所示。

②在每挡支架处，用钢板尺或校轨卡板，分别从下至上初校导轨端面与标准垂线的距离，不合适的要用垫片调整。专用导轨卡板如图 2-1-17 所示，可用 3mm 的不锈钢板制作。

③垫片应为专用导轨调整垫片，导轨底面与支架面间的垫片超过 3 片时，应将垫片与支架点焊牢固。如果调整精度有困难时，可加垫 0.4mm 以下的磷铜片。

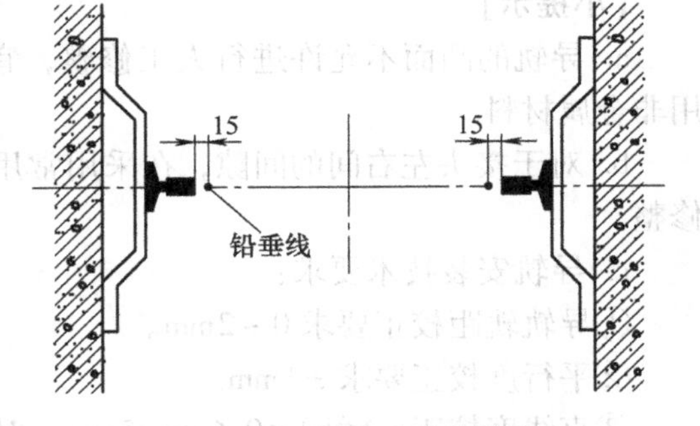

图 2-1-16　导轨垂线的放置

④在单列导轨初校时，接导板与导轨的连接螺栓暂不拧紧，在进行两列导轨精校时，再逐个将连接螺栓暂拧紧。

⑤经粗校和粗调后，再用导轨卡规（俗称找道尺）精调。导轨卡规是检查测量两列导轨间距及偏扭的专用工具，如图 2-1-18 所示。将卡规卡入导轨，观测导轨端面、铅垂线、

卡规刻线是否在正确位置上，对各导轨的对称面与其基准面的偏移进行调整。导轨卡规应精心组装，保证左尺与右尺的工作面在同一平面内且使两对指针对正。

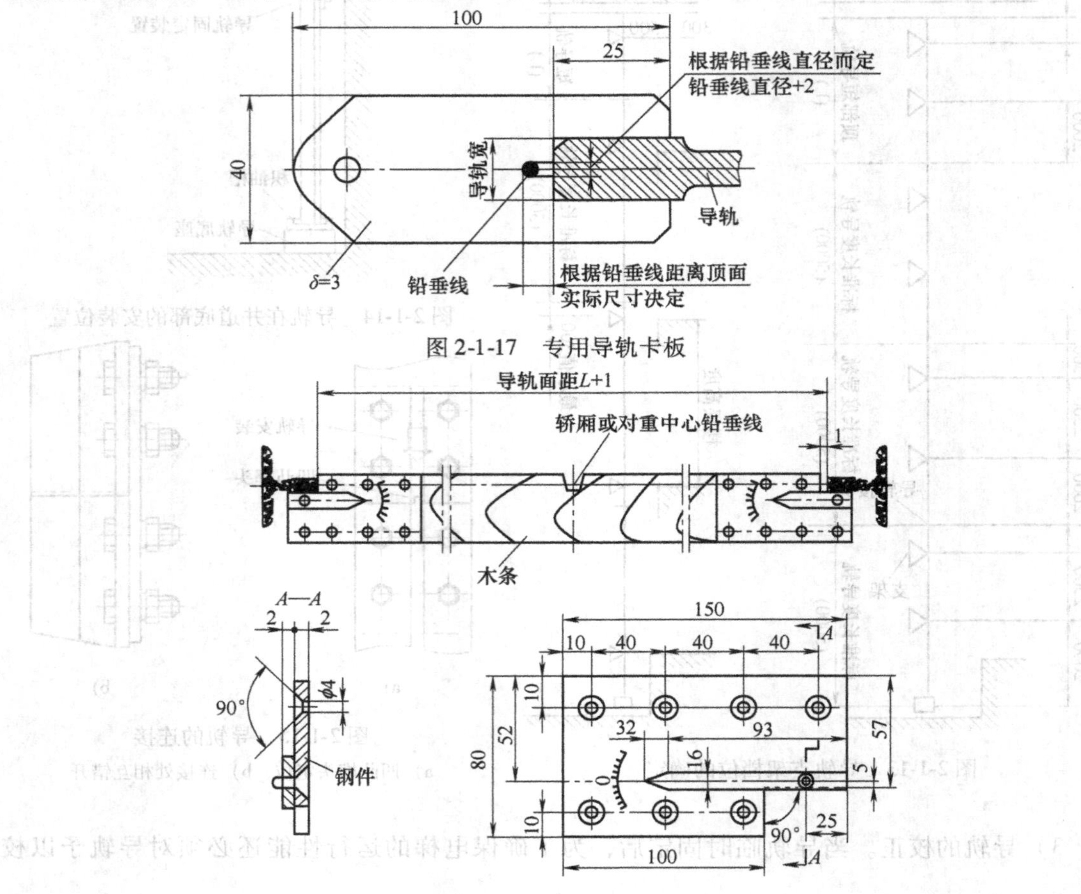

图 2-1-17　专用导轨卡板

图 2-1-18　导轨精校卡尺

【小提示】

a. 导轨的凸面不允许进行人工修整，宜采用 0.05mm 厚的铜皮进行调整，也不允许使用非金属材料。

b. 对于接头左右间的间隙，在采用常用方法无法调整时，可通过人工修锉的方法进行修整。

c. 导轨安装技术要求：

①导轨轨距校正要求 0 ~ 2mm。

②平行度校正要求 ±1mm。

③直线度校正。轿厢 <0.6mm/5mm，对重 <1.0mm/5mm。

（4）安装曳引钢丝绳、悬挂装置

1）曳引钢丝绳的长度应根据电梯布置（轿厢和对重位置）、曳引方式、曳引比及加工绳头的余量来确定，并在井道内按照实际测量的长度来截取（钢丝绳应展开后再测量长度并截取）。挂绳前应消除钢丝绳的内应力。

为减少测量误差，在轿厢及对重上各装一个绳头组合，并按要求调好绳头组合的螺母位置，然后进行测量，根据测量数据、长度计算如下：

单绕式单根总长 $L = X + 2E + Q$

复绕式单根总长 $L = X + 2E + 2Q$

式中 X——由轿厢绳头组合出口至对重绳头组合出口的长度；

E——绳头在绳头组合内（包括弯折）的全长度；

Q——轿厢在顶层安装时，轿厢地坎高于平层的实际距离。

高层电梯还应考虑在实测曳引绳单根总长度 L 上扣除伸长量 ΔL 后下料，伸长量

$$\Delta L = KL$$

式中 K——伸长系数（一般可取 $K = 0.04$）；

L——绳的实测或计算长度。

2）将曳引钢丝绳由机房绕过曳引轮悬垂至对重，用夹绳装置把钢丝绳固定在曳引轮上，把靠在轿厢一侧的钢丝绳末端展开悬垂至轿厢。

3）制作绳头。绳头的制作方法一般有绳锥套绳头和浇注绳头两种。

①绳锥套绳头的做法如图 2-1-19 所示。

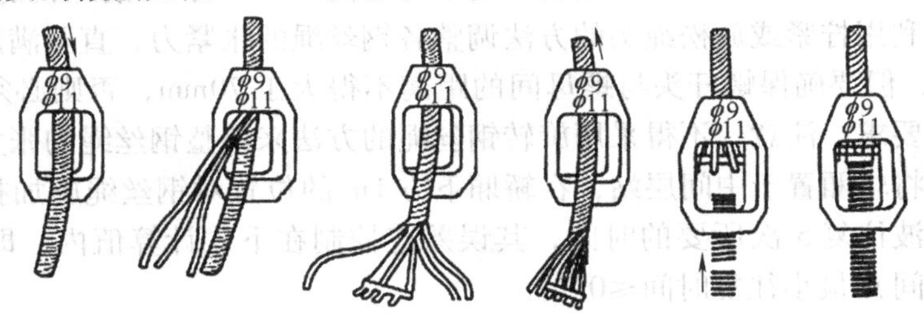

图 2-1-19 绳锥套绳头的做法

②浇注绳头的做法。为避免截绳时绳股松散，应先用 22 号铅丝在截绳处分三段扎紧，然后再截断，如图 2-1-20a 所示。钢丝绳末端应用汽油洗干净，然后抽回到绳套的锥形孔内。绳套的锥体部分应用喷灯预热。应正确掌握巴氏合金的温度（330～360℃，浸入的纸条应呈棕褐色），浇注巴氏合金时应使锥体下面约有 1m 的长度保持直线。浇灌面应与锥套孔平齐，钢丝花节或回环应高出锥套孔 4～6mm，要求一次浇灌成功，如图 2-1-20b、c、d 所示。

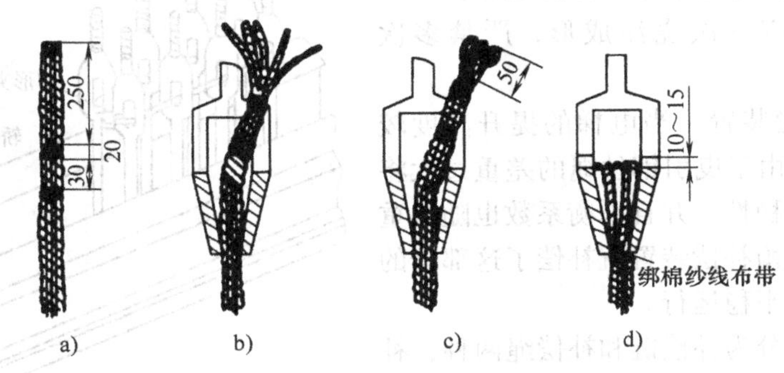

图 2-1-20 浇注绳头的做法

a）三段绑扎 b）、c）、d）浇注

4）轿厢悬挂装置的安装。以曳引比 1∶1 为例。

①将连接板紧固在上梁的两个支承板上。板的位置是纵向符号必须与曳引轮平行（用来松紧钢丝开关的紧固孔是这样对准的：易于从入口侧面板触及开关）。

②安装钢绳套结装。

③根据绳的数目，将螺纹螺栓穿过它们在板上号相应的孔内（例如，6 根绳时，使用1~6 号孔）。用弹簧、螺母和开尾销紧固间隔套（仅对于 ϕ9mm 和 ϕ11mm 的钢绳）和松绳套。

④将整个松绳开关安装在板下面。

⑤安装防钢丝绳扭转装置。

⑥拆除脚手架。通过手盘车将轿厢降下，使所有钢丝绳承受到负荷。把曳引轮上的夹绳装置拆除。用手盘车把对重向上提起约 30mm，检查钢绳拉力是否均匀，然后重新将螺母锁紧。

⑦将扭转装置穿过绳套并安置妥当。

5）钢丝绳张力的设定：

①拉秤测量法。在电梯动车后，当轿厢处于井道高度 2/3 时，用拉杆测量对重侧曳引钢丝绳的张力，可利用拧紧或放松绳头的方法调整各钢丝绳的张紧力，直至满足各钢丝绳张力误差不大于 5%，但要确保螺杆头与螺母间的距离不得大于 70mm，否则必须重新制作钢丝绳头以满足上述要求。注意，不得采用旋转钢丝绳的方法来调整钢丝绳的张力。

②锤击法。将轿厢置于中间层站，在轿厢下方 1m 的位置对钢丝绳施加打击振动，测定各根钢丝绳振动波往复 5 次所要的时间，其误差应控制在下式计算值内，即（最大往复时间 - 最小往复时间）/最小往复时间≤0.2。

对重侧钢丝绳也应按照上述方法进行调整。

【小提示】

a. 一般来说，钢丝绳张力恰当与否，是根据钢丝绳安装时截断长度和试运转后的张力恰当与否来决定的。特别是高行程电梯，为了避免由于某根钢丝绳的负荷过度集中给钢丝绳的张力和使用寿命带来致命的影响，切忌使全部钢丝绳长度不一致。

b. 为防止钢丝绳倒捻，用细钢丝绳穿过每个套孔并用 U 形夹固定，如图 2-1-21 所示。对于提升高度大于 100m、1∶1 绕法或提升高度大于 50m、2∶1 绕法的电梯必须采取此措施。

c. 巴氏合金应一次浇注成形，严禁多次浇注。

（5）安装补偿装置　当电梯的提升高度较大（≥40m）时，由于曳引钢丝绳的差重过大将影响电梯运行的平稳性，并且平衡系数也随差重在变化，电梯的平衡补偿装置就补偿了这部分的差异，使得电梯能平稳运行。

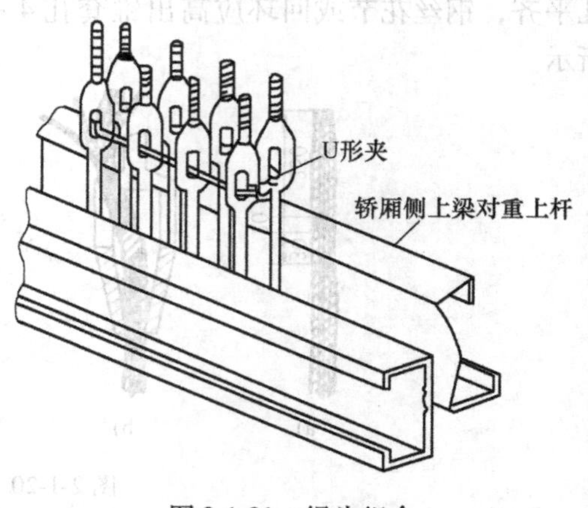

图 2-1-21　绳头组合

平衡补偿装置分为补偿链和补偿绳两种，补偿链一般用于速度小于 1.75m/s 的电梯，补偿绳一般用于速度大于 1.75m/s 的电梯。另外，目前还出现了一种补偿缆，一般用于2.5m/s以上的电梯。

补偿链和补偿绳安装方法基本相同，下面详细介绍补偿链的安装方法。

1）补偿链的缩短。对补偿链进行缩短时通常用链条挂环进行操作，即将补偿链链条从端部开始算起的第二节链环和带销U形钩环分别穿过补偿链缩短用挂环的上下部分，然后在挂环中间通过销钉对上下部分进行连接（可用锤子打入），如图2-1-22所示。

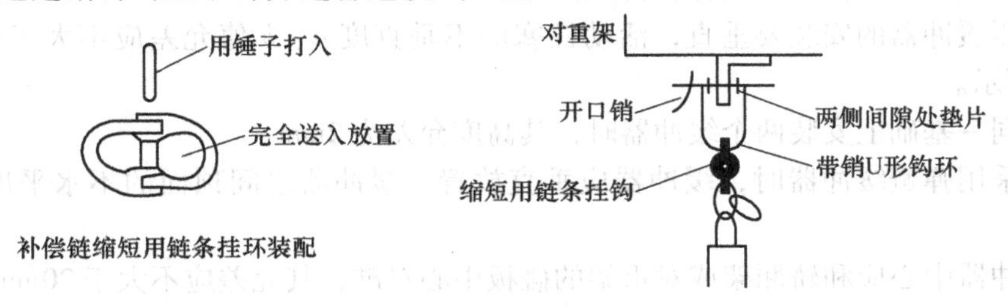

图2-1-22　补偿链缩短示意图

2）补偿链的安装步骤。

①将补偿链一端安装在对重底部，并在补偿链下端加上50～60kg的载荷，使对重向最上层移动，观察补偿链表面记载厂名、型号等字符处有无扭转现象，将对重运行到最上层放置数分钟，确认没有扭转发生。

②预先对轿厢侧的补偿链缩短用链条挂环进行操作，将补偿链链条端部开始的第二节挂环和调整链条分别穿过补偿链缩短用链条挂环的上下部分，然后再对上下部分进行装配。

③对补偿链弯曲应进行调整，先从缓冲器下部的尺寸开始，将轿厢一侧链条吊钩后的保留部分用电线捆扎固定在安装杆上，对用于防止噪声的麻芯最终端应予以保留。

④在保证链下部最低点到井道底坑面的距离为200～300mm时，将链条另一端安装到轿底吊架上，然后将该吊挂端保留300mm，多余部分截断，如图2-1-23所示，注意轿厢吊钩的U形螺栓和对重钩环定要穿入链条的环中。

⑤链条导向装置（防止振摆）的安装。将链条导向装置安装在对重防护栏下端，用压导板与对重导轨进行固定。同时，把链条导向装置橡胶导承两侧用聚氯乙烯绝缘带固定到导向杆上，此时链条应居于导承中心。

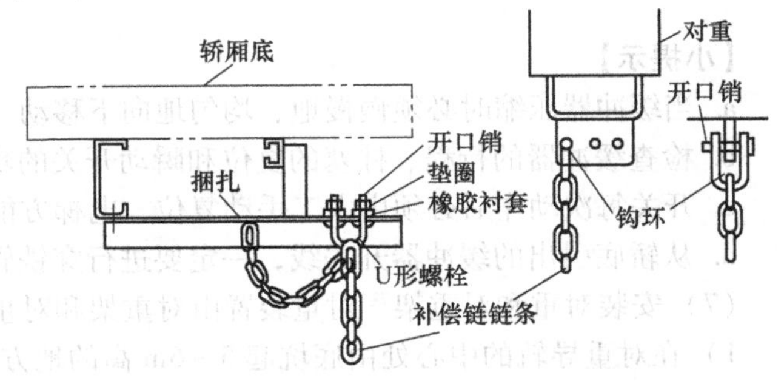

图2-1-23　补偿链在轿底安装示意图

⑥将电梯分别在最上层、中间层和最下层附近反复进行二层运转，确认链条与导向装置非频繁地接触，如达不到要求时应对链条的扭曲程度进行修正和调节吊挂点间隔，以求得最合适的状况。间隔点的间距应为200～300mm。

【小提示】

a. 对于厂家发出的补偿链，只能进行缩短，切忌剪切或截断。

b. 补偿链在电梯运行时，忌发出响声，如有响声，应检查原因并加以修正。

（6）安装缓冲器　缓冲器是电梯设备的重要安全部件，在电梯轿厢发生坠落或冲顶危险时起保护作用。缓冲器一般安装在底坑的缓冲器座上。若底下是人能进入的空间，对重就要设置安全钳或对重不设置安全钳，将对重缓冲器安装在一直延伸到坚固地面上的实心桩墩上。

1）没有底坑槽钢的缓冲器应装在混凝土基础上，埋入地脚螺栓，上表面伸出5mm高度。混凝土基础的高度根据底坑深度和缓冲器的高度而定。

2）油压缓冲器的安装要垂直，活动柱塞的不垂直度 a、b 值允差应不大于0.5mm，如图2-1-24所示。

3）在同一基础上安装两个缓冲器时，其高度允差为2mm。

4）在采用弹簧缓冲器时，缓冲器应垂直放置。缓冲器之间顶面的不水平度允差为4/1000。

5）缓冲器中心应和轿厢架或对重架的碰板中心对准，其允差应不大于20mm。

6）轿底下梁碰板、对重梁底的碰板至缓冲器顶面的距离称为缓冲距离。对蓄能型缓冲器应为200～350mm；对耗能型缓冲器应为15～400mm，如图2-1-25所示。

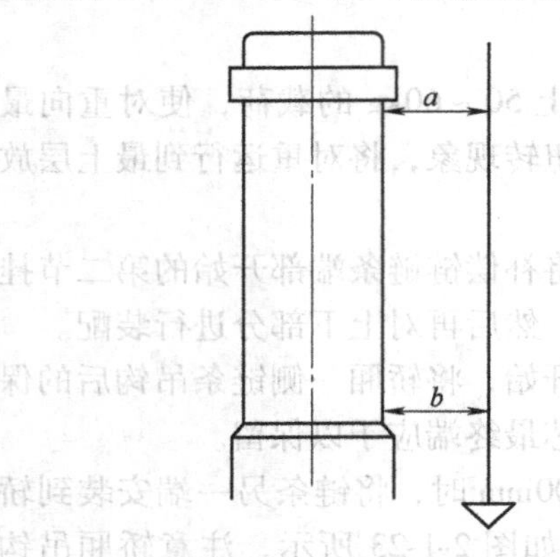

图2-1-24　缓冲器垂直度测量

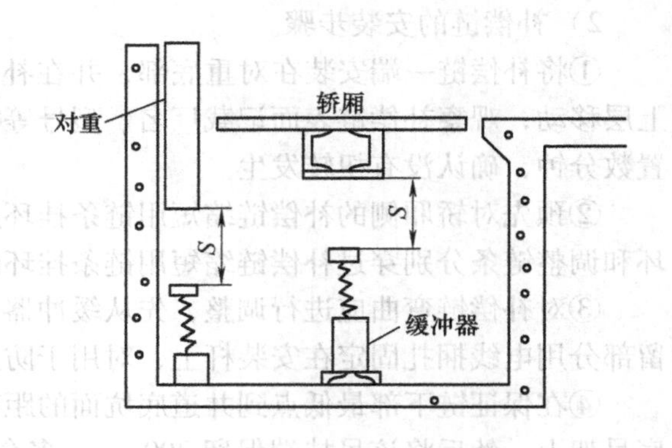

图2-1-25　缓冲器至撞板距离的测量

【小提示】

a. 当缓冲器压缩时必须慢慢地、均匀地向下移动。

b. 检查缓冲器的行程、柱塞的复位和瞬动开关的功能。

c. 开关每次动作后必须由人工手动复位，电梯方能运行。

d. 从轿底引出的缓冲器开关线，一定要进行穿铁管敷设，切忌直接明设。

（7）安装对重和对重架　对重装置由对重架和对重铁块组成。

1）在对重导轨的中心处由底坑起5～6m高的地方悬吊一个牢固的环链手拉葫芦，用其将对重架吊起，如图2-1-26所示。

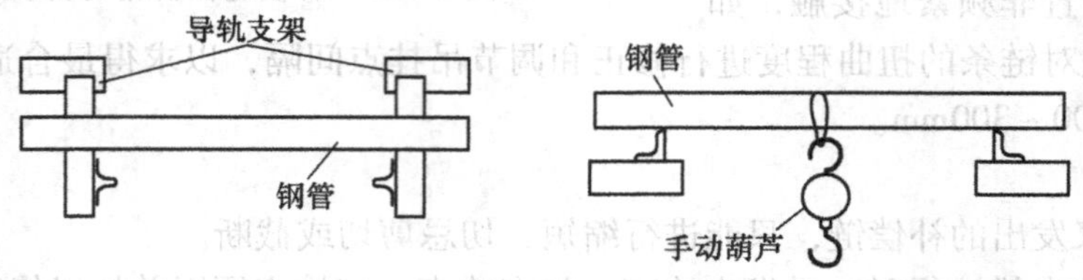

图2-1-26　对重架吊装示意图

2）根据底坑不同深度及轿厢下梁和缓冲器计算出轿厢和对重碰撞缓冲器的行程 S，如图 2-1-27 所示，S 的数值见表 2-1-15。

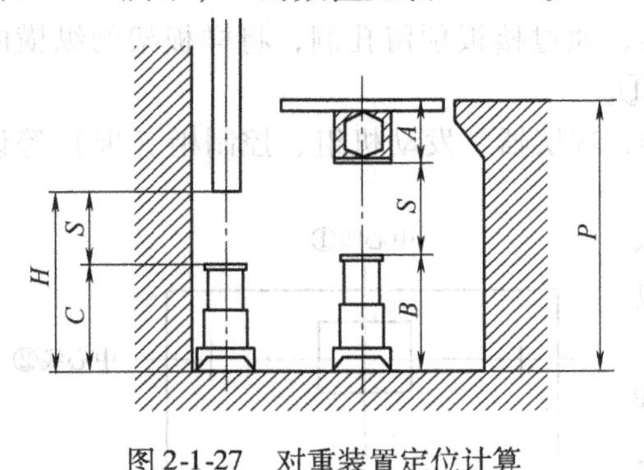

图 2-1-27　对重装置定位计算

表 2-1-15　缓冲器行程 S 的数值

额定转速/(m/s)	缓冲器型式	S/mm
0.5～1.0	弹簧缓冲器	200～350
1.5～3.0	油压缓冲器	150～400

由图 2-1-27 可知：轿厢和对重碰缓冲器的行程 S 和对重距离底坑的深度 H 分别为

$$S = P - (A + B)$$

$$H = S + C$$

式中　P——底坑深度；

A——轿厢门坎平面至下梁碰板的距离；

B——缓冲器顶面至底坑底平面的距离；

C——缓冲器顶面至底坑底平面的距离。

3）根据计算出的数值将对重架吊至所需高度，并用木楞加以支撑，同时将两侧上、下导靴安装好。然后，调整导靴与导轨使其保持吻合，保证能自由上、下滑动，不得有偏斜或者切割导轨现象。若使用滑动的死导靴，则应将导靴内顶面与导轨顶面间的间隙调整至 2mm，最后将平衡铁由下而上地装到对重架内。

对重装置总重量 = 轿厢总重量（40～50)% 的额定载荷。

4）对于有动滑轮的对重装置，应注意把滑轮装好。

5）当对重平衡铁安装到所需重量后，把对重架两侧立柱定位角铁与立柱配钻后用螺栓固定，以免在正常运行中发出碰撞的响声。

6）安装防护栅栏。在井道的下部，在不同的电梯运动部件（轿厢或对重装置）之间应设置隔障，即防护栅栏，至少应从轿厢或对重行程最低点延伸到底坑地面以上 2.5m 的高度。

7）若轿厢顶部边缘与相邻电梯运动部件（轿厢或对重装置）间的水平距离小于 0.3m，则上述所要求的隔障应延长贯穿整个井道的高度并超过其有效宽度；其有效宽度应不小于被防护运动部件（或其部分）的宽度加上每边各 0.1m 的宽度。

【小提示】

a. 对重架的质量较重，应在确保安全的条件下进行，严禁盲目安装。

b. 因为对重块的安装块数在安装初期不能精确确定，需要多拿少补，因此，严禁对重块压板不紧就令电梯运行。

2. 安装机房设备

机房内的一般安装顺序是：引线定位→安装承重梁→安装曳引机→安装导向轮→安装直

流发电机组→安装限速器。

(1) 引线定位

1) 机房设备放线是以井道顶部样板架为基准，通过楼板预留孔洞，将样板架的纵横向中心轴线引入机房内，如图 2-1-28 所示的中心线①。

2) 在机房地坪上画出曳引机承重梁、限速器、选层器、发动机组、控制柜（屏）等设备的定位线，如图 2-1-28 所示的中心线②。

3) 检查预留孔洞的尺寸、位置是否正确，不正确应给予调整。调整时应与土建人员联系，以免破坏土建结构。

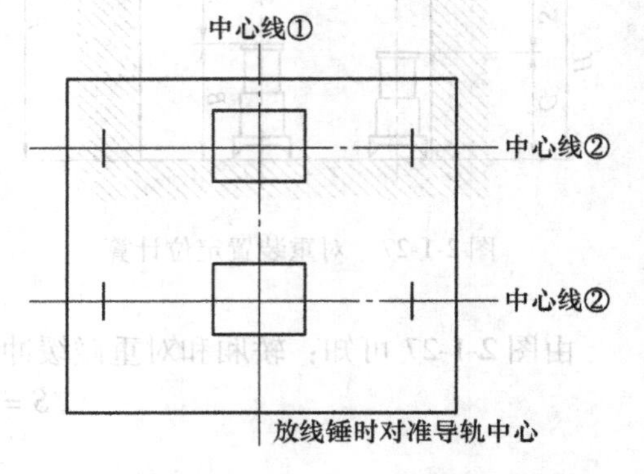

图 2-1-28　机房引线定位

(2) 安装承重梁　曳引机是电梯产品的关键部件。曳引机加工、装配、安装的精度和质量，直接关系着电梯的运行工作性能。

曳引机多位于井道上方的机房内，一般稳固安装在 2～3 根承重钢梁上。因此，承重梁是承载曳引机、轿厢和额定载荷、对重装置等总重量的机件。承重梁的两端必须牢固地埋入墙内或稳固在对应井道墙壁的机房地板上。

承重梁的规格尺寸与电梯的额定载荷和额定速度有关。在一般情况下，承重梁由制造厂提供。如制造厂提供不了，需由用户自备时，其规格尺寸应按电梯随机技术文件的要求配备。

安装承重梁时，应根据电梯的不同运行速度、曳引方式、井道顶层高度、隔音层、机房高度、机房内各部件的平面布置，确定不同的安装方法。

对于有减速器的曳引机和无减速器的曳引机，其承重梁的安装方法略有差异。

对于有减速器的曳引机，其承重梁的安装形式如下：在机房平面布置图上所标承重梁支撑点的位置处，用膨胀螺栓将承重梁座固定在地面上，在承重梁座上放置好槽钢，校正水平，焊接承重钢梁座与槽钢使之固定。

承重梁埋入墙内深度必须超过墙厚中心 20mm，且不小于 75mm，然后用混凝土浇灌槽钢底部及承重梁支座，如图 2-1-29～图 2-1-31 所示。

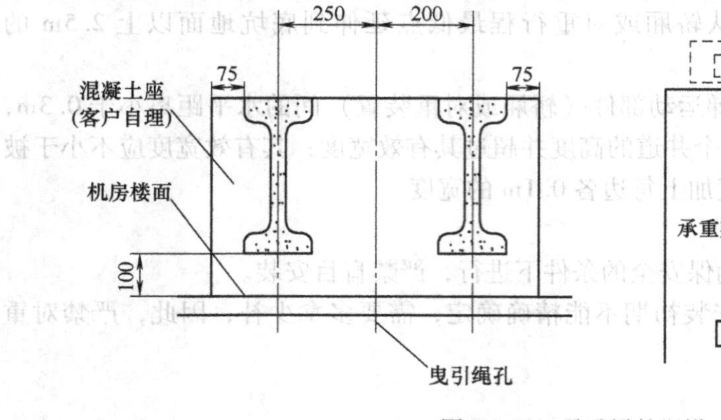

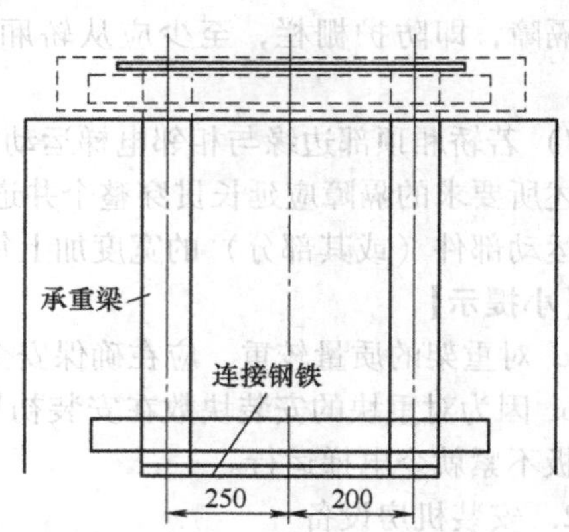

图 2-1-29　承重梁的埋设

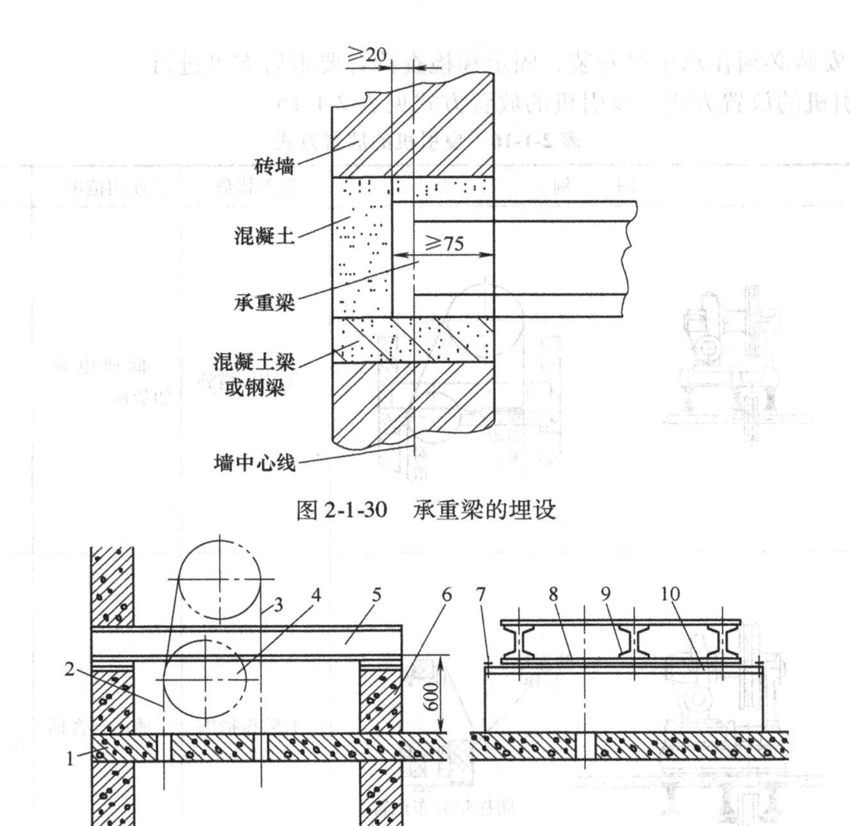

图 2-1-30 承重梁的埋设

图 2-1-31 机房承重梁的架设

1—机房楼板 2—对重中心线 3—轿厢中心线 4—导向滑轮 5—承重梁 6—混凝土台
7—地脚螺栓 8—连接板 9—橡胶垫 10—预埋钢板

对于无减速器的曳引机，固定曳引机的承重梁，常用六根槽钢分成三组，以面对面的形式，如图 2-1-32 所示，用类似有减速器曳引机承重梁的安装方法进行安装。

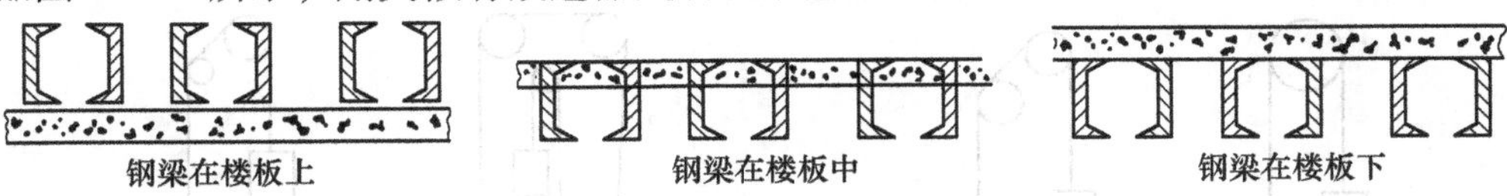

图 2-1-32 无减速器的曳引机承重梁的安装

【小提示】

a. 承重梁安装时，槽钢要求水平，每根承重梁的上平面水平误差应不大于 0.5/1000，相邻之间的高度允差为 0.5mm。

b. 在安装承重梁的同时，根据样板架上对重的安装位置，初步定出导向轮的安装位置。

（3）安装曳引机 曳引机又称为主机，是电梯的动力源。依靠曳引机的运转带动曳引绳，拖动轿厢和对重沿导轨向上或向下起动、运行和制动、停止。曳引机由电动机、曳引轮、制动器等组成。

曳引机安装必须在承重梁安装、固定和检查符合要求后方可进行。

1）曳引机的放置方式。曳引机的放置方式见表 2-1-16。

表 2-1-16　曳引机的放置方式

放置方式	图　例	防振措施	使用范围	特点
刚性放置	轿厢 30~50 对重	无防振措施	低速电梯，如货梯	振动，噪声大
弹性放置	防振垫24块 防振垫分布位置	有防振措施	适用于客梯	工作平稳，振动，噪声小

2）曳引机的安装工艺流程。曳引机的安装工艺流程为承重梁的安装→曳引机安装→曳引机安装精度的调试。

3）曳引机根据曳引绳绕法进行安装。电梯常用钢丝绳绕法有 1∶1、2∶1 两种，如图 2-1-33、图 2-1-34 所示。曳引机安装位置按电梯施工布置图给出的尺寸施工。

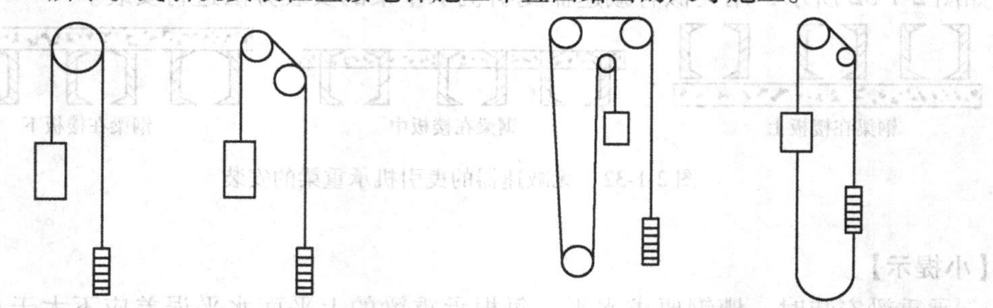

图 2-1-33　曳引绳绕法

4）曳引轮安装要求。

①位置误差。曳引轮安装位置精确度应不超过表 2-1-17 的规定值。

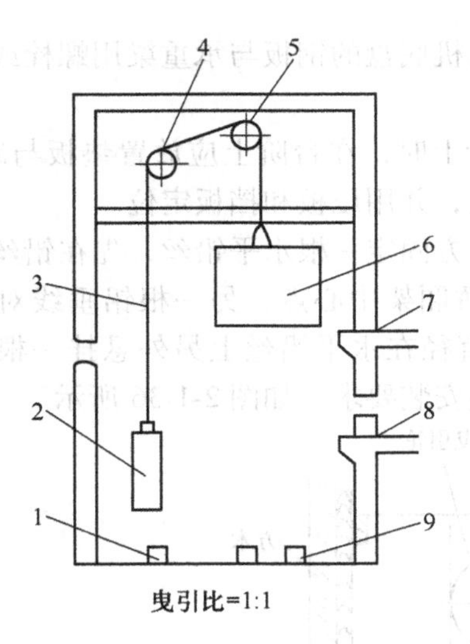

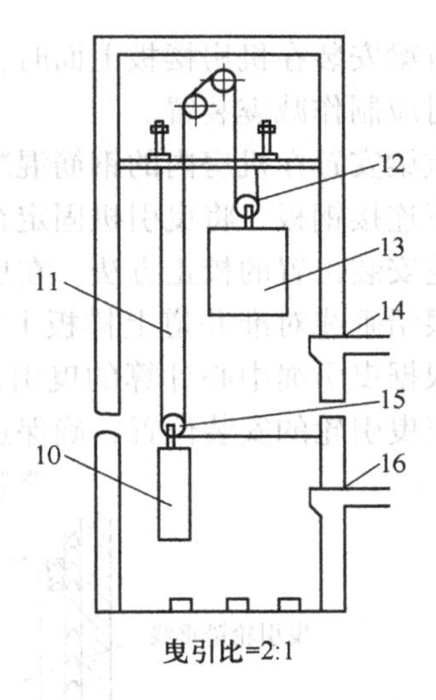

图 2-1-34 传动曳引绳绕法

1、9—对重缓冲器 2、10—对重 3、11—曳引绳 4—导向绳轮 5—曳引轮 6、13—轿厢 7、14—顶层 8、16—轿厢缓冲器 12—轿厢复绕轮 15—对重复绕轮

表 2-1-17 曳引轮安装位置精确值 （单位：mm）

类别	甲类（高速电梯）	乙类（快速电梯）	丙类（低速电梯）
前后方向	±2	±3	±4
左右方向	±1	±2	±2

②水平度。空载或满载情况下，从曳引轮上边放一铅垂线，与曳引轮下边的最大间隙都应小于 2mm。

在蜗杆轴方向（沿曳引机底盘长度方向）的水平度允差为 1/1000，如图 2-1-35a 所示。

③扭曲。A 与 B 之间的差在绳轮的前面和后面应小于 0.5mm，如图 2-1-35b 所示。

④当曳引机底盘与基础之间产生间隙时，应插入铁片。

⑤曳引机本身的技术要求均在出厂前保证。严禁拆卸曳引机。

⑥制动器的调节。制动器的调节要在摘掉曳引绳后开空车时进行。制动时，制动器闸瓦应与制动轮紧密贴合，松闸时两侧闸瓦应同时离开制动轮表面，用塞尺测量，其每块闸瓦四角与制动轮间隙的平均值均应小 0.7mm。调整时，应在安全可靠的前提下进行，还应考虑到制动时的舒适感和平层的准确度。

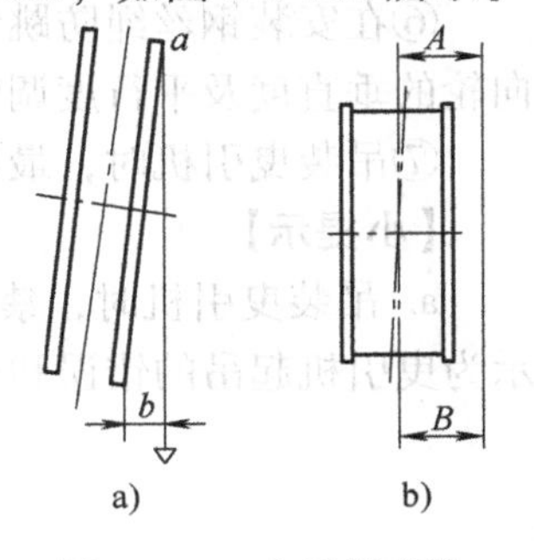

图 2-1-35 曳引机安装调整示意图

a）轴向不水平度 b）扭曲

5）曳引机安装技巧。

①当承重梁安装在机房楼板下面时，一般应比曳引机外形底盘大 30mm 左右，做一厚度为 250～300mm 的钢筋混凝土底座，底座上预埋好用于固定曳引机的地脚螺栓。钢筋混凝土底座下面与承重梁的上面应放置减振橡胶垫，曳引机则紧固在钢筋混凝土底座上。

②当承重梁安装在机房楼板上面时，将曳引机底盘的钢板与承重梁用螺栓或焊接连接为一体，需要时应制作减震装置。

③当承重梁安置在机房内的钢筋混凝土台阶上时，在台阶上应放置垫板与减震橡胶垫，并安装上、下连接钢板，将曳引机固定在钢板上，并用压板和挡板定位。

④曳引轮安装位置的校正方法。在曳引机上方固定一根水平铅丝，先在铅丝上悬挂两根铅垂线，一根铅垂线对准井道上样板上标注的轿厢架中心点，另一根铅垂线对准对重中心点，然后，根据曳引绳中心计算的曳引轮节圆直径在水平铅丝上另外悬挂一根曳引轮铅垂线，用以校正曳引轮的安装位置，确保达到上述安装要求，如图 2-1-36 所示。

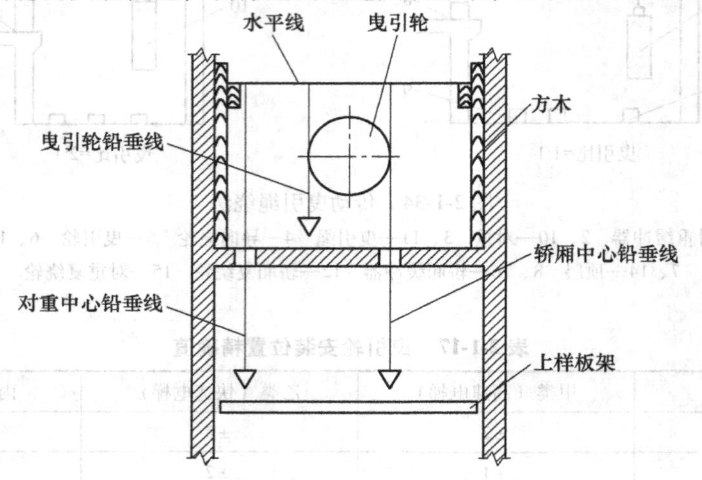

图 2-1-36　1:1 曳引机的安装调整示意图

⑤曳引机在未悬挂钢丝绳前，其垂直度要求向非钢丝侧倾斜 1 ~ 2mm；当钢丝绳悬挂完毕后，曳引机的垂直度允许偏差应不大于 2mm，曳引轮与导向轮的平行度应不大于 1mm。

⑥在安装钢丝绳防跳装置、曳引轮罩、钢丝绳罩和导向轮防跳装置前，应将曳引轮及导向轮的垂直度及平行度调整好。

⑦吊装曳引机时，最好将编码器拆下来，避免吊装时将其碰坏。

【小提示】

a. 吊装曳引机时，禁止将钢丝绳缠绕在电动机轴或吊环上。如图 2-1-37 和图 2-1-38 所示为曳引机起吊的错误和正确形式。

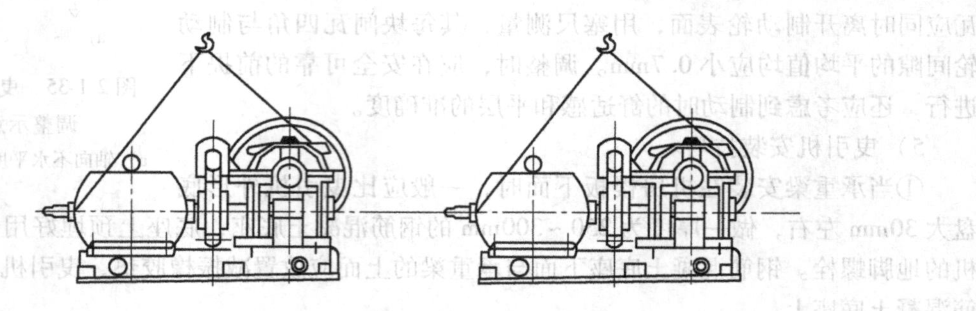

图 2-1-37　曳引机组错误的起吊形式

b. 设备与钢梁采用螺栓连接时，必须按钢梁规格在钢梁翼下配以合适的偏斜垫圈。在钢梁上所开的孔必须圆整，应稍大于螺栓外径，为严格保证孔距，禁止使用气焊割圆孔或长孔，应用磁力电钻。

（4）安装导向轮　安装导向轮时，先在机房楼板或承重梁上放下一根铅垂线，并使其对准井道上样板架的对重装置中心点，然后在该铅垂线两侧，根据导向轮的宽度另外放两根辅助铅垂线，以校正导向轮的水平方向偏摆，如图 2-1-39 所示。

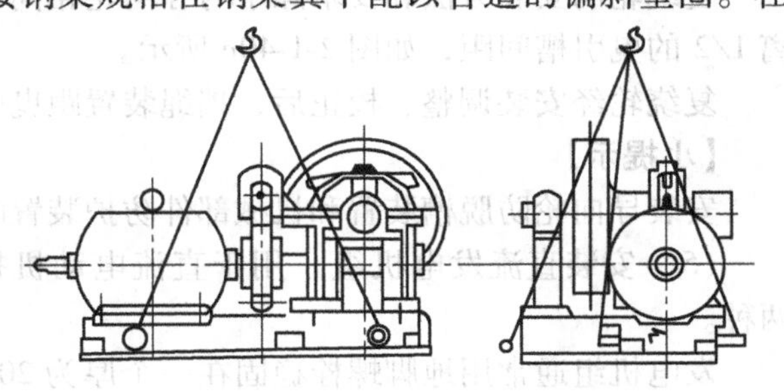

图 2-1-38　曳引机组正确的起吊形式

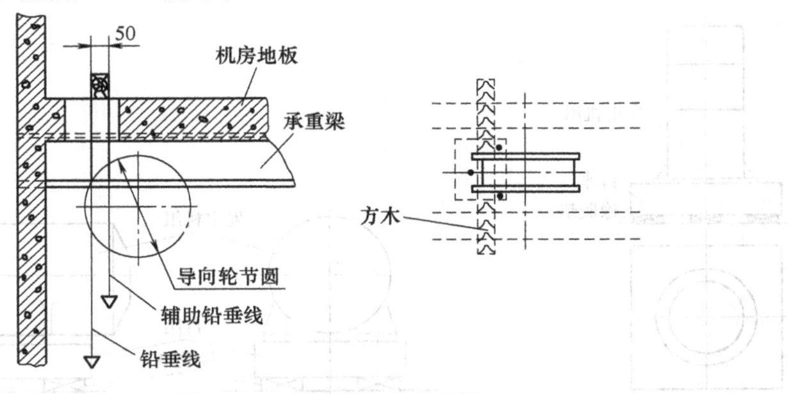

图 2-1-39　导向轮安装示意图

导向轮经调整校正后，导向轮与曳引轮的平行度误差应不大于 1mm，如图 2-1-40a 所示，导向轮的垂直度误差应不大于 0.5mm，如图 2-1-40b 所示，导向轮的位置偏差在前后方向应不大于 ±5mm，在左右方向应不大于 ±1mm。

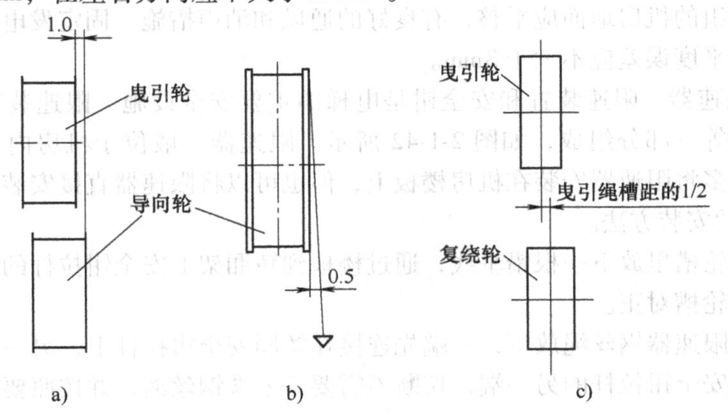

图 2-1-40　导向轮调整示意图

a）导向轮与曳引轮间的水平度误差　b）导向轮的垂直度误差　c）复绕轮与曳引轮的平行度误差

为增大曳引绳对曳引轮的包角，将曳引绳绕出曳引轮后经绳轮再次绕入曳引轮，这种兼有导向作用的绳轮为复绕轮。

复绕轮的安装方法和要求除了与导向轮相同外，还必须将复绕轮与曳引轮沿水平方向偏离 1/2 的曳引槽间距，如图 2-1-40c 所示。

复绕轮经安装调整、校正后，挡绳装置距曳引绳间的间隙均为 3mm。

【小提示】

安装导向轮防脱槽装置和机械部件防护装置时，切忌螺钉松动。

（5）安装直流发电机组　用于直流电动机拖动电梯的直流发电机组，有立式和卧式两种。

发电机组通常用地脚螺栓稳固在一个厚为 200～300mm，长与宽比发电机组大 50mm 的混凝土台座上。台座与机房地板之间应设置厚度为 25mm 左右的减振胶垫，如图 2-1-41 所示。

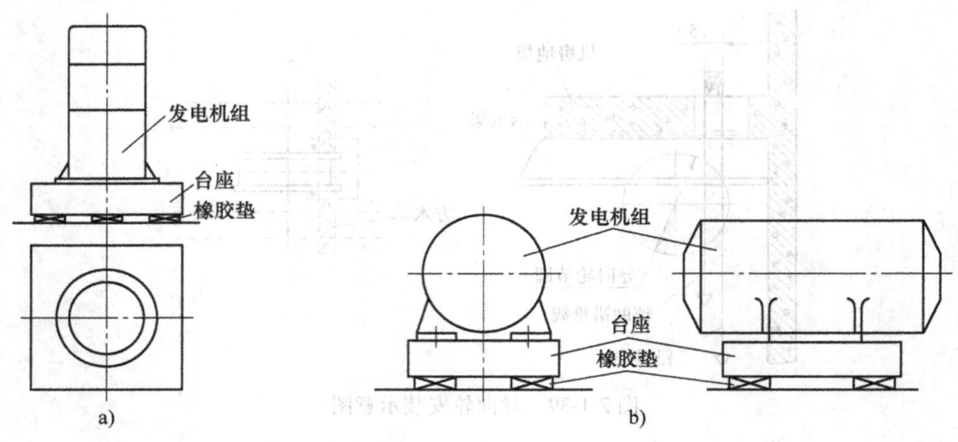

图 2-1-41　发电机组安装示意图
a）立式　b）卧式

安装发电机组的机房地面应平整，有良好的通风和消声措施。固定发电机组的混凝土台座应水平，其水平度误差应不大于 3mm。

（6）安装限速器　限速装置和安全钳是电梯的重要安全设施。限速装置由限速器、张紧装置和钢丝绳等三部分组成，如图 2-1-42 所示。限速器一般位于机房内，根据安装平面布置图的要求，多将限速器安装在机房楼板上，但也可以将限速器直接安装在承重梁上。

1）限速器的安装方法。

①从限速器轮槽里放下一根铅垂线，通过楼板到轿厢架上安全钳拉杆的中心点，再与底坑张紧轮装置的轮槽对正。

②在机房将限速器钢丝绳放下，一端先连接在轿厢安全钳拉杆上，另一端通过底坑张紧装置，再连接到安全钳拉杆的另一端，切断不需要的末端钢丝绳，并按照要求对钢丝绳进行固定。

③安装时应注意限速器的安装位置与夹绳的方向一致，否则安全钳不能可靠动作。

2）限速器的技术要求。

①限速器轮的垂直度误差不应超过 0.5mm。

②限速器在安装完成后，限速器钢丝绳的垂直度偏差均不应超过 10mm。

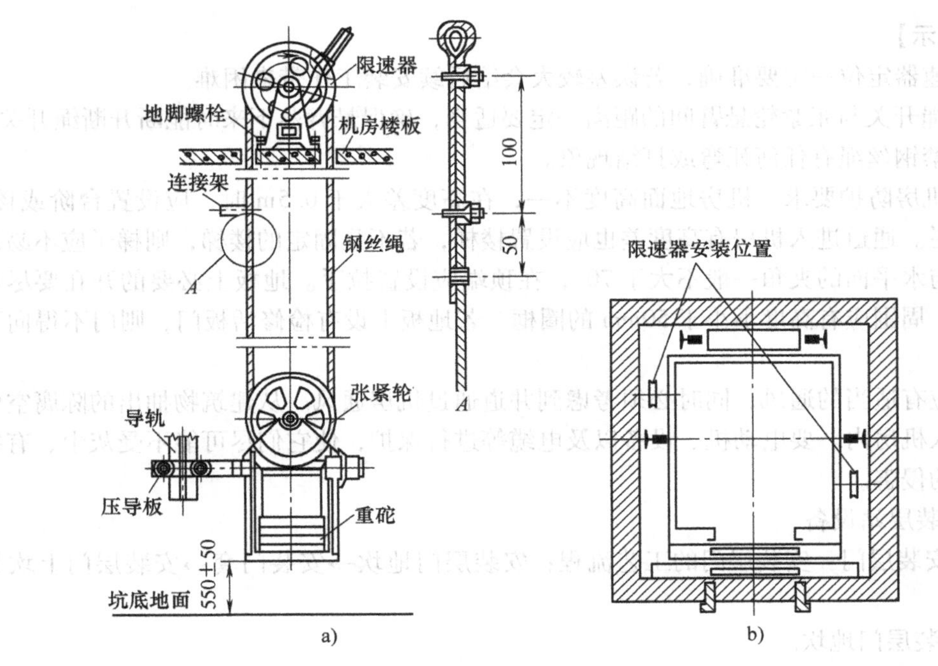

图 2-1-42 限速器安装示意图

a）传动系统 b）平面布置

③限速器绳索的张紧装置安装在底坑的轿厢导轨上，张紧装置（张紧轮）的自重一般不小于 30kg，其距离底坑地面的距离见表 2-1-18 及如图 2-1-43 所示。

表 2-1-18 张紧轮与底坑地面的距离

电梯类别	甲类（高速梯）	乙类（快速梯）	丙类（低速梯）
张紧轮与底坑距离/mm	750±50	550±50	400±50

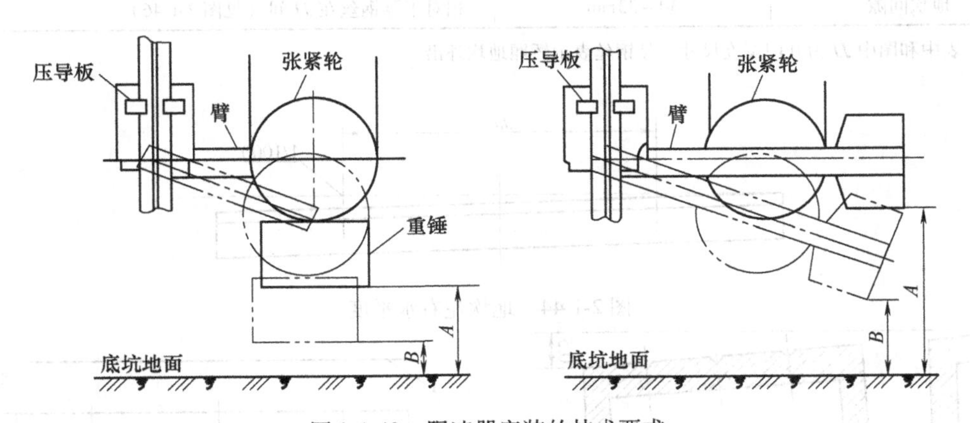

图 2-1-43 限速器安装的技术要求

④限速器动作时，限速器绳的张力不得小于以下两个数值的较大者：安全钳所需拉力的两倍或 300N。

⑤对重限速器的动作速度应大于轿厢限速器动作速度，但不得超过 10%。

【小提示】

a. 限速器定位一定要准确，若误差较大会给后续安装工作带来困难。

b. 断绳开关与张紧轮悬臂间的距离一定要适当，确保悬臂落下来时能断开断绳开关。

c. 严禁钢丝绳有任何死弯或打结现象。

（7）机房防护要求　机房地面高度不一，在高度差大于0.5m时，应设置台阶或楼梯，并设置护栏。通道进入机房有高度差也应设置楼梯，若不是固定的楼梯，则梯子应不易滑动或翻转，与水平面的夹角一般不大于70°，在顶端应设置拉手。地板上必要的开孔要尽可能小，而且，周围应有高度不小于50mm的圈框。若地板上设有检修活板门，则门不得向下开启。

机房应有适当的通风，同时必须考虑到井道通过机房通风。从建筑物抽出的陈腐空气不得直接排入机房内。要电动机、设备以及电缆等进行保护，使它们尽可能不受灰尘、有害气体和湿气的侵害。

3．安装层站设备

（1）安装层门　安装层门的工艺流程：安装层门地坎→安装门套→安装层门上坎架→安装层门。

1）安装层门地坎。

①层门地坎的定位。

a. 对于地坎和建筑中心基准线间的安装误差，在前后、左右、上下等方向均应保持在±1mm以内。

b. 地坎安装位置的允许误差应符合表2-1-19中的规定。

表2-1-19　地坎安装位置的允许误差

项　　目	允许误差	测　定　范　围
左右的水平度	≤1/1000	在 *JJ* 间的尺寸（见图2-1-44）
前后的水平度	±0.5mm	在地坎宽上的尺寸（见图2-1-45）
地坎间隙	30～33mm	相对于琴钢丝在 *JJ* 间（见图2-1-46）

注：表中和图中 *JJ* 为开门宽度尺寸，琴钢丝表示轿厢地坎外沿。

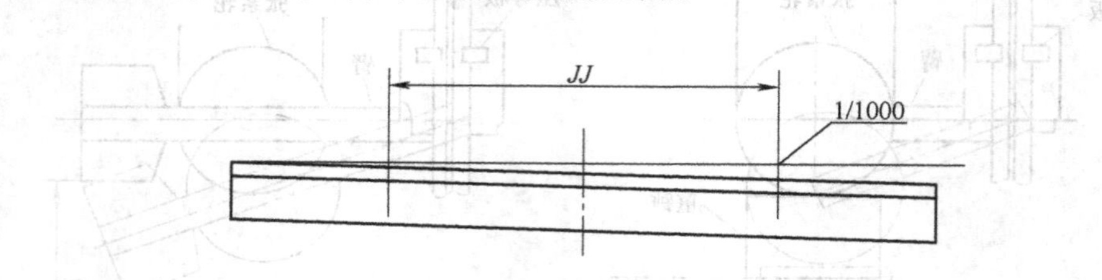

图2-1-44　地坎左右水平度

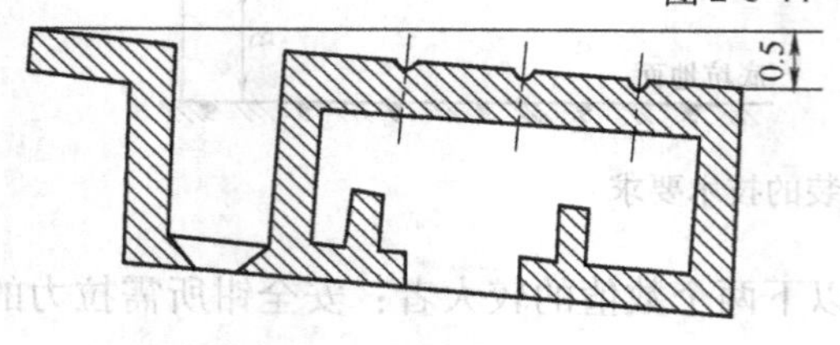

图2-1-45　地坎前后水平度

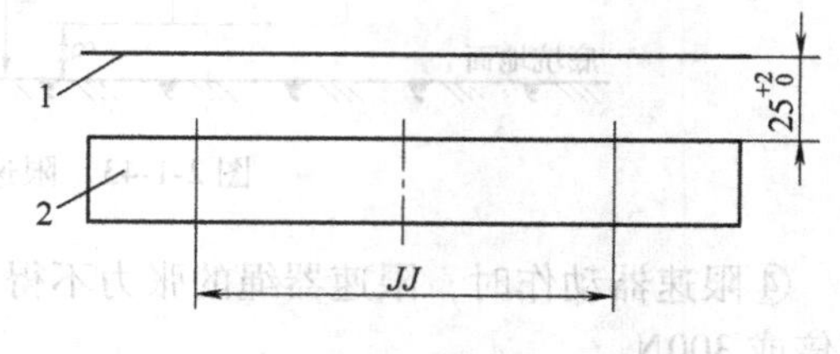

图2-1-46　地坎间隙

c. 同一层最大地坎间隙与最小地坎间隙之差，在 JJ 间应为不大于20mm。

d. 层门地坎与轿厢地坎间保持相同的距离，并使其偏差0~3mm。

②层门地坎固定的技巧。安装地坎时，一般地坎平面较地平面（抹灰之后的地平面）高出5~10mm，然后与地平面抹成1/100~1/50的斜度。校正地坎水平后，用混凝土灌注并抹平，最后再核对一次，待混凝土硬结后方可进行下一道工序（一般阴干时间为2~3天）。

2）安装门框、门套。按照样板架层门中心及门宽垂直挂线。在层门水泥地面上首先安装门框，并调正门框相对于层门的位置。

安装位置基准线：前后左右误差不大于1mm，门框垂直度上、下及上平面水平度误差不大于1mm，与此同时，将门框与地坎牢固连接，门柜用膨胀螺栓或水泥沙浆固定在层门壁上，安装门框后，将门套固定在门框上。

3）安装层门上坎架。

①层门上坎架罩的定位。按照样板架挂线确定层门出入口中心、门导轨的位置、层门上坎罩前后方向歪斜及从地坎面算起的安装高度。

②层门上坎架安装。将上坎架安装块紧靠墙壁，确定固定螺孔的位置，然后打入膨胀螺栓。将上坎架固定块参照门套的方法加以安装和固定，将上坎架用螺栓临时加以固定。将上坎架中心对准净门口中心固定上固定块的螺栓，然后确定导轨、门套、门坎之间的尺寸。

③层门上坎架中心与出入口中心偏差应控制在±2mm之内。

④对于前后的倾斜允差，在层门上坎架上下端应小于或等于1mm。

4）厅门导轨的中心与地坎中心的校正。如图2-1-47所示，测量应在三处进行（两端及中间处），其偏差应不大于1/1000，然后挂上厅门再进行重复校正。

将层门上端的安装孔对准上坎架滑轮螺栓孔，装好螺栓，检查门下端是否与层门地坎平行，若不平行，则调整门板，使层门与地坎平行。通过调节门滑轮支架与层门间的垫片，使门下端与地坎上平面的间隙不超过6mm，再装上滑块。

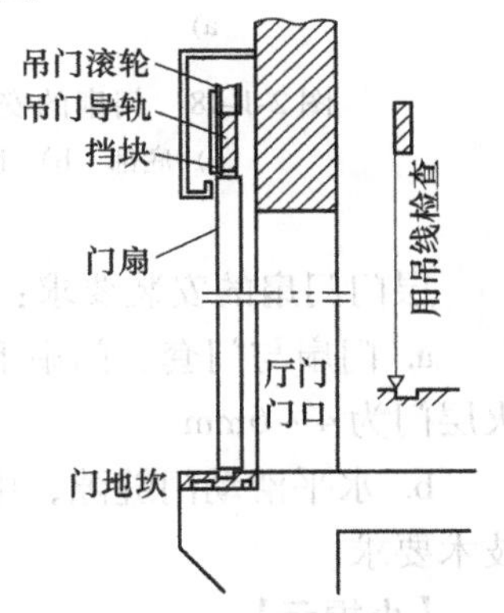

图2-1-47 厅门滑道与地坎垂直测量

5）安装门滑轮。在装门滑轮之前应进行检查门滑轮的转动是否灵活。滚动轴承内应注入润滑脂。为了使门扇运行平稳无跳动现象，门滑轮架上的下挡轮与导轨下端面的间隙应调整到不大于0.5mm。

6）安装门扇。层门门扇的上沿通过滑轮吊挂在门导轨上，下沿插入地坎的凹槽中，经联动机构开闭。因此，当地坎、门框、门导轨等安装调整完毕后，可以吊挂门扇，并装配门扇间的联运机构。

①将门滑轮放入层门导轨，同时将门扇放置在相应的地坎上，在门扇下端两侧与地坎间分别垫上4~6mm的垫脚石，以便定距，以保证门扇与地坎面的间隙 c，如图2-1-48a所示。

②用螺栓将门滑轮（座）与门扇连接，并通过加减垫片来调整门扇下沿与地坎面的间隙，垫片总厚度不得大于5mm，垫片面积与滑轮座面积相同。

③拆除定距板，将滑块插入地坎的凹槽里试滑，合适后安装在门扇下端，其侧面与地坎槽的间隙适当。

④通过门扇上吊门滚轮架与门扇间的连接固定螺栓，调整门扇与门扇、门扇与门套的间隙。

⑤通过吊门滚轮架上的偏心挡轮，调整偏心挡轮与导轨下端间的间隙 e 不大于 0.5mm，如图 2-1-48b 所示，使门扇运行平稳、不跳动。

⑥在门扇未装联动机构前，在门扇中心处沿导轨的水平方向左右拉动门扇，使其拉力不应大于 3N，如图 2-1-49 所示。

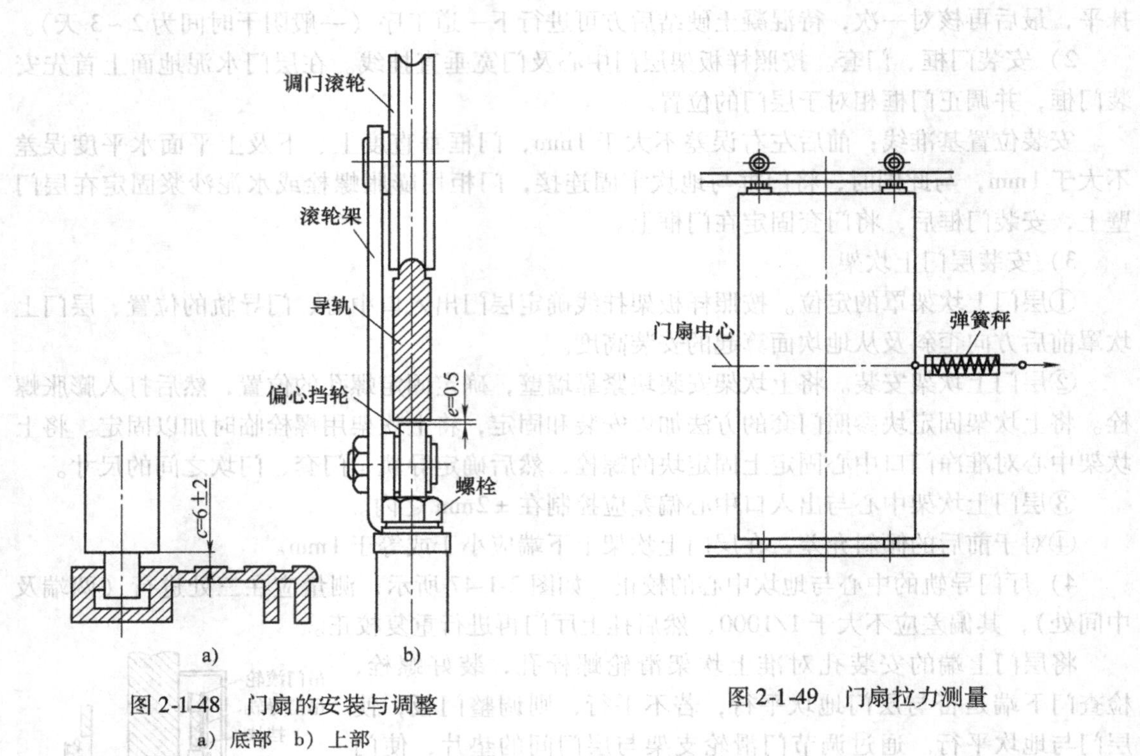

图 2-1-48　门扇的安装与调整
a）底部　b）上部

图 2-1-49　门扇拉力测量

层门门扇的安装要求：

a. 门扇与门套、门扇下端与地坎及双折门的门扇之间的间隙，普通层门为 4～8mm，防火层门为 4～6mm。

b. 水平滑动门缝隙，中分门不大于 2mm，双折小分门不大于 3mm，防火层门按制造厂技术要求。

【小提示】

a. 层门安装的各尺寸要求很高，而且相互间的尺寸都有一定联系，因此严禁随意施工。

b. 层门地坎、层门门框、层门上坎架等的安装应确保一步到位，如不能做到这一点，其整改工作将非常麻烦，因为这些部件都是用混凝土来固定的。

c. 层门门扇的各缝隙调整也应确保一步到位，如果采用先挂门最后调整的方法，将大大降低工效（特殊情况除外）。

d. 调整层门的运行时切忌阻力过大，安装完毕后用手推拉时应无噪声，无冲击或跳动现象，即可产生轻轻滑动，且每扇层门不得有超过 300N 的阻力。

（2）安装层门联动机构　层门是由轿门带动的被动门。当采用单门刀时，轿门只能通过门吸合装置直接带动一个门扇，层门的门扇之间必须要有联动机构。因此，联动机构是厅门之间实现同步动作的装置。

1）常见层门联动机构的类型，见表2-1-20。

表2-1-20 常见层门联动机构的类型

类型	图 例	说 明
单撑臂式	5 6 7 8 9 4 3 2 1 10	1、3、9—撑杆 2、8—活动铰链 4、7、10—固定铰链 5—快门 6—慢门
双撑臂式		
摆杆式	3 2 1 4 5 6	1—摆杆 2—快门连杆 3—快门 4—慢门 5—慢门连杆 6—拉簧

（续）

类型	图 例	说 明
钢丝绳式	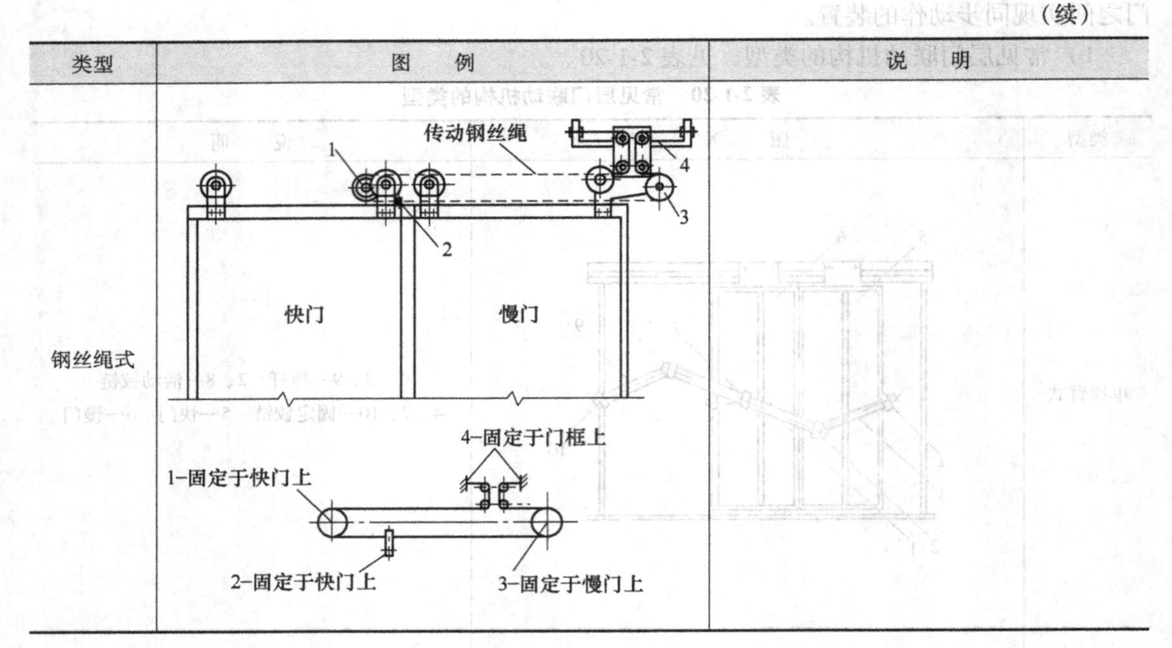	

2）层门联动机构的安装调整要求。

①用杠杆传动的旁开式门扇，在快慢门上装上杠杆组合，对于撑臂式联动机构要实现快慢门的速度比，必须做到：

a. 各铰接点间的撑杆长度相等。

b. 各固定门的铰链位于一条水平直线上。

②用钢丝绳传动的旁开式门扇，在绳滑轮上装上钢丝绳，并与拉绳架相连接，调整两个绳轮间的距离，使钢丝绳张紧。

③中分式门扇在闭合时，门中缝应与地坎中对齐。

④有自闭装置的门扇，应在其装置的作用下自动关闭。

（3）安装强迫关门装置

1）重锤式强迫关门装置的安装。首先应将挡板卸下，再把强迫关门装置的钢丝绳通过上坎架被动层门滑轮与上坎架主动门（一般为带三角钥匙孔的门）上滑轮板相连接，重锤放入被动层门导向件内，再装上挡板，如图 2-1-50 所示。

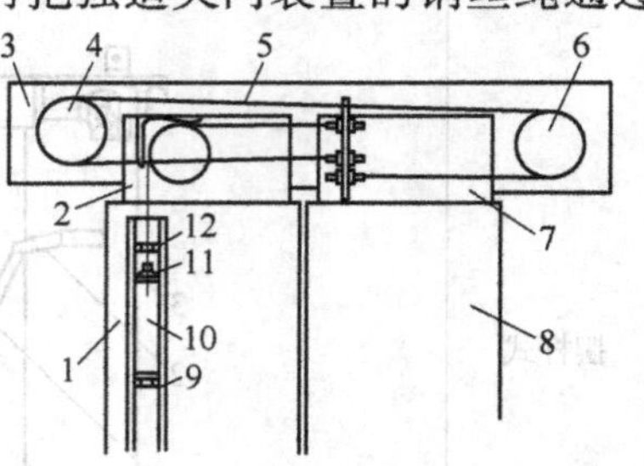

图 2-1-50　重锤式强迫关门装置示意图

1、8—门板　2、7—门挂板　3—土坎架　4、6—滑轮　5—钢丝绳　9—重锤盖　10—重锤　11—螺栓　12—防尘盖

2）弹簧式强迫关门装置的安装。

①将安装臂装配件安装到门和支撑柱上。

②用螺母调整弹簧压盖的上下端距离 A（厂家设定值），如图 2-1-51 所示。

③在上述状态得以确认的条件下，无论层门开至哪个位置，都应能全部关闭。若上述现象无法实现时，应确认门挂板或安装臂无阻碍后再进行调整。

（4）门锁的安装

1）调整开门刀与厅门地坎间隙（标准规定为5～10mm）。

2）从轿厢门开门刀的顶面位置悬挂一根铅垂线至底坑，以该铅垂线为基准，安装各层层门自动门锁。将门锁安装在层门的固定位置上，调整挂钩、门触点位置，并将三角钥匙门锁安装在层门固定位置上，安装后门锁处于正常位置，则可以用钥匙试开，保证门锁臂能上下旋转并正常开启。

3）层门锁安装完毕后进行慢速试运行时，再进行精确调整。调整门锁滚轮与轿厢地坎间隙（标准规定为5～10mm）。确定门锁的准确位置后，即加以紧固。

4）开门刀片两侧与门锁滚轮间隙调整为3mm。

5）可动挂钩及触点应动作灵活，在电气安全装置动作之前，机械部件的啮合不小于7mm。

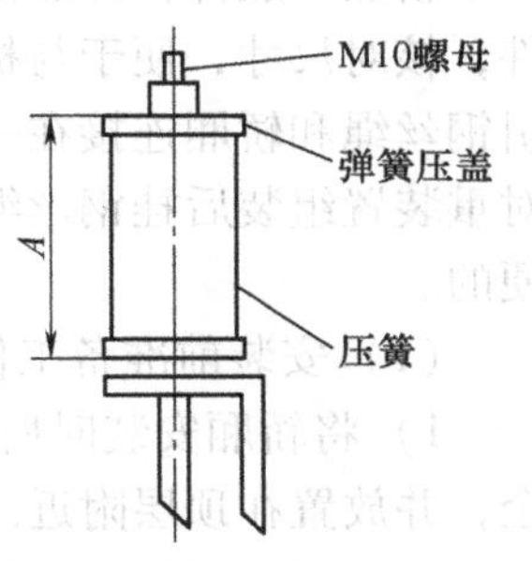

图 2-1-51　螺母调整弹簧压盖示意图

【小提示】

a. 严禁安装无型式试验证书的门锁。

b. 若无特殊情况，严禁门回路出现短接（无论是在控制屏或在层站接线盒内）。

（5）层门与轿门的关系　层门与轿门的形式分为中分式门（见图 2-1-52、表 2-1-21）和旁开式门（见图 2-1-53、表 2-1-22）。

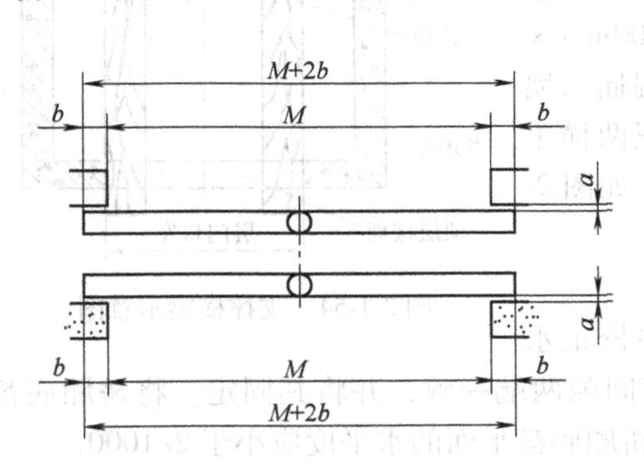

图 2-1-52　中分式层门与轿门的关系

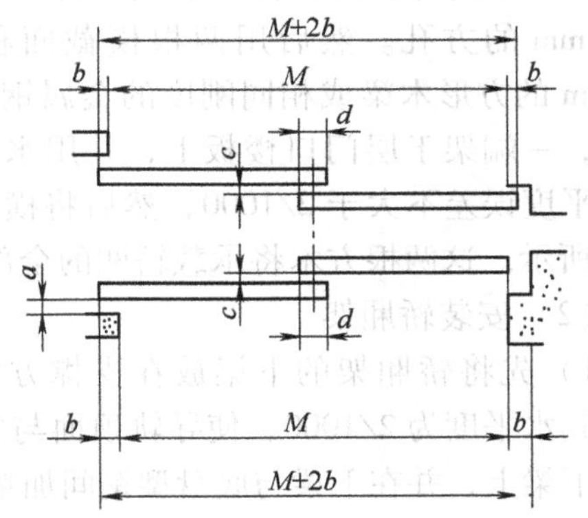

图 2-1-53　旁开式层门与轿门的关系

表 2-1-21　中分式门尺寸关系

门口宽	门扇宽	层门开门宽	轿门开门宽	层门行程	轿门行程
M	$M+2b$	M	$M+2e$	$M/2$	$M/2+e$

注：M——门口的宽度；b——门扇与门套的重叠量（一般为15mm±2mm）；e——层门动作滞后距离（一般为10mm±2mm）。

表 2-1-22　旁开式门尺寸关系

门口宽	门扇宽	层门开门宽	轿门开门宽	层门行程	轿门行程
M	$M+2b$	M	$M+2e$	$M/2$	$M/2+e$

注：M——门口的宽度；b——门扇与门套的重叠量（一般为15mm±2mm）；e——层门动作滞后距离（一般为10mm±2mm）。

4. 轿厢的安装

在轿厢上安装的零部件很多，而且用途各异。其中包括安全装置、操纵运行的操纵箱、运行指示及信号、操纵检修时的运行装置、超载称重装置、自动门机、运载乘客的轿厢及其装饰等。

轿厢一般都在井道的最高层内安装，因为上端站最靠近机房，组装过程中便于起吊部件，核对尺寸，便于与机房联系。而且，由于轿厢组装后位于井道的最上端，因此，通过曳引钢丝绳和轿厢连接在一起的对重装置在组装时，就可以在井道底坑进行。这样对于轿厢和对重装置组装后挂钢丝绳，以及通电试运行前对电气部分作检查和预调试、试运行都是很方便的。

（1）安装前准备工作

1）将轿厢安装时所需要的零部件、辅料和符合安全要求的手工工具、起重工具清点齐全，并放置在顶层附近。

2）在机房楼板相对轿厢中心的孔洞处，通过机房楼板和承重梁悬挂 2～3t 的手拉葫芦，以便起吊轿架。

3）拆除井道内顶层楼面的脚手架，并在层门口楼面相对应的井道壁上，对应凿出两个横截面积 250mm × 250mm，距离与层门口宽度相仿，深度超过井道墙体中心 20mm 的方孔。然后用两根横截面积大于 200mm × 200mm 的方形木梁或相同刚度的金属钢梁，一端插入墙孔内，一端架于层门口楼板上，并用水平尺校正两横梁的水平度误差不大于 2/1000，然后将横梁固定，如图 2-1-54 所示。这两根方木将承载轿厢的全部重量。

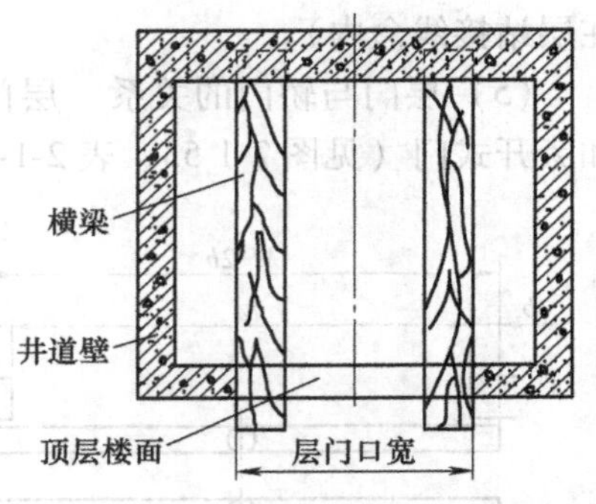

图 2-1-54　支撑横梁示意图

（2）安装轿厢架

1）先将轿厢架的下梁放在支撑方木上，并校正水平，其水平度为 2/1000，使导轨顶面与安全钳座间隙两端一致，并将其固定。将轿厢底盘放在下梁上，并在下梁与底盘型钢间加垫。调整轿厢底盘平面的水平度应小于 2/1000。

2）竖起轿厢架两侧立柱并与下梁底盘用螺栓连接。立柱在整个高度上的垂直度应不大于 1.5mm。

3）手拉葫芦吊装上梁，将上梁与立柱上端用螺栓紧固，使其不产生扭转力。

4）装好轿厢架拉杆。

（3）组装安全钳　将安全钳楔块分别放入安全钳座内，使安全钳拉杆与固定在上梁的传动杠杆连接，再把导靴全部装上，并调整各楔块拉杆螺母，用塞尺检查，使楔块面与导轨的侧面间隙（见图 2-1-55）一致。此间隙按标准 2～3mm。

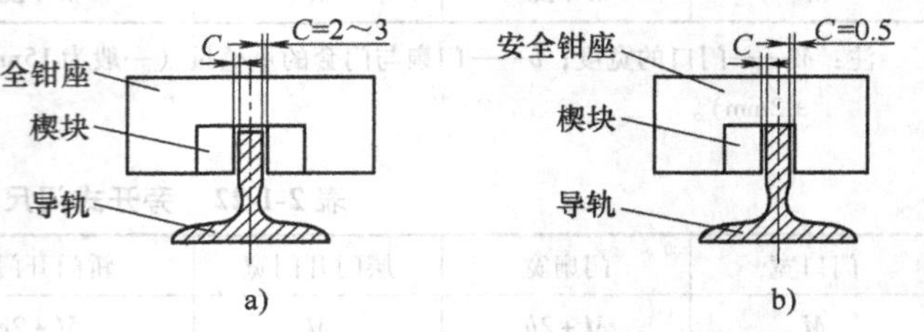

图 2-1-55　楔块与导轨间隙
a）双楔块式　b）单楔块式

【小提示】

a. 安全钳成品的保护工作一般不被安装人员所重视，由于开箱时轿厢组件（上梁、下梁、立柱等）都被吊到顶层，而顶层一般又没有专用库房，很容易产生锈蚀，以致造成安全钳不灵活。

b. 安全钳定位基准的准确性是相当重要的，若当轿厢拼装完毕后，再进行调整，就相当麻烦，且不容易调整到位，因此，一定要严格控制尺寸偏差。

c. 安全钳安装后的尺寸核实工作也是必不可少的，而且这一点很容易被忽视，往往安全钳安装结束后，由于某种原因，尺寸发生变化，因此尺寸核实工作显得非常重要。

（4）安装轿厢

1）装配轿厢。

①将活动轿厢或活动轿厢底盘准确地安放在轿厢架的固定底盘上（见图 2-1-56），其间垫以橡胶减振垫。调整轿厢架拉杆，使轿厢底盘在平面的水平度误差不大于 2/1000。待达到要求后，将轿厢架拉杆用双螺母锁紧固定。

②用手拉葫芦将组装好的轿顶悬挂在上梁下面，如图 2-1-57 所示。

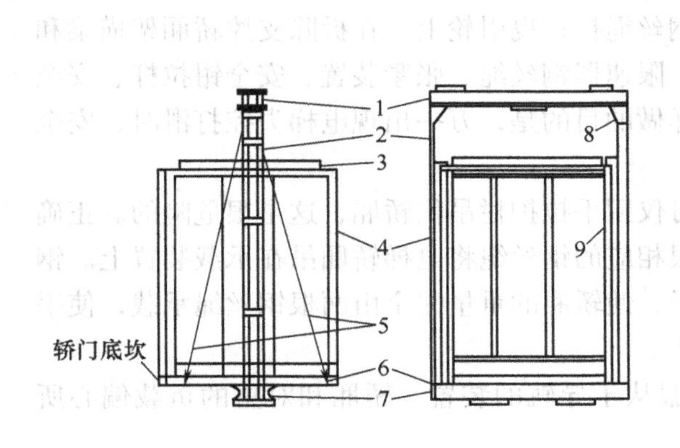

图 2-1-56　轿厢结构示意图

1—上梁　2—立柱　3、9—轿厢　4—围扇
5—拉条　6—轿底　7—底梁　8—轿厢架

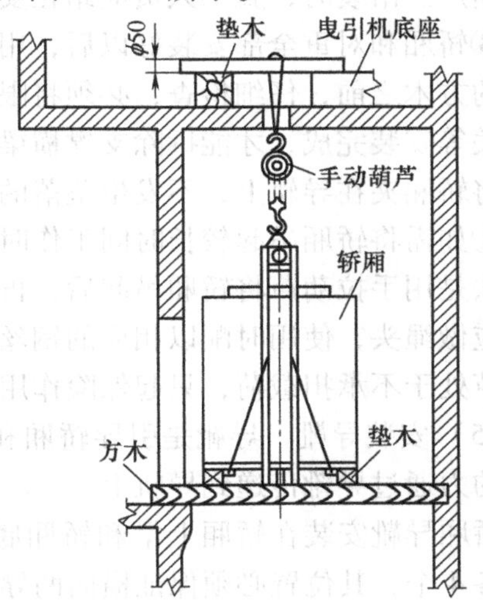

图 2-1-57　轿厢组装示意图

③将轿壁与轿底、轿壁与轿顶用螺栓连接，用角尺校正轿门侧的轿壁，其垂直度误差应不超过 1/1000。紧固各螺栓。轿门门套的技术要求与层门门套相同。

④安装轿厢顶向上设备。轿厢顶安装好后，就可以按照厂家安装图样在轿厢顶上安装接线盒、线槽、电线管、安全保护开关等元器件。平层感应器和开门感应器要根据具体安装图样定位。要求横平竖直，各个侧面应在向垂直平面上，其垂直度偏差不大于 1mm。

⑤安装轿顶防护栏：当井道壁距离轿顶外缘的水平距离超过 0.30m 时，在轿顶上还应设置防护栏。防护栏在底部应有 0.1m 高的护脚板，在中部有中间横杆。在水平距离不大于 0.85m 时，护栏的高度不小于 1.05m；水平距离大于 0.85m 时，护栏的高度应不小于 1.1m。

⑥安装操纵盘、照明灯、扶手。

⑦安装轿厢门。

⑧有开门机的轿厢门，其轿门导轨应保持横平竖直，不挂开门机构时，轿门的开关应轻松自如。挂上开门机构后，轿门的碰撞力不应大于 150N。

⑨电梯由于任何原因停在靠近层站的地方，在轿厢停止并切断开门机电源的情况下，在

轿厢内应能用手扒开门，其扒门力不大于300N。

⑩轿厢安装完毕后，用手拉护栏将轿架提起，在固定底盘上用平衡块调整轿厢的平衡，保证轿厢导轨中心线与导靴中心线在同一垂直线上。

⑪有轿顶轮的轿厢架，轿顶轮与轿厢上梁的间隙、水平方向四周间隙之差值不得大于1mm，导向轮的垂直度误差应不大于2mm。

⑫在立梁上装有限位开关碰铁的轿厢，在装轿壁前应先将碰铁安装好，碰铁垂直度允差为2/1000。

2）轿厢安装过程中的安全技术。

①吊装轿厢所使用的吊装工具与设备，应严格仔细地检查，确认完好后方可使用。吊装前必须充分估计被吊物件的重量，选用相应的吊装工具和设备。

②轿厢吊装前，应按安全作业操作要求选好手拉葫芦支撑位置，配好与起重量相适应的手拉葫芦。吊装时，施工人员应站在安全位置进行操作。

③轿厢和对重全部安装好以后，用曳引钢丝绳挂在曳引轮上。在拆除支撑轿厢架横梁和对重的方木之前，仔细检查，必须将限速器、限速器钢丝绳、张紧装置、安全钳拉杆、安全钳开关等安装完成，才能拆除支撑横梁。这样做的目的是，万一出现电梯失控打滑时，安全钳可将轿厢夹在导轨上，不发生坠落的危险。

④如需将轿厢吊起较长时间工作时，不可仅用手拉护栏吊住轿厢，这是很危险的。正确的做法是用手拉葫芦将轿厢吊起后，再用两根相应的钢丝绳将电梯轿厢吊在承载装置上。钢丝绳应做绳头，使用时配以相应的钢丝绳卡子，使轿厢的重量完全由两根钢丝绳承载，使手拉葫芦处于不承担载荷，只起保险作用的状态。

（5）安装导靴　导靴是引导轿厢和对重服从于导轨的装置。轿厢和对重的负载偏心所产生的力通过导靴传递到导轨上。

轿厢导靴安装在轿厢上梁和轿厢底部安全钳座下面，对重导靴安装在对重架上部和底部，各4个，其位置必须保证横向两导靴在同一平面上，纵向两导靴在同一垂直线上。

导靴按其在导轨工作面上的运动方式，分为滑动式导靴和滚动式导靴两种。滑动式导靴按其靴头轴向是固定的还是浮动的，又可分为固定滑动导靴和弹性滑动导靴。

1）安装滑动导靴。固定滑动导靴主要由靴衬和靴座等组成；弹性滑动导靴由靴座、靴头、靴轴、压缩弹簧或橡胶弹簧、调节套或调节螺母等组成，如图2-1-58所示。

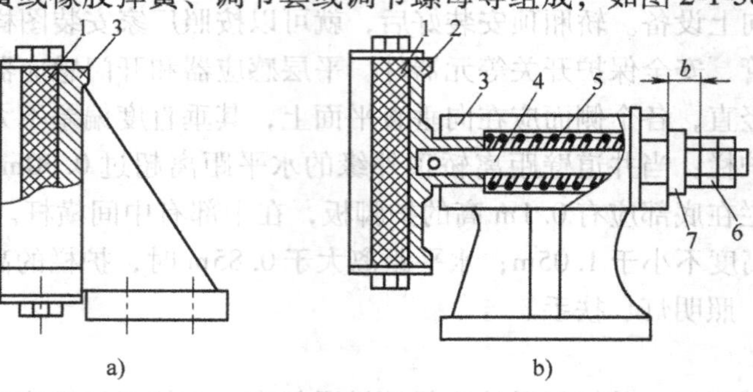

图2-1-58　滑动导靴示意图

a）固定式　b）弹性式

1—靴衬　2—靴块　3—靴座　4—靴轴　5—压缩弹簧　6—定位螺母　7—调节套

安装时要求：

a. 4 只导靴应安装在同一垂直面上，不应有歪斜。安装时，如有位置不当，不能强行用机械外力对导靴安装，以保持间隙正确。

b. 固定滑动导靴与导轨顶面间隙应均匀，每一对导靴两侧间隙之和不大于 2.0mm，与角型导靴顶面间隙之和为 4mm ±2mm。

c. 弹性滑动导靴的滑块面与导轨顶面应无间隙，每个导靴的压缩弹簧伸缩范围不大于 4mm。

d. 可调压力型的弹性滑动导靴的 b 值（见图 2-1-58b），应按表 2-1-23 的要求整定，a 值和 c 值均为 2mm，如图 2-1-59 所示。

表 2-1-23 弹性滑动导靴的 b 值

电梯额定吨位/t	0.5	0.75	1.0	1.5	2～3	5.0
b/mm	42	34	30	25	25	20

对重导轨的导靴 a 为 3mm，c 为 2mm，如图 2-1-60 所示。

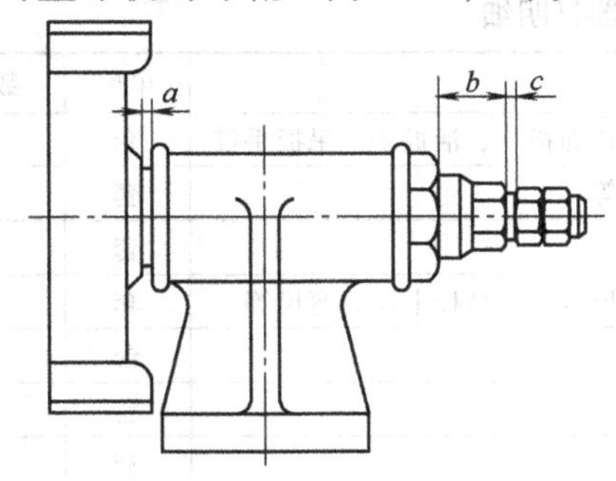

图 2-1-59 轿厢滑动导靴调整

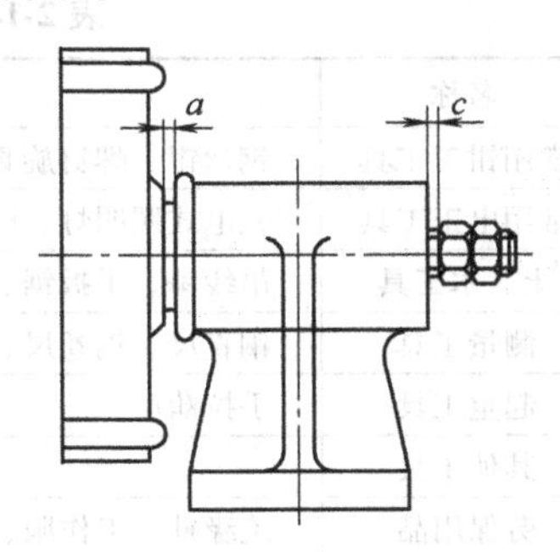

图 2-1-60 对重滑动导靴调整

2）安装滚动导靴。滚动导靴用 3 只滚轮代替了导靴的 3 个工作面。3 只滚轮在弹簧的作用下，贴压在导轨的 3 个工作面上，如图 2-1-61 所示。

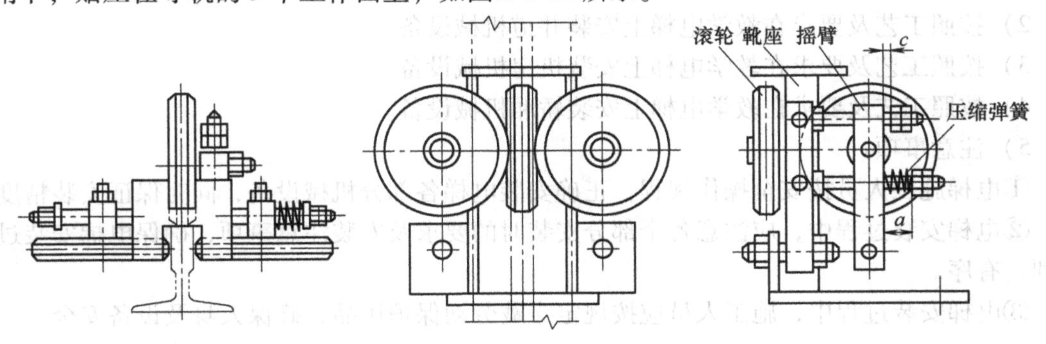

图 2-1-61 固定导靴示意图

安装时要求：

a. 滚轮的安装应对导轨保证水平度和垂直度，压力均匀，整个轮的厚度和圆周应与导轨工作面均匀接触。

b. 调整滚轮的限位螺栓，使顶面滚轮水平移动范围为 2mm，左右水平移动范围为 1mm。

c. 结合轿厢架或对重架的平衡调整，调节弹簧使其压力一致，避免导靴单边受力过大。

d. 导轨端面滚轮与端面间的间隙不应大于1mm。

e. 导靴安装前应先将导轨油污锈迹清除干净，不得有油污。

【小提示】

a. 导靴安装两侧与导轨间的间隙应保持一致，严禁偏向一侧，否则容易产生共振现象，如果拼装轿厢时不到位，此时导靴与导轨间隙很难调整。

b. 导靴整体安装及尺寸调整到位后，固定导靴的大螺母一定要拧紧，否则进行安全钳限速器联动试验时，尺寸容易发生变化。

c. 导靴定位孔与下梁螺母间的尺寸偏差不宜过大，如果偏差较大，应及时与厂家取得联系，要求厂家进行调整处理，否则难于安装。

任务准备

根据任务，选用仪表、工具和器材，见表2-1-24。

表2-1-24　仪表、工具和器材明细

序号	名称	型号与规格	单位	数量
1	常用钳工工具	钢丝钳、螺钉旋具、尖嘴钳、剥线钳、普通扳手、活扳手、呆扳手等	套	1
2	常用电工工具	充电式照明灯、电源拖线板、手提行灯等	套	1
3	土、木工具	吊线锤、手扳锯、木工锤等	套	1
4	测量工具	钢直尺、钢卷尺、游标卡尺、塞尺、粗校卡尺、精校卡尺、弯尺等	套	1
5	起重工具	手拉葫芦	台	1
6	其他工具		套	1
7	劳保用品	绝缘鞋、工作服、护目镜等	套	1

任务实施

1）根据工作任务选用合适的工具，清查安装部件。

2）按照工艺及要求在教学电梯上安装井道机械设备。

3）按照工艺及要求在教学电梯上安装机房机械设备。

4）按照工艺及要求在教学电梯上安装轿厢机械设备。

5）注意事项：

①电梯施工人员按安全操作规程，正确安装电梯各部分机械设备，同时保证安装精度。

②电梯安装过程中，应注意各个部分安装时的要求及安装注意事项，确保电梯安装过程合理、有序。

③电梯安装过程中，施工人员应按规定穿戴劳动保护用品，确保人身及设备安全。

任务3　电气部分的安装

知识目标

1. 了解电梯电气部分设备的结构和工作原理。
2. 掌握电梯电气部分设备安装的方法及注意事项。

能力目标

1. 能够正确快速地准备电梯电气部分安装所需的工具、技术资料等。

2. 学会机房、井道、轿厢与层站等位置的电气部件安装方法，并能够教学电梯上正确、准确地安装各种电气部件。

任务描述（见表2-1-25）

表2-1-25 任务描述

工作任务	要 求
1. 安装机房设备	1. 掌握机房内电气设备的结构、类型及工作原理 2. 学会安装各种机房电气设备
2. 安装井道设备	1. 掌握井道内电气设备的结构、类型及工作原理 2. 学会安装各种井道电气设备
3. 安装轿厢设备	1. 掌握轿厢电气设备的结构、类型及工作原理 2. 学会安装各种井道电气设备
4. 安装层站设备	1. 掌握层站电气设备的结构及特点 2. 学会安装各种层站电气设备
5. 安装其他电气设备	1. 掌握各类电气设备布线的要求 2. 学会安装其他电气设备

电梯电气部分的安装工作应按随机技术文件和国家标准GB 50182—1993及有关标准的要求开展工作，其安装参考工艺流程如图2-1-62所示。

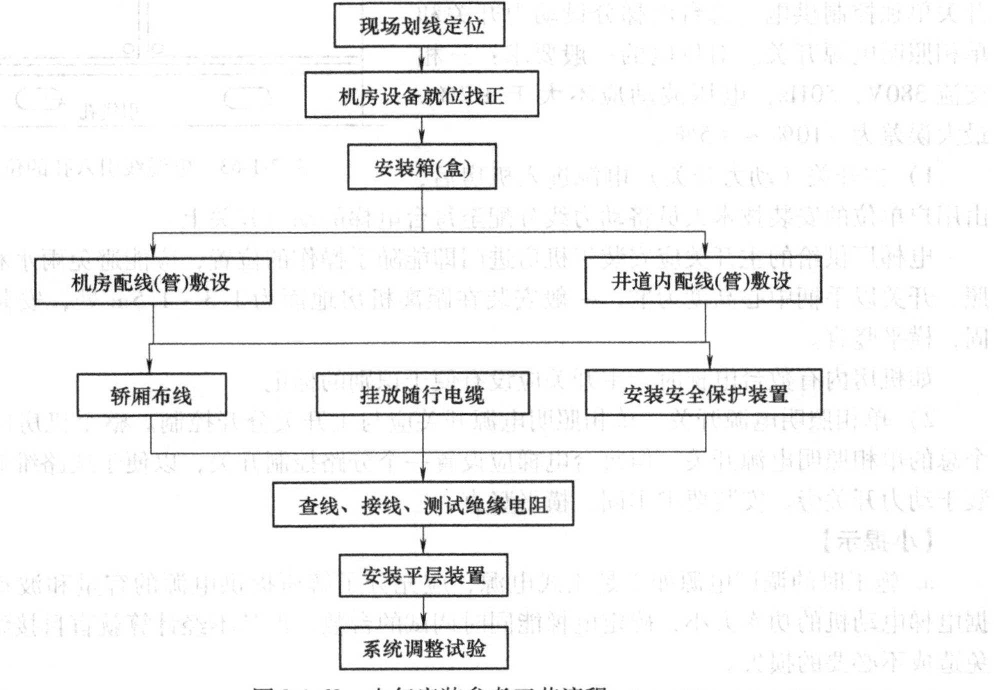

图2-1-62 电气安装参考工艺流程

1. 安装机房电气设备

（1）安装控制柜　控制柜安装时应根据机房布置图，按图样规定的位置施工。如无规定，应根据机房面积、形式，考虑布局合理，以必须符合维修方便、巡视安全的原则，确定其安装位置。控制柜安装时应注意以下事项。

1）一般以100～200mm的槽钢作控制柜的地脚梁。将槽钢用地脚螺栓固定在地面上，再将控制柜用螺栓固定在地脚梁上。

2）控制柜的垂直度误差不应超过1.5/1000，水平度误差小于1/1000。

3）控制柜应面向曳引机，且一一对应。

4）控制柜与门窗距离应大于600mm。

5）控制柜的维护侧与墙壁的距离一定大于600mm；群控、集选电梯应大于700mm；控制柜的封闭侧应大于500mm。

6）双面维护的控制柜成排安装时，其宽度每超过5m中间宜留有通道，通道宽度应大于600mm。

7）控制柜与机械设备的距离应大于500mm。

（2）电缆线的引入方式

1）电缆线可通过暗线槽，从各个方向把线引入控制柜。

2）电缆线也可以通过明线槽，从控制柜的后面或前面的引线孔把线引入控制柜，如图2-1-63所示。

（3）电源开关　电梯的供电电源应由专用开关单独控制供电。每台电梯分设动力开关和单相照明电源开关。对供电的一般要求：三相交流380V，50Hz，电压波动应不大于±7%，最大误差为-10%～+5%。

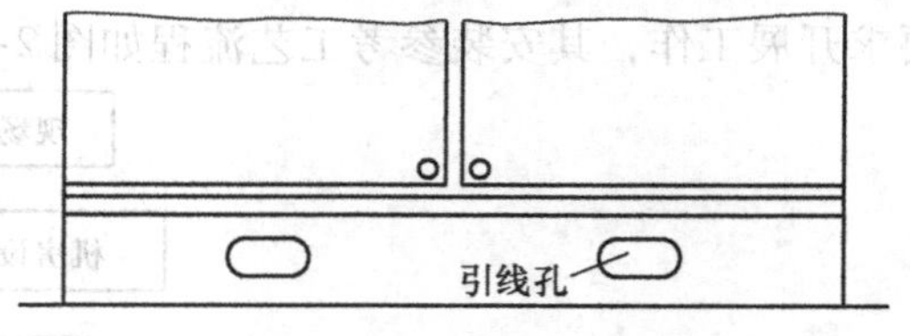

图2-1-63　电缆线引入孔的位置

1）主开关（动力开关）电源进入机房后，由用户单位的安装技术人员将动力线分配至每台电梯的动力开关上。

电梯厂供给的主开关应安装于机房进门即能随手操作的位置，应能避免雨水和长时间日照。开关以手柄中心高度为准，一般安装在距离机房地面为1.3～1.5m处，安装时要求牢固，横平竖直。

如机房内有数台电梯时，主开关应设有便于识别的标记。

2）单相照明电源开关。单相照明电源开关应与主开关分开控制。整个机房内可设置一个总的单相照明电源开关，但每台电梯应设置一个分路控制开关，以便于线路维修，一般安装于动力开关旁。安装要求牢固，横平竖直。

【小提示】

a. 施工时的调试电源如不是正式电源，应充分了解所提供电源的容量和波动幅度，根据电梯电动机的功率大小，确定电梯能同时调试的台数，严禁不经计算就盲目接线调试，避免造成不必要的损失。

b. 电梯专用电源箱的固定要牢固，严禁松动。

c. 电源线接线头应用专用的接线鼻或接线帽压接，严禁直接做圈连接。

d. 电梯动力与控制电路应分离敷设，从进机房电源起接地和零线应始终分开。

2. 安装井道电气设备

（1）安装极限开关、限位开关、强迫减速开关 强迫减速开关、限位开关、极限开关是为了防止电梯在运行时，因电气控制系统失灵，致使电梯到达顶层或底层时仍继续运行，而强迫电梯停止运行的开关装置。这些开关用压导块安装在导轨上，通过与安装在轿厢上的撞弓相碰撞而产生作用，如图 2-1-64 所示。

上、下强迫减速开关安装在上、下端站换速位置，当电梯失控冲向井道顶部或底部时，安装在轿顶上的撞弓与强迫减速开关碰轮相接触，发出转速信号，迫使电梯减速。

对于限位开关，当轿厢地坎超过上、下端站地坎 50～100mm 时，碰铁碰撞限位开关，使开关迅速断开，迫使电梯停止。

对于极限开关，当限位开关不起作用而轿厢地坎超过上、下端站地坎 250mm 时，碰铁碰撞极限开关，使开关迅速断开，且应在缓冲器起作用前动作。有时为了安全可靠，在 350mm 处再安装一个碰轮。

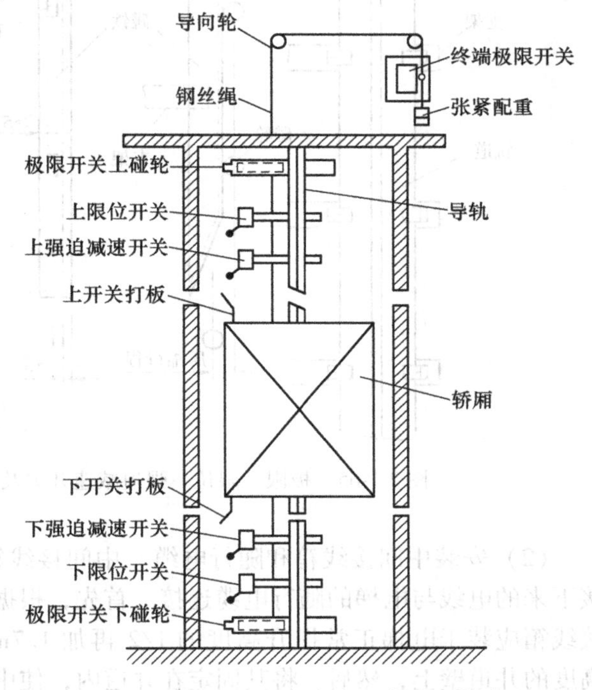

图 2-1-64 上下强迫减速开关/上下限位开关安装位置示意图

在测量好的位置上，用角钢做好支架，安装在导轨的背面，角钢伸出导轨的长度一般不大于 500mm。将强迫减速开关、限位开关用螺栓固定在角铁的端部，并使其垂直，调整强迫减速开关和限位开关的碰轮，使之垂直对准轿厢碰铁中心，打慢车使碰铁撞击行程开关，同时用万用表测试行程开关触点开闭情况，及时调整开关位置，使之在碰铁碰撞行程开关的碰轮时，其内部动断触点打开，动合触点闭合，碰铁离开后接点自动复位。碰撞时，开关不应受到额外的应力，如图 2-1-65 所示。

【小提示】

a. 碰铁应无扭曲变形，开关碰轮转动灵活。

b. 碰铁安装垂直，偏差不应大于长度的 1/1000，最大偏差不大于 3mm（碰铁的斜面除外）。

c. 开关、碰铁安装应牢固，开关碰轮与碰铁应可靠接触，在任何情况下碰轮边距碰铁边不应小于 5mm。

d. 碰轮沿撞弓全程移动时，严禁发生卡阻现象。

e. 极限开关的越程距离忌大于相应缓冲器的越程距离。轿厢和对重的正下方设有缓冲器，可以保证电梯因故障而冲顶和撞底时起保护作用。所以在电梯冲顶和撞底之前，电梯应有一段允许的行程距离，这就是所谓的越程距离。简单地说，越程距离就是当电梯正常停在最低层时轿厢底部正对缓冲器顶部的距离；或者电梯正常停在最高层时对重底部正对缓冲器顶部的距离。国家规定液压缓冲器的越程距离为 150～400mm，弹簧缓冲器的越程距离为 200～350mm，同时规定在极限开关动作前，缓冲器开关不能动作，这就是说，电梯因冲顶并越过顶层地面，极限开关应先于缓冲器开关动作。

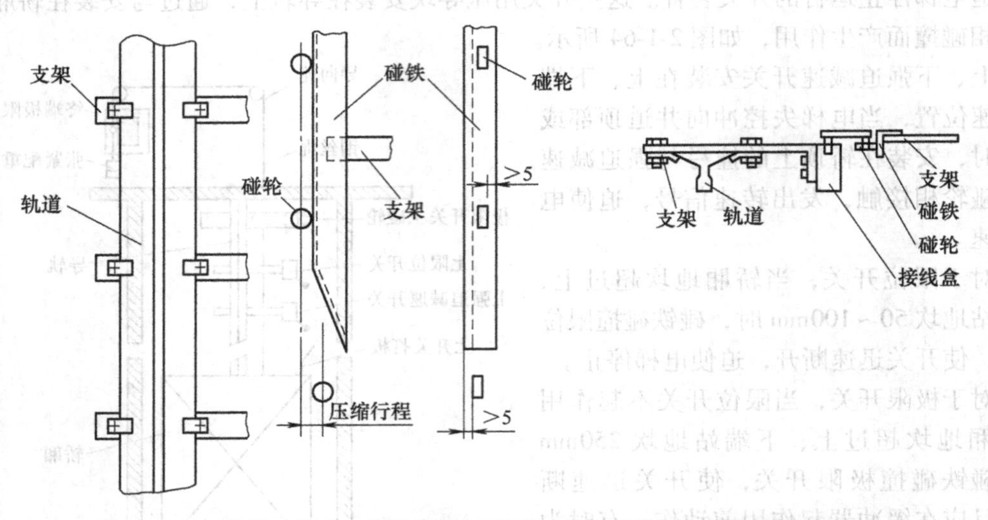

图 2-1-65　极限、限位、强迫减速开关及碰轮和碰铁安装时的调整示意图

（2）安装中间接线箱和随行电缆　中间接线箱的作用是将上部接线箱通过井道内线槽接下来的电线与电梯的随行电缆连接。首先，根据线槽的位置确定中间接线箱的位置，中间接线箱应装于电梯正常提升高度的 1/2 再加 1.7m 高度的井道壁上，然后，将其固定在井道内，使中间接线箱和线槽可靠接地。根据现场电气图样将线槽内电线与电梯的随行电缆连接起来，并固定牢固。

随行电缆是作为机房和轿厢之间传送信号和供给电力的部件。由于井道内空间狭小，随行电缆要随着轿厢的升降，作良好的配合移动。普通随行电缆为不含钢芯的随行电缆，一般都用于提升高度不大的电梯，只需用挂线架夹住电缆，然后根据不同电缆的标准，将多电缆按照要求固定在轿底挂线架上。一般随行电缆架安装在电梯提升高度 1/2 再加 1.5m 高度的井道壁墙上，用地脚螺栓固定，如图 2-1-66 所示。轿底电缆支架安装位置应以下述原则确定。

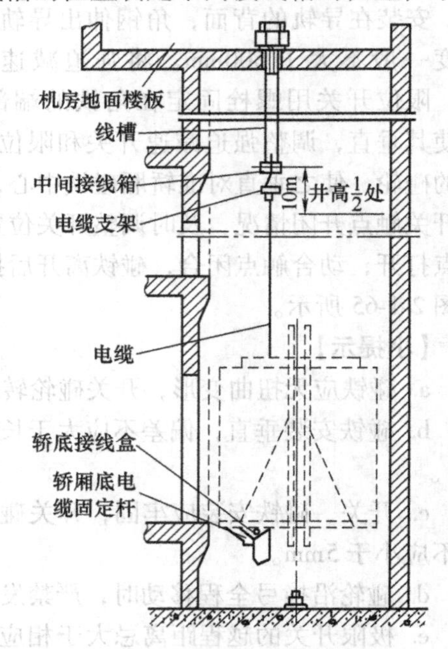

图 2-1-66　电缆架与随行电缆安装示意图

1）轿厢底和井道壁两支架之间的垂直间距应不小于 500mm（8 芯电缆为 500mm，16～24 芯电

缆为800mm)。电缆在进入接线箱时应留出适当的余量，以利于维修。当轿厢出现冲顶时，电缆不致拉紧而断裂，在轿厢发生蹾底时，随行电缆距地面应有100～200mm的距离。

2）电缆在支架上应用1.5mm^{2}的单芯塑料铜线绑扎，排列整齐，不得扭花。

3）多根电缆的长度应保持一致，以免受力不均。轿厢在运行时，随行电缆不得与井道内任何物体碰撞和摩擦。

【小提示】

a. 井道电缆架安装时，应使随行电缆避免与限速器钢丝绳、极限开关、限位开关、减速开关、平层感应器和对重安装在同一垂直交叉位置。

b. 井道电缆架与电线管、电线槽、导轨支架的安装不应卡阻运行中摆动的随行电缆。

c. 轿底电缆架的安装方向应与井道电缆架一致，并使随行电缆位于井道底部时，能避开缓冲器，且保持一定的距离。

d. 对于随行电缆在轿底的绑扎，应选用扎带，不宜选用铜线，严禁选用铁丝，以防损坏随行电缆。

e. 随行电缆安装前应预先进行悬挂，放气。安装后不应有打结和波浪扭曲的现象。多条随行电缆安装时，其长短应保持一致。当电缆直接进入机房时，随行电缆的不动部分应用卡子卡住。

（3）安装基站轿厢到位开关　装有自动门机的电梯均应设此开关。到位开关的作用是使轿厢未到基站前，基站的层门钥匙开关不起任何作用，只有轿厢到位后钥匙开关才能启闭自动门机，带动轿门和层门。基站轿厢到位开关支架安装于轿厢导轨上，位置比限位开关略高一点即可。

（4）安装底坑电梯停止开关

1）底坑开关设置在底坑平面往上1.5m以上、下端站厅门地坎以下0.2m左右的厅门下面的墙壁上，但应避开厅门口的正下方位置。

2）底坑开关应该是全封闭的双位开关。

3）底坑开关板上应该安装一个安全电压照明灯和一个220V交流电压插座。

【小提示】

a. 该开关应是生产厂家的配套产品，如有损坏，切忌自行采购并安装，而应当向电梯厂家申请补缺或向其购买。

b. 该开关应串联在电路中，严禁并联。

（5）安装限速绳断绳保护开关　限速绳断绳保护开关安装在轿厢导轨上的开关支架上，当限速轮从水平位置下降50mm时，此开关应断开控制回路电源。

（6）安装液压缓冲器开关　液压缓冲器开关安装在缓冲器立柱的外壳上。当缓冲器被压下时，开关动作，切断控制回路电源。

（7）安装井道照明　井道照明安装规范如下。

1）封闭井道内应设置固定照明，井道最高与最低位置0.5m以内各设置一盏灯，再设中间灯。

2）即使在所有门均关闭时，在轿顶面和底坑地面以上1m处的照度至少为50lx。

3）在机房和底坑分别设置一个控制井道照明的双控开关。对于部分封闭井道，如果井道附近有足够的电气照明，井道内可不设照明。

【小提示】

a. 严禁按旧国家标准施工。由于 GB 7588—2003 国家标准与旧标准有所不同，照明灯档距要减小及功率要加大（通过照度测量来调整），同时要将轿顶照明安装在井道照明对面。

b. 如在井道施工时，有预留管路，应首先检查确认与电梯部件有无冲突，然后再进行穿线、装灯等后续工作。如需重新敷设管路，严禁不按电气施工规范进行施工。

c. 电线的最小规格严禁小于 $2.5mm^2$，同时，应根据灯泡功率的大小，正确增大电线的线径。

d. 严禁井道照明采用明线敷设，即使护套线也不可以。

3. 轿厢电气装置安装

（1）轿内电气装置　轿内电气装置主要有操纵箱、信号箱、层楼指示器及照明、风机等。

1）操纵箱。操纵箱是控制电梯指令选层、关门、开门、起动、停层、急停等的控制装置。操纵箱安装工艺较简单，要在轿厢相应位置装入箱体，将全部电线接好后盖上面板即可，盖好面板后应检查按钮是否灵活有效。

2）信号箱、轿内层楼指示器。信号箱是用来显示各层站呼梯情况的，常与操纵箱共用一块面板，故可参照操纵箱安装方法。轿内层楼指示器的安装也可参照操纵箱的安装方法。

3）安装安全触板。安全触板是使电梯在关门的过程中，如果碰撞到人或物时，轿门会自动开启。把安全触板安装架固定在轿厢地坎上，安全触板上下固定板固定在轿门的安装位置上，触板和安装架通过连接臂用螺栓连接。

（2）平层感应装置　平层感应装置安装在轿顶横梁上，利用装在轿厢导轨上的隔磁板，使感应器动作，控制平层开门。每一停层位置都需装一块隔磁板。

在调整好厅门与轿门地坎的间隙后，调整干簧感应器与隔磁板间隙。

1）感应器和隔磁板安装时，应固定牢固，防止松动。不得因电梯的正常运行而产生摩擦，严禁碰撞。

2）感应器和隔磁板安装应平正、垂直。隔磁板插入感应器时两侧的间隙应尽量一致，其偏差不得大于2mm。

3）平层感应器在电梯平层于每楼层面地坎时，上下平层感应器离隔磁板的中间位置应一致，其偏差不大于3mm。

4）提前开门感应器应装于上下平层感应器的中间位置，其偏差不大于2mm。

【小提示】

a. 光电开关和 PDA（平层装置）都是精密仪器，不能承受摔、压、敲作用。

b. 一定要保证感应板的垂直度，否则将影响电梯的平层准确度。

（3）轿底电气装置

1）安装轿底照明灯开关。轿底电气装置主要是轿底照明灯，应使灯开关装于容易摸到的位置。

2）安装满载、超载开关。

①满载、超载开关一般安装在轿底梁上。在轿厢底盘与轿厢架固定底盘间，垫以规定数量的有特殊要求的防振橡胶垫。

②当轿厢达到额定重量时，满载开关动作。满载开关动作后，电梯不再响应外召信号，只响应内选信号。

③当轿厢载重超过额定载重量110%时，橡胶垫变形，轿厢底使超载开关功作。电梯超载后不关门，超载铃报警，直至载重减至额定负载以下为止。

3）安装安全钳开关。有的安全钳开关位于轿厢底，安装在轿底下边的钢梁侧面。有的安全钳开关位于轿厢顶，安装在轿顶钢梁侧面。

进线接在安全钳开关的常开触点上。正常时，拨架的碰头将开关压合，常开触点接通。当电梯向下超速行驶时，限速器动作将限速绳轧住，限速绳拉动安全钳拨架，依靠拨架的碰头使该开关切断电梯控制回路的电源。

【小提示】

安全钳开关安装时，要求固定牢固，动作可靠。

4. 层站电气装置安装

层站电气装置主要有层外层楼指示器、按钮箱等。楼层指层灯、按钮盒、消防按钮均应有铁制外壳，将外壳中的电器零件取出妥善保管。

按照施工图尺寸要求，将外壳平整、垂直地固定在预留的孔洞中，用水泥砂浆将外壳与墙体的缝隙填实并与墙面抹平。测量金属软管的长度，穿导线，将软管沿墙敷设固定，并保持横平竖直过渡圆滑，用软管将外壳与线槽连接。经过调试阶段后，再将电器零件装好，按号接线，最后将面板装好。

【小提示】

a. 安装每层外召面板时未测量对地电阻而直接连接，后果将十分严重。

b. 对于各类插件的拔出或插入，要使用巧劲，严禁生拉硬拽。

5. 接地

电梯机房的供电电源线应是三相五线制，其保护接地系统应始终独立于工作零线，不得混用。

一般供电系统是三相四线制，其接地系统可以从建筑物的共用接地系统引出或另设接地系统。

无论哪种机房接地引出线，其接地电阻值均应小于4Ω。接地线应使用截面积不小于$4mm^2$的铜线。所有用电设备的外壳、金属线槽、金属管路均应可靠接地。其接地线均应设置在明显的位置，以便检查。

【小提示】

接地支线应当接至接地干线的接线柱上，如图2-1-67所示，严禁互相串接后再接地。

6. 电梯供电和控制线路安装

（1）机房电气布线的要求与方法　机房内布线一般采用线槽、电线管和金属软管，线槽敷设应在室内电气设备安装就位后进行，线槽、电线管和金属软管敷设的具体做法和要求如下。

1）在机房内安装的线槽、电线管等可沿梁或楼面敷设；应注意美观、方便行走而不碰撞，保证横平竖直。在井道内可安装于层门一侧井道壁的内侧墙上（一般敷设在随行电缆的反面）。

2）线槽的端头应进行封闭，以防老鼠咬坏导线，线槽间的连接不允许用电焊、气焊切割、开孔等。在拐弯处不可呈直角连接，而应沿导线走向弯曲成弧形。端口应衬以橡胶板或塑料板保护。

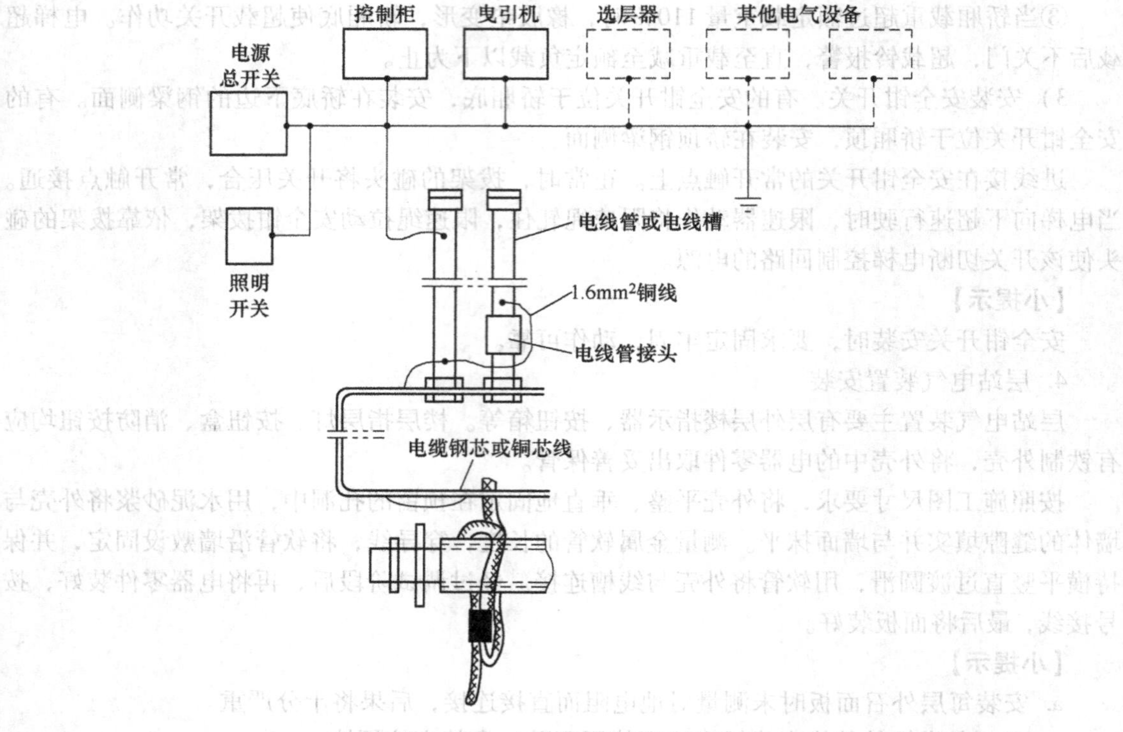

图 2-1-67　电气部件接地示意图

3）线槽中所引出的分支线，如果距离设备、指示灯、按钮等较近，可采用金属软管连接。如果较远（大于2m）时，宜采用电线管引接。无论是金属软管还是电线管引接，均需排列整齐，合理美观，并固定牢靠，与运动的轿厢留有一定的安全距离，以确保不被破坏。

4）电线管中穿入的电源线总截面积（包括绝缘层）不可超过电线管截面积的40%，导线放置在线槽内应排列整齐，并用压板将导线平整固定。导线两端应按接线图标明的线号套好号码管，以便查对。

5）所有电线管、线槽均要做电气连接（跨接地线），使之成为接地线的通路。采用接零保护系统保护时，零干线要做重复接地。重复接地最好由井道底坑引上，其接地电阻应小于10Ω。出线口应无毛刺，线槽盖板应齐全完好。

（2）机房导线敷设的安全技术要求

1）将导线用放线架缓慢放好，穿入电线管和槽中时不可强拉硬拽，保证电线绝缘层完好无损。电线不能扭曲打结，如图2-1-68所示。预留备用线根数应保证在10%以上。出入电线管或线槽的导线，应有专用护口保护。导线在电线管内不允许有接头，防止漏电。

2）动力回路和控制回路的导线应分开敷设，不可敷设于同一线槽内。串行线路需独立屏蔽。交流线路和直流线路也应分开，微信号电路和电子电路应采用屏蔽线以防干扰。大于10mm² 的导线与设备连接时要用接线卡或压接线端子。

3）导线与设备连接前，应将导线沿接线端子方向整理整齐，写上线号，并用小线分段绑好（见图2-1-69），这样既美观大方，又便于在发生故障时查找和维修。所有的导线均应编号和套上号码管。所有导线敷设完毕后，应检查绝缘性能，然后用线槽板盖严线槽，电线管端头封闭。

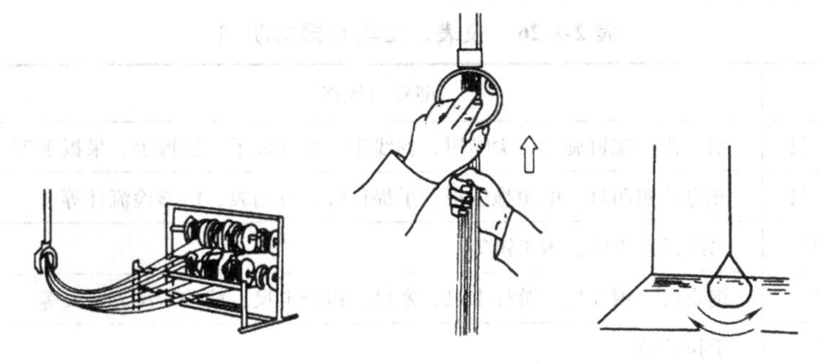

图2-1-68　放线架与穿电线及电缆垂挂消除应力的方法

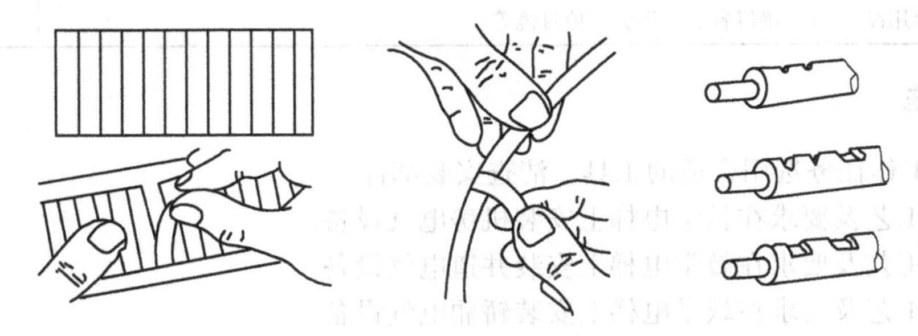

图2-1-69　在电线上做标记的方法

（3）井道电气布线的要求与方法　从电气角度上讲，井道是连接机房、轿厢和厅门电气设备及元件的通道，井道内有线槽、电线管和金属软管3种不同混合方式敷设的电气控制线路。敷设主干线时采用电线槽。井道壁敷设的主干线槽，分别由控制柜敷设至井道中间接线盒、分接线箱等。

1）安装中间接线箱和敷设电线。

①按电线槽的计划敷设位置，在机房楼板下离墙25mm处放下一根铅垂线，并在底坑内稳固，以便校正线槽的位置。

②用膨胀螺栓将中间接线箱和线槽固定妥当，注意处理好线槽与分接线箱的接口处，以保护导线的绝缘层。

③在线槽侧壁对应召唤箱、指示灯箱、厅门电联锁、限位开关、换速传感器等的水平位置处，根据引线的数量选择适当的开孔刀开口，以便安装金属软管。

2）安装分接线箱和敷设电线管。

安装分接线箱和敷设电线管的方法与安装中间接线箱和敷设电线槽相仿。但是敷设电线管时，对于竖线管每隔2.0～2.5m、横槽线管不大于1.5m、金属软管小于1m的长度内需设有一个支撑架，且每根电线管应不少于两个支撑架。线管、线槽的敷设应平直、整齐、牢固。全部线槽敷设完后，需要用电焊机把全部槽连成一体，然后进行可靠接地处理。

任务准备

根据任务，选用仪表、工具和器材见表2-1-26。

表2-1-26　仪表、工具和器材明细

序号	名称	型号与规格	单位	数量
1	常用钳工工具	钢丝钳、螺钉旋具、尖嘴钳、剥线钳、普通扳手、活扳手、呆扳手等	套	1
2	常用电工工具	充电式照明灯、电源拖线板、手提行灯、万用表、钳形检流计等	套	1
3	土、木工具	吊线锤、手锯、木工锤等	套	1
4	测量工具	钢直尺、钢卷尺、游标卡尺、塞尺、粗校卡尺、精校卡尺、弯尺等	套	1
5	起重工具	手拉葫芦	台	1
6	其他工具		套	1
7	劳保用品	绝缘鞋、工作服、护目镜等	套	1

任务实施

1）根据工作任务选用合适的工具，清查安装部件。

2）按照工艺及要求在教学电梯上安装机房电气设备。

3）按照工艺及要求在教学电梯上安装井道电气设备。

4）按照工艺及要求在教学电梯上安装轿厢电气设备。

5）按照工艺及要求在教学电梯上安装层站电气设备。

6）按照工艺及要求在教学电梯上安装其他电气设备。

7）注意事项。

①电梯施工人员按安全操作规程，正确安装电梯各部分电气设备，同时保证安装精度。

②电梯安装过程中，应注意各个部分安装时的要求及安装注意事项，确保电梯安装过程合理、有序。

③电梯安装过程中，施工人员应按规定穿戴劳动保护用品，确保人身及设备安全。

模块二　安装后的试运行和调整

电梯的全部机械、电气零部件经安装调整和预试验后，拆去井道内的脚手架，给电梯的电气控制系统送上电源，控制电梯上、下作试运行。试运行是一项全面检查电梯制造和安装质量好坏的工作。这一工作直接影响着电梯交付使用后的效果，因此必须认真负责地进行。

任务1　试运行的准备和调整

知识目标

1. 掌握电梯试运行前准备工作的内容。
2. 掌握电梯试运行前各项准备、调整工作的具体内容及要求。

能力目标

1. 能够熟悉电梯试运行前各项准备工作及调整的具体内容。

2. 学会对在教学电梯上安装完成的各项设备进行试运行前的调整，以满足电梯试运行的条件。

任务描述（见表2-1-27）

表2-1-27 任务描述

工作任务	要 求
1. 试运行前的准备工作	1. 能够正确准备电梯试运行前的调试资料、工具及工作现场等 2. 熟悉试运行前各项准备的内容
2. 试运行和调整	1. 能够正确调整各项设备，保证试运行的正常进行 2. 能够熟练使用各种工具

任务分析

电梯试运行前的准备工作是电梯安装工程结束前的一个重要的环节，只有充分重视该项工作，才能保证电梯安装顺利进行。因此，在电梯试运行之前，做好一系列的准备和调整工作，将会为电梯试运行工作打下良好的基础。

相关知识

1. 试运行前的准备工作

为了防止电梯在试运行中出现事故，确保试运行工作的顺利进行，在试运行前需要认真做好以下准备工作。

（1）准备电梯调试资料　电梯调试资料对电梯调试有着十分重要的作用。电梯调试资料主要有电气原理电路图、接线图、接线表、控制框图、电梯调试说明书、电梯使用说明书等。另外，还有质量监督部门对电梯的检测报告等。

（2）准备电梯调试工具　电梯调试时，调试人员应该使用在校验期内的标准仪器和仪表，如果使用了不准确的仪器仪表，将可能造成电梯控制部件的不正常，不仅耽误工期，还可能造成经济损失。调试工具机械类常用的有各种规格的扳手、螺钉刀卡钳；电气类常用的是万用表、钳形表、绝缘电阻表和各种尺寸的短路线。特别需要强调的是，对微机控制的电梯，在调试时使用正确的计量、测试仪器，以免造成微机控制板的失效。电梯调试常用工具介绍如下。

1）线夹。一条软导线带两个微型线夹。用于测定各电路板上的模块和检测端子用，线长有1m、2m不等。

2）数字式万用表。测量交流、直流电压、电阻和电流，精度0.5级，输入阻抗大于2kΩ。

3）采用数字式绝缘电阻表，测量输入阻抗应大于500kΩ，严禁在电子板插入机器中使用绝缘电阻表，防止高压击毁微机控制板。

4）电流互感器和双踪以上示波器。测量电动机端子电压波形以及在现场调试时观察速度给定曲线、速度反馈曲线等。

5）数字式转速表。数字式转速表一般量程为50～3000r/min，可以测量电动机的转速。

（3）准备电梯调试工作现场

1）清扫。

①清扫机房、井道、各层站周围的垃圾和杂物，并保持环境卫生。

②对已经安装好的机械、电气零部件进行彻底检查和清理，打扫擦洗所有电气和机械装置，并保持清洁。

2）检查和润滑。

①曳引机应置于室内，环境温度保持在－5～40℃，减速箱应根据季节添足润滑剂。其中夏季用HL-30齿轮油（SYB1103-62S），冬季用HL-20齿轮油（SYB1103-62S）。油位高度按油位线所示。

②擦洗导轨上的油污。采用滑动导靴，而导靴上未设自动润滑装置，导轨为人工润滑时，应在导轨上涂适量的钙基润滑脂。采用滑动导靴，但导靴上设有自动润滑装置时，在润滑装置内应添加足够的HJ-40机械油。

③缓冲器采用油压缓冲器时，应按表2-1-28的规定添足油料、油位高度应符合油位指示牌标出的要求。

表2-1-28 油压缓冲器用油

额定载重量/kg	油号规格	黏度范围
500	机械油HJ-5	1.29～1.40°E_{50}
750	机械油HJ-7	1.48～1.67°E_{50}
1000	机械油HJ-10	1.57～2.15°E_{50}
1500	机械油HJ-20	2.6～3.31°E_{50}

注：黏度单位°E_{50}为非法定国际单位。

④检查所有电器部件和电器元件是否清洁，电器元件动作和复位时是否自如，接点组的闭合和断开是否正常可靠，电器部件内外配接线的压紧螺钉有无松动，焊点是否牢靠。

⑤检查电气控制系统中各电器部件的内外配接线是否正确无误，动作程序是否正常。这是安装电工在电梯试运行前的重要工作，通过这一工作可以全面掌握电气控制系统各方面的质量情况，发现问题及时排除，确保试运行工作的顺利进行。

为了便于全面检查和安全起见，这一工作应在挂曳引绳和拆除脚手架之前进行。

⑥牵动轿顶上安全钳的绳头拉手，检查安全钳的动作是否灵活可靠，导轨的正工作面与安全嘴底面，导轨两侧的工作面与两楔块间的间隙是否符合要求。

检查工作应认真而又全面地进行，发现问题应利用脚手架未拆除之前分析、寻找原因、正确处理，直至正常为止，切不可急于送电试车。

以上准备工作完成后，将曳引绳挂在曳引轮上，然后放下轿厢，使各曳引绳均匀受力，并使轿厢下移一定距离后，拆去对重装置支撑架和脚手架，准备进行试运行。

2. 试运行和调整

1）先用盘车手轮使轿厢向下移动一定距离，确信可以通电试车时，方能准备通电试运行，试运行工作只能在慢速状态下进行。

2）通过操纵箱上的钥匙开关或手指开关，使控制系统处于慢速检修运行状态，准备在慢速检修状态下试运行。

进行电梯的试运行工作应有三名技工参加。其中机房、轿内、轿顶各有一人，由具有丰富经验的安装人员在轿顶指挥和协调整个试运行工作。

试运行时可通过轿内操纵箱上的指令按钮或轿顶检修箱上的慢上或慢下按钮，分别控制电梯上、下往复运行数次后，对下列项目逐层进行考核和调整校正。

1）厅门与轿门踏板的间隙，厅门锁滚轮和门刀与轿厢踏板和厅门踏板的间隙各层必须一致，而且符合随机技术文件的要求。

2）干簧管平层传感器和换速传感器与轿厢的间隙，隔磁板与传感器盒凹口底面及两侧的间隙、双稳态开关与磁极的间隙应符合随机技术文件的要求。

3）极限开关、上下端站限位开关等安全设施动作应灵活可靠，起安全保护作用。

4）采用层楼指示器或机械选层器的电梯，在电梯试运行过程中，应借助轿厢能够上下运行之机，检查和校正三只动触点或拖板与各层站的定触点或固定板的位置。

5）经慢速试运行和对有关部件进行调整校正后，才能进行快速试运行和调试。作快速试运行时，先通过操纵箱上的钥匙开关，使电气控制系统由慢速检修运行状态，转换为额定快速运行状态。然后通过轿内操纵箱上的内指令按钮和厅外召唤箱上的外指令按钮控制电梯上下往复快速运行。对于有/无司机控制的电梯，有司机和无司机两种工作状态都需分别进行试运行。

在电梯的上下快速试运行过程中，通过往复起动、加速、平层、单层和多层运行、到站提前换速、在各层站平层停靠开门等过程，根据随机技术文件、电梯技术条件、电梯安装验收规范的要求，全面考核电梯的各项功能，反复调整电梯在关门起动、加速、换速、平层停靠、开门等过程的可靠性和舒适感，反复调整轿厢在各层站的平层准确度，自动开关门过程中的速度和噪声水平等。提高电梯在运行过程中的安全、可靠、舒适等综合技术指标。

任务准备

根据任务，选用仪表、工具和器材见表2-1-29。

表2-1-29 仪表、工具和器材明细

序号	名称	型号与规格	单位	数量
1	常用钳工工具	钢丝钳、螺钉旋具、尖嘴钳、剥线钳、普通扳手、活扳手、呆扳手等	套	1
2	常用电工工具	万用表、钳形表、绝缘电阻表和各种尺寸的短路线等	套	1
3	测量工具	钢直尺、钢卷尺、游标卡尺、塞尺、粗校卡尺、精校卡尺、弯尺等	套	1
4	其他工具		套	1
5	劳保用品	绝缘鞋、工作服、护目镜等	套	1

任务实施

1）根据工作任务准备电梯调试资料、调试工具以及调试工作现场。

2）按照试运行的要求在教学电梯上作试运行前的各项调整工作。

3）注意事项。

①电梯调试工作现场，应整洁、无杂物，各项设备润滑正常及安全可靠。

②电梯调整过程中，应慢上、慢下若干次，对下列项目逐层进行考核和调整校正。

③电梯调整过程中，施工人员应按规定穿戴劳动保护用品，确保人身及设备安全。

任务2　试运行和调整后的试验与测试

知识目标

1. 掌握电梯试运行后的试验内容。
2. 掌握电梯试运行后各项试验与测试的方法。

能力目标

1. 能够熟悉电梯试运行后各项试验与测试的内容。
2. 学会在教学电梯上，对电梯试运行后各项试验与测试的方法。

任务描述（见表2-1-30）

表2-1-30　任务描述

工作任务	要　求
试运行后的试验与测试	1. 能够正确掌握各项试验与测试的内容与方法 2. 能够熟练正确使用各种工具完成试验与测试

任务分析

电梯经安装和全面试运行及认真调整后，根据电梯技术条件、安装规范、制造和安装安全规范的规定进行各项试验和测试。

相关知识

1. 限速器与安全钳动作可靠性试验

使轿厢处于空载和检修慢速运行的情况下，进行安全钳的动作试验。试验时使轿厢处于空载，并以检修速度下降。当轿厢运行到合适位置时，用手扳动限速器，人为地使限速器和安全钳动作。安全钳楔块应能可靠地夹住导轨，轿厢停止运行，安全钳的联动开关也应能可靠地切断控制电路。

2. 液压缓冲器复位试验和负载试验

采用油压缓冲器的电梯，需作缓冲器动作试验。试验时，使轿厢处于空载并以检修速度下降，将缓冲器全压缩，然后使轿厢上升，从轿厢开始离开缓冲器一瞬间起，直至缓冲器恢复到原状态止，所需时间应不大于90s。进行负载试验时，缓冲器应平稳，零件应无损伤和明显变形。

3. 静载试验

使轿厢位于底层，连续平稳地加入载荷，以150%的额定载重量，经10min后各承重机件应无损坏，曳引绳在槽内应无滑移，制动器应能可靠刹住。

4. 运行试验

按空载、半载（额定载重量的50%）、满载（额定载重量的100%）等三种不同载荷，在通电持续率为40%的情况下，往复开梯各2h。电梯在起动、运行和停靠时，轿内应无剧烈的振动和冲击。制动器的动作应灵活可靠，运行时制动器闸瓦不应与制动轮摩擦，制动器线圈的温升不应超过60℃。减速器油的温升不应超过60℃，且温度不应高于85℃。集选控制电梯，轿厢内指令、召唤和选层装置的作用应准确无误。按钮操纵的电梯，选层定向应可靠。设有消防员专用控制钮的电梯，消防员专用开关转换应及时可靠。多台程序控制的电梯，程序转换应良好可靠。各层门的机械电气联锁装置、极限开关和其他联锁的作用良好可靠。平层准确，声光信号正确，运行无故障。

5. 超载试验

进行超载试验时，轿厢内应装有110%的额定载重量，在通电持续率为40%的情况下运行30min。在超载运行30min过程中，电梯应能安全起动和运行，制动器作用可靠，减速电动机工作正常，曳引机工作正常，系统工作正常。

6. 轿厢超满载装置动作可靠性试验

轿厢超满载装置动作可靠性试验，使轿厢负载超过额定载重量，轿厢内超载灯亮，蜂鸣器响，电梯不能关门，电梯不能运行；轿厢负载降到额定载重量或低于额定载重量，轿厢负载降到额定载重量或低于额定载重量，电梯应立即恢复正常；轿厢在满载状态下，电梯不接受任何召唤。

7. 额定运行速度试验

（1）试验方法

1）用转速表测量电动机转速并按下式计算轿厢运行速度：

$$v=\frac{\pi D(n_S+n_X)}{2}\times 60 i_j i_y$$

式中 v——实际升、降速度的平均值，单位为m/s；

D——曳引轮直径，单位为m；

n_S、n_X——电梯在额定载重量升、降时电动机的转速，单位为r/min；

i_j——减速机减速比；

i_y——电梯的曳引比，直流高速梯，曳引比为1。

2）实际升、降速度的平均值对额定速度的差值按下式计算：

$$允许值=\frac{实测速度-额定速度}{额定速度}\times 100\%$$

3）轿厢运行速度也可以用测速装置测量曳引绳线速度。

（2）试验要求

1）轿厢加入平衡载荷，分别上下运行至行程中段时的速度平均值不应超过额定速度的5%。

2）加速度的绝对值不大于1.5m/s²。

3）额定速度大于1m/s但小于2m/s的电梯，平均加速度的绝对值不小于0.5m/s²。

4）额定速度大于2m/s的电梯，平均加速度的绝对值不小于0.7m/s²。

5）客梯、病床梯，运行中水平方向振动加速度不大于0.15m/s²，垂直方向振动加速度不大于0.25m/s²。

6）转速表的转速与计算线速度的换算不应大于2%。

8. 平层准确度的检测试验

使轿厢分别处于空载和满载情况下，控制电梯上下运行，在底层的上一层、中间层、顶层的下一层，分别测量平层准确度，其平层精度都比较高。交流双速电梯额定速度不大于0.63m/s，平层允许偏差±15mm；交流双速电梯额定速度不大于1m/s，平层允许偏差±30mm；交直流调速电梯额定速度不大于2m/s，平层允许偏差±15mm；交直流调速电梯额定速度不大于2.5m/s，平层允许偏差±10mm。

9. 噪声测定检验

噪声测定检验方法及技术要求见表2-1-31。

表2-1-31 噪声测定

项目	技术要求	测量方法
轿厢内运行（货梯不测）	<55dB	传声器置于轿厢内距轿厢地面高1.5m，以额定上行、下行测试，取最大值
轿厢门和层门开关过程	<65dB	传声器分别置于层门和轿厢门宽度中央，距离门0.2m，距地面高1.5m，以开关门的最大数值作为评定依据
机房门	<80dB	传声器在机房内，距地面高1.5m，距声源1m处测4点，在声源上部1m处测1点，共测5点，峰值除外，取平均值

10. 平衡系数的测定

分别以40%和50%的额定载荷，控制电梯上下运行若干次，当电梯轿厢和对重装置处于水平位置时，检测曳引电动机的三相电流值。两种载荷下的下行电流均应略大于上行电流，根据电流差值判定平衡系数所在区间。

任务准备

根据任务，选用仪表、工具和器材，见表2-1-32。

表2-1-32 仪表、工具和器材明细

序号	名称	型号与规格	单位	数量
1	常用钳工工具	钢丝钳、螺钉旋具、尖嘴钳、剥线钳、普通扳手、活扳手、呆扳手等	套	1
2	常用电工工具	转速表、检流计等	块	1
3	其他工具		套	1
4	劳保用品	绝缘鞋、工作服、护目镜等	套	1

任务实施

1）根据工作任务准备合适的工具仪表。

2）按照要求在教学电梯上作试运行后的各项试验与测试。

3）注意事项。

①电梯调试运行后的各项试验与测试，应按测试要求，使用正确的工具仪表，按操作规程进行操作。

②电梯试运行后的试验与测试结果，应满足相关技术要求，方可结束，否则应重新调整。

③电梯试验与测试过程中，施工人员应按规定穿戴劳动保护用品，确保人身及设备安全。

任务3　安装和调试中的安全注意事项

知识目标

1. 掌握电梯安装和调试中的安全注意事项。
2. 掌握电梯安装和调试中各种指示标识的使用环境及方法要求。

能力目标

1. 能够正确按要求放置安全指示标识。
2. 能够在电梯安装和调试中按正确的操作步骤进行施工。

任务描述（见表2-1-33）

表2-1-33　任务描述

工作任务	要　求
1. 安全指示标识的放置	1. 能够正确放置安全指示标识 2. 熟悉各种安全指示标识放置的场合
2. 电梯安装和调试的注意事项	1. 能够熟记电梯安装和调整的注意事项 2. 能在施工中，将各注意事项放在心中，做到安全生产

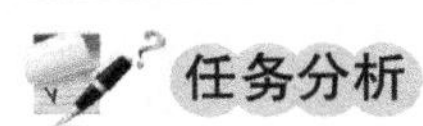

任务分析

安全是人与生俱来的追求，是人民群众安居乐业的前提，是维持社会稳定和经济发展的保障。“安全第一”是对人最基本的道德情感关怀，是对人生存权利的尊重，体现了生命至上的道德法则。因此，在电梯安装和调试过程中，应将安全放在首位，这就要求施工人员在施工过程中牢记安全注意事项，做到生产安全、文明，以保障人身和设备的安全。

相关知识

1. 电梯安装的安全注意事项

1）作业开工前，用安全栅栏围住地坑周围，摆放“无关人员不得入内”的标识。

2）使用梯子进出地坑，请勿手持物品。

3）在地坑周围设置防止跌落的设施。

4）使用云梯作业时，应将云梯水平摆放在地面上，并让梯子的防开装置完全动作。

5）不要进行上、下交叉作业。

6）绝对不要进入起吊设备的下面。

7）确认联系信号。

8）运行时信号联系，确认无人后再操作。

9）临时设置通电后，调整可动部分时，切断电源，设置表示“禁止合闸”的标识。

10）户外安装，风力较大时，应停止载车板的吊入作业。

11）在油类附件作业时，注意防火，并设置消防器材。

2. 电梯调整和试运行中的安全注意事项

1）进入作业场所必须按规定穿戴好安全防护用品。

2）各种电气工具使用前要检查绝缘强度，以防触电。

3）整机调试、试运行人员必须按照有关工艺规定进行。

4）整机调试、试运行工作，必须由现场负责人负责进行安全技术教育。

5）当各项安全保护装置皆处于正常工作状态，曳引机、电动机等都有足够的润滑时，才可做空载试运行。开始时应慢车行驶，在整个高度内运行一周，每到达一个楼层，稍停一下，防止电动机过热。应保证电梯运行方向与操纵箱和其他指示器所示方向相符，然后满速运行，同时对运行性能、起动加速、减速制动、运动平衡性、平层准确性进行必要的调整。

6）进行静力试验时轿厢位于最底停站装置，其试验时间及负荷必须符合工艺要求。

7）静力试验合格后，方可按工艺要求做运行试验。

8）运行试验合格后，方可按工艺要求做超载试验。

9）试运行开车人员必须服从整机调试人员指挥。

10）整机调试、试运行工作结束后，应将电梯停在最底层，然后切断电源，拆除调试工装。

任务准备

根据任务，准备相关地点与材料。

任务实施

1）定期组织施工人员学习电梯安装和调试中的注意事项。

2）组织学习安全指示标识的放置场合与放置要求。

3）注意事项。

①组织学习时，应要求施工人员从思想上认识，从行动上重视，牢记安全生产。

②安装指示标识放置应醒目、规范。

单元二　电梯的维护保养、检查与调整

2

电梯在完成安装、调试，并经政府主管部门验收合格交付使用后，便进入了运行管理阶段。为了使电梯能够安全可靠地运行，充分发挥其应有的作用，延长使用寿命，必须在管理、使用、维修等方面下功夫。这就要建立相应的管理制度，使电梯的日常使用和维修保养规范化、制度化。

模块一　电梯维护保养的基础知识

电梯是以人或货物为服务对象的起重运输机械设备，要求做到服务良好并且避免发生事故。必须对电梯进行经常、定期的维护，维护的质量直接关系到电梯运行使用的品质和人身的安全，维护要由专门的电梯维护人员进行。维护人员不仅要有较高的知识素养，而且能够掌握电气、机械等基本知识和操作技能，对工作要有强烈的责任心，这样才能够使电梯安全、可靠地为乘客服务。

任务1　电梯维护保养的基本要求

知识目标

1. 了解电梯维护保养的基本要求。
2. 掌握电梯维保单位及人员的职责。

能力目标

能够熟记电梯维保单位及人员的职责。

任务描述（见表2-2-1）

表2-2-1　任务描述

工作任务	要求
1. 电梯维护保养单位与人员的职责	熟记电梯维护保养单位与人员的职责
2. 制作维护单位与人员的职责标牌	将标牌悬挂在醒目位置

任务分析

电梯的日常维护保养单位应当在维护保养中严格执行国家安全技术规范的要求，保证其维护保养电梯的安全技术性能，并负责落实现场安全防护措施，保证施工安全。还应当对维护保养电梯的安全性能负责。

电梯的维护保养单位和维护保养人员必须熟记各自岗位的相关职责。

相关知识

1. 电梯维护保养单位的职责

1）按照本规则及其有关安全技术规范以及电梯产品安装使用维护说明书的要求，制定维护保养方案（以下简称“维保”），确保其维保电梯的安全性能。

2）制定应急措施和救援预案，每半年至少针对本单位维保的不同类别（类型）电梯进行一次应急演练。

3）设立24h维保值班电话，保证接到故障通知后及时予以排除，接到电梯困人故障报告后，维修人员及时抵达所维保电梯所在地实施现场救援，直辖市或者设区的市抵达时间不超过30min，其他地区一般不超过1h。

4）对电梯发生的故障等情况，及时进行详细的记录。

5）建立每部电梯的维保记录，并且归入电梯技术档案，档案保存一般不少于4年。

6）协助使用单位制定电梯的安全管理制度和应急救援预案。

7）对承担维保的作业人员进行安全教育与培训，按照特种设备作业人员考核要求，组织取得具有电梯维修项目的特种设备作业人员进行培训和考核，并详细记录存档备查。

8）每年度至少进行一次自行检查，自行检查在特种设备检验检测机构进行定期检验之前进行，自行检查项目根据使用情况决定，但是不少于《电梯使用管理与维护保养规则》年度维保和电梯定期检验规定的项目及其内容，并且向使用单位出具有自行检查和审核人员的签字、加盖维保单位公章或者其他专用章的自行检查记录或者报告。

9）安排维保人员配合特种设备检验检测机构进行电梯的定期检验。

10）在维保过程中，发现事故隐患及时告知电梯使用单位，发现严重事故隐患，及时向当地质量技术监督部门报告。

2. 电梯维护保养人员的职责

1）品德端正，有责任心。电梯维护保养的好坏，直接关系到国家财产和人身安全。

2）有专业基础知识。电梯是机械、电气、电子技术一体化的产品，电梯作业人员需有技术水平。

3）经过电梯技术培训，考试合格并取得特种设备作业人员证。

4）电梯维修保养人员对每台设备应建立维修档案，内容有设备地点、型号、保养日期、日常维修保养记录、大修和改造记录、故障原因及处理情况等。

5）掌握电工、钳工的基本操作技能以及电梯的安装和维修知识。

6）熟练掌握电梯的基本结构和工作原理。

7）掌握电力拖动的基本知识和电气控制电路，并能够分析与排除基本故障。

8）掌握交直流电动机的控制原理，能进行故障分析和排除。

9）掌握接地装置的安装与维修技巧。

10）了解微型计算机的基本原理及在电梯控制中的基本应用。

任务准备

根据任务，选用合适的材料。

任务实施

1）熟记电梯维护保养单位与人员的职责。

2）制作电梯维护保养单位与人员的职责标牌。

3）注意事项。

①制作标牌时，材料与大小应合适。

②悬挂标牌的位置应合适、醒目。

任务2　电梯维护保养安全操作知识

知识目标

1. 了解并掌握电梯维护保养的安全事项。
2. 掌握电梯维护保养质量控制。

能力目标

1. 能够熟悉电梯维护保养的安全操作规程。
2. 学会并正确填写电梯维护保养工地检查记录表。

任务描述（见表2-2-2）

表2-2-2　任务描述

工作任务	要求
1. 电梯维护保养安全操作规程的学习	熟练掌握电梯维护保养的安全操作规程
2. 电梯维护保养工地检查记录表的填写	正确填写电梯维护保养工地检查记录表

任务分析

为保证电梯正常运行，降低故障率，应坚持以电梯经常性的维护保养为主，及早发现事故隐患，将事故控制在萌芽状态。经常性维护保养应重点突出，而不是普遍进行，如机房内的控制柜、曳引机，井道内的层门锁闭装置、开关门机构及轿厢门，这些重点装置的维修周期越短，则发生事故的机会越少。因此，坚持经常性维修制度，可以收到较好的效果。要保证电梯正常运行，除了经常性的维修外，还与机房环境有关系。如机房温度保持在5～40℃，通风良好，不潮湿，环境空气中不应含有腐蚀性和易燃性气体及导电性尘埃，供电电压波动在允许范围内等。在这些正常条件下，电梯发生故障的概率就将大幅降低。总之，电梯使用单位创造良好的环境条件，加强日常维护保养，一定能有好的效果。

相关知识

1. 电梯维护保养安全事项

1）维修保养人员到达现场后，及时与用户进行沟通，了解电梯最近运行情况。

2）穿戴好劳保用品，检查维修保养工具的完好性。

3）在电梯厅门口设置“电梯检修，停止使用”警示牌，提醒乘客不要使用电梯。

4）轿厢或维修保养现场不能有无关人员，以防意外发生。

5）关闭好所有层门，如有层门不能关闭时，用遮栏挡住入口处，最好设专人值班，防止人员坠入井道。

6）维修保养曳引系统、电气控制系统、电力拖动系统时，应切断电源，并采取安全措施。

7）在轿顶上维修保养时，必须控制好轿顶检修和急停按钮，关好层门。

8）进入底坑时，要打开井道和底坑照明，控制底坑急停开关，并选择适当的站立位置，注意安全。

2. 电梯维护保养质量控制

为了保证电梯维护保养质量，及时排除故障，确保电梯正常运行，表 2-2-3 给出的检查考核办法仅供参考。

表 2-2-3　电梯维护保养工地检查记录表

电梯维护保养检查记录表			地域	
			公司	
			日期	
检查员：	用户名称		速度/(m/s)	
服务区长：	建筑类型		服务类型	
维保技工：	曳引机类型		服务周期	
合同号：	电梯型号		梯龄（年）	
运行质量评定	检查结果	客户评定意见		
轿门/厅门保养				
门保护				
运行质量				
信号系统/信号				
噪声水平				

例行检查	检查结果	专项检查	检查结果	整改项	整改建议
A-主楼层，轿厢内设置防护栏		A1-控制屏及配电箱		A	
B-轿内召修牌，合格证齐全		B1-主机/液压系统		B	
C-按钮、灯、指示器正常		C1-限速器		C	
D-吊顶板放置平稳、牢固		D1-钢丝绳		D	
E-照明、风扇工作正常		E1-导靴		E	
F-应急装置、警铃应有效		F1 轿厢内部设备	F		
G-紧急救援装置有效		G1-轿门系统		G	
H-表单粘贴完整，填写规范		H1-厅门系统/门机		H	
I-门系统例行检查		I1-井道设备/导轨等		I	
J-门保护装置工作正常		J1-对重装置	J		

（续）

例行检查	检查结果	专项检查	检查结果	整改项	整改建议
K-轿厢对重油杯油位正常		K1-整机运行		K	
		L1-底坑设备		L	
例行清洁		M1-安全钳		M	
L-机房的环境及卫生		N1-轿底称重装置		N	
N-挺轿门清洁		O1-安全开关		O	
O-地坎清洁				P	
P-底坑清洁及检查				Q	
检查结果的总体评价					

任务准备

根据任务，选择学习地点及准备相关表格。

任务实施

1）组织学习电梯维护保养的安全操作规程。

2）学习填写电梯维护保养工地检查记录表。

3）注意事项。

①学习电梯维护保养的安全操作规程应以正确的态度对待。

②填写电梯维护保养工地检查记录表时，书写应规范、正确。

任务3　电梯的维护保养和检修周期

知识目标

1. 了解掌握电梯维护保养与检修周期的概念。
2. 掌握电梯一级和二级维护保养的内容。

能力目标

1. 能够熟悉电梯维护保养的周期及一、二级维保内容。
2. 知道电梯基本维保评估的主要内容。

任务描述（见表2-2-4）

表2-2-4　任务描述

工作任务	要求
1. 电梯维护保养的周期及维护内容	1. 熟悉电梯维护保养的周期及维护内容 2. 熟知电梯大、中修时间或期限
2. 电梯基本维保评估的主要内容	知道电梯基本维保评估的主要内容
3. 制作维护电梯一、二级维保标示牌	将标示牌悬挂在醒目位置

任务分析

电梯保养是指电梯在未发生故障的情况下，对电梯各部分及相关环境所做的养护工作，也称为预防保养或主动保养，其主要内容是检查、调整、测量、清洁、润滑等。保养分为日常巡视、周、月、季、年度保养，保养工作必须从大处着眼小处着手，从一点一滴做起，它既是安全工作的一部分，也是文明生产的一部分。

相关知识

1. 日常检查内容

每天或每两天以看、听、嗅、摸等手段，对运行中电梯的主要部件进行巡回检查，以清洁、加油、紧固、调整检测为纲，做到主动保养，及时排除隐患，把故障排除在萌芽状态，杜绝设备事故发生。

2. 周期性检查

（1）每周保养检查　电梯保养人员每周据表2-2-3对电梯的主要机构和部件作一次保养、检查并进行全面的清洁除尘、润滑工作。每台工作量应视电梯而定，一般不少于2h。

（2）每月保养检查　电梯保养人员每隔30天左右对电梯进行一级保养（见表2-2-5及表2-2-7），即检查有关部位的润滑情况，并进行补油注油或拆卸清洗换油，检查限速器、安全钳、制动器等主要机械安全设施的作用是否正常、工作是否可靠，检查电气控制系统中各主要电器元件的动作是否灵活，继电器和接触器吸合和复位时有无异常噪声，机械联锁的动作是否灵活可靠，主要接点被电弧烧蚀的程度，严重者应进行必要的修理。

表2-2-5　电梯一级保养

序号	保养部位	保 养 内 容 及 要 求
1	机房	1. 清洁工作，要求无积尘 2. 听、查、看机房蜗轮箱及传动部分，运行是否正常，并紧固各螺栓
2	轿厢	1. 检查轿厢门联锁机构是否安全、可靠，紧固各螺栓 2. 轿厢门各滑动轴承去污、加油，确保推拉轻快、灵活
3	导轨	1. 检查导轨面是否拉毛 2. 检查、清洗加油导轨及导靴
4	电器	1. 检查机房控制屏，做到无积灰，接触器无烧毛 2. 检查机房内制动器及限位装置是否安全、可靠 3. 检查操作箱运行是否正确、电器元件是否损坏 4. 检查各层楼指示器、呼梯信号是否完好
5	安全	1. 检查钢丝绳是否完整、曳引轮磨损情况有无裂纹 2. 检查速度控制器是否灵敏、有效
6	润滑	参见表2-2-7
7	其他	1. 电梯底层外围、机房外围、清洁工作 2. 轿厢顶各机件螺钉紧固 3. 打扫地坑、清除积灰，做到无杂物、无积水

（3）每季保养检查　电梯保养人员每隔 90 天左右，据表 2-2-5 对电梯的各重要机构部件和电气装置进行一次细微的调整和检查，视电梯而定其工作量，一般每台所用时间不少于 4h。

（4）每年保养检查　电梯每运行一年后，应由电梯保养专业单位技术主管人员负责，组织安排维修保养人员，对电梯进行一次二级保养（见表 2-2-6），即对电梯的机械部件和电气设备以及各辅助设施进行一次全面的检查、维修，并按技术检验标准进行一次全面的安全性能测试，在检测合格后，向有关部门申报验收，办理年度使用手续。电梯二级保养以维修工人为主，操作工为辅进行，除做好二级保养外，再做好表 2-2-5 中所列工作。

表 2-2-6　电梯二级保养

序号	保养部位	保养内容及要求
1	机房	1. 检查机组底脚有无松动曳引轮磨损，加以修正 2. 查蜗轮、蜗杆、轴承磨损情况，加以修复 3. 检查调整制动器，更换刹车片，更换机身润滑油
2	轿厢	1. 检修、调整导轨的平行、垂直，与轿厢的连接加固 2. 调整导轨与导靴的间隙、应符合技术标准
3	导轨	1. 检修、调整导轨的平行、垂直，与轿厢的连接加固 2. 调整导轨与导靴的间隙、应符合技术标准
4	电器	1. 检查上下极限开关及越程装置安全可靠 2. 更换控制屏所有磨损电器元件 3. 调整所有损坏的元器件及老化电线
5	安全	1. 检修安全保险装置、校对自平装置 2. 检修钢丝绳，绳头脱焊部分 3. 检查钢丝绳张力是否均匀，加以校正 4. 检查调节刹车的灵敏度

注：设备二级保养记录由保养人填写，经技术员确认后报工程装备处存档。

（5）每 3～5 年保养检查　每 3～5 年，对全部安全设施和主要机件进行全面的拆卸、清洗和检测，磨损严重而影响机件正常工作的应修复或更换，并根据机件磨损程度和电梯日平均使用时间，确定大、中修时间或期限。

3. 主要零部件的检查修理和调整

维保人员到达工地，首先对电梯作整体的评估。此项检查包括运行舒适感、轿内装饰、门保护装置、门机、控制柜快速检查及故障记录、机房（噪声、振动等）及抱闸手动放人操作等，主要内容见表 2-2-8。

表 2-2-7　电梯各主要机件、部位润滑及清洗换油周期表

机件名称	部位	加油、清洗及换油时间	油脂型号
曳引机	油箱	新梯半年内应检查，发现油箱中出现杂质及时更换，开始几年每半年换一次，老梯和使用不频繁的电梯可根据油的黏度和油质更换或适当延长	齿轮油 68#
	蜗轮轴滚动轴承	月（每年清洗换油一次）	钙基润滑脂

（续）

机件名称	部位	加油、清洗及换油时间	油脂型号
曳引制动器	制动器销轴	月（半年清洗换油一次）	机油
	电磁铁可动铁心与铜套之间	每年	石墨粉
曳引电动机	电动机滚动轴承	月（半年清洗换油一次）	钙基润滑脂
	电动机滑动轴承	周（半年换油一次）	黏度为恩氏 30 ~ 45 的透明油
导向轮、轿顶轮、对重轮、复绕轮	轴与轴套之间	周（每年拆洗换油一次）	钙基润滑脂
滑动导靴（无自动加油装置）	导轨工作面	周（每年清洗加油一次）	钙基润滑脂
滑动导靴（有自动加油装置）	导靴上的润滑装置	周（每年清洗加油一次）	机油 40#
滚动导靴	轴承	季（每年清洗一次）	钙基润滑脂
开门系统	门导轨	月	机油
	门电机轴承	季（每年清洗换油一次）	钙基润滑脂
	吊门滚轮及自动门各滚动轴承和轴箱	月（每年清洗换油一次）	钙基润滑脂
	自动开关门传动的滚动轴承	季（每年清洗换油一次）	钙基润滑脂
限速器	限速器旋转轴、张紧轮与轴套	周（每年清洗换油一次）	钙基润滑脂
安全钳	传动机构	月	机油
	安全钳内的滚、滑动部位	季	适量凡士林
选层器	滑动拖板、导向导轨和传动机构	月或季（每年清洗换油一次）	钙基润滑脂
油压缓冲器	油缸	月	机油

注：设备润滑实行“五定”：即定人、定点、定质、定量、定时。

表 2-2-8　电梯基本维保的评估

到达工地时，先拜访电梯使用单位，了解电梯最近运行情况。之后，到电梯现场，乘坐电梯。听、看及感觉任何不正常的噪声及动作。检查玻璃、面板、扶手、轿厢照明及其他固定设备的状况。检查地坑内是否有垃圾堆积
厅外召唤应功能正常；内呼按钮及相应的显示应功能正常
开关门运行应正常
轿厢照明应正常
开关门按钮应操作正常
应急照明有效；轿厢内紧急报警装置的通话应有效
光幕、光眼及安全触板应有效
平层精度符合要求
检查机房内灭火器是否符合要求

（续）

机房或控制柜内手动放人指示应清晰，松闸扳手应能正常操作；盘车手轮完好
控制柜内所有接触器及继电器动作应正常
控制柜内各指示灯应工作正常
轿厢顶及对重侧油盒应不漏油且油量足够使用至下次保养
轿顶应保持清洁状态
井道照明应良好
底坑内阻速器张紧装置应位置良好且两侧与限速器钢丝绳应无摩擦现象
消防功能应有效

任务准备

根据任务，选择学习地点、准备相关材料。

任务实施

1）组织学习电梯维护保养的周期及维护内容及基本维保评估的主要内容。

2）制作电梯维护一、二级保养的标示牌。

3）注意事项。

①以正确的态度学习。

②张贴标示牌位置要合适，项目要易于阅读。

③应定期对电梯各主要机件、部位润滑及清洗换油。

模块二 常见部件维护保养、检查与调整

任务1 机房设备维护保养、检查与调整

知识目标

1. 熟悉机房设备的结构原理。
2. 掌握机房设备维护保养、检查与调整的方法、步骤及注意事项。

能力目标

1. 能够熟练掌握机房设备维护保养、检查与调整的方法、步骤。
2. 学会，并逐步熟练对机房设备进行维护保养、检查及调整。

任务描述（见表2-2-9）

表2-2-9 任务描述

工作任务	要求
1. 机房设备维护保养、检查与调整的方法和步骤	1. 学会机房设备维保、检查和调整的方法 2. 正确对机房设备进行维保、检查和调整

（续）

工 作 任 务	要 求
2. 机房设备维护保养、检查与调整的注意事项	1. 掌握机房设备维保、检查与调整的注意事项 2. 检查、调整时要严格遵守安全规程

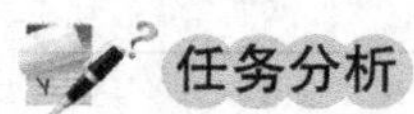

任务分析

机房设备是电梯工作的重要部件之一，其维修保养质量影响电梯的使用寿命和运行性能。

各种机房设备特别是曳引机出厂前，生产厂家对其进行严格的质量检查，经试车、检验合格后方可出厂。但经过运输、安装和使用后，其精度将会有所变化，也将影响电梯运行性能。因此，曳引机的日常保养是重中之重的。

相关知识

1. 曳引机

（1）蜗轮减速器

1）保养。

①保持蜗杆减速器良好的润滑。

减速箱中注入适量、合格的润滑油，对蜗轮蜗杆和轴承的工作是十分重要的。它可以减少表面摩擦，减小磨损，提高传动效率，延长机件使用寿命，同时，还能起到冷却、缓冲、减振及防锈等作用。

选用品质好的合乎要求的润滑油。减速箱中的润滑油一定要纯洁，有足够的黏度。油在环境温度 −5 ~ +40 ℃的范围内，可采用表 2-2-10 中所列的规格，并推荐使用 120 号硫磷型中负荷工业齿轮油。

表 2-2-10　减速箱润滑油型号与黏度

名　称	型号	100℃时黏度	
		运动黏度/ $\times10^{-3}$ Pa · s	相对黏度
齿轮油 SYB1103-62S	L-20（冬用）	17.9 ~ 22.1	2.7 ~ 3.2
齿轮油 SYB1103-62S	HL-20（冬用）	28.4 ~ 32.3	4.0 ~ 4.5
齿轮油 SYB1124-65S	Hj-28	26 ~ 30	3.68 ~ 4.2

保持油池中合理的油量。蜗杆减速器采用浸油式润滑，合理的油量应以检查减速器箱体油标两条刻度线之间或油镜中线为准。正常情况下，每半年加注一次，每年清洗一次油池中的润滑油。

②注意检查减速器箱体内油池中的油温和各部分轴承的温度。正常情况下，减速器各机件及轴承温度不得超过 70℃，油池中的油温不得超过 80℃。如果检查发现各温度值超过上述允许值，应进一步对引起过热的原因进行分析，并检查油池中的油质是否变稀，轴承有无损坏，必要时予以更换。

③经常观察减速箱的轴承、箱盖、油窗盖等结合部分有无漏油。轴承部分漏油时应及时

更换油封。蜗杆轴承漏油是因为蜗杆在密封部位的粗糙度高，使油封很快磨损，一旦发现漏油要及时处理，并向箱内补充合适型号的润滑油。

④定期检查蜗杆的轴向窜动量和蜗轮副的啮合情况。电梯频率起停和换向运行产生较大的冲击，推力轴承易发生磨损，进而引起蜗杆的轴向窜动量超差。当该窜动量超过表 2-2-11 中的规定时，应及时调整压盖垫片，或更换轴承，使轴向窜动量达到规定要求。

表 2-2-11　蜗杆轴向游隙和保证侧隙　（单位：mm）

中心距	100 ~ 200	>200 ~ 300	>300
蜗杆轴向游隙	0.07 ~ 0.12	0.10 ~ 0.15	0.12 ~ 0.17
蜗轮轴向游隙	0.02 ~ 0.04	0.02 ~ 0.04	0.03 ~ 0.05
保证侧隙	0.065	0.095	0.13

2）维修。

①减速器箱漏油的处理方法。减速器箱体漏油比较常见的部位是油窗盖或下置式蜗杆轴处，油窗盖和其他盖处漏油一般更换纸垫即可，盘根式蜗杆轴处的滴入量以 1 滴/（3 ~ 5）min 为宜。

②联轴器的检查和同心度的校正。校正同轴度可用自制校正架的方法进行找正。校正前应将轿厢停在中间层，停梯断开总电源，并采取防止溜车的相关措施。校正时，应慢慢转动电动机并调整其位置，使指针与制动轮外圆上下左右 8 个点的距离基本一致（用塞尺测量）。对刚性联轴器，其同轴度不超过 0.02mm，弹性联轴器同轴度不超过 0.1mm。

【小提示】

a. 注意蜗轮轴的防锈，尤其轴肩部位要严防锈蚀，以免该处应力集中损坏蜗轮轴。

b. 切忌不检查减速箱和曳引机底座的紧固螺栓有无松动、减振垫有无异常变形、机架有无倾斜现象，如有异常，应及时采取措施进行调整和紧固。

c. 对停用一段时间后又重新启用的减速箱，应注意箱体内润滑油的油质和油位，以及轴架上波动轴承是否缺油，切忌盲目运行。

d. 更换箱内润滑油，要从箱体上盖处先用煤油彻底清洗箱体内部。加油时，应从制动器蜗杆上方和横向油槽上方将油注入。加油完毕，应用松闸扳手将制动器抱闸打开（要采取防溜车措施），转动飞轮数十次，使润滑油渗透轴承，再压上盖板。操作中，切忌异物落入箱体中。

（2）制动器

1）电磁制动器的保养。制动器的动作应灵活可靠。抱闸时闸瓦与制动轮工作表面应吻合，松闸时两侧闸瓦应同时离开制动轮的工作表面，其间隙应不大于 0.7mm，且间隙均匀。

轴销处应灵活可靠，可用机油润滑。电磁铁的可动铁心在铜套内滑动应灵活，可用石墨粉润滑。制动器线圈引出线的接头应允松动，线圈的温升不得超过 60℃。

制动器应有足够的制动力矩。当轿厢载有 125% 额定负荷并以额定速度运行时，电磁制动器应能使曳引机停止转动。在进行 150% 静载试验时，经过 10min 后，制动器应可靠刹车，如图 2-2-1 所示。

制动带（闸瓦）的工作表面应无油垢，制动带的磨损超过其厚度的 1/4 或已露出铆钉头时应及时更换。

当闸瓦上的制动带经长期磨损且与制动轮工作面间隙增大，影响制动性能或产生冲击时，应调整衔铁与闸瓦臂的连接螺母，使间隙符合要求。通过调整制动簧两端的螺母使压力合适，在确保安全可靠和能满足平层准确度的情况下，尽可能提高电梯的乘坐舒适感。

2）电磁制动器的调整。电磁制动器在电梯运行过程中，因频繁松闸、制动，必然带来磨损和动作间隙的变化。为保证制动器的正常工作性能，应根据日常检查和电梯的运行状态，对制动器的松闸间隙、制动间隙及制动力矩的大小进行必要的调整。

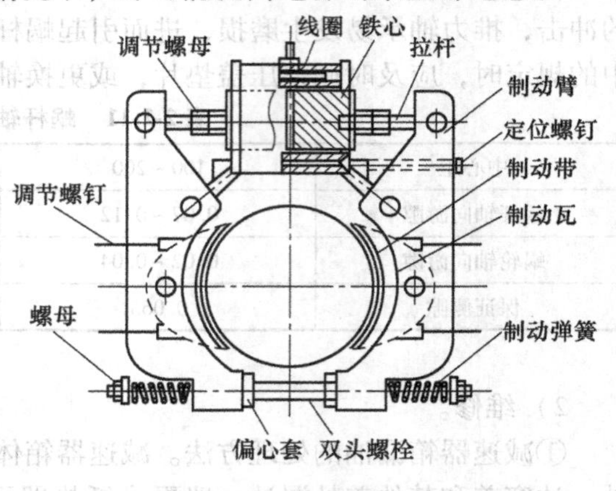

图 2-2-1　电磁制动器

①铁心吸合间隙的调整。制动器两个铁心的吸合面间应保持 0.5 ~ 1.0mm 的间隙，以满足制动器正常松闸的需要，并避免铁心吸合时其端面产生撞击。调整时可将铁心两侧拉杆上的调节螺母都先往里拧，使两铁心闭合无间隙；然后测量再调整两边拉杆露出部分的长度，使之相等并作上标记；再将拉杆上的调节螺母分别校正后退出 0.3 ~ 0.5mm，所形成的间隙即为两铁心端面间的吸合间隙。

②闸瓦制动间隙的调整。制动器两侧制动瓦与制动轮之间的间隙调整，是制动器各部位调整工作中操作比较多的部位。制动带在频繁的制动中摩擦损耗较大，为保持其间隙在 0.5 ~0.7mm 的范围，应定期检查并进行适当调整。操作时，一人持松闸扳手，使制动瓦脱开制动轮，另一人调整制动瓦的定位螺钉和调节螺钉，并用塞尺测量制动瓦与制动轮两侧接触部位上、中、下6 ~8 个点的间隙大小，将间隙值控制在要求范围内，并使间隙尽量均匀一致。调整到位后，应随时锁紧各部位拧紧螺母。

③制动力矩的调整。制动器的制动力矩大小是否合适，直接影响到轿厢的起动、制动的平稳性和平层准确度。制动力矩的调整是通过调节制动弹簧的伸缩量来实现的。要增大制动力矩，可压缩制动弹簧；反之，就得松开制动弹簧。压缩或松开制动弹簧是通过调整制动弹簧的调节螺母来进行的。这种调整往往需要反复多次，应边调整边检查。因制动力矩过大，会停车过猛，反之，又不能准确制动停车，影响电梯运行的安全性和平稳性。

【小提示】

a. 应将电梯停在中间层，并断开总电源，确认安全无误后再进行调整操作。

b. 在使用松闸扳手松开制动瓦时，应持续均匀用力，防止溜车。

c. 在进行制动带更换时，严禁制动带与制动轮接触面上有油污，有时，刹车时会打滑，应用煤油擦净。

d. 在紧固制动带时，铆钉头应低于制动带表面 3mm 以上，钉头应平正，不能歪斜。

e. 调整工作结束后，应对制动器各部位进行仔细检查，确认无问题后再送电试车。

(3) 曳引直流电动机　直流电动机除检查各部分的温度和运转声音、气味、振动是否正常外，还应重点检查换向器和电刷装置。有关直流电动机各部分允许温升及振动允许值见表 2-2-12 和表 2-2-13。

1）注意换向器表面颜色和形状的变化。正常情况下，换向器表面为光洁的正圆形。如果检查发现表面有轻微的灼痕，可用0号砂纸在换向器旋转时仔细研磨。若灼痕较重，可先用较粗的砂布在换向器表面轻擦，然后再用0号砂纸进行精细研磨。用砂纸打磨时，应注意保护换向器表面在长期无火花运转时所产生的一层坚硬的深褐色薄膜。因为该薄膜可以保护换向器表面，使其减少磨损。如果出现黑痕，应停机，用干净棉纱蘸汽油擦除（停机操作是为了避免运行产生的火花引发火灾事故）。如果换向器表面磨损不均匀，出现粗糙不平的沟槽达1mm深时，应重车，并刮沟。

表2-2-12 直流电动机各部分温升限度 （单位：℃）

组成部分	A级		B级		E级		F级		H级	
	度	阻	度	阻	度	阻	度	阻	度	阻
直流电动机磁场绕组有换向极的电枢绕组	50	60	65	75	70	80	85	100	105	125
低电阻磁场绕组及补偿绕组	60	60	75	75	80	80	100	100	125	125
表面裸露的单层绕组	65	65	80	80	90	90	110	110	135	135
与绕组接触的铁心及其他部件	60	—	75	—	80	—	100	—	125	—
换向器	60	—	70	—	80	—	90	—	100	—
滑动轴承	40									
滚动轴承	55									

注：1. 上述温升限度按周围介质温度40℃计。表中“度”为温度计法，“阻”为电阻法。

2. 电动机短时额定温升限度允许比本表规定的数值高10℃。

表2-2-13 电动机振动（两倍振幅值）允许值

转速/(r/min)	振动值/mm	转速/(r/min)	振动值/mm
500	0.2	1500	0.090
600	0.16	2000	0.075
750	0.12	3000	0.05
1000	0.10		

2）检查电刷装置。每月要至少检查一次电刷装置。主要检查内容包括：电刷装置是否齐全及有无碎损零件，电刷在刷握内有无卡涩或摆动现象，电刷有无过热而变色，各电刷对换向器表面的压力是否均匀及电刷的磨损情况。

3）检查电刷的刷辫是否完整，与刷架的连接是否良好，与机壳是否相碰。若刷辫出现断裂、断股或因过热变色，应予以更换。若有连接不良或碰机壳的现象均应逐一进行排除。

4）检查换向器表面和绝缘槽间有无炭粉和油垢，刷架和刷握以及电动机内部有无灰尘，必要时用压缩空气吹净。同时清除电动机外表面积灰，使之保持清洁。

5）检查电刷在刷握中有无卡阻或摆动现象，两者的配合不能过紧，应留有不超过0.15mm的间隙。同时检查并调整各电刷间的压力，使之均匀。电刷压力正常值为（15～25）$\times 10^3$Pa。

6）检查换向器。每月至少检查一次换向器。当轿厢在额定载重量状况下做上下运行时，遮住外来光线观察电刷刷边，检查换向器的火花等级，火花等级的判断标准见表2-2-14，火花等级应不超过1.5。如发现等级超标，产生火花过大的原因和处理方法见表2-2-15。

表 2-2-14　曳引直流电动机换向器火花等级判断标准

火花等级	在电刷下火花程度	换向器及电刷的状态
1	无火花	换向器无黑痕且换向器上无灼痕
1.25	电刷边缘有微弱的火花或有非放电性的粉红火花	
1.5	电刷边缘大部分或全部有微弱的火花	换向器有黑痕出现，但不发展，可用汽油擦除，同时电刷上有轻微灼痕
2	电刷边缘大部分或全部有强烈的火花	换向器上有黑痕出现，不能用汽油擦除。电刷上有灼痕，或出现火花，电刷未损坏
3	电刷边缘大部分或全部有强烈的火花，同时有大火花飞出	换向器上黑痕严重，电刷上有灼痕，如短时运行，电刷将烧焦、损坏

表 2-2-15　直流电动机火花过大的原因及消除方法

序号	火花过大的原因	消　除　方　法
1	电刷与换向器之间接触不良	用 0 号砂纸研磨电刷接触面，并轻载运转 0.5～1h，使之接触良好
2	换向器表面不光洁、不圆或有机械损失	清洁或研磨换向器表面，严重的应重车
3	换向器的换向片间云母凸出	换向器刮槽，倒角，研磨
4	换向器线圈断路和短路	修复或更换
5	刷握与电刷配合过紧	轻微磨小电刷尺寸，使其与刷握配合适当
6	电刷压力大小不均或不当	用弹簧秤校正电刷压力至（15～25）$\times 10^3$Pa，通过调整刷握弹簧压力或调换刷握位置解决
7	电刷位置不在中性线上	调整刷握座至原有记号位置，或用感应法校正中性线位置
8	电刷磨损过度，或所用电刷牌号及尺寸不对	按原牌号及尺寸更换新电刷，使之符合技术要求
9	刷握松动或位置不正	紧固或进行相应的调整
10	过载或负载剧烈波动	检查负载情况，消除过载或负载波动因素
11	电枢过热，电枢绕组与换向器脱焊	用毫伏表检查换向片间的电压降是否平衡，若两片间电压降特别大，说明该处脱焊，应进行重焊
12	电刷间的电流分布不均匀	先调整刷架等分，然后检查电刷牌号是否正确，必要时调换与原牌号及尺寸相同的新电刷
13	机座松动引起振动	紧固电机座脚螺钉
14	检修时将换向极绕组接反	用指南针试验换向极的极性，确认后予以纠正。换向极与主极极性的正确关系是顺电动机旋转方向，发电机为 n（换）-N（主）-s（换）-S（主），电动机为 n-S-s-N

【小提示】

a. 换向器表面的黑痕用汽油擦除时切忌开机操作，否则，运行产生的火花易引发火灾事故。

b. 用 500V 绝缘电阻表测量电动机绕组与机壳间的绝缘电阻，如阻值小于 1MΩ，应对电动机线圈进行烘干处理。切忌电动机连线测量，所以测量前应拆除与电动机连接的所有接线。

c. 当电动机较长时间停用时，切忌潮湿，可用1mm厚浸过石蜡的纸板将换向器包好，再用防水布将电动机全部盖好。存放电动机的房间温度在5℃以上。

（4）曳引交流电动机　日常保养内容如下：

1）注意电压变化。电梯用的主供电源通常是由配电间以专用电缆直接供给的，主电路为380V，若用户所在地区网络电压的变化超出电梯所要求的±7%波动范围，将影响电梯控制元件和曳引电动机的正常运行。为此，对一些电梯使用比较集中的场所和电梯自动化程度比较高、电梯服务要求又比较重要的单位，通常在电梯机房安装稳压电源装置。尽管如此，实际使用中仍有因网络电压不稳而出现超出电梯要求电压正常波动范围的现象。在未安装电源稳压装置的电梯电源供电系统中，这种现象就更加明显而频繁，这无疑要影响电动机的正常运行。

此外，因电梯运行负荷的变化，以及其他因素的影响，也会造成电动机工作时电压不稳而不能正常运转。因为电压过高或过低，最终将导致电动机定子电流过大，使电动机过热，温升增高。这种情况如不及时发现解决，不仅影响电动机的使用寿命，而且还会烧毁电动机。

2）注意电动机的运行电流。电梯运行负荷的不稳定性，电动机自身的故障或所拖动的机械系统出现故障未被及时发现、排除，将会使电动机被迫输出更大的转矩来克服非正常负荷，使电动机转子和定子电路的电流增大。电动机一旦长时间在电流超过其允许值的情况下运转，必将引起温升超过允许值，使电动机的绝缘层受损，最后烧毁电动机。

3）注意电动机温升的变化。所谓温升，是指电动机在运转时，绕组温度高于周围环境的值。电动机温升允许值依电动机所用绝缘材料的等级和类型而定。

4）注意监听电动机运行的声音。因为异响大都来自轴承，检查时可用细铁棒或螺钉旋具一端顶住轴承盖，另一端贴在耳朵上，如听到均匀的“沙沙”声则表明正常；如听到“咝咝”金属撞击声，则可能为轴承缺油；如听到“咕噜、咕噜”的冲击声，则可能是轴承滚珠轧碎；如听到刺耳的“嚓嚓”声，则转子与定子相碰，多为轴承故障引起；如为撞击声，则可能有异物进入轴承，一定要停机检修。

5）检查电动机油色、油温、油面是否正常，有无漏油、渗油。滑动轴承的正常工作温度不允许超过80℃，油面的高度应不低于油镜中线。

6）注意电动机运转时发出的气味。电动机正常运转时，应无绝缘漆气味和焦糊味，若闻到焦糊味，说明电动机过热或有其他原因，应立即停机检修。

7）电动机使用时环境温度应不高于40℃，绝缘电阻应不低于0.5MΩ（用500V表测量电动机绕阻间和绕阻对地绝缘电阻，阻值应大于0.5MΩ）。

8）做好电动机外部清洁工作吹掉定子绕阻上的灰尘并保持良好通风。

9）经常检测电动机外壳接地线是否牢固，保持接地电阻不应大于4MΩ。

【小提示】

a. 用手触判断法判断电动机温度前，必须在手触摸电动机前，先用验电器检测电动机外壳是否漏电并检查电动机外壳接地是否牢固，测量接地电阻应小于4Ω，以防止触电。

b. 对下列情况必须对电动机进行绕组间的绝缘电阻测试，正常值应大于0.5MΩ，测试不合格不得使用。适用场合包括电梯停用时间较长必须重新起用时、电动机因房顶漏水或其他原因受潮、电动机运行中出现焦糊味、电动机运行中出现过热现象即温升超过其允许值、电动机绕组上积尘太多。

c. 电动机装配要注意装配时对齐标记，并在安装轴承、轴销时严禁用锤子直接敲打，应垫上铜板或硬木，否则会影响装配质量。

d. 用电流烘干法进行烘干时，切忌使电动机不接地线。

e. 对非常潮湿或进水的电动机，忌用电流烘干法烘干，因温升过快会使绝缘胀裂，此时应用外部加热法进行烘干。加热时温升速度控制在8℃/h左右为宜，或加热到50~60℃时保持3~4h，待大部分潮气排除后再加热，切忌急于求成。

(5) 发电机—电动机组　对于采用直流电源供电的电梯来说，由于增加了直流发电机等设备，使得保养的工作量相应增加，这就要求维护人员应更仔细周到地做好维护工作。

关于电动机的维护，我们已作了一般的介绍，下面介绍直流发电机的维护方法。

1）经常检查发电机运行时电刷下火花的大小，按规定火花等级不得大于1.5级（鉴别：当发电机火花等级大于1.5级时，电刷边缘全部或大部分有较强烈的火花，换向器上的黑痕不能用汽油擦除，同时电刷上有灼痕）。

2）经过一段时期运行后，应检查换向器上黑痕的情况，如黑痕出现，应及时用汽油擦除（注意：用汽油擦除黑痕，只能在发电机停止运转时操作，否则将会由于电刷和换向器所产生的火花而引起火灾事故）。

3）当电刷上有灼痕，应更换同一型号的电刷（这一方法同样适用于直流电动机）。

4）电刷位置因制造厂家在出厂前就已经调试好，所以使用单位不可任意变动。

(6) 曳引轮、导向轮和轿顶轮

1）检查各曳引绳的张力是否均匀，防止由于各曳引绳的张力不匀而造成曳引绳槽的磨损量不一。测量各曳引绳顶端至曳引轮上轮缘间的距离（见图2-2-2），如出现相差1.5mm以上时，应就地重车或更换曳引绳轮。

2）检查各曳引绳底端与绳轮槽底的距离，防止曳引绳落到槽底后产生严重滑移或减小曳引机曳引力的情况。经检查，有任一曳引绳的底端与槽底的间隙不大于1mm时，绳槽应重车或更换曳引绳轮。但重车后，绳槽底与绳轮下轮缘间的距离不得小于相应曳引绳的直径。

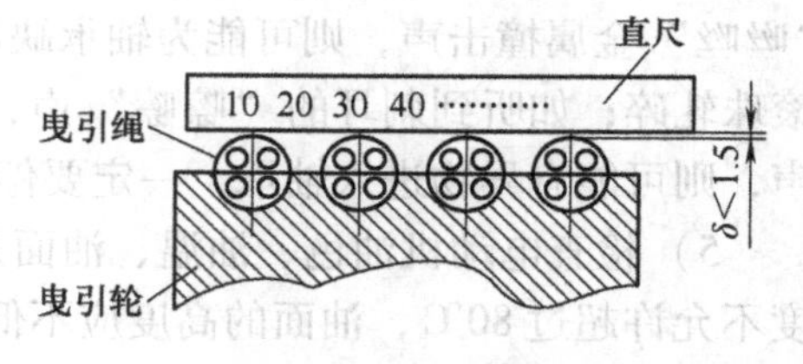

图2-2-2　曳引轮绳槽磨损的检查

3）做好曳引机的外部清洁，防止异物掉入曳引轮绳槽内损坏曳引机的钢丝绳。清除异物应在停梯时进行。

4）导向轮转动是否灵活，有无异常声响和振动现象。润滑装置是否完好，每周加一次润滑脂，每年进行一次清洗润滑。当导向轮发生振动或产生异常声响时，应及时检修或更换滚动轴承。

5）轿顶轮转动是否灵活，有无振动和异常声响。每周在油杯中加钙基润滑脂一次，每年清洗润滑一次。若发生振动或有异常声响时，应及时检修或更换其滚动轴承。

【小提示】

a. 曳引轮重车或更换后，应按检修后的试车程序进行检查，观察检修后的部位工作是否正常。在使用数日后，应停车检查本次检修中重新拧紧的螺栓有无松动，通常采取逐一再紧固的办法，以确保稳固可靠。

b. 曳引轮和轮筒切忌有裂纹，保养时可用锤子进行敲击检查，曳引轮裂纹多出现在轮绕与轮辐的交接处。

c. 曳引轮绳槽的工作表面切忌不光滑且有隆起波纹，这样不但会引起钢丝绳打滑加剧磨损，而且严重时将迫使电梯停止运行。

造成绳槽表面隆起波纹的因素很多，见表2-2-16。

表2-2-16 造成绳槽表面隆起波纹的因素

步骤	试验内容
1	曳引轮的硬度不一致，软点很快磨损下凹
2	曳引轮内部组织不均匀
3	曳引钢丝绳有断丝，不但造成波纹，还可在曳引轮上造成划痕
4	曳引钢丝绳在曳引轮上滑动，刻划绳槽且产生高温出现硬化点
5	轮槽灰尘很多且间有硬粒，尤其在新建筑物和周围环境灰尘很多的地方更为突出

注：经过检查后应及时排除或更换新的曳引轮，还应将隆起部分用锉刀锉平，且不允许留下明显锉痕。

d. 绳槽切忌呈喇叭口状及单边存在磨损等现象，因为这将表明曳引轮有位移或曳引机移动，如不及时维修会发生事故。

e. 电梯运行切忌有阻塞现象。检查方法是开慢车升降轿厢，轿顶轮开始转动，如有阻塞现象，则表明铜套磨损变形或十分脏污，必须重新修刮铜套或用煤油冲洗干净。

f. 检查轿顶轮时应特别小心，维修人员必须站在轿顶中央，用手抓住轿顶护栏，以防坠落。

（7）钢丝绳　电梯用曳引钢丝绳动作比较频繁，而要承受较大的冲击载荷和动静载荷，所以对其耐磨性、韧性和强度等诸多方面都有较高的要求。为保证电梯安全运行，对曳引钢丝绳需进行定期检查保养。

保养内容与方法如下：

1）查看钢丝绳有无打结、扭曲、松股等现象。还应定期清洗钢丝绳。

2）检查各绳张力是否相近，木制夹板的夹紧度以及锥套弹簧的压缩程度是否适宜。每根曳引绳的张力与平均值偏差应满足下式要求

$$\frac{\text{平均拉力值}-\text{单绳拉力值}}{\text{平均拉力值}}\leqslant 5\%$$

若曳引钢丝绳张力差值超过平均值的5%，则应调整绳头组合的螺母，使各绳张力相近似。

3）检查钢丝绳的长度。当钢丝绳拉升长度超标时，应裁短并重新作绳头处理。对于新安装电梯，往往使用一年左右后钢丝绳会伸长，此时可通过在底坑测量（轿厢在最高层平层位置）对重与缓冲器间的距离是否小于下限值（耗能型缓冲器为150mm，蓄能型缓冲器应为200mm）。

钢丝绳的调整：

1）钢丝绳的伸长量估算。电梯是多绳提升，在使用中受载荷作用后会产生结构性伸

长，这种伸长过程在钢丝绳安装后，早期阶段发展速度相当快，待使用数月或一年时间以后视电梯运行频次、负荷大小状况，绳的伸长量随时间增加而减小，且处于稳定状态。钢丝绳伸长量估算见表2-2-17。

表2-2-17 钢丝绳伸长量估算

钢丝绳规格	钢丝绳直径/mm	钢丝绳伸长量
6×19	13～19	(150～230) mm/30m
8×19	19～25	(230～300) mm/30m

2）钢丝绳的张力调整。电梯是多绳提升，应要求每根钢丝绳受力均等，可用钢丝绳套上的钢丝绳张力调整装置，拧紧或放松螺母改变弹簧力的方法。弹簧还可起微调作用，瞬时不平衡力由弹簧补偿。但是，由于数根弹簧性能有差别，因而不能用测量压缩弹簧的长度来衡量钢丝绳受力是否相等，更不可以此作为调整张力的依据。

3）钢丝绳的如发现下列情况之一时，应予以更换。

①钢丝绳出现断股。

②钢丝绳严重磨损或锈蚀，造成实际直径为公称直径90%及其以下时。

③钢丝绳严重扭曲变形时，入绳槽时发出异常声音。

④钢丝绳的可见断丝超过表2-2-18所示的规定数值。

表2-2-18 磨损、锈蚀、断丝的控制标准

钢丝绳类型	测量长度范围	
	6*D*	30*D*
6×19	6	12
8×19	10	19

注：*D*为钢丝绳直径，单位为mm。

【小提示】

a. 在更换曳引钢丝绳时切忌新旧混用。有时尽管只有一两根钢丝绳损坏，必须更换全部曳引钢丝绳，且更换的必须是同一型号、同一规格、同一卷的钢丝绳，以保证新更换钢丝绳的性能相同。

b. 更换曳引钢丝绳时忌不换曳引轮。钢丝绳的磨损往往伴随着曳引轮的磨损，更换钢丝绳时，必须检查曳引轮的磨损情况，一般要求同时更换，否则新钢丝绳与老曳引轮不匹配，易引起钢丝绳的加速磨损。

(8) 速度反馈装置 各类闭环调速电梯电气控制系统的测速装置，采用直流测速发电机时，每季度应检查一次电刷的磨损情况。如磨损情况严重，应修复或更换，并清除发电机内的炭末，给轴承注入钙基润滑脂。采用光电开关时，每半年应用酒精棉球擦除发射管和接收管上的积灰。

2. 限速器和张紧装置

我国规定，限速器的动作速度应不低于轿厢额定速度的115%。对于在对重上安装限速器的电梯，对重限速器的速度应大于限速器的速度，但不能超过10%。我国规定的轿厢限速器动作速度见表2-2-19。

表 2-2-19 电梯轿厢限速器动作速度

轿厢额定速度 /(m/s)	限速器动作速度最大值 /(m/s)	轿厢额定速度 /(m/s)	限速器动作速度最大值 /(m/s)
≤0.50	0.85	1.75	2.26
0.75	1.05	2.00	2.55
1.00	1.40	2.50	3.13
1.50	1.98	3.00	3.70

1）限速器绳轮垂直度误差应不大于0.5mm。限速器可调部件应加的封件必须完好，限速器应每两年整定校验一次。

2）限速器钢丝绳在正常运行时不应触及绳舌门，开关应动作可靠。

3）限速器动作时，限速器绳的张紧力至少应是300N或是安全钳起作用所需力的2倍。

4）限速器的绳索张紧装置底面距底坑平面的距离：移动式装置，其梯速≤1m/s时为400mm±50mm，梯速>1m/s时为500mm±50mm；固定式装置，按照制造厂设计范围调定。

5）限速器钢丝绳的维护检查与曳引钢丝绳相同，具有同等重要性。维修人员站在轿顶上，抓紧轿架，电梯以慢速在井道内运行全程，仔细检查绳与绳套是否正常。

6）限速器的压绳舌作用时，其工作面应均匀地紧贴在钢丝绳上，在动作结束后，应仔细检查被压缩区段有无断丝、压痕、折曲、并用油漆加以标记，以便再次检查时重点注意这区段钢丝绳的损伤情况。

7）电梯运行时，在正常情况下，速度控制器运转声音十分轻微而又均匀，没有时松时紧的感觉。若发现速度控制器有异常碰撞声或敲击声，应检查离心锤与绳轮以及固定板与离心锤的连接螺钉有无松动，检查离心锤轴孔的磨损和变形，轴孔间隙过大会造成不平衡，两个离心锤重量不一致，会使振动加剧。

8）检查张紧装置行驶开关打板的固定螺栓是否松动或产生位移，应保证打板能够碰撞开关触点。

9）检查绳轮、张紧轮是否有裂纹和绳槽磨损情况。在运行中若绳有断续抖动，表明绳轮或张紧轮轴已磨损变形，应更换轴套。

10）速度控制器检修完毕应进行动作检查，考验其灵活性，其操作方法在未安装护罩前，用手扳动离心锤使其卡住锤罩牙齿、并迫使锤罩转动，压绳舌能够压紧钢丝绳，再扳动偏心叉，机构可以复位即合格。

11）张紧装置应工作正常，绳轮和导轮装置与运动部位均润滑良好，每周需加油一次，每年需拆检和清洗加油。

12）限速器校验难确，在轿厢下降速度超过限速器规定速度时，应立即带动安全钳，安全钳钳住导轨不使轿厢坠落。

【小提示】

a. 检查张紧装置动作的可靠性。用手扳动抛块，使其卡住棘齿，夹绳钳应能压紧钢丝绳。再扳动偏心叉，限速器能恢复正常状态，当夹绳钳松开钢丝绳时要观察是否损伤钢丝绳。

b. 在维修限速器时，切忌随意调整其速度，否则，将使限速器不能正常工作。

c. 电梯运行中，一旦发生限速器、安全钳动作将轿厢夹持在导轨上，切忌随意恢复运行。此时必须经有关部门进行鉴定与分析，找出故障原因，将故障排除后，才能使限速器装置恢复运行。

3. 安全钳

1）安全钳拉紧组件系统动作时应转动灵活可靠，无卡阻现象，系统动作的提拉力应不超过150N。

2）安全钳楔块面与导轨侧面之间的间隙应为2～3mm，且两侧间隙应较为均匀，安全钳动作应灵活可靠。

3）安全钳开关触点应良好，当安全钳工作时，安全开关应率先动作，并切断安全电气回路。

4）安全钳上所有的机构零件应去除灰尘、污垢及旧有的润滑脂，对构件的接触摩擦表面用煤油清洗，且涂上清洁机油，然后检测动作的行程，应保证未超过电梯的各项限值。从导靴内取出楔块，清理闸瓦和楔块的工作表面，涂上刹车油，再安装复位。

5）检查传动机构、拉杆及安全钳座各处的紧固螺栓有无松动，必要时应逐一紧固，保持其相对位置的准确性。利用水平拉杆和垂直拉杆上的张紧接头调整楔块的位置，使每个楔块和导轨间的间隙保持在2～3mm，然后使拉杆的张紧接头定位。

6）检查制动力是否合理，渐进动作式安全钳制动时的平均加速度的绝对值应在0.2g～1g（$g=9.8\text{m/s}^2$）。

7）安全钳应润滑良好，转动部位每月加注一次润滑机油，以保持转动部位和传动机构动作灵活可靠。对于安全钳钳口的滑动和滚动部件，应涂适当的润滑脂，并进行必要的防锈处理。

8）检查与安全钳相关的零部件（包括连杆、拉杆、弹簧和楔块等）有无变形、受损等情况，如有缺陷应以检修方式进行更换或校正。

9）定期调整安全钳的限位开关，保证安全钳动作的可靠性。

10）检查限速绳与其传动机构的连接是否紧固。

11）轿厢被安全钳制停时不应产生过大冲击力，同时也不能产生太长的滑行，因此，规定渐进动作式安全钳的制停距离见表2-2-20。

表2-2-20 渐近动作式安全钳的制停距离

电梯额定速度/(m/s)	限速器最大动作速度/(m/s)	制停距离/mm	
		最小	最大
1.50	1.98	330	840
1.75	2.26	380	1020
2.00	2.55	460	1220
2.50	3.13	640	1730
3.00	3.70	840	2320

【小提示】

a. 安全钳动作后钳咬导轨，将造成导轨表面出现明显的咬痕，这将严重影响导轨表面的粗糙度和直线度，并直接影响轿厢的运行状况，因此，安全钳每次动作后切忌不及时予以修复。发现导轨歪斜或弯曲时，应及时将其校正平直。从一个厚度过渡到另一个厚度的斜度应不大于1/100，修光长度应大于是200mm。

b. 轿厢制停是十分重大的事故，切忌事后不进行故障分析，不对曳引系统和导向系统进行全面检查。只有找到并彻底排除故障隐患后才能重新投入运行。同时，要从日常保养、岗位责任制等方面查找故障原因。

4. 控制电线

1）用软刷扫除井道电缆、盒、箱、柜（屏）内接线端子等处的灰尘。

2）检查随行电缆，必须保证外皮完好、无扭曲、无裂纹、无内部短路、无损伤，如有则应及时调换。

5. 总开关箱

（1）一般要求

1）电梯电源应专用，由建筑物配电间直接送至机房。

2）每台电梯有能切除该梯最大负荷电源的开关控制。

3）主开关位置应能从机房入口处，方便迅速地接近。

4）在同一机房安装多台电梯时，各台电梯主开关的操作机构应有明显的识别标志。

5）机房照明电源应与电梯电源分设，井道照明应从机房照明回路获得，并设各自方便操作的开关。

6）轿厢照明和通风电路以及轿顶、底坑用的36V照明灯与插座，轿顶及底坑控制箱（盒）上装的供检修用220V插座等电源可以从主控电源开关的进线侧获得，并在主开关旁设置电源开关进行控制。220V插座应用2P+2E型，并应有明显标志。

7）所有电气设备的外漏可导电部分均应可靠接地（零）。

（2）接地型式要求

1）电梯的电气设备外壳是接地还是接零要看供电网络的变压器低压中性点是否直接接地，若是直接接地就必须采用接零保护，否则就采用接地保护。

2）在变压器中性点接地的低压供电网络中严格禁止只将电气设备的外壳直接接地。

3）当电梯的供电网络采用三相四线供电网络且变压器低压侧中性点与大地直接相接，即为TN-C系统时，应在总开关处将PEN线作重复接地，随后将PE与N线（保护线与工作零线）截然分开，并且PE线可多处重复接地而工作零线（N）再不允许和大地作电气上的连接。

（3）动力电源线与电源开关的要求

1）电梯的380V动力电源电压波动不应大于±7%，应采用铜芯电缆或铜芯导线穿管（槽）暗配，由变电所配电间送至机房总开关箱上。

2）应采用三相五线配线。但保护线（PE）可用自然零线，如电缆的铅封、穿线的钢管等代替。应可靠坚固、导电连续，不管在什么情况下都不得断开。

3）总电源开关一般采用封闭式负荷开关或断路器。容量一般为负荷额定容量的两倍以上（常采用60~100A开关）。

4）若采用断路器作为总电源开关时，进线端必须有明显的断开点，以保障维修保养总开关时维修工的安全。

5）总开关的熔体应合理选择，一般为所保护负荷总电流的1.5~2.5倍。

（4）对总电源开关箱的维护保养要求

1）经常对电源箱进行清洁工作，使其无灰尘杂物覆盖，以免影响其散热。

2）保持其转动部位灵活。触刀的夹座应有足够的夹持力，且三相夹持力应一致。

3）三相熔体的规格应一致，不得用多股熔丝或不同材质的熔体替代。

4）开关的接线应将电源进线接到保护闸盖下面，即拉掉刀开关后，熔断器的两端不应有带电体。

5）总开关的联锁装置应起作用，即在开闸断开电源，打开箱盖后，送不上电；合闸后箱盖打不开。

6）经常检查压线螺母、熔座有无松动或发热变色之处。对兼作极限开关的总开关要保持其转动部位灵活，并保证其不误动作。

7）对用断路器作为电源总开关的开关线路进行维护保养时，应先断开断路器，将进线端的隔离熔断器旋下，方可进行维护工作。

6. 控制柜

控制柜是电梯的中心环节，其中如发生任何一些小的故障，都将影响电梯的正常运行。检查前，务必切断电源。电源切断后几分钟内，主回路电容器仍残留有电压，因此不要立即接触端子，否则会有触电的危险。主回路电压在降到10V之前，变频器充电指示灯不会熄灭，也可以使用电压表来确认主回路是否已完全放电。

1）检查控制柜的控制程序正确无误。

2）应经常用软刷和吹风机清除柜体及全部电器元件上的积尘，保持清洁。检查电磁开关触点的状态、接触的情况、线圈外表的绝缘以及机械联锁动作的可靠性。

3）检查控制柜上的全部电磁开关触点的状态、接触的情况，应动作灵活可靠，无显著的噪声。连接线接点和接线柱应无松动现象，动触点连接线头处的铜丝应无断裂现象。保证机械连接的可靠性。

4）定期清除各接点表面的氧化物，修复被电弧造成的烧伤，并紧固各电器元件引线的压紧螺钉。

5）定期检查熔断器熔体与引线的接触是否可靠。注意熔体的容量是否符合电路原理图的要求，变压器和电抗器有无过热现象。

6）检查电路时，应分清电路，防止发生短路或损毁电器事故。因为控制屏上有不同性质的电压和电流：直流110V控制电器，交流220V控制电路和三相交流380V的主电路等。

7）电控系统发生故障时，应根据其现象按电气原理图分区段查找并排除。

8）变频器日常检查时，使系统处于动作状态，应确认电动机是否有异常声音及振动，是否有异常发热，环境温度是否太高，输出电流的监视显示是否大于通常使用值，安装在变频器下部的冷却风扇是否正常运行。

9）变频器定期维护时，应确保电动机不振动或发出异常的声音，变频器或电动机不异常发热，环境温度应在变频器的规格范围以内，变频器显示的输出电流值不应高于电动机或变频器额定电流过长时间，变频器中的冷却风扇应正常运行。

10）定期作好控制屏维修保养，主要内容见表2-2-21。

表 2-2-21 控制屏定期保养内容

序号	保养内容
1	用软毛刷或吸尘器消除控制屏表面上的积灰与尘土。操作上应遵循先上方后下方的原则，清洁继电器、接触器、PLC、微机、变频变压设备等部件
2	检查熔断装置、仪表、电阻、接触器等的接触情况及接线有无松动现象，定期将各连接部位、压线部位的螺钉螺母旋紧压牢
3	检查控制屏、调频装置的通风装置是否良好，接地（零）的保护线是否松动，控制屏上各转动部位的润滑状况是否良好

①当检验控制屏工作的正确性时，应在曳引机断电情况下进行，而在维修电磁开关（接触器和继电器）时应将电源开关断开。

②检查熔断器的工作情况，螺旋式熔断器熔管的小红点如脱落，表明熔体已断，应更换熔断器。更换控制屏内熔断器时，应保证熔体的额定电流与回路电源额定电流相一致。对电动机回路、熔体的额定电流应为电动机额定电流的2.5~3倍。

③检查接触器和继电器触点烧蚀部分，如不影响使用性能时，不必修理；如烧毁不严重或只是发黑烧毛，可用细目锉刀修平，并擦拭干净，切忌用砂纸修光，因触点一般都用银和银合金，其质软，易嵌入砂粒，反而造成接触不良而产生电弧烧损；核实和调整触点，使之有一定的间隙，且保持良好的接触、适当的压力和适当的动作余量。

④控制屏上的全部电磁开关应动作灵活可靠，无显著的噪声。连接线接点和接线柱应无松动现象，动触点连接线结头处铜丝应无断裂现象。

⑤电磁式继电器的延时可以用改变非磁性垫片的厚度和调节弹簧的拉力来实现。

⑥电磁式时间继电器的延时可以用改变非磁性垫片的厚度和调节弹簧的拉力来实现。

⑦当曳引电动机处于较长时间的过载情况下，热继电器动作，并切断曳引电动机电源，这时热继电器需手动复位。

⑧控制屏上有下列不同性质的电压和电流：直流110V控制电路、交流220V控制电路和三相交流380V的主电路等，因此在保养或维修时，必须注意分清电路，防止发生短路或损毁电器事故。

⑨当检验控制屏工作时，应在曳引机断电情况下进行，而在维修电磁开关（接触器和继电器）时应将电源开关断开。

⑩为了不使三相桥式硒整流器整流堆过负荷和短路，应采用正确容量的熔丝。

⑪硒整流器在电梯使用时，允许按使用地点的电源电压调整变压器二次电压，使电梯在工作状态下其直流输出电压为110V（或80V）。

⑫整流堆工作一定时间后会产生老化现象，输出功率略为降低，此时可以提高变压器二次电压而得到补偿。

⑬整流堆长时间储存不用也将产生老化现象，使本身功率损耗增大，因此整流堆存放期过长后，应先进行“成型”，才可投入正常使用。“成型”步骤是：先加50%额定交流电压15min，再加75%额定交流电压15min，最后加至100%额定交流电压。

⑭硒整流器需保持干燥，并经常检查其电压表指针是否在额定值范围内。如果硒片出现打火或击穿现象，应立即切断电源，并调换硒片或更换整流堆。

11）对控制柜进行比较大的维护保养后，应在断开曳引机电源的情况下，根据电气控制原理图检查各电器元件的动作程序是否正确无误，接触器和继电器的吸合复位过程是否灵活，有无异常的噪声，避免造成人为故障。

【小提示】

a. 接触器和继电器的触点吻合处，忌有积炭和熔焊现象，工作噪声忌超过50dB。

b. 目前电梯大多控制系统的核心是印制电路板，造成印制电路板故障，使其不能可靠的工作有许多外部因素，必须注意以下几点：

· 机房温度不应低于5℃或高于40℃，印制电路板的电子元器件工作会出现不正常。必要时，安装空调既能消除故障，又能延长印制电路板的使用寿命。

· 机房环境相对湿度不应大于90%，机房湿度大了，电子元器件之间、PN结间漏电电流加大，电路中阻值变化，使正常工作电压和电流发生变化而引起印制电路板的电子元器件出现软故障，电梯不能正常运行。必要时机房应加设除湿机。

· 电梯供电电源规定电压波动不应大于±7%，超过此值，印制电路板上的电子元器件也会出现软故障，甚至使主机不能正常工作。对电梯电压不稳地区，可加装稳压设备。

· 机房所在环境的空气中应不含腐蚀性和易燃及导电尘埃，这些气体和物质使电子元器件很快受到腐蚀而损坏，使电气控制系统不能正常工作，必须采取有效措施，使电气控制系统远离腐蚀性气体，保证工作环境的清洁。

· 更换元器件时要进行严格筛选，元器件质量是印制电路板质量的基础，采购必须定点、定牌，严把质量关，确保印制电路板的质量。

7. 机房进线配电盘的保养

1）经常用“皮老虎”吹除配电盘上的灰尘。

2）封闭式负荷开关的闭合或分离操作前，必须先检查负荷开关上的机械联锁装置是否损坏，以防止在负荷开关打开的情况下操作手柄，造成人身伤害事故。

3）刀开关的刀片经常使用后会出现灼痕，灼痕严重时会影响接触效果，此时，应调换刀开关。

4）如采用断路器，当电路产生短路时，电磁脱扣器自动脱扣，进行短路保护，这时不可重复合上绿色按钮（“合”钮），应待故障排除后再合上“合”钮。

5）应经常监视装有电压表、电流表的配电盘的电压值、电流值，其值不应大于额定值，否则应切断电源，查清原因。

8. 安全触板

1）轿门前沿附装活动的安全触板（或光电保护器），其作用能使正在关闭的轿门碰到障碍物时，不仅停止关门，还能反向迅速开启。因此，安全触板应保证功能有效、动作灵活，需要每周在各杠杆绞接部用薄油润滑一次。当销轴磨损有曲槽时必须更换。

2）调整安全触板与中心线的平行度，短摆杆上有腰形槽，移动槽内螺栓位置使扇形板移动，在弹簧的作用下，连接板与门扇板紧贴在一起，扇形板移动至连接板使触板绕转轴转动，平行度得到调整，调整触板平行度可以改变门缝夹持乘客的宽度。

3）调整微动开关触点，在正常情况下，应使开关触点与触板端部的螺栓头刚能适度接触，在弹簧的作用下，而处于准备动作状态，只要触板摆动，触点便立即动作。为此，可旋进或旋出螺栓，使螺栓头部与开关触点保持接触。

4）应定期检查安全触板开关的动作点是否正确，开关的紧固螺钉是否松动，引出引入线是否有断裂现象。

任务准备

根据任务，选用仪表、工具和器材见表2-2-22。

表2-2-22 仪表、工具和器材明细

序号	名称	型号与规格	单位	数量
1	常用钳工工具	钢丝钳、螺钉旋具、尖嘴钳、剥线钳、普通扳手、活扳手、呆扳手等	套	1
2	万用表	自定	块	1
3	钳形电流表	0～50A	块	1
4	皮老虎		台	1
5	橡胶锤		只	1
6	铜锤		只	1
7	木锤		只	1
8	塞尺		把	2
9	劳保用品	绝缘鞋、工作服、护目镜等	套	1

任务实施

1）学习机房设备进行维护保养、检查及调整的方法。

2）按照正确的步骤进行维护保养、检查与调整。

3）注意事项。

①操作时不要损坏其他设备。

②检查、调整过程中不能损伤导线或使导线连接脱落。

③更换齿轮油及调整设备时应按规程操作。

④检查、调整后，通电状态进行试验，必须按规程操作。

任务2 井道设备维护保养、检查与调整

知识目标

1. 熟悉井道设备的结构原理。
2. 掌握井道设备维护保养、检查与调整的方法、步骤及注意事项。

能力目标

1. 能够熟练掌握井道设备维护保养、检查与调整的方法、步骤。
2. 学会并逐步熟练对井道设备进行维护保养、检查及调整。

任务描述（见表2-2-23）

表 2-2-23 任务描述

工作任务	要求
1. 井道设备维护保养、检查与调整的方法、步骤	1. 学会井道设备维保、检查和调整的方法 2. 正确对井道设备进行维保、检查和调整
2. 井道设备维护保养、检查与调整的注意事项	1. 掌握井道设备维保、检查与调整的注意事项 2. 检查、调整时要严格遵守安全规程

任务分析

井道设备同机房设备一样也是电梯工作的重要部件之一，其维修保养质量同样影响电梯的使用寿命和运行性能。因此，掌握井道设备维护保养、检查与调整的方法与步骤也是非常重要的。

相关知识

1. 导轨和导靴

1）轿厢和对重导轨应每周涂润滑剂一次（采用滚轮导靴的，不宜涂油类物质，有导轨自动加油器者除外）。涂抹润滑剂时，应先铲除导轨表面积污。润滑剂可用浓厚的气缸油或钙基润滑脂。

导轨的润滑应自上而下，维修工站在轿顶上，并在从顶层向底层慢速运行的情况下进行。底层导轨的涂油工作应在底坑内进行（这时电梯应停驶）。

2）导轨如因断油、停驶而致表面锈蚀，或因安全钳动作而造成导轨表面损伤，应先修平后再使用。

3）进行年度检查时，维修保养人员应在轿顶上进行操作，轿厢以慢速从上至下运动时，对导轨及其导轨连接、压紧件进行检查。首先，必须按顺序拧紧全部压板、接头和撑架的螺栓联接，然后，再从上至下用特制样板核实导轨的间距。

4）检查滑动导靴在导轨上滑动所产生摩擦对其衬垫所引起磨损情况，如磨损过甚、间隙过大、轿厢在运动时产生晃动现象，应及时调换。

5）检查导靴时应注意导轨与安全钳之间必须保持适当的间距，以免导轨磨损后，安全钳误动作。

6）应定期检查靴衬的磨损情况，当靴衬工作面磨损量超过 1mm 以上时，应更换新靴衬。

7）采用滚轮导靴时，导轨的工作面应干净清洁，不允许有润滑剂，并定期检查导靴上各轴承的润滑情况，定期挤加润滑脂和定期清洗换油。

8）导轨的工作面应无损伤，由于安全钳动作造成损伤时，应及时修复。

【小提示】

a. 对于滚动导靴的导轨，应保持工作面的清洁，但严禁上油，以防滚轮运行时打滑。

b. 当调整弯曲导轨时，严禁使用火烤的方法，否则不但不能校正弯曲，反而会使弯曲程度加重。

c. 电梯运行忌出现“啃道”现象。当因靴衬磨损严重、间隙过大或安装倾斜而造成轿厢行驶“啃道”现象时，可以用以下迹象来判断，见表 2-2-24。

表 2-2-24 出现“啃道”的迹象

序号	迹 象
1	导轨侧面有一条狭小而又明亮的痕迹，严重时痕迹上带有毛刺
2	靴衬侧面成喇叭口并行毛刺
3	轿厢行驶中，尤其起动和平层时走偏、扭摆

出现“啃道”现象的原因分析见表 2-2-25。

表 2-2-25 出现“啃道”现象的原因分析

序号	原 因 分 析
1	导轨扭曲、歪斜或松动
2	上、下导靴安装未对中，且与导轨间隙不一致
3	轿厢架变形成靴座螺栓松动
4	靴衬外形尺寸太小，并在靴头内晃动

d. 安全钳动作后，应用刮刀、砂纸、油石等将楔块咬合的导轨工作面打磨光滑，才能继续运行。

2. 对重装置

1）检查滑动导靴的导轨润滑是否良好，每周检查油杯的油量，缺油时应及时添加。

2）检查调整油杯油毛毡的伸出量，做好导轨和滑动导靴的外部清洁，防止异物、灰尘进入磨损导轨及靴衬。

3）检查对重架内的对重块是否稳固，若松动应及时紧固，防止对重块在运行中产生抖动或窜动。

4）对重架装有对重轮的，对重轮转动应灵活，并定期加注润滑油。

5）对重架上装有安全钳的，应对安全钳装置进行检查，传动部分应保持灵活。动作可靠，定期对联动机构加润滑油。

【小提示】

a. 对重架下面的空间禁止堆放用于检修电梯的垫木、支架等工具或杂物，以免影响对重装置的上下运动。

b. 补偿链在轿厢运行中有时会有异常响声，这种现象大多是由于补偿链伸长并拖到底坑地面与其他金属物碰撞造成的，也有可能是消音绳断裂引起的，应认真检查并排除故障。

c. 补偿链忌用于悬挂杂物。补偿链在井道里运行时经常会挂上落入井道的塑料袋、编织丝条等，这将影响补偿链的运行，要及时清理并保持其外部清洁。

d. 补偿链条忌有碰撞声，如有响声表明麻绳已损坏，可以在链环上涂少许油以减小运动噪声或更换麻绳。

3. 补偿装置

1）补偿装置的导轨应每月擦洗一次，并加涂钙（锂）基润滑油。

2）补偿绳的伸长量超过允许的调节量时应截短。张紧装置运行时应上下浮动灵活。

3）补偿链在运行中产生噪声时，应检查其消音绳是否折断，查看 U 形固定卡锁紧装置是否完好。

4）补偿链的导向轮等转动部分应灵活，定期进行清洁并加油润滑。

5）外包塑料套的开裂是因为塑料套开裂处与导向轮发生碰撞造成的。

4. 缓冲器

1）缓冲器的各项技术指标（如缓冲行程、缓冲减速度等）以及安全工作状态是否符合要求。

2）液压缓冲器的油位及泄露情况（至少每季检查一次），油面高度应经常保持在最低油位线以上，油的凝固点应在 -10℃以上，黏度指标应在75%以上。

3）弹簧缓冲器的弹簧有无锈蚀，底座螺栓有无松动，底坑有无积水。

4）弹簧缓冲器上的橡胶冲垫有无变形、老化或脱落，并及时更换（有的电梯无）。

5）液压缓冲器柱塞的复位情况。检查方法是以低速使缓冲器到全压缩位置，然后放开，从开始放开一瞬间计算，到柱塞回到原位置上，所需时间应不大于90s。

6）若轿厢或对重撞击缓冲器后，应全面检查，如发现弹簧不能复位或歪斜，应予以更换。

7）聚氨酯缓冲器是否有裂纹或缺损。

8）应经常检查油压缓冲器的油位及漏油情况，低于油位线时，应补油注油。所有螺钉应紧固。柱塞外圆露出的表面，应用汽油清洗干净，并涂适量防锈油（可用缓冲器油）。

【小提示】

a. 切忌对弹簧缓冲器锈蚀状况不注意，尤其是排水不良的底坑，弹簧表面需涂润滑脂进行防腐。

b. 弹簧缓冲器承受轿厢严重撞击后，切忌不进行检查。通过检查如发现不能复位或歪斜，表明弹簧失效，应更换弹簧或重新将弹簧进行热处理。

c. 检查缓冲器的橡胶垫是否变形、老化和脱块，若有上述现象应予以更换。

d. 若油压缓冲器柱塞受压后不能复位，其主要原因有复位弹簧失效、脏物进入铜套而卡住柱塞、铜套制造加工不合格等，应逐项检查原因并加以排除。

e. 如发现轿厢下面两个缓冲器顶面高度不一致，误差超过2mm，应进行调整。

f. 切忌对油压缓冲器不定期清洗油腔。

5. 自动门机

电梯自动门机有多种型式，有直流门机、交流门机、变频调速门机、无刷同步电动机门机等。一般检查保养内容有以下几方面。

1）检查开门机架各紧固螺钉是否松动，松动的应旋紧。调节开门机拉杆螺栓，校正开门机底板的水平度。

2）清除吊门导轨上的污物，检查吊门导轨支架是否牢固，在导轨表面加注少量机油，使开关门灵活、无噪声、不跳动。轴承每年清洁一次，加润滑脂。

3）检查V带磨损情况，调整传动带张力，使其松紧适度。吊门轮外因直径磨损3mm时应予更换。

4）检查链条与链轮齿面的磨损情况，并定期清洗链条与链轮。链条伸长后不能与链轮正确啮合，应更换链条。

5）检查各转动部位的润滑情况，清除污垢后再注以润滑油。在联动机构装配之前，单扇门在水平中心处任何方向牵引，其阻力应小于3N。

6）检查主动臂与两槽带轮连接点的螺栓是否紧固。两槽传动带轮转动180°时，门应全部打开，调节主动臂上的正反螺纹螺母，使两扇门同步运行。

7）轿门滑块应安装牢固，滑块不应脱出地坎滑槽，应保持地坎滑槽内清洁。

8）安全触板应灵活可靠，碰撞力不大于5N。清洁各传动部位，加适量润滑油。光幕应清洁无灰尘，发射与接收装置应固定牢靠。

9）直流门机应检查直流电动机是否灵活以及电刷的磨损情况，电刷磨损过量应更换。清除炭粉和灰尘，检查换向器磨损情况，检查有无机械损伤和火花灼痕，如有轻微灼痕，应用细砂纸细细研磨。

10）检查各行程开关或信号检测元件是否紧固，接触是否良好；各分压电阻器滑动臂接触是否良好。

6. 轿厢

1）应定期检查轿厢架与轿厢体之间的连接螺栓，观察有无松动、错位、变形、脱落或遗失及锈蚀现象。

2）检查轿厢架与轿厢体连接的四根拉杆受力是否均匀，尤其是当发现轿厢歪斜造成轿厢门运动不灵活或电梯无法运行时，要检查是否为拉杠受力不均造成的，此时可调节拉杆螺母，以使其达到受力均匀的目的。

3）检查轿壁是否扭曲、嵌条螺钉是否脱落和松动。当轿壁纵向筋脱焊时，也会发出异常响声。

4）定期检查轿厢的称量装置，观察其动作是否灵活，是否缺油，开关触点是否灵活可靠。

5）检查轿顶装置运行是否正常。

6）检查轿底、轿壁、轿顶的相互位置是否错位，用卷尺测量轿厢上下四角对角线的长度是否一致。若尺寸相差较多，则说明有错位现象。

7）检查轿顶的排风设施、照明设施和轿厢内操纵盘以及接线情况，观察其是否正常。

【小提示】

a. 轿厢忌超载运行，为防止轿厢超载装置失灵，必须注意检查以下几个问题：

· 杠杆系统是否积满灰尘、锈蚀、润滑不良等，进而造成其动作迟缓或不动作。

· 销轴或孔严重磨损变形，被卡死无法转动，导致杠杆系统不动作。

· 销轴由于安装时漏装或未装开口而脱落，使杠杆系统脱落而失灵。

· 轴孔太短不能定位，使杠杆扭偏而失去作用。

· 电气开关触点因润滑不良，致使弹簧失效而无法动作。

· 接线接触不良或脱落。

· 调整重锤时未拧紧定位螺钉或把重锤向悬臂顶端移动的距离太大，即两个重锤非常接近，使机构无法动作。

必须消除以上问题，并在使用半年后，对超载装置进行调整及重新核定载重量。

b. 轿厢忌自重增加。例如，若轿厢内部经过装饰，这将使轿厢的自重增加，会影响电梯的重量平衡和曳引能力。因此，任何增加轿厢自重的行为都必须重新做平衡试验及对安全钳进行校验。

c. 轿厢的装饰材料应为阻燃材料，如确需非阻燃材料，施工前应进行防火处理。装修施工时，切忌破坏轿厢和门套的原有结构，以免影响其机械强度。

7. 轿厢上行超速保护装置

（1）外观检查　轿厢上行超速保护装置上应当设有铭牌，标明制造厂名和型号、规格、参数，现场对照检查上行超速保护装置型式试验合格证和铭牌的内容与实物应当相符，同时检查速度监控部件和减速元件的外观是否正常，有无明显缺陷，安装是否正确可靠。

（2）动作试验　轿厢空载从底站以检修速度向上运行，通过模拟方法，人为动作上行超速保护装置的速度监控部件，如限速器等，观察、检查减速元件是否动作、轿厢是否可靠制停或减速、电气安全装置是否动作、是否使电梯曳引机立即停止转动。

8. 终端限位开关和终端强迫减速开关

1）检查强迫减速开关、终端限位开关及支架的固定有无松动移位，核实准确各开关位置后进行必要的紧固。清除各开关及碰轮上面的灰尘。

2）检查碰铁的安装是否垂直，有无扭曲变形。垂直度不应大于长度的1/1000，最大偏差应不大于3mm（碰铁的斜面除外）。

3）检查开关碰轮与碰铁在全程的接触是否可靠，轮边有无卡阻现象。在任何情况下，碰轮边距碰铁边不小于5mm。碰轮与碰铁接触到位后，碰轮应略有裕量，开关触点应可靠动作。所有碰轮均应转动灵活，不完整的碰轮应及时更换。

4）对安装在机房内的机械极限开关，要经常检查开关的碰轮与钢丝绳的连接是否牢固，钢丝绳导轮的固定是否松动。碰轮和导轮应保持清洁，每月对转动轴、滑轮加机油一次，保持转动灵活。钢丝绳应完好无锈蚀。

5）检查并清除各开关触点表面的氧化物，修复电弧造成的烧痕，保证开关能可靠接通和断开电路。

6）定期对终端限位开关、终端极限开关进行灵敏性、可靠性试验。具体试验方法见表2-2-26。

表 2-2-26　灵敏性、可靠性试验方法

步骤	试验内容
1	轿厢以低速运行，用手扳动上、下终端限位开关、终端极限开关，这时电梯应停止运行
2	轿厢以低速运行，使轿厢上的碰板逐渐触动终端限位开关轮柄，使终端限位开关断路，电梯停止运行
3	试验终端极限开关时，应先将终端限位开关短接。这样轿厢运行时可越过终端限位开关，碰板直接与终端极限开关轮柄接触，使终端极限开关断路，电梯停止运行

注：以上试验时，要求各传动部位灵活、动作可靠，电器元件动作准确。终端极限开关应在轿厢或对重接触缓冲器之前动作。

【小提示】

a. 电梯运行中任一开关动作后，应查明原因，切忌不排除故障就直接运行。

b. 一定要先检查极限开关，再检查限位开关，最后检查强迫减速开关，这一顺序切忌颠倒。若发现限位开关有故障，应先排除故障，然后再对其他两个开关进行检查。

c. 若限位开关为机械式，一定要调整钢丝绳的张紧程度。若钢丝绳磨损、断丝（股）严重，要及时更换。

d. 在进行终端极限开关、终端限位开关试验时应注意以下事项：

·各机械动作部件应灵活可靠，发现有松动或不够灵活的部位应逐一排除，然后再进行试验，直到达到要求。

·电气开关应灵敏准确。若试验中发现电气故障应查找排除。

·各开关动作位置应符合规定要求。极限开关应在轿厢地坎超越上、下端站地坎200mm处，且在轿厢或对重装置接触缓冲器之前动作。若发现动作位置不准确，应进一步调整，再进行试验。

任务准备

根据任务，选用仪表、工具和器材，见表2-2-27。

表2-2-27 仪表、工具和器材明细

序号	名称	型号与规格	单位	数量
1	常用钳工工具	钢丝钳、螺钉旋具、尖嘴钳、剥线钳、普通扳手、活扳手、呆扳手等	套	1
2	万用表	自定	块	1
3	钳形电流表	0～50A	块	1
4	粗校卡尺		把	1
5	精校卡尺		把	1
6	劳保用品	绝缘鞋、工作服、护目镜等	套	1

任务实施

1）学习井道设备进行维护保养、检查及调整的方法。

2）按照正确的步骤进行维护保养、检查与调整。

3）注意事项。

①操作时不要损坏其他设备。

②检查、调整过程中不能损伤导线或使导线连接脱落。

③更换润滑油及调整设备时应注意筛选，按规程操作。

④检查、调整后，通电状态进行试验，必须按规程操作。

任务3 层站设备维护保养、检查与调整

知识目标

1. 熟悉层站设备的结构原理。
2. 掌握层站设备维护保养、检查与调整的方法、步骤及注意事项。

能力目标

1. 能够熟练掌握层站设备维护保养、检查与调整的方法、步骤。
2. 学会并逐步熟练机房设备的维护保养、检查及调整方法。

任务描述（见表2-2-28）

表 2-2-28 任务描述

工作任务	要求
1. 层站设备维护保养、检查与调整的方法和步骤	1. 学会层站设备维保、检查和调整的方法 2. 正确对层站设备进行维保、检查和调整
2. 层站设备维护保养、检查与调整的注意事项	1. 掌握层站设备维保、检查与调整的注意事项 2. 检查、调整时要严格遵守安全规程

任务分析

层站设备基本上都是人机对话的设备，是与乘客或货物接触最多的设备，因此，其工作率较高，对其维修保养质量好坏直接影响电梯的日常运行。所以，掌握层站设备维护保养、检查与调整的方法与步骤是十分重要的。

相关知识

1. 层门

层门是通往井道的途径，层门关闭不到位会使人误入井道，造成人身伤害事故，必须经常检查保养以确保安全。

1）层门转动部位应灵活，清除油污后加适量润滑油。紧急开锁机构应动作灵活正确，不妨碍层门自锁装置动作。

2）清洁导轨上的油污后，注以适量机油。导轨架应固定牢靠，各挂轮转动应灵活，门扇启闭轻便，无跳动摇摆和噪声。

3）层门自闭装置应动作灵活无卡阻滞停现象。采用重锤式机构，滑道下端应封闭。

4）清洁门联锁锁紧装置，门锁触点、副门锁接触和分断应良好。将门关闭检查大锁臂与锁钩啮合是否可靠，啮合应不小于 7mm，门触点在大锁臂的作用下接触的尺寸是否合适。检查触点与导线的连接情况，清除触点积垢和烧蚀残迹，用砂纸将触点打磨光滑。

5）经常清除地坎滑槽内的污垢，门滑块磨损严重时应及时更换，滑块不应脱出地坎滑槽。

2. 层楼指示器

1）检查轿厢内各选层按钮、显示信号是否完好，显示是否正确，缺笔画时应修复。

2）检测通信设备是否畅通好用。

3）检查通风照明设备、应急灯是否好用，保证 1W/h 照明，不好用时应立即更换。

4）楼层显示和外呼按钮应指示正确，有破损的应及时更换。

3. 选层器与平层装置

1）经常检查清洁选层器与平层装置，保证它们表面无油垢灰尘，转动部位灵活润滑良好。机械选层器的导向轨应定期加油润滑。

2）检查各永磁感应器的接线或插头，应使其压接牢靠，接触良好。

3）对机械选层器应检查其传动钢带是否可靠，如发现断裂痕迹应及时修复或更换；检查连接螺栓是否松动，若松动立即拧紧；检查触点接触是否可靠，弹性触点的压力是否正常，调整触点位置使其动作准时无误，接触可靠；及时清除触点表面的积垢，烧蚀的地方应修复或更换。

4）对井道内装设的选层器进行维护保养。清扫表面尘灰，检查并拧紧连接螺栓螺母，元件的位置不得移动，间距应保持正常，检查双稳态开关触点在通和断两个位置上的双稳态状况，不正常时应立即调整更换。

5）对电脑选层器进行维护保养。应经常检查与其所连接部位的螺钉是否松动，应保障与所连接机件的同轴度；检查发射与接收光源的小盒固定是否牢固，光电编码孔盘应在两小盒正中。若采用测速发电机作传感器时，更应注意发电机与电动机轴或减速箱蜗杆尾部的连接处的同轴度，使其不得摇摆或晃动。

4. 自动开关门调速开关和断电开关

定期检查开关打板、开关的紧固螺钉、开关引出引入线的压紧螺钉有无松动，打板碰撞开关时的角度和压力是否合适，并给开关滚轮的转动部位加适量润滑油。

5. 强迫关门装置

检查强迫关门装置，在轿门驱动层门的情况下，当轿厢在开锁区域之外时，如果层门开启（无论何种原因），应当有一种装置能够确保该层门自动关闭。自动关闭装置采用重块时，应当有防止重块坠落的措施。

6. 紧急开锁装置

检查紧急开锁装置，每个层门均应当能够被一把符合要求的钥匙从外面开启。紧急开锁后，在层门闭合时门锁装置不应当保持开锁位置。

7. 门锁装置

1）正常运行时应当不能打开层门，除非轿厢在该层门的开锁区域内停止或停站。如果一个层门或者轿门（或者多扇门中的任何一扇门）处于打开状态，在正常操作情况下，应当不能起动电梯或者不能保持继续运行。

2）每个层门和轿门的闭合都应当由电气安全装置来验证，如果滑动门是由数个间接机械连接的门扇组成，则未被锁住的门扇上也应当设置电气安全装置以验证其闭合状态。

8. 门锁啮合

1）目测门锁及电气安全装置的设置。

2）目测锁紧元件的啮合情况，认为啮合长度可能不足时测量电气触点刚闭合时锁紧元件的啮合长度。

3）使电梯以检修速度运行，打开门锁，观察电梯是否停止。

任务准备

根据任务，选用仪表、工具和器材见表2-2-29。

表2-2-29 仪表、工具和器材明细

序号	名称	型号与规格	单位	数量
1	常用钳工工具	钢丝钳、螺钉旋具、尖嘴钳、剥线钳、普通扳手、活扳手、呆扳手等	套	1
2	万用表	自定	块	1
3	钳形电流表	0～50A	块	1
4	劳保用品	绝缘鞋、工作服、护目镜等	套	1

任务实施

1）学习层站设备进行维护保养、检查及调整的方法。

2）按照正确的步骤进行维护保养、检查与调整。

3）注意事项。

①操作时不要损坏其他设备。

②检查、调整过程中不能损伤导线或使导线连接脱落。

③更换齿轮油及调整设备时应按规程操作。

④检查、调整后，通电状态进行试验，必须按规程操作。

任务4　其他电器部件和元器件维护保养、检查与调整

知识目标

1. 熟悉其他电器部件和元器件的结构原理。

2. 掌握其他电器部件和元器件维护保养、检查与调整的方法、步骤及注意事项。

能力目标

1. 能够熟练掌握其他电器部件和元器件维护保养、检查与调整的方法、步骤。

2. 学会并逐步熟练对其他电器部件和元器件进行维护保养、检查及调整的方法。

任务描述（见表2-2-30）

表2-2-30　任务描述

工作任务	要求
1. 其他电器部件和元器件维护保养、检查与调整的方法和步骤	1. 学会其他电器部件和元器件维保、检查和调整的方法 2. 正确对其他电器部件和元器件进行维保、检查和调整
2. 其他电器部件和元器件维护保养、检查与调整的注意事项	1. 掌握其他电器部件和元器件维保、检查与调整的注意事项 2. 检查、调整时要严格遵守安全规程

任务分析

电梯除了机房设备、井道设备和层站设备外，还有一些其他电器部件和元器件，它们运行的好坏也同样影响电梯的正常运行，有时还会起决定性作用，因此，对其他电器部件和元器件的维护保养也应重视，而且应注意维护保养的质量。

相关知识

其他电器部件和元器件的维护保养、检查与调整：

应定期清扫各电器部件、元器件上的积灰，检查各电器部件的紧固螺钉和引出引入线的压紧螺钉有无松动。检查和调整各元器件的接点，使接点处具有足够大的接触压力，并清除各接点的氧化物，修复被电弧造成的烧蚀等。

任务准备

根据任务，选用仪表、工具和器材，见表2-2-31。

表2-2-31　仪表、工具和器材明细

序号	名称	型号与规格	单位	数量
1	常用钳工工具	钢丝钳、螺钉旋具、尖嘴钳、剥线钳、普通扳手、活扳手、呆扳手等	套	1
2	万用表	自定	块	1
3	钳形电流表	0～50A	块	1
4	皮老虎		台	1
5	劳保用品	绝缘鞋、工作服、护目镜等	套	1

任务实施

1）学习其他电器部件和元器件进行维护保养、检查及调整的方法。

2）按照正确的步骤进行维护保养、检查与调整。

3）注意事项。

①操作时不要损坏其他设备。

②检查、调整过程中不能损伤导线或使导线连接脱落。

③检查、调整后，通电状态进行试验，必须按规程操作。

单元三　电梯常见机械故障维修

3

由于电梯机械系统中的零部件和电气控制系统中的元器件不能正常工作、有异常的振动或噪声，导致严重影响电梯的乘坐舒适感、失去设计中预定的一个或几个功能，甚至不能正常运行，必须停机修理，防止造成设备事故以及人身事故等。以上几种情况通称为电梯的故障。

据大多数电梯制造厂家和部分电梯用户的不完全统计，造成电梯必须停机修理的故障中，机械系统中的故障约占全部故障的30%，电气控制系统中的故障约占全部故障的70%。

机械系统的故障在电梯的全部故障中所占的比重虽然比较少，但是一旦发生故障，可能会造成更长的时间停机待修，甚至会造成更为严重的设备和人身事故。因此，进一步减少机械系统的故障，应该是维修人员努力争取的目标之一。

实践证明，机械系统的常见故障形成原因见表2-3-1。

表2-3-1　机械系统的常见故障形成原因

序号	常　见　故　障
1	由于润滑不良或润滑系统的故障，造成部件的转动部位发热烧伤、烧死或抱轴，造成滚动或滑动部位的零部件毁坏而被迫停机修理
2	由于没有开展预检修，未能及时检查发现部件的转动、波动、滑动部位中有关机件的磨损情况和磨损程度，也没有根据各机件磨损程度和电梯使用的频繁程度，正确制定修复或更换有关机件的期限，造成零部件损坏而被迫停机修理
3	电梯在运行过程中，由于振动造成紧固螺钉松动，特别是某些存在相对运动，并在相对运动过程中实现机械动作的部件，由于零部件的紧固螺钉松动而产生位移，或失去原有精度，又不能及时检查发现修复，而造成磨、碰、撞坏电梯机件而被迫停机修理
4	由于平衡系数与标准要求相差过远，或严重过载造成轿厢蹾底或冲顶，冲顶时由于限速器和安全钳动作而被迫停机待修复

从表2-3-1中可以看出，做好设备的日常维护保养，定时检查机械系统中各部件的转动、波动、滑动部位的润滑情况，按时加注润滑油，按时清洗和换油，避免出现润滑不良甚至造成干磨的现象。如果能够坚持做好各种滚动、转动、滑动部位的润滑工作，就可以把机械系统的故障降到最低限度，确保电梯的正常运行，还可以延长各种零部件和电梯的使用寿命。若还能在搞好日常维护保养的基础上开展预检修，把事故和故障消灭在萌芽状态，就可以大大减少停机待修时间。

模块一 电梯曳引机的故障及排除

任务1 电梯曳引机轴承端渗油

知识目标

1. 熟悉电梯曳引机轴承的结构。
2. 掌握曳引机轴承端漏油的故障原因及排除方法。

能力目标

1. 能够熟练分析曳引机轴承端漏油的故障原因。
2. 学会并逐步熟练更换油封、齿轮油的方法。

任务描述（见表2-3-2）

表2-3-2 任务描述

工作任务	要 求
1. 电梯曳引机轴承端漏油的机械故障检测	1. 曳引机轴承安装符合工艺要求 2. 正确分析曳引机轴承端漏油的故障原因 3. 熟记检测故障的安全规程
2. 电梯曳引机轴承端漏油的机械故障排除	1. 掌握分析故障的方法，熟悉故障产生的原因 2. 检测故障时要严格遵守安全规程 3. 维修过程要符合工艺要求

任务分析

曳引机轴承端漏油故障在整梯机械故障率中占有较大的比例，其故障原因有许多方面，从机械角度考虑，常见曳引机轴承端漏油故障的原因分析及处理方法见表2-3-3。

表2-3-3 常见曳引机轴承端漏油故障的原因分析及处理方法

原因分析	处 理 方 法
油封老化磨损	1. 少量渗油时，仔细观察渗油的质量状况，如果油的黏度太低，应更换齿轮油
油的黏度稀释	
加油量太多	2. 渗油量较大时，应观察油窗的油量，若油量较少时，以及时更换油封
油封材质不好，即橡胶弹性差和耐油性能差	
油封圈与轴径贴合性能较差	

相关知识

1. 油封

油封如图2-3-1所示。

图 2-3-1　油封示意图

2. 曳引机漏油影响摩擦因数

（1）影响当量摩擦因数的因素　当量摩擦因数与绳槽的形状、材料及钢丝绳的润滑情况有关，有如下公式

带切口和半圆槽：

$$f=\frac{4u[1-\sin(\beta/2)]}{\pi-\beta-\sin\beta}$$

V 形槽：

$$f=\frac{u}{\sin(\gamma/2)}$$

式中　u——钢丝绳与曳引轮槽的摩擦因数；

β——半圆切口槽的切口角，对半圆槽为 0；

γ——V 形槽开口夹角。

可见钢丝绳与曳引轮槽系数 u 的变化直接影响了当量摩擦因数 f 的变化，进而影响电梯的曳引能力。

（2）薄膜润滑摩擦机理　电梯钢丝绳与曳引轮槽之间的摩擦润滑机理非常复杂，如果钢丝绳与曳引轮槽之间有油膜存在，可以近似成薄膜润滑机理。薄膜润滑的摩擦因数与时间、载荷、承载面积、转速和薄膜的油膜厚度有关系，通常，随着时间延长，载荷增加、承载面积减小、转速提高、油膜厚度增加，摩擦因数会逐渐降低。

（3）曳引机漏油影响摩擦因数　由于曳引机制造过程的工艺和油封质量问题或是使用和保养不当，都会导致曳引机漏油。部分漏油流到曳引轮上，曳引轮高速运转，把泄漏的油又甩到钢丝绳上，时间一久，曳引轮槽、曳引钢丝绳上油脂越积越多。油脂必将影响钢丝绳在线槽内的润滑情况，从而直接影响摩擦因数 u，摩擦因数 u 的降低，影响当量摩擦因数 f，从而导致电梯的曳引能力的降低。但润滑机理比较复杂，一般不能定性地计算出来，不同钢丝绳上粘的油脂的多少不同，故一般需要曳引试验来验证。

3. 更换油封

1）吊起轿厢（停梯停电后），拆下电动机，拆下联轴器，并将其从蜗杆轴上取下。

2）打开轴承压盖，换上新的油封。

3）将轴承盖压牢，以不漏油为好。

4）送电，经空载试车正常，再停电挂上钢丝绳，将轿厢复位，拆除一切机具器件，经检查无误后方可送电拖动轿厢慢速试车。观察电动机、钢丝绳、制动器、联轴器等部位的运行状态，一切正常后，在通电 40% 持续率下，反复试车 30min，完全正常后方可投入运行。

4. 曳引机轴承端漏油故障排除方法

曳引机轴承端漏油故障采用目测法，按图 2-3-2 所示流程检查。

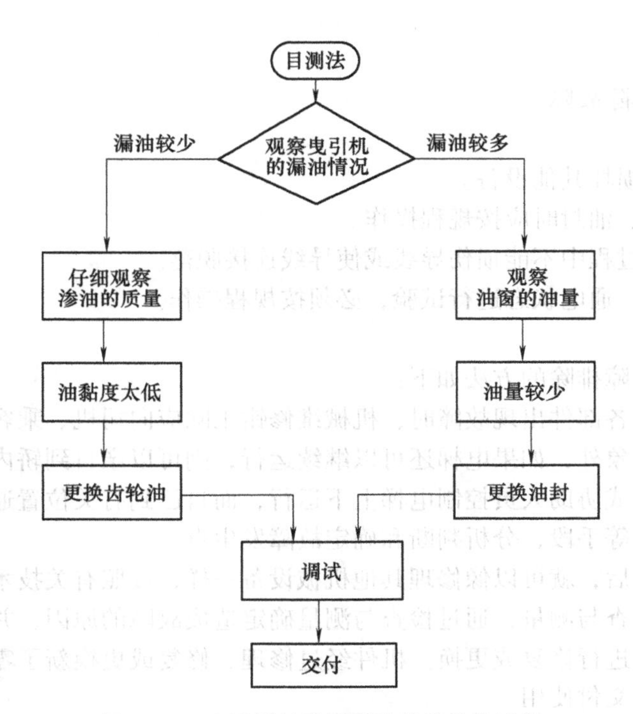

图 2-3-2 曳引机轴承端漏油故障检修流程

任务准备

根据任务，选用仪表、工具和器材见表 2-3-4。

表 2-3-4 仪表、工具和器材明细

序号	名称	型号与规格	单位	数量
1	常用钳工工具	钢丝钳、螺钉旋具、尖嘴钳、剥线钳、普通扳手、活扳手、呆扳手等	套	1
2	万用表	自定	块	1
3	钳形电流表	0～50A	块	1
4	手拉葫芦	2T	台	1
5	橡胶锤		只	1
6	铜锤		只	1
7	劳保用品	绝缘鞋、工作服、护目镜等	套	1

任务实施

1. 用目测法观察

1）观察漏油量。

2）观察润滑油的黏度是否过低。

3）观察加油量是否太多。

4）检查油封质量是否好。

5）观察油封圈与轴径贴合性能是否较差。

6）观察油封是否老化磨损。

2. 排除故障

按照检修方法排除故障。

3. 注意事项

1）操作时不要损坏其他设备。

2）更换齿轮油、油封时应按规程操作。

3）检修、更换过程中不能损伤导线或使导线连接脱落。

4）故障排除后，通电状态进行试验，必须按规程操作。

【小提示】

电梯机械系统故障排除的方法如下：

电梯机械系统中各部件出现故障时，机械维修钳工除应向司机、乘客或管理人员了解出现故障时的情况和现象外，如果电梯还可以继续运行，则可以亲自到轿内控制电梯上下运行数次，也可以让司机或协助人员控制电梯上下运行，而自己到有关位置通过眼看、耳听、鼻闻、手摸、实地测量等手段，分析判断和确定故障发生点。

故障发生点确定后，就可以像修理其他机械设备一样，按照有关技术文件的要求，仔细进行拆卸、清洗、检查与测量，通过检查与测量确定造成故障的原因，并根据机件故障点的磨损情况或损坏程度进行修复或更换。机件经过修理、修复或更换新了零部件后，投入运行前需经认真调试方可交付使用。

任务2　曳引机机组运转异常

知识目标

1. 熟悉电梯曳引机机组正常运转的状态。
2. 掌握曳引机机组运转异常的故障原因及排除方法。

能力目标

1. 能够熟练分析曳引机机组运转异常的故障原因。
2. 学会并逐步能熟练更换润滑油、更换轴承、调整制动器闸瓦片等。

任务描述（见表2-3-5）

表2-3-5　任务描述

工作任务	要　求
1. 电梯曳引机机组运转异常的机械故障检测	1. 了解曳引机机组正常工作状况 2. 正确分析曳引机机组运转异常的故障原因 3. 熟记检测故障的安全规程
2. 电梯曳引机机组运转异常的机械故障排除	1. 掌握分析故障的方法，熟悉故障产生的原因 2. 检测故障时要严格遵守安全规程 3. 维修过程要符合工艺要求

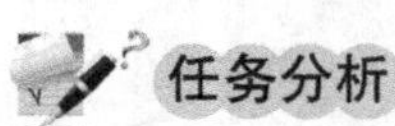

电梯轿厢上下运行时，不论是空载运行还是负载运行，曳引机的运转都有异常的现象。

大致分析其原因，有3种情况，即主机发热、运行中有杂音、曳引机运行时振动或周期性振动。从机械角度考虑，常见曳引机机组故障的原因分析及处理方法分别见表2-3-6～表2-3-8。

表2-3-6 常见主机发热故障的原因分析及处理方法

原因分析	处理方法
产生热膨胀，使蜗轮蜗杆副轴受到热膨胀的影响，造成齿形、啮合尺寸以及蜗轮杆副啮合的侧隙与啮合的节径产生变化	1. 用目测法检查和测量油温以及油箱的油面线位置。如果油少或油的润滑黏度不够，应当及时更换
如果齿形和啮合中心距、侧隙受到热变形的影响，会对啮合精度造成影响，由此，也会加大摩擦生热	2. 如果更换润滑油之后，运行的温度温升仍较高，则可能是轴承的磨损比较严重，需更换轴承，在更换轴承的同时，应检查蜗杆副的啮合精度，检查蜗轮的同轴度精度
可能是油箱内油量太少而造成的	

表2-3-7 运行中有杂音故障的原因分析及处理方法

原因分析	处理方法
轴承的磨损、滚道或滚子（柱）的变形，破坏了原有的轴承配合精度，造成滚道游隙和径向间隙增大，致使运行时产生径向和轴向无规则的游动从而产生杂音	同主机发热方法
由于蜗轮节径与孔径同轴度或者齿形公法线尺寸周期性变化，或齿形尺寸大小的周期性变化，从而产生侧隙变化，同时造成蜗杆副齿形啮合的变化，由此而产生周期性的振荡杂音	

表2-3-8 运行时振动或周期性振动故障的原因分析及处理方法

原因分析	处理方法
曳引机减速箱的蜗杆中心高度与电动机转子轴中心高度不在同一个中心平面之上，这可能是在装配测试时未校正在同一个中心平面上，或者其定位销因受重载的影响而发生走动，致使联轴器运转受阻（即不同轴，三眼不直）而产生周期性的振动杂音	取下定位销，排除不等高、定位销定位的误差、不在同一中心平面以及扭曲等故障
如果电动机转子动平衡和飞轮动平衡不好，也将会产生周期性的振动	校正转子轴的动平衡，飞轮的动平衡
曳引机底盘的搁机平面存在着平面度误差（即平面扭曲），因螺栓拧紧将曳引机和电动机固定在底盘上而造成材料变形，致使中心等高变化，从而产生振动	调整搁机底盘上的螺栓
制动器的闸瓦片未调整好，闸瓦片因锁紧螺母未锁紧或装配不当触碰制动轮	应对其间隙予以调整，并用锁紧螺母锁定
曳引轮或抗绳轮轴承磨损而造成的杂音	应当及时更换

相关知识

1. 平衡系数的测定

见单元一中模块二的任务2。

2. 转子轴动平衡校正方法

转子的不平衡是因其中心主惯性轴与旋转轴线不重合而产生的。平衡就是改变转子的质量分布，使其中心主惯性轴与旋转轴线重合而达到平衡的目的。

当测量出转子不平衡的量值或相位后，校正的方法有：

（1）去重法　即在重的一方用钻孔、磨削、錾削、铣削和激光穿孔等方法去除一部分金属。

（2）加重法　即在轻的一方用螺钉连接、铆接、焊接、喷镀金属等方法加上一部分金属。

（3）调整法　通过拧入或拧出螺钉以改变校正重量半径，或在槽内调整两个或两个以上配重块位置。

（4）热补偿法　通过对转子局部加热来调整工件装配状态。

3. 电动机与减速器轴同轴度的测量

校正电动机与减速器同轴度的简易设备如图 2-3-3 所示。

为了使电梯电动机与减速器的轴形成一条直线，输出最大功率和减少振动、噪声，需要调整同心度，采用如下方法：

将电动机半联轴节固定在一个专用的支架上，转动电动机，使支架上的两个测量间隙针顶在制动轮的四周各点处。用塞尺测量，使测量指针间隙差不超过 0.1mm。如用外径千分尺代替测量针时，边转动，边测量，边调整，达到要求后再将电动机机座螺栓拧紧，并将联轴节的销子穿上拧紧。

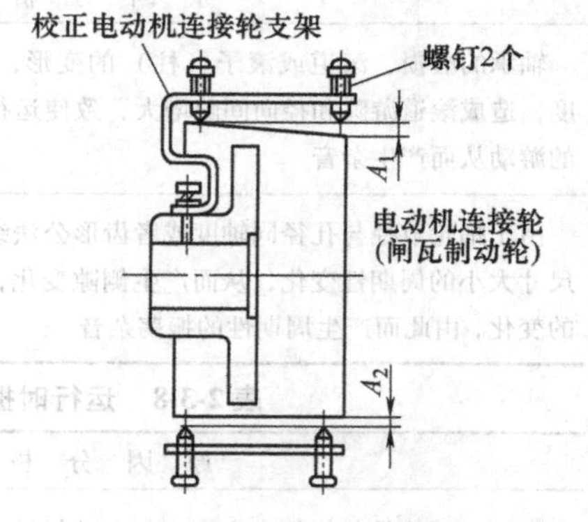

图 2-3-3　同轴度校正支架示意图

弹性连接，蜗杆与电动机轴的同轴度误差不超过 0.1mm。刚性连接，同轴度误差不大于 0.02mm（见图 2-3-3）。

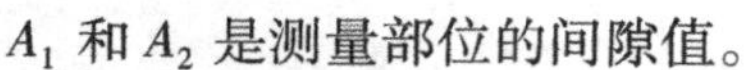

A_1 和 A_2 是测量部位的间隙值。

4. 更换轴承

轴承是易损件，损坏时需要更换。若更换方法不当，极易使轴承内部损伤，还会使污染物进入轴承内。轴承的正确拆卸方法有以下四种。

（1）用拉拔器拆卸　过盈配合的小型轴承，通常用拉拔器拆卸。将拉拔器钩子钩住轴承内环，缓缓用力将轴承拉下。若拉拔器钩不住轴承内环，可钩外环，把螺栓固定，连续转动拉拔器直到轴承松脱，如图 2-3-4 所示。

（2）用专用的拉拔压力机拆卸　用拉拔压力机拆卸时，因受力均匀，不易损伤轴承，如图 2-3-5 所示。

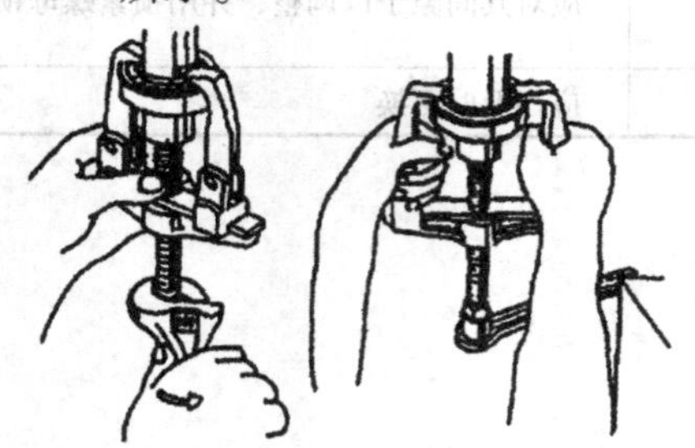

图 2-3-4　用拉拔器拆卸轴承

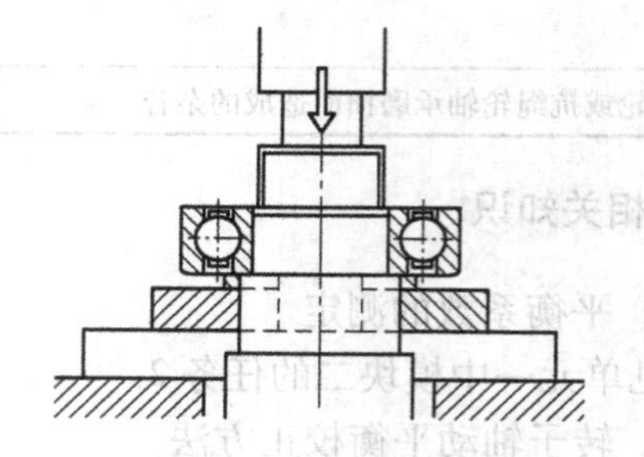

图 2-3-5　压力机拆卸轴承

(3) 用专用小工具拆卸

1) 用专用套拆卸轴承外环，如图 2-3-6a 所示。

2) 用软铜棒小心击打轴承外圈，如图 2-3-6b 所示。

3) 用拆卸螺钉顶下轴承，如图 2-3-6c 所示。

4) 用轴箱外盖和螺栓顶下轴承，如图 2-3-6d 所示。

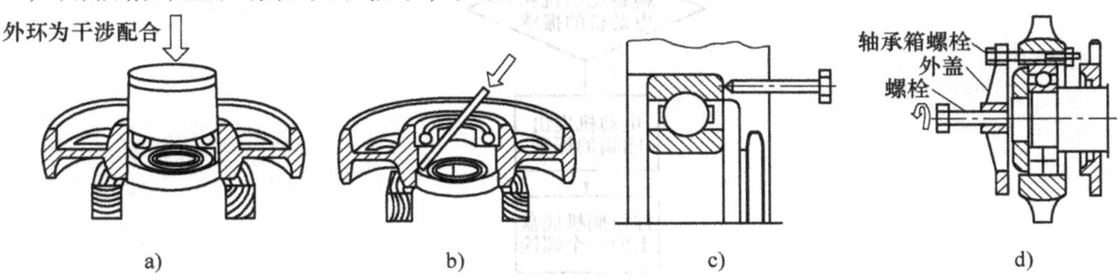

图 2-3-6 拆卸轴承的方法

a) 用专用套拆卸 b) 用软铜棒拆卸 c) 用螺钉拆卸 d) 用外盖和螺栓拆卸

5. 闸瓦制动间隙的调整

闸瓦制动间隙的调整，见单元中模块二的任务 1。

6. 曳引机机组运转异常故障排除方法

1) 主机过热和杂音故障可采用目测法，按图 2-3-7 所示流程检查。

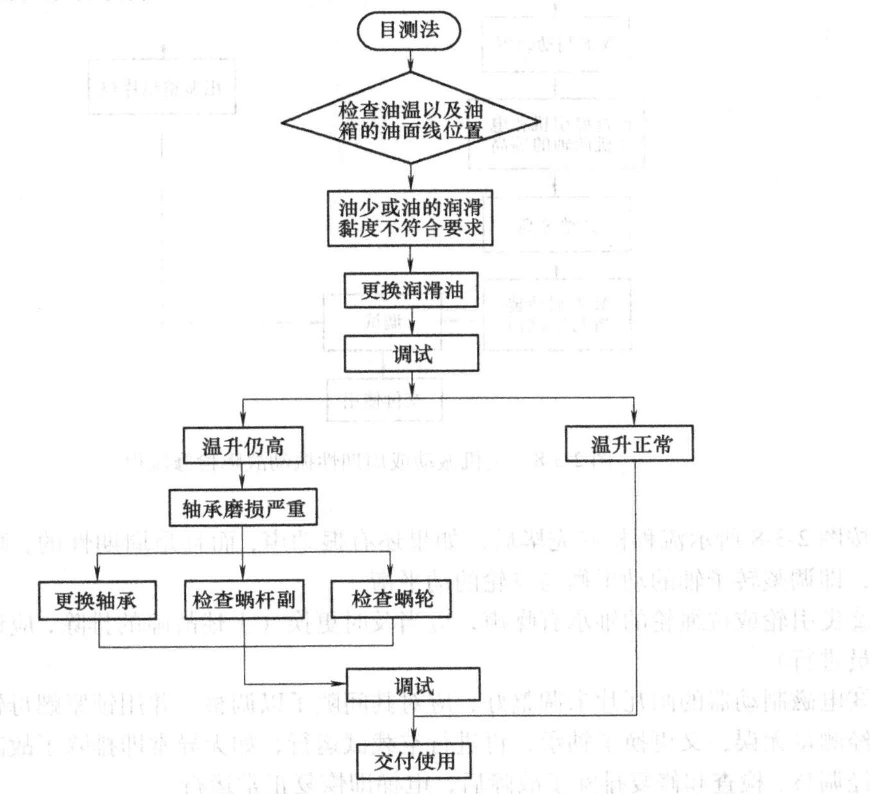

图 2-3-7 主机过热和杂音故障检修流程

2）主机振动或周期性振动的排除。

①曳引机和电动机的振感，用手触摸法检查，按图 2-3-8 所示流程检查。

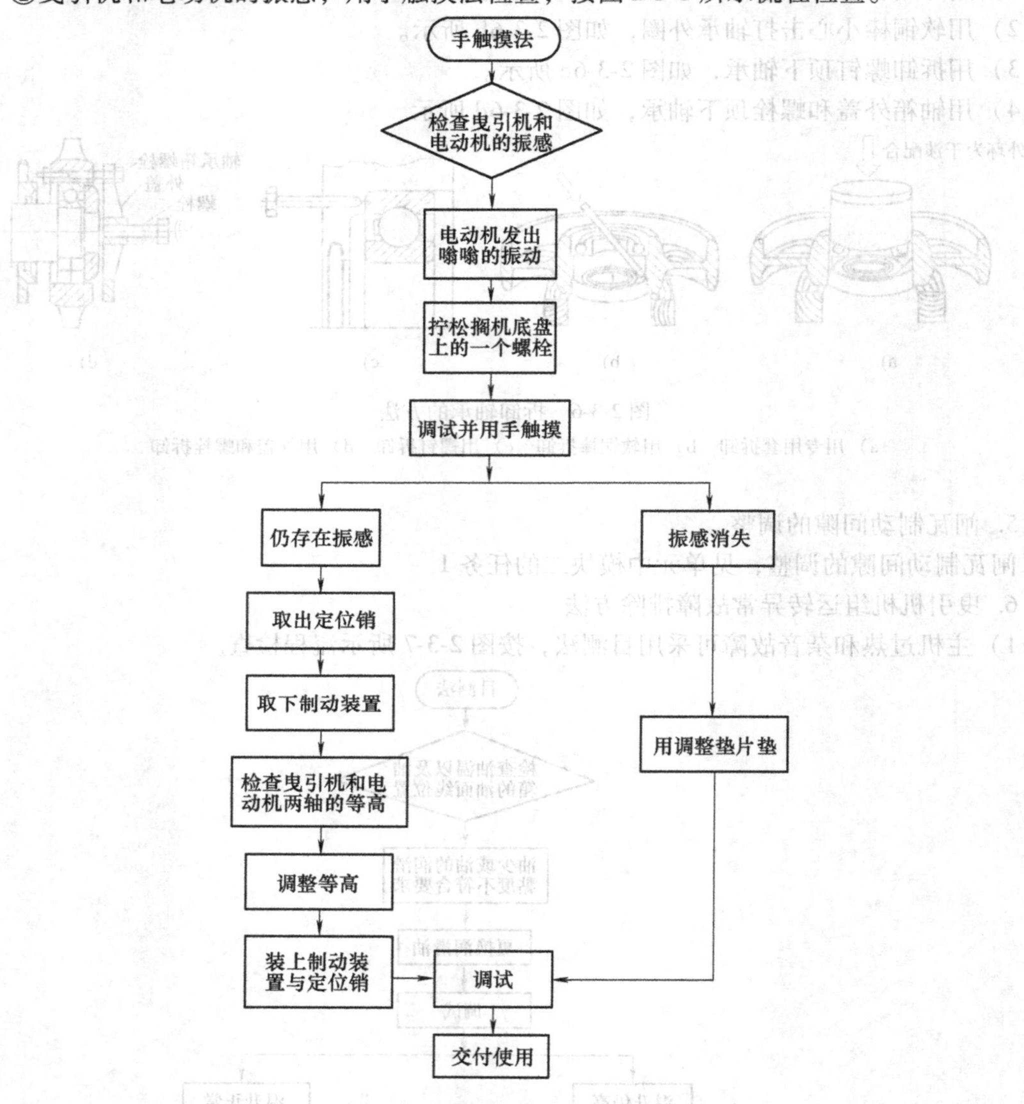

图 2-3-8　主机振动或周期性振动故障检修流程

按图 2-3-8 所示流程检修完毕后，如果还有振动声，而且是周期性的，则从两方面着手检查，即调整转子轴的动平衡与飞轮的动平衡。

②曳引轮或抗绳轮的轴承有噪声，应当及时更换（上述故障的排除，应请专业厂家的专业人员进行）。

③电磁制动器的闸瓦片未调整好，应对其间隙予以调整，并用锁紧螺母锁定。

经测量无误，又更换了轴承，再进行空载试运行，如无异常即排除了故障。

经调整、检查和修复排除了故障后，电梯即恢复正常运行。

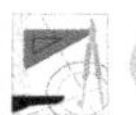

任务准备

根据任务，选用仪表、工具和器材见表2-3-9。

表2-3-9 仪表、工具和器材明细

序号	名称	型号与规格	单位	数量
1	常用钳工工具	钢丝钳、螺钉旋具、尖嘴钳、剥线钳、普通扳手、活扳手、呆扳手等	套	1
2	万用表	自定	块	1
3	钳形电流表	0～50A	块	1
4	手拉葫芦	2T	台	1
5	塞尺		把	1
6	千分尺		把	1
7	劳保用品	绝缘鞋、工作服、护目镜等	套	1

任务实施

1. 用目测法检查和测量

1）测量油温。

2）观察油箱的油面线位置。

3）检查轴承磨损情况。

4）检查蜗杆副的啮合精度（包括齿形接触精度和侧隙）。

5）检查蜗轮的同轴度精度。

2. 用手触摸法检查

1）检查固定在搁机底盘上的螺栓。

2）检查曳引机和电动机两轴的等高（将制动装置取下）。

3）检查曳引机和电动机两轴是否在同一中心平面上（即垂直平面与水平平面）。

3. 检查转子轴的动平衡与飞轮的动平衡。

4. 检查曳引轮或抗绳轮的轴承是否正常。

5. 检查电磁制动器的闸瓦片。

6. 按照图2-3-7所示流程检修主机过热和杂音故障，并排除故障。

7. 按照图2-3-8所示流程检修主机振动或周期性振动故障，并排除故障。若曳引轮或抗绳轮的轴承出现故障，应及时更换。若电磁制动器的闸瓦片未调整好，则应对其间隙予以调整，并用锁紧螺母锁定。

8. 注意事项

1）操作时不要损坏其他设备。

2）更换轴承时应按规程操作，同时应检查蜗杆副的啮合精度（包括齿形接触精度和侧隙），检查蜗轮的同轴度精度。

3）检查同轴度调整应按规程进行操作。

4）转子轴平衡需按规程进行校正，牢记各种校正方法的操作注意事项。

5）检修、更换过程中不能损伤导线或使导线连接脱落。

6）故障排除后，通电状态进行试验，必须按规程操作。

任务3　轿厢舒适感变差

知识目标

1. 了解轿厢舒适感变差的感觉。

2. 掌握曳引机的振动、电动机发出异常杂音和电动机与曳引机机组振动的故障原因及排除方法。

能力目标

1. 能够熟练分析轿厢舒适感变差的故障原因。

2. 学会并逐步熟练排除故障。

任务描述（见表2-3-10）

表2-3-10　任务描述

工　作　任　务	要　　求
1. 电梯轿厢舒适感变差的机械故障检测	1. 了解轿厢舒适感变差的感觉 2. 正确分析轿厢舒适感变差的故障原因 3. 熟记检测故障的安全规程
2. 电梯轿厢舒适感变差的机械故障排除	1. 掌握分析故障的方法，熟悉故障产生的原因 2. 检测故障时要严格遵守安全规程 3. 维修过程要符合工艺要求

任务分析

电梯轿厢在运行过程中，曳引机振动或电动机有异常杂音或机组振动，从而使舒适感变差。分析其原因，大致有3种情况，即曳引机的振动、电动机发出异常杂音和电动机与曳引机机组振动。从机械角度考虑，常见轿厢舒适感变差故障的原因分析及处理方法分别见表2-3-11～表2-3-13。

表2-3-11　曳引机振动故障的原因分析及处理方法

原　因　分　析	处　理　方　法
蜗轮副啮合面接触不好，运转中会产生振动	修理、更换与调整
蜗杆分头精度差，产生周期性振动	
推力球轴承的轴向间隙未调整好或其滚道严重磨损，产生轴向窜动，造成运转振动	

表2-3-12　电动机发出异常杂音故障的原因分析及处理方法

原　因　分　析	处　理　方　法
两端的推力球轴承未配对，造成轴承定向装配偏差，加速轴承磨损	修理、更换与调整
间隙偏大而引起的振动杂音	调整蜗杆轴的轴向间隙

表 2-3-13 电动机与曳引机机组振动故障的原因分析及处理方法

原因分析	处理方法
联轴器法兰盘松动，造成起动与停车瞬间电动机与蜗杆轴之间出现非同步运转现象，曳引机瞬时产生晃动	打开电磁制动器的闸瓦，检查联轴器法兰盘是否松动，如果松动，紧固螺栓即可
电动机与蜗杆轴等高中心不在一个中心平面上（三眼不直），造成运转振动	取下定位销，排除不等高、定位销定位的误差、不在同一中心平面以及扭曲等故障。如果弹性联轴器的橡胶圆柱已损坏，应及时更换并拧紧螺栓
飞轮动平衡或转子动平衡有偏差	校正转子轴的动平衡，飞轮的动平衡

相关知识

1. 更换主机工艺与流程

电梯主机曳引轮的材质一般为球墨铸铁 QT600，一般硬度为 220 ~ 270HBS，其直径根据电梯载重、速度等参数决定，一般常用直径 300 ~ 900mm，其边缘上开有绕钢丝绳用的绳槽，安装在曳引机主轴上，由曳引电动机通过减速箱带动旋转，电梯的动力传递由钢丝绳与绳槽的摩擦力实现。

（1）有齿轮主机更换的工艺与流程

1）制定施工方案，落实安全防范措施。

2）电梯检修运行，支杆撑起对重，用手拉葫芦起吊轿厢，拉起限速器联动安全钳，将轿厢固定在导轨上。

3）拆除曳引轮防护罩及防钢丝绳防跳装置，松脱曳引轮上主钢丝绳。

4）在曳引轮轴的中心丝孔上旋入长度为 700mm 丝杠，一般为 16 ~ 20mm。

5）一般曳引轮轴径为 80 ~ 120mm，在固定丝杠上套入外径为 60mm，内径为 22mm，长度为 50mm 的钢制轴套，数量为 1 ~ 2 只。

6）将柱塞中空式液压拉马小心地穿在曳引轮轴中心丝杠上。

7）用特制长度为 500mm，中心 30 mm 两侧长腰孔的专用钢支架穿入曳引轮轴中心丝杠上，位置在液压拉马后侧。

8）在专用钢支架的中心两侧各有两只直径为 20mm 的长腰孔，便于固定曳引轮两侧的轮廓，如图 2-3-9 所示。

图 2-3-9 曳引轮固定示意图

9）将液压泵油管接入柱塞油管接口中，旋紧液压泵的放油螺栓，上下压动液压泵的手动杆，此时注意三只丝杠上的受力情况，人员严禁站在丝杠螺母前面，防止螺母弹出伤害人体。

10）没有异常情况继续加力，听到“砰”一声，表示曳引轮已与曳引机主轴松动，此时液压泵加力感觉要轻一些。在曳引轮快要离开主轴时两个人用力抬一下。

11）安装新曳引轮。施工方案有两种，第一种是用液压拉马直接压进主轴，一般这种方案曳引轮的孔与主机轴的直径过盈配合公差在0.08范围以内，取下旧曳引轮后检查一下主轴，并在主轴圆周面上轻涂一层机油，用20目细砂纸轻擦一下新曳引轮的孔与联接键处，将新曳引轮放入20mm丝杠上，再套入空心液压柱塞，再用垫板与双螺母锁死，新曳引轮套上主轴时需端面平整，与主轴完全垂直，对准键位，轻轻给液压泵加力，慢慢将曳引轮送到主轴顶端，检查是否到位，即曳引轮端面与主轴端面的差距。第二种是用热套法，先将曳引轮用煤气喷枪加热孔部，均匀加热，利用热胀冷缩的原理，将曳引轮安装到主机主轴上，注意在加热时用手摸曳引轮的轮廓边缘有微微发烫，此时时机就差不多了，两个人带好手套，配合一致地将曳引轮套装在主轴上。

12）装好曳引轮挡板及防跳杆，再装上电梯主钢丝绳，调整防跳杆，最后装好曳引轮防护罩。

13）电梯开慢车检查曳引轮在主轴上运转情况，同时检查主机是否有异常，如无异常则紧葫芦，松开限速器与安全钳联动，再松下放下葫芦，放下轿厢，然后轿顶慢车运行，取出底坑对重支撑杆，在轿顶电梯井道上下运行几次后快车运行。

（2）无齿轮主机更换的工艺与流程　针对目前使用较为广泛的无齿轮主机更换曳引轮。由于无齿轮主机大部分曳引轮直径较小，一般在400～600mm，绳槽直径为8～10 mm，绳槽根数为6～8根，曳引轮通过6颗或12颗12mm螺钉固定在磁钢上，与有齿轮相比施工较为简单，工艺流程前三步与有齿轮的相同，第四步，先拆除固定用的6颗或12颗12mm螺钉，再用4个12mm×200mm螺钉（硬度为8.8级）分别旋入曳引轮4个拆装螺钉孔中，分别均匀用力，靠螺钉顶，一步一步将曳引轮从磁钢中顶出，曳引轮快离开磁钢时注意用木头垫高接住，第五步，新曳引轮的安装，磁钢主轴圆周面上轻涂一层机油，套上新曳引轮用原先固定的曳引轮6颗或12颗12mm螺钉拉进即可，装好曳引轮后再参见“有齿轮主机更换工艺与流程”的最后两步。

2. 蜗轮副机构的装配技术要求

1）减速箱保证蜗杆轴心线与蜗轮轴心线相互垂直。

2）蜗杆和蜗轮的齿厚（齿形）、模数、压力角、蜗杆螺旋升角和蜗轮螺旋角等各要素的制造精度偏差在允许范围内。

3）蜗杆的轴心线应在蜗轮轮齿的对称平面内。

4）中心距正确，以确保有一定的啮合侧隙。

5）经装配后检查其啮合精度，用涂色法检查其啮合接触斑点，空载时，接触斑点位置应在中部稍微偏蜗杆旋出方向。

6）检查其转动灵活性，在任何位置用手旋转蜗杆所需的扭矩应相同，而没有卡住现象。

3. 蜗轮蜗杆的修复

蜗轮蜗杆啮合出现故障后，因为不可能将其修复到原来的啮合质量，一般采用更换新件的方法进行修理，但对于轻微的胶合可以考虑进行修复，蜗杆副修复的关键在于蜗杆。对“中等胶合”以下的蜗杆修理指标是：完全去掉蜗杆齿面上贴焊的铜金属瘤及涂敷在齿面上的铜粉。修理过程中，不得损伤齿面，也不能增大齿面粗糙度。修复方法有以下两种。

（1）机加工修理　可在蜗杆磨床上磨去蜗杆齿面上的金属铜，但不能使齿厚度变得太薄，也可采用研磨、抛光或珩磨等方法进行。

对蜗轮可以用剃齿或滚齿微削去齿面一层金属，修整蜗轮的关键在于对刀，加工时要保证齿面两侧微削量一致。修复后的蜗轮蜗杆一定要经过跑合，跑合至没有异常现象时即可恢复使用。

（2）手工修复　修复蜗杆比较难，一般用整形锉、油石、水砂纸等工具搭配使用，将蜗杆齿面上的金属铜全部除掉。修复完毕时，将蜗杆放在车床上抛光，直到完全没有金属铜为止。

修复蜗轮较简单，可用锉刀、刮刀精心修理。修复后的蜗轮蜗杆经彻底清洗才能安装，安装后必须先空跑2h，再带动轿厢空运行4～5h，若温升在60℃以下，且没其他异常现象，方可投入使用。

4. 联轴器的检查与同心度的校正

见单元二中模块二的任务4。

5. 轿厢的防振消声

为了减少电梯运行中的振动与噪声，提高舒适感，在轿厢各构件的连接处需要设置防振消声橡胶。

1）轿顶与轿壁之间的防振消声装置如图2-3-10所示。

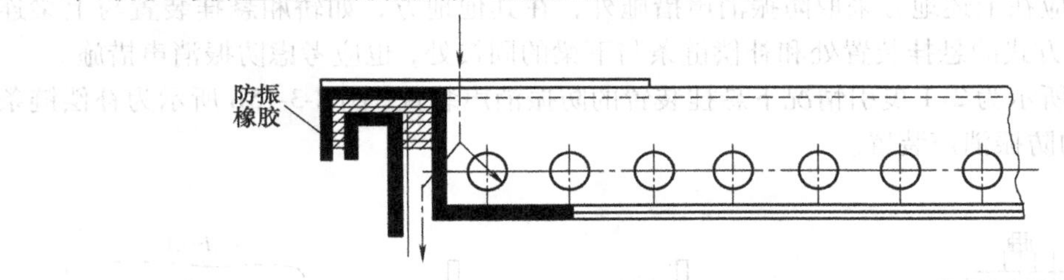

图2-3-10　轿顶与轿壁之间的防振消声装置

2）轿壁与轿底之间的防振消声装置如图2-3-11所示。

3）轿架与轿顶之间的防振消声装置如图2-3-12所示。

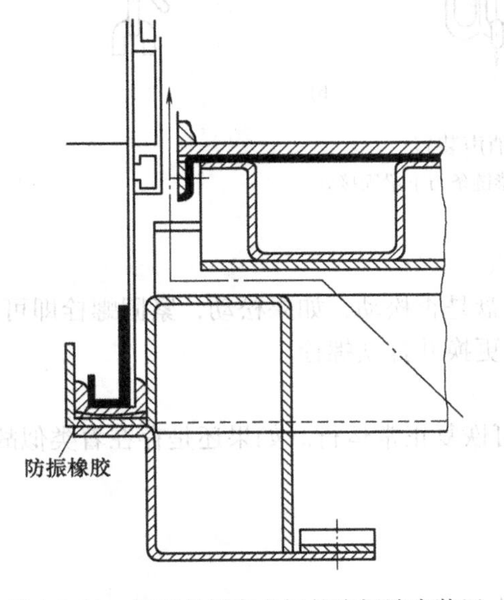

图2-3-11　轿壁与轿底之间的防振消声装置

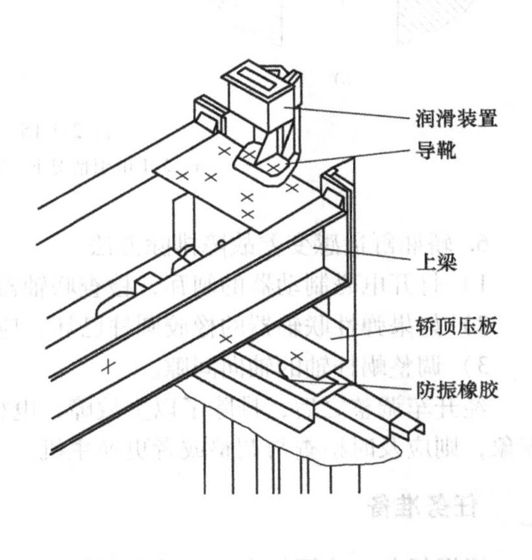

图2-3-12　轿架与轿顶之间的防振消声装置

4）轿架下梁与轿底之间的防振消声装置如图 2-3-13 所示。

5）轿厢防振消声装置如图 2-3-14 所示。

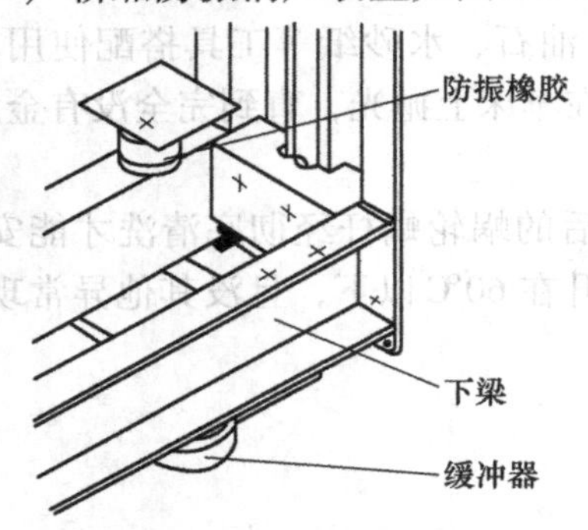

图 2-3-13　轿架下梁与轿底之间的防振消声装置

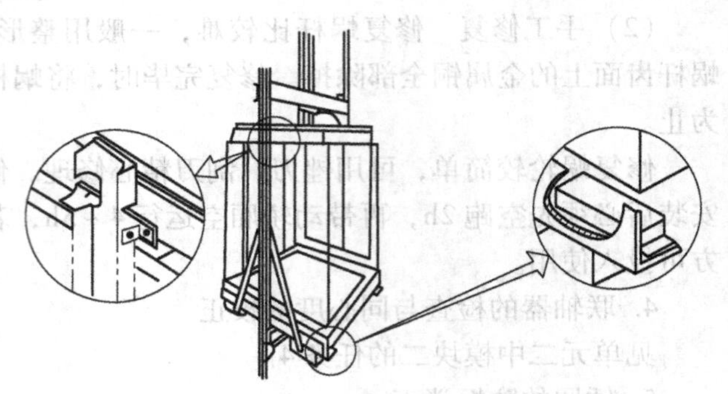

图 2-3-14　轿厢防振消声装置

6）轿厢除应在上述地方采取防振消声措施外，在其他地方，如轿厢悬挂装置与上梁连接处，2∶1 曳引方式的悬挂装置处和补偿链条与下梁的固接处，也应考虑防振消声措施。

图 2-3-15a 所示为 2∶1 曳引情况下悬挂装置的防振消声装置，图 2-3-15b 所示为补偿链条与下梁固接处的防振消声装置。

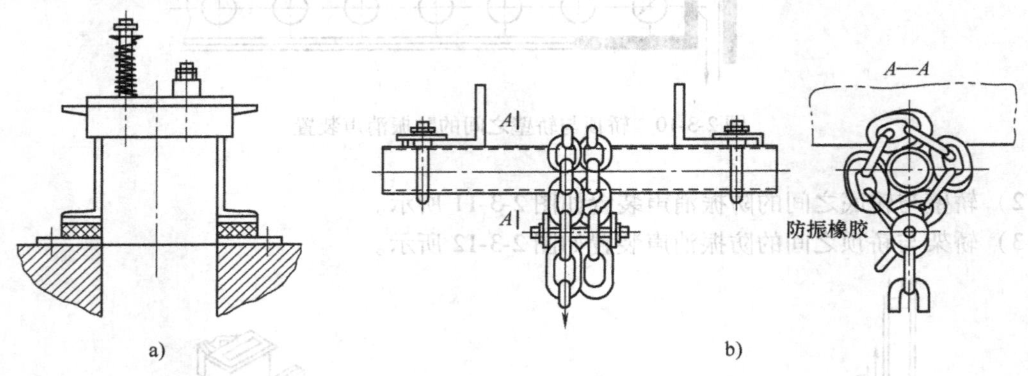

图 2-3-15　防振消声装置

a）2∶1 电引情况下　b）补偿链条与下梁固接处

6. 轿厢舒适感变差故障排除方法

1）打开电磁制动器的闸瓦，检查联轴器法兰盘是否松动，如果松动，紧固螺栓即可。

2）如果弹性联轴器的橡胶圆柱已坏，应及时更换并拧紧螺栓。

3）调整蜗杆轴的轴向间隙。

经开车调整之后，排除了以上故障，电梯即可恢复正常运行。如果还是存在着类似故障现象，则应及时检查与调整或者更换主机。

任务准备

根据任务，选用仪表、工具和器材见表 2-3-14。

表 2-3-14 仪表、工具和器材明细

序号	名称	型号与规格	单位	数量
1	常用钳工工具	钢丝钳、螺钉旋具、尖嘴钳、剥线钳、普通扳手、活扳手、呆扳手等	套	1
2	万用表	自定	块	1
3	钳形电流表	0～50A	块	1
4	塞尺		把	1
5	千分尺		把	1
6	劳保用品	绝缘鞋、工作服、护目镜等	套	

任务实施

1. 检查和测量

1）检查蜗轮副啮合面接触情况；检测蜗杆分头精度差。

2）检查推力球轴承的轴向间隙或其滚道是否严重磨损。

3）检查推力球两端的轴承配对情况。

4）检查蜗杆轴的轴向间隙；检查联轴器法兰盘是否松动。

5）检查曳引机和电动机两轴的等高（将制动装置取下）。

6）检查曳引机和电动机两轴是否在同一中心平面上（即垂直平面与水平平面）。

7）检查转子轴的动平衡与飞轮的动平衡。

2. 注意事项

1）操作时不要损坏其他设备。

2）更换主机时应按规程操作，同时应检查蜗杆副的啮合精度（包括齿形接触精度和侧隙），检查蜗轮的同轴度精度。

3）检查同轴度，调整时应按规程进行操作。

4）转子轴平衡需按规程进行校正，牢记各种校正方法的操作注意事项。

5）检修、更换过程中不能损伤导线或使导线连接脱落。

6）故障排除后，通电状态进行试验，必须按规程操作。

任务4 闷　　车

知识目标

1. 熟悉电梯造成闷车的故障原因。

2. 掌握闷车故障的故障排除方法。

能力目标

1. 能够熟练分析闷车故障的原因。

2. 学会并逐步熟练排除故障。

任务描述（见表 2-3-15）

表 2-3-15　任务描述

工作任务	要　求
1. 电梯闷车的机械故障检测	1. 正确分析造成闷车的故障原因 2. 熟记检测故障的安全规程
2. 电梯闷车的机械故障排除	1. 掌握分析故障的方法，熟悉故障产生的原因 2. 检测故障时要严格遵守安全规程 3. 维修过程要符合工艺要求

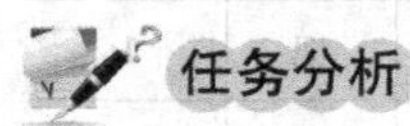

任务分析

电梯轿厢在运行过程中曳引机发热或者冒烟会导致发生闷车故障。从机械角度考虑，常见闷车故障的原因及处理方法分别见表 2-3-16。

表 2-3-16　常见闷车故障的原因及处理方法

原因分析	处理方法
曳引减速箱严重缺油（若蜗杆为上置式，则缺油更容易发热）	检查油窗的油标位置，检查与拆卸电磁制动器的装置，拆开其箱盖，取下蜗轮与蜗杆轴，修正其咬毛的部位，修刮滑动轴承，如果滑动轴承咬毛损伤的程度较大，应当马上更换，装配后调整好，再加入足够的齿轮润滑油
润滑油中含有大量杂质或润滑油老化，影响了润滑油的黏度。若机件在缺油的状态下运转，必然会发热，甚至出现咬轴、闷车的现象	

相关知识

1. 滑动轴承相关知识

（1）滑动轴承的组成　滑动轴承的组成如图 2-3-16 所示。

（2）轴瓦的清洗和检查

1）核对型号。

2）清洗。

3）检查。用铜锤敲击轴瓦表面听声音检查是否裂纹、孔洞和砂眼等缺陷。

（3）轴承座的固定

1）保证同一轴上的轴承座中心线应在同一轴线上。

2）拉线法和涂色法检查。

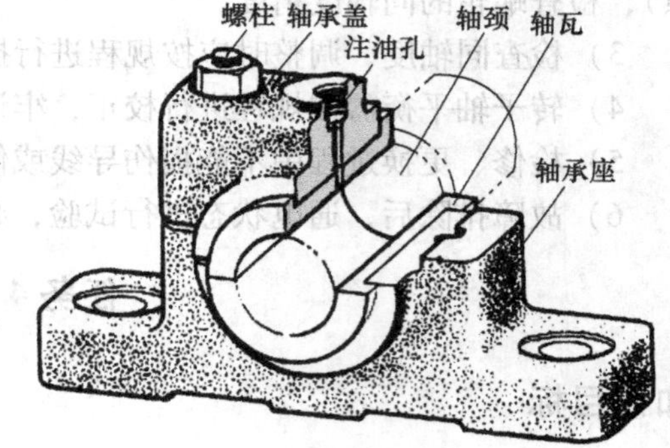

图 2-3-16　滑动轴承的组成

（4）轴瓦的刮研与装配

1）瓦背的刮研。

①要求：瓦背与轴承座内孔应有良好的接触，配合紧密（上瓦：50% 以上；下瓦：60% 以上）。

②刮研顺序：先下后上，以轴承内孔为基准刮研，轴瓦剖分面应高于轴承座剖分面。

2）轴瓦内孔刮研与装配。

①上下轴瓦接触面应严密。

②轴瓦与轴承座的配合一般为较小过盈配合（0.01～0.05mm）。

③轴瓦直径不得过大或过小。

④定位销安装要牢固。

⑤翻边或止口与轴承座之间不应有轴向间隙。

⑥用涂色法检查接触角与接触点。接触角：60°～90°。接触点：低速及间歇机构1～1.5点/cm^2；中负荷及连续运转机器2～3点/cm^2；重负荷及高速运转机器3～4点/cm^2。

（5）间隙的检测与调整

1）间隙的作用与确定。

①间隙的作用。

顶间隙：保持液体摩擦，形成油膜。

侧间隙：积聚和冷却润滑油，形成油楔。

轴向间隙：热胀冷缩的余地。

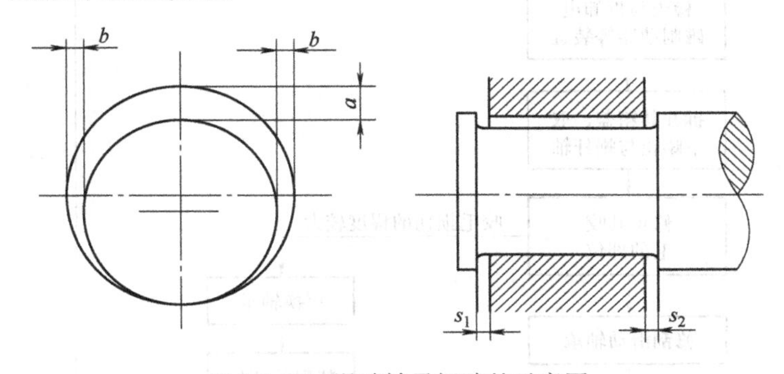

图2-3-17 滑动轴承间隙的示意图

②间隙的确定。计算或经验决定，如图2-3-17所示。

顶间隙 a：为轴径的0.1%～0.2%。

侧间隙 b：单侧间隙为顶间隙的1/2～2/3。

轴向间隙 s：固定端间隙之和不大于0.2mm。

游动端应不小于轴受热膨胀时的伸长量。

2）轴瓦间隙测量，其中包括轴瓦与轴颈的顶隙、侧隙、轴瓦球面与瓦枕及轴承盖的紧力。圆柱形瓦、推力支撑联合瓦及椭圆瓦的顶隙为轴颈的1/1000；可倾瓦及三油楔瓦根据制造厂家的要求进行测量及调整：轴瓦球面与瓦枕及轴承座紧力为0～0.05mm。测量顶隙、紧力工具为铅丝、外径千分尺，同厚度塞尺两把；测量顶隙工具为塞尺300mm。同厚度两侧塞入深度一致，且两侧隙为顶隙的2倍，通过修刮轴瓦钨金达到要求值。

3）测量及调整方法。轴瓦顶隙测量方法为取一段长于轴瓦宽度的铅丝置于轴颈上，扣上上半轴瓦，螺栓紧固后，将铅丝取出，分段测量铅丝挤压后的厚度，取平均值即为轴瓦顶隙；紧力测量则需要扣上上半轴瓦，在瓦枕或轴承座中分面上放置相同的塞尺作为基准，扣上上半瓦枕或轴承座，紧固螺栓，取出挤压后的铅丝，测量其厚度并与放置厚度相同的塞尺进行相减，正数则为间隙，负数则为紧力，通过在轴瓦顶部加减垫片或磨削则为中分面及轴瓦中分面加垫片来调整紧力；磨削轴瓦中分面时，需要综合考虑顶隙的数据，上下半同时磨削。

（6）整体式滑动轴承的装配

1）整体式滑动轴承的特点：结构简单、成本低，磨损后间隙无法调整，拆卸不方便。适用于低速、轻载机械。

2）整体式滑动轴承装配工艺包括清洗、检查、轴套安装等。

（7）滑动轴承故障及产生原因　磨损及刮伤、温度过高、胶合、拉毛、变形、点蚀。

2. 闷车故障排除方法

闷车故障可按图 2-3-18 所示流程检查。

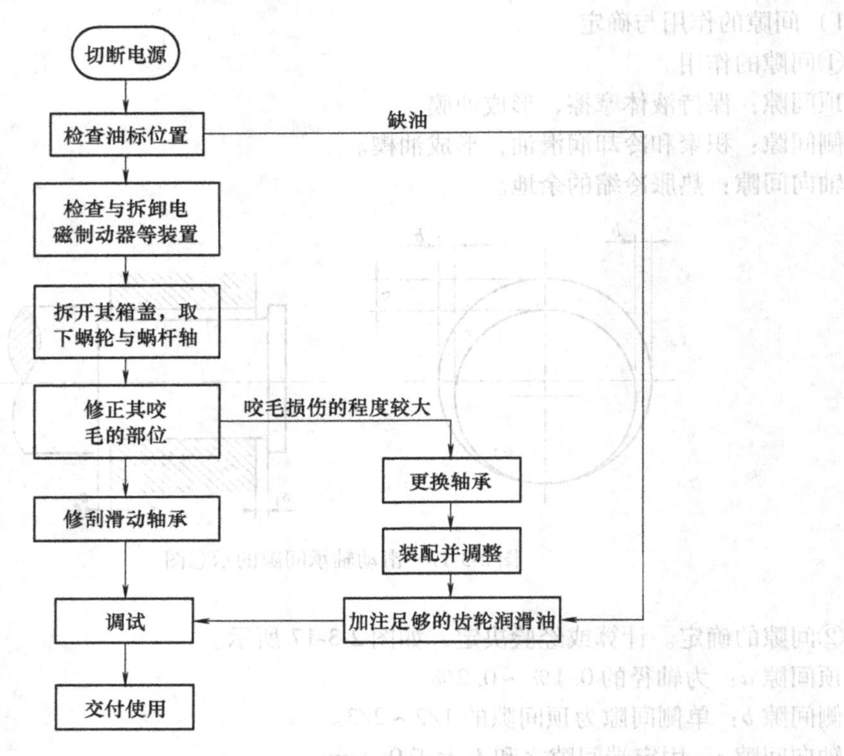

图 2-3-18　闷车故障检修流程

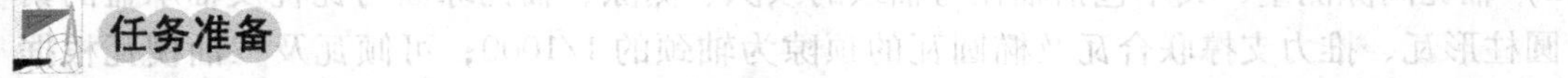

任务准备

根据任务，选用仪表、工具和器材见表 2-3-17。

表 2-3-17　仪表、工具和器材明细

序号	名称	型号与规格	单位	数量
1	常用钳工工具	钢丝钳、螺钉旋具、尖嘴钳、剥线钳、普通扳手、活扳手、呆扳手等	套	1
2	万用表	自定	块	1
3	钳形电流表	0～50A	块	1
4	手拉葫芦	2T	台	1
5	塞尺		把	2

（续）

序号	名称	型号与规格	单位	数量
6	刮刀		套	1
7	铜锤		把	1
8	千分尺		把	1
9	铅丝		根	1
10	劳保用品	绝缘鞋、工作服、护目镜等	套	1

任务实施

1. 故障检修

出现闷车故障后，应立即切断电动机的电源，停止电梯的运行，以防止损坏曳引机机组。维修人员在现场检查与维修，具体内容如下。

1）检查油窗油标位置。

2）检查与拆卸电磁制动器的装置。

3）拆开其箱盖，取下蜗轮与蜗杆轴，修正其咬毛的部位。

4）修刮滑动轴承。

2. 注意事项

1）操作时不要损坏其他设备。

2）更换轴承时应按规程操作，同时，应检查蜗杆副的啮合精度（包括齿形接触精度和侧隙），检查蜗轮的同轴度精度。

3）轴承在装配前要清洗油箱。

4）轴承间隙调整时，要按正确的方法进行操作，操作时要注意确定间隙的大小。

5）刮研滑动轴承时，注意正确的刮研顺序。

6）检修、更换过程中不能损伤导线或使导线连接脱落。

7）故障排除后，通电状态进行试验，必须按规程操作。

模块二 电梯轿厢的故障及排除

任务1 电梯轿厢运行不正常

知识目标

1. 熟悉电梯轿厢运行不正常的故障原因。
2. 掌握轿厢运行不正常的故障排除方法。

能力目标

1. 能够熟练分析轿厢运行不正常的原因。
2. 学会并逐步熟练排除故障。

任务描述（见表 2-3-18）

表 2-3-18 任务描述

工作任务	要　求
1. 电梯轿厢运行不正常的机械故障检测	1. 正确分析造成轿厢运行不正常的故障原因 2. 熟记检测故障的安全规程
2. 电梯轿厢运行不正常的机械故障排除	1. 掌握分析故障的方法，熟悉故障产生的原因 2. 检测故障时要严格遵守安全规程 3. 维修过程要符合工艺要求

任务分析

电梯轿厢满载运行时可能会出现乘坐舒适感变差和运行不正常等现象。从机械角度考虑，常见轿厢运行不正常故障的原因分析及处理方法分别见表 2-3-19。

表 2-3-19 常见轿厢运行不正常故障的原因分析及处理方法

原因分析	处理方法
曳引减速箱中的蜗杆副啮合面接触不好，在运行中产生摩擦振动	检查曳引减速箱内润滑油的油质及油量，如果油质差、油量少或者轴承材质差或原先的装配未调整好，都会逐渐产生和加大轴向窜动量，因此，应该及时更换润滑油，调整轴向间隙
蜗杆轴上的推力球轴承的滚子与滚道严重磨损，产生轴向间隙，引起电梯在起动和停车过程中蜗杆轴向窜动	
曳引钢丝绳与曳引轮绳槽之间存在着油污，致使运行时钢丝绳局部打滑，使轿厢运行速度产生变化	清除钢丝绳和曳引绳槽上的油污，对已磨损的钢丝绳和绳槽需要及时更换和修正
电磁制动器压力弹簧调节不当（压力太小），当电梯起动时，产生向上提拉的抖动感；在减速制动时，又产生倒拉的感觉	检查与调整电磁制动器闸瓦的间隙，并且调整电磁制动器弹簧压力，要确保电梯停止运行时静止并且位置不变，直到工作时才松闸

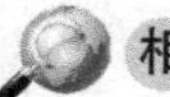

相关知识

1. 更换曳引绳

（1）换绳原则　当曳引绳达到报废标准时应立即更换，其报废标准目前国家尚没有明文规定，原因是更换钢丝绳不属于制造与安装范畴而属于电梯维修范畴。我国的电梯维修保养安全操作标准或单一的电梯钢丝绳报废标准尚未出台，只有 2002 年 3 月 1 日起执行的“电梯监督检验规程”中的检验内容要求与方法规定如下：“曳引绳不应有过度磨损、断股等缺陷，断丝数不应超过报废标准”，断丝数报废标准见表 2-3-20。

表 2-3-20 曳引钢丝绳断丝数报废标准

钢丝绳类型		测量长度范围（d 为钢丝绳直径）	
		$6d$	$30d$
西鲁式	6×19	6	12
	8×19	10	19
瓦灵顿式和填充式	6×19	10	19
	8×19	13	26

标准还规定：当钢丝绳公称直径减小 7% 时，即使未发现断丝，该绳也应报废。

换绳时还应当注意对绳的选择。曳引绳的选用与提升高度有关，新钢丝绳与曳引轮的硬度相匹配，不能硬也不能软，应选用与旧绳参数基本相同的产品，以免磨损曳引轮或被曳引轮磨损。有些电梯已经运行了 20 多年，绳和轮依然如故，主要原因是绳和轮配合适当，张力调整均约，绳没有滚动现象。

（2）换绳操作

1）切断电梯电源，将轿厢吊起。

2）换绳时不要一下子把旧绳全拆掉，最好分两次换旧绳，最少要留一根以保证安全。拆下部分绳头组合，用大绳将钢丝绳放下。

3）用喷灯对绳头锥套进行均匀加热，将巴氏合金熔化后倒出，从锥套中取出钢丝绳头，让锥套自然冷却。

4）放新绳、截绳、浇注巴氏合金、挂绳、调整绳张力。

2. 吊轿厢操作

当更换或截短曳引绳时，需要吊起轿厢，操作方法如下。

（1）吊起轿厢更换曳引绳的操作 这一操作应由 3～4 人进行。操作前应对手拉葫芦、钢丝绳索套、支撑木等工具进行仔细检查，损坏的工具要及时修理，不符合要求的应更换，操作人员要穿戴好防护用品。各层层门应关闭，需要开启的层门应设置护栏或设专人守护。

（2）手拉葫芦的悬挂位置视顶层高度和承重梁的设置方式而定。可以挂在机房的吊装钩上，也可挂于曳引机座上或挂在机房楼板上设置的钢管和钢丝绳套上，应注意楼板和钢管需有足够的承载能力，钢丝绳系在槽钢上，槽钢楞角处应垫上木块。操作顺序如下：

1）将轿厢停于顶层，以检修速度使轿厢上升。一人在底坑用长度高于对重缓冲器，边长不低于 150mm 的两根方木支撑对重。操作时应注意的是，当对重下梁接近支撑木时，用点动操作使对重落在支撑木上。

2）挂好手拉葫芦，吊点位置要恰当，操作时应注意轿厢是否有被卡体的现象，阻止轿厢上行的机械限位装置是否拆除，比如补偿绳张紧装置、导轨上的限位角铁等，直到能使曳引绳脱开绳槽。

3）人为扳动限速器，同时用手拉葫芦将轿厢下降，使安全钳动作，提起锲块，将轿厢夹持在导轨上。

4）用手拉葫芦将吊轿厢的钢丝绳索套拉紧，但不受力，用以对轧车的轿厢进行预防性保护，防止意外。

【小提示】

当曳引绳换好后应：

1）用手拉葫芦将轿厢提升，使安全钳松开，锲块复位。

2）再用手拉葫芦使轿厢下降，同时注意曳引绳应进入各自绳槽，直到曳引绳受力。

3）摘下手拉葫芦，合上电源总开关，用检修速度使轿厢下行至对重侧撑木不再受力，将撑木除掉并清理现场。

4）用检修速度试运行，观察曾修理或更换的部件，无误后方可试运行。

5）已换绳或截绳，应反复调整曳引绳张力，使其符合要求。

3. 交流曳引电动机窜轴处理

交流双速电梯中采用滑动轴承传动的电机轴，有时会发生向电机尾部窜动现象。按照《交流电梯电动机通用技术条件》（GB/T12974—1991）规定，新出厂电动机的轴向窜动量应不大于3mm。对于运行中的电动机窜动量应不大于4mm。产生窜动量超标多是由于电动机铜瓦固定不牢、移位造成的，铜瓦移位有时是由于蜗杆轴窜动所致。如果因蜗杆轴窜动所致应予以调整。电动机窜轴可按下述方法处理：

1）停梯断开总电源。

2）把电动机后部铜瓦定位顶丝松开（有惯性轮的先拆惯性轮），将电动机后小盖拆下，用尼龙或硬木垫板沿轴向伸入电动机后大盖内顶住铜瓦，用锤子敲打垫板使铜瓦往里移动。敲打时应注意垫板放置位置和敲击力量，因铜瓦有一边是开口状，一定要防止因敲击力过大或敲击部位不好，造成铜瓦破裂。令铜瓦恢复原位，再把铜瓦定位顶丝紧好。

3）将电动机后小盖及惯性轮装好。

4）用手拉动电动机轴，检查轴窜动量是否合乎要求。

5）通电试车。如果用上述方法不能使铜瓦复位，此时需要将电动机后大盖拆下，在电动机轴上加上适当厚度（2～3mm）的尼龙或铜制垫圈。在拆大盖时应先放掉端盖油窗内的润滑油，往下取大盖时应先将大盖上注油孔朝下，然后再往下拿大盖，避免油环被碰坏（装时也一样）。组装好电动机，将铜瓦顶丝紧牢，拉动电动机轴检查窜动量，合乎要求可通电试车。

4. 电梯轿厢运行不正常故障排除方法

电梯轿厢运行不正常故障可按图2-3-19所示流程检查。

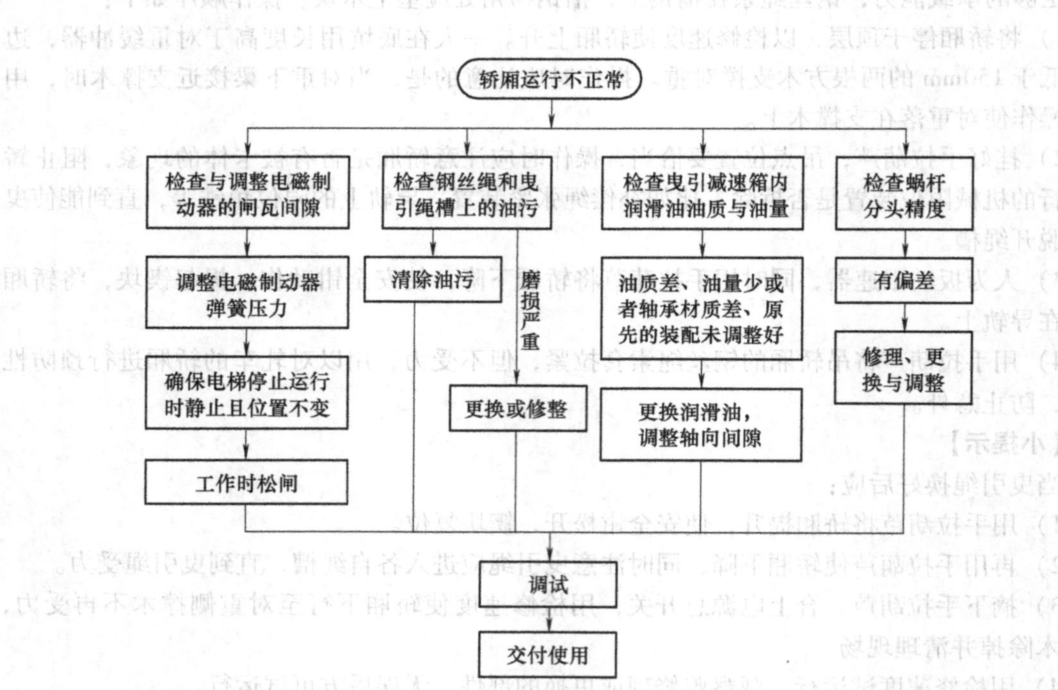

图2-3-19　电梯轿厢运行不正常故障检修流程

任务准备

根据任务，选用仪表、工具和器材见表2-3-21。

表2-3-21　仪表、工具和器材明细

序号	名称	型号与规格	单位	数量
1	常用钳工工具	钢丝钳、螺钉旋具、尖嘴钳、剥线钳、普通扳手、活扳手、呆扳手等	套	1
2	万用表	自定	块	1
3	钳形电流表	0～50A	块	1
4	手拉葫芦	2T	台	1
5	塞尺		把	2
6	支撑木		根	2
7	铁锤		把	1
8	劳保用品	绝缘鞋、工作服、护目镜等	套	1

任务实施

1. 电梯轿厢运行不正常发生故障后的检查

1）检查与调整电磁制动器的闸瓦间隙。

2）检查钢丝绳和曳引绳槽上的油污。

3）检查曳引减速箱内润滑油的油质和油量。

4）检查蜗杆分头精度。

2. 注意事项

1）操作时不要损坏其他设备。

2）更换曳引绳时应按规程操作。

3）轴承间隙调整时，要按正确的方法进行操作，操作时要注意确定间隙的大小。

4）调整电磁制动器弹簧压力时，电磁制动器应能在125%～150%的额定负荷情况下进行。

5）检修及更换过程中不能损伤导线或使导线连接脱落。

6）故障排除后，通电状态进行试验，必须按规程操作。

任务2　电梯轿厢运行中晃动

知识目标

1. 熟悉电梯轿厢运行中晃动的故障原因。

2. 掌握轿厢运行中晃动的故障排除方法。

能力目标

1. 能够熟练分析轿厢运行中晃动的原因。

2. 学会并逐步熟练排除故障。

任务描述（见表 2-3-22）

表 2-3-22 任务描述

工作任务	要　求
1. 电梯轿厢运行中晃动的机械故障检测	1. 正确分析造成轿厢运行中晃动的故障原因 2. 熟记检测故障的安全规程
2. 电梯轿厢运行中晃动的机械故障排除	1. 掌握分析故障的方法，熟悉故障产生的原因 2. 检测故障时要严格遵守安全规程 3. 维修过程要符合工艺要求

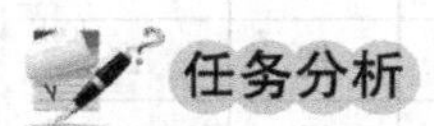

任务分析

电梯运行时轿厢出现晃动的现象，从机械角度考虑，轿厢运行中晃动故障的原因分析及处理方法分别见表 2-3-23。

表 2-3-23　轿厢运行中晃动故障的原因分析及处理方法

原因分析	处理方法
轿厢的固定导轨与主导轨之间因磨损严重而产生了较大的间隙（纵向与横向间隙），从而使轿厢水平方向晃动（前后或左右晃动）	检查固定导靴、滑动导靴或滚动导靴的衬垫和胶轮是否磨损，如果有磨损应立即更换，同时检查压导板是否有松动，调整各导轨的直线度、平行度以及开挡尺寸，如果上述现象均被排除并且有良好的配合间隙，就能够改善电梯轿厢运行的状况
滑动导轨或滚动导轨与导轨之间的滑动摩擦或滚动摩擦致使衬靴和橡胶导轮严重磨损而产生较大的间隙，造成轿厢垂直方向晃动	
导轨的垂直平面直线度与水平平行度超差，两导轨的平行度的开挡尺寸有偏差	
主机的蜗杆副存在着轴向窜动或者蜗轮的节径与孔径同轴度的超差，输入与输出轴三眼不直（不同轴度），从而使振动传递至轿厢	调整同轴度，校正轴向间隙，若有可能应更换一对蜗杆副、钢丝绳以及曳引轮
各钢丝绳与绳槽之间的摩擦不一致，致使各钢丝绳的线速度不一致，造成钢丝绳的速度紊乱传递给轿厢，从而引起轿厢上下振动	
钢丝绳均衡受力装置未调整好	调整均衡受力装置，检查与调整对重导轨的扭曲并固定好防跳装置
对重导轨扭曲或防跳装置未固定好	

相关知识

1. 曳引轮铅垂度的检查与调整

（1）检查和测试　产生曳引轮偏差一般有两个原因，一是组装质量不高，二是运行后曳引机座曳引轮一侧长期受力，使机座下减振橡胶垫失去弹性变薄，造成机座整体倾斜，曳引轮随之倾斜。

检查曳引轮铅垂度，应分清造成偏差的原因，检查方法如下：

1）用水平仪放在曳引机座上，测量机座是否倾斜。

2）用磁力线锤侧曳引轮铅垂度。

（2）调整　如果机座整体向曳引轮一侧倾斜，说明机座下面的橡胶减振垫变形失效，应予以更换。若机座整体没有倾斜而只是曳引轮本身铅垂有偏差，则应检查曳引主轴和曳引轮组装质量，并找出原因，采取诸如增减轴承座或支座垫片的措施进行调整。出现曳引轮偏差超标，大多是由于减振垫变形失效造成的。

更换减振垫的操作方法如下：

1）将轿厢吊起使曳引轮不受力。

2）用两根撬棍将曳引机底座从装有曳引轮一侧提起，将旧减振垫取出并更换新的减振垫。注意：撬底座前应做好底座位置标记。

3）将两根撬棍先后撤出，使曳引机底座恢复原位。这时用磁力线锤测量曳引轮铅垂度，要求曳引轮反方向偏差为2mm，留出余量以校正。如果此时偏差为0，曳引轮受力后曳引轮铅垂度还会偏差。

4）将轿厢复位，使曳引轮受力，此时测量曳引轮铅垂度应符合要求。

2. 曳引轮的重车与更换

当曳引绳槽磨损不一，相互最大误差为绳径的1/10，或曳引绳与槽底间隙不大于1mm时，应就地重车绳槽或更换绳轮。重车后，绳轮最薄处不得小于绳径。

（1）就地重车时的操作

1）将轿厢吊起并轧车。

2）在曳引绳上做好位置标记，然后将绳从曳引轮上摘下来。

3）把用角钢制成的支架牢固地安装在曳引机承重梁上或曳引机座上。把刀架安装在支架上，使曳引机以检修速度运行，带动曳引轮自上而下向操作者方向旋转。

4）用磨好的样板刀对曳引轮绳槽进行车削加工，操作时吃刀量要小，并遵守车工安全操作规程中有关规定。重车后的槽形应用预先制好的精确样板进行校核。

5）重车时，切口下部轮缘厚度不得小于该绳径。车完做好清洁工作，把金属屑擦拭干净。

6）摘绳状态下以检修速度试车，观察曳引轮运转状况、绳与槽接触状况。

（2）更换曳引轮操作　首先要确认新曳引轮的材质与原曳引轮相同，最好是同一厂家同一类型产品，这是为了新曳引轮能与原曳引钢丝绳的硬度相匹配，以免造成硬度不合格而发生曳引轮绳槽或钢丝绳被磨坏的事故。其更换操作如下：

1）在井道内吊起轿厢。

2）在曳引钢丝绳上做好位置标记，将绳从绳轮中取下。

3）用手拉葫芦将曳引轮主轴吊好或用支撑物支好，使拆下曳引轮侧的轴承座和座架时，曳引轮主轴不移位。拆时注意记录和保存垫片的位置和数量。

4）拆下曳引轮上的连接螺母，有的曳引绳轮连接螺母有5个，有的有6个。有的只需将螺母拆下，曳引轮即可从轴上取下，有的则需用螺钉旋进法顶出绳轮。

5）把与旧绳轮规格相同的新绳轮换上。有的新绳轮没有连接孔，则需要先用摇臂钻打好孔，再装上。钻孔时将旧绳轮放在下面，新绳轮在上面固定好，孔钻好后用机铰刀铰一下，边铰边加机油，加工好的孔光洁度好。

6）复位座架和轴承座及其垫片。

7）松下手拉葫芦，用卷尺测量前后位置，偏差不大于3mm；用线坠测量铅垂度不大于0.5mm；用百分表检测水平方向扭转误差不大于0.5mm。

8）在摘绳状态下送电，以慢车速度试验曳引轮转动情况，正常后可挂绳试车。

9）在慢车状态下观察曳引绳与绳槽接触情况，接触良好后可投入使用。

3. 更换导靴

在用电梯采用的靴衬有三块板式、凹形槽式等多种，当靴衬磨损超标会使运行中的轿厢产生晃动，严重的还会引发事故，应及时予以更换。

（1）更换上靴衬

1）扳下停止开关，做好导靴和临近导轨的清洁。将新靴衬擦净并涂上机油备用。

2）拆下靴衬上下压板，将新靴衬放在旧靴衬之上并贴靠在导轨上，用锤把或垫上旧靴衬往下砸新靴衬，新靴衬移动到位时，旧靴衬便被顶替下来，操作时注意防止旧靴衬坠落。

3）装上靴衬上下压板。

（2）更换下靴衬

1）在底坑扳下停止开关，对导靴和安全钳附近进行清洁。

2）标记好导靴调整弹簧螺母的位置，供复原时参考。拆下靴衬的下部压板，将导靴调整弹簧螺母旋紧，使靴衬不受力。

3）从下端抽出靴衬，如不好取可以将轿厢点动慢速上行，当靴衬露出一部分时便可抽出，将抹过油的靴衬换上。

4）装上靴衬下床板，调整弹簧螺母。

换靴衬时应对旧靴衬的脚损情况进行检查，发现磨损部位有明显偏差时，应适当调整导靴座位置。换好靴衬后应慢速试车，观察靴衬运行情况，及时进行调整。上、下同时作业时要配合好，在底坑操作时应注意站好位置。

4. 齿侧间隙的调整

齿侧间隙过大会造成曳引机抖动，致使轿厢在运行中发生振动还会增大噪声。对齿侧间隙进行调整有以下几种方法：

1）主轴两端轴承座底部垫有垫片，减少垫片，就能减小中心距。

2）在主轴两端的轴承座内，装设偏心套，同时转动两端的偏心套，就可改变中心距。

3）主轴的两个支撑端与箱体的中心距有偏差时，只要将轴转动，就可以调整中心距。

4）支撑主轴的两侧箱体端盖，同时升降端盖调整高度，也可以调整中心矩。

当轮齿磨损使齿侧间隙超过1mm，并在运转中产生猛烈撞击时，或者轮齿磨损量达到原齿厚的15%时，应成对更换蜗轮和蜗杆。

5. 电梯轿厢运行中晃动故障排除方法

电梯轿厢运行中晃动故障可按图2-3-20所示流程检查。

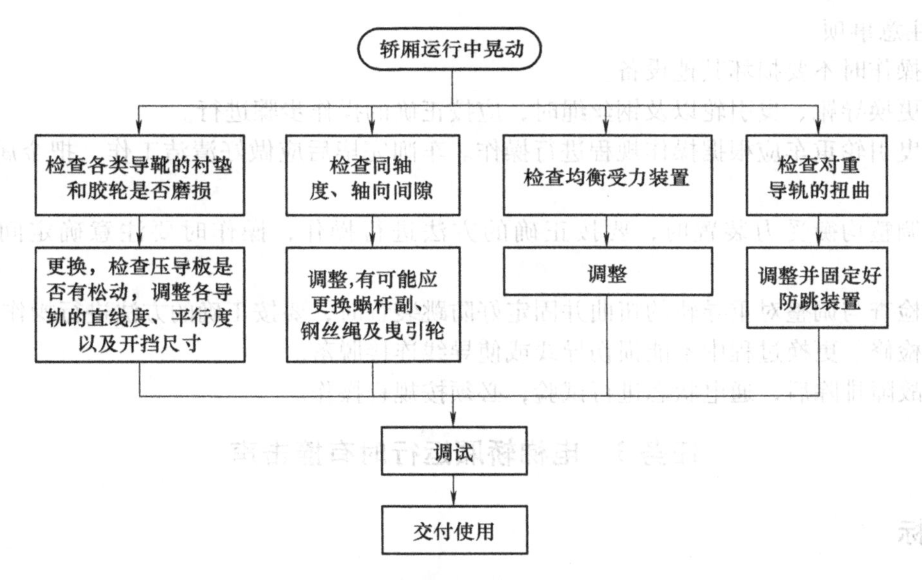

图 2-3-20　电梯轿厢运行中晃动故障检修流程

任务准备

根据任务，选用仪表、工具和器材见表 2-3-24。

表 2-3-24　仪表、工具和器材明细

序号	名称	型号与规格	单位	数量
1	常用钳工工具	钢丝钳、螺钉旋具、尖嘴钳、剥线钳、普通扳手、活扳手、呆扳手等	套	1
2	万用表	自定	块	1
3	钳形电流表	0～50A	块	1
4	手拉葫芦	2T	台	1
5	塞尺		把	2
6	撬棍		根	2
7	磁力线锤		只	1
8	百分表		块	1
9	样板刀		把	1
10	劳保用品	绝缘鞋、工作服、护目镜等	套	1

任务实施

1. 电梯轿厢运行中晃动发生故障后的检查或调整

1）检查固定导靴、滑动导靴或滚动导靴的衬垫和胶轮是否磨损。

2）调整同轴度，校正轴向间隙，若有可能应更换一对蜗杆副、钢丝绳以及曳引轮。

3）调整均衡受力装置，检查与调整对重导轨的扭曲并固定好防跳装置。

2. 注意事项

1）操作时不要损坏其他设备。

2）更换导靴、曳引轮以及钢丝绳时，应按正确的操作步骤进行。

3）曳引轮重车应根据操作规程进行操作。车削完毕后应做好清洁工作，把金属屑擦拭干净。

4）调整均衡受力装置时，要按正确的方法进行操作，操作时要注意确定间隙的大小。

5）检查与调整对重导轨的扭曲并固定好防跳装置时，要按正确的方法进行操作。

6）检修、更换过程中不能损伤导线或使导线连接脱落。

7）故障排除后，通电状态进行试验，必须按规程操作。

任务3　电梯轿厢运行时有撞击声

知识目标

1. 熟悉电梯轿厢运行时有撞击声的故障原因。
2. 掌握轿厢运行时有撞击声的故障排除方法。

能力目标

1. 能够熟练分析轿厢运行时有撞击声的原因。
2. 学会并逐步熟练排除故障。

任务描述（见表2-3-25）

表2-3-25　任务描述

工作任务	要　求
1. 电梯轿厢运行时有撞击声的机械故障检测	1. 正确分析造成轿厢运行时有撞击声的故障原因 2. 熟记检测故障的安全规程
2. 电梯轿厢运行时有撞击声的机械故障排除	1. 掌握分析故障的方法，熟悉故障产生的原因 2. 检测故障时要严格遵守安全规程 3. 维修过程要符合工艺要求

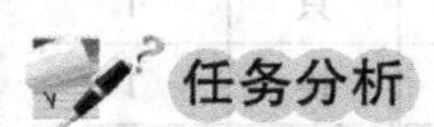

电梯运行轿厢运行时有撞击声的现象，从机械角度考虑，轿厢运行时有撞击声故障的原因分析及处理方法分别见表2-3-26。

表2-3-26　轿厢运行时有撞击声故障的原因分析及处理方法

原因分析	处理方法
平衡链和补偿绳，由于装配位不妥，造成擦碰轿壁	调整平衡链和补偿绳装配位
轿顶和轿壁、轿壁与轿底、轿架与轿顶、轿架下梁与轿底之间防振消音装置脱落	检查各防振消音装置并调整与更换橡胶垫块

（续）

原因分析	处理方法
平衡链与下梁连接处未加减振橡胶或者连接处未加隔振装置，平衡链未加补偿绳索予以减振或者金属平衡链未加润滑剂予以润滑	检查与更换轿架下梁悬挂平衡链的隔振装置连接是否可靠，若松动或已坏予以更换和调整
随行电缆未消除应力，所产生的扭曲容易擦碰轿壁	检查随行电缆是否扭曲，若扭曲，应垂直悬挂予以消除应力
导靴与导轨的间隙过大或两根主导轨向层门方向中凸，从而引起与护脚板的擦碰	更换导靴衬垫并调整导轨及其压导板与护脚板等
导靴有节奏地与导轨拼接处擦碰或与其他异物擦碰	检查与调整导靴与导轨间隙，检查导轨的直线度和压导板有否松动或护脚板有否松动

相关知识

1. 轿厢护脚板

轿厢不平层时，会使轿底与厅门地坎之间产生间隙，这个间隙会使人脚伸入后造成剪切伤害。因此，应在轿厢门地坎下端装设护脚板，护脚板的宽度应是层站入口处的整个净宽，护脚板垂直部分的高度 a 应不小于20mm。护脚板用2mm 钢板制成，装于轿厢地坎下端且用扁钢条支撑，如图 2-3-21 所示。

对于具有对接操作功能的电梯，护脚板垂直部分的高度是轿厢处于最高装卸位置，延伸到层门地坎线以下量不小于 0. 1m。护脚板是很重要的防护装置，且不可以不安装。

2. 对重平衡系统

对重平衡系统是使对重与轿厢达到相对平衡，在电梯工作中使轿厢与对重间的质量差保持在某一限度内，保证电梯的曳引传动平稳。它是由对重和质量补偿装置两部分组成的。对重相对于轿厢悬挂于曳引绳底另一端，使曳引机只需克服轿厢和对重之间的重量差便能驱动电梯，进而起到减少动力消耗、改善曳引机能力的作用，如图 2-3-22 所示。

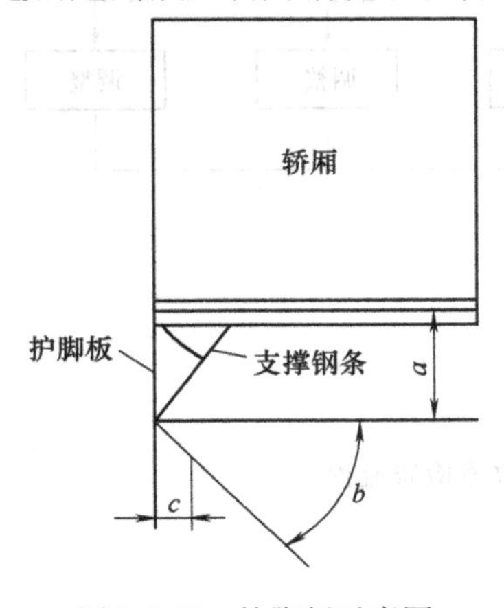

图 2-3-21 护脚板示意图

a—护脚板的垂直高度 b—护脚板斜边与轿厢底的夹角 c—护脚板斜边的投影

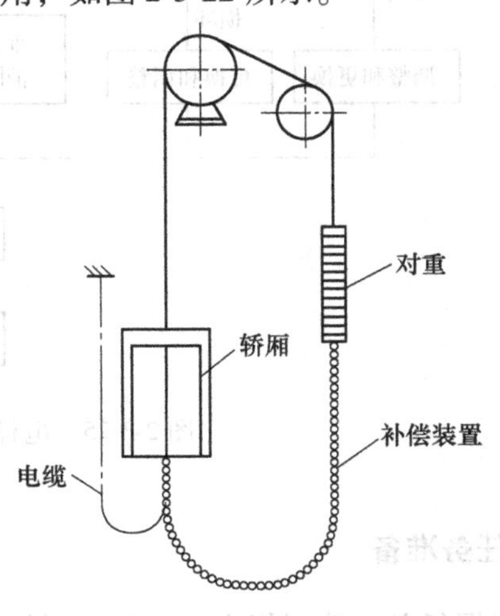

图 2-3-22 对重平衡系统示意图

质量补偿装置有补偿链和补偿绳。补偿链用于梯速不大于 1.75m/s 的电梯上，补偿绳比较稳定，补偿效果好，用于梯速 1.75m/s 以上的电梯上时，要在其底部装设张绳轮。补偿方法一般以对称补偿比较常用，它具有质量轻、补偿效果好的特点（见图 2-3-23、图 2-3-24）。

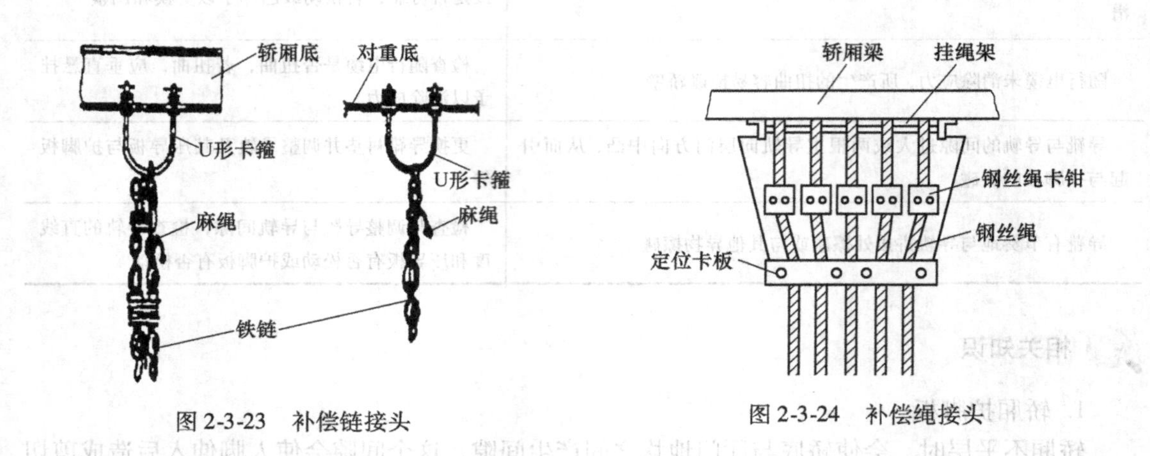

图 2-3-23　补偿链接头

图 2-3-24　补偿绳接头

3. 电梯轿厢运行时有撞击声故障排除方法

电梯轿厢运行时有撞击声故障可按图 2-3-25 所示流程检查。

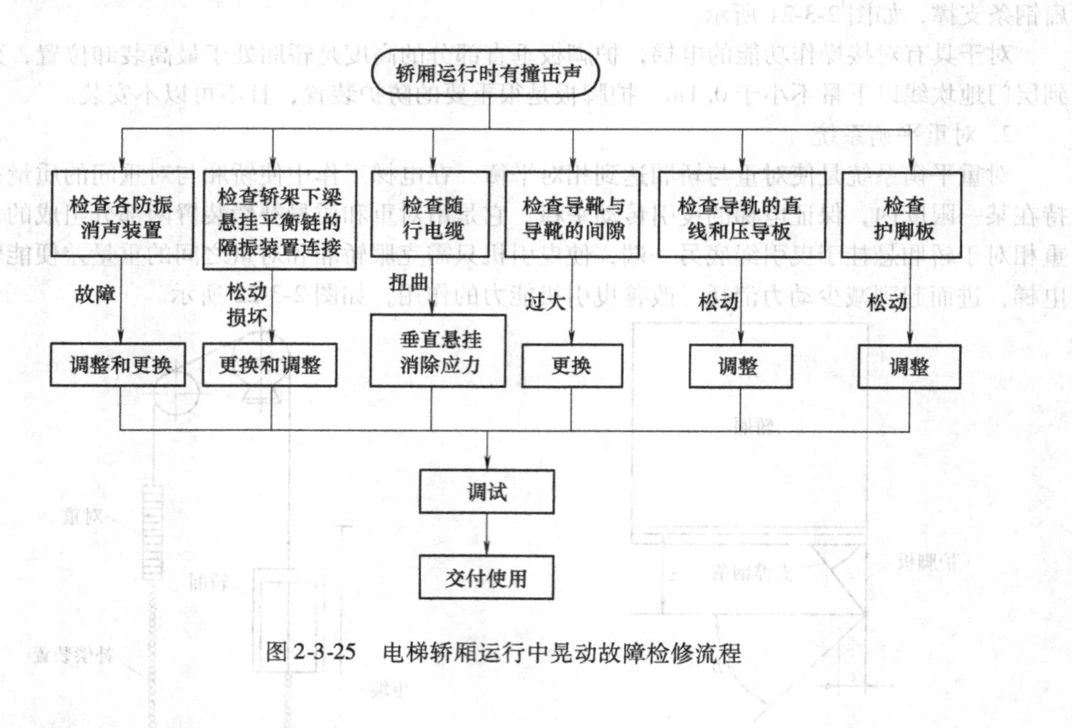

图 2-3-25　电梯轿厢运行中晃动故障检修流程

任务准备

根据任务，选用仪表、工具和器材见表 2-3-27。

表 2-3-27 仪表、工具和器材明细

序号	名称	型号与规格	单位	数量
1	常用钳工工具	钢丝钳、螺钉旋具、尖嘴钳、剥线钳、普通扳手、活扳手、呆扳手等	套	1
2	万用表	自定	块	1
3	钳形电流表	0～50A	块	1
4	手拉葫芦	2t	台	1
5	百分表		块	1
6	样板刀		把	1
7	劳保用品	绝缘鞋、工作服、护目镜等	套	1

任务实施

1. 电梯轿厢运行发生撞击声故障后的检查或调整

1）检查各防振消音装置并加以调整或更换橡胶垫块。

2）检查与更换轿架下梁悬挂平衡链的隔振装置连接是否可靠，若松动或者已损坏应予以更换和调整。

3）检查随行电缆是否扭曲，若已扭曲，应垂直悬挂以消除应力。

4）检查与调整导靴与导靴间隙，以及导轨的直线和压导板是否松动、护脚板是否松动。更换导靴衬垫并且调整导轨及其压导板与护脚板等。

2. 注意事项

1）操作时不要损坏其他设备。

2）更换导靴时，应按正确的操作步骤进行。

3）调整导轨及其压导板与护脚板时，要按正确的方法进行操作，操作时要注意确定间隙的大小。

4）检查随行电缆时，要按正确的方法进行操作。为了防止电缆晃动擦碰轿厢，或者电缆由于扭曲与自重的关系长期过度地处在交变载荷下造成电缆内部导线折断，应在井道高度偏高处用电缆夹予以固定以及采用轿底电缆夹固定减缓电缆重量，防止擦碰轿壁。

5）检修及更换过程中不能损伤导线或使导线连接脱落。

6）故障排除后，通电状态进行试验，必须按规程操作。

任务4 电梯轿厢称重装置松动或失灵

知识目标

1. 熟悉电梯轿厢称重装置松动或失灵的故障原因。

2. 掌握轿厢称重装置松动或失灵的故障排除方法。

能力目标

1. 能够熟练分析轿厢称重装置松动或失灵的原因。

2. 学会并逐步熟练排除故障。

任务描述（见表2-3-28）

表2-3-28 任务描述

工作任务	要　求
1. 电梯轿厢称重装置松动或失灵的机械故障检测	1. 正确分析造成轿厢称重装置松动或失灵的故障原因 2. 熟记检测故障的安全规程
2. 电梯轿厢称重装置松动或失灵的机械故障排除	1. 掌握分析故障的方法，熟悉故障产生的原因 2. 检测故障时要严格遵守安全规程 3. 维修过程要符合工艺要求

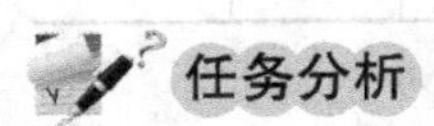

任务分析

电梯运行轿厢称重装置松动或失灵的现象，从机械角度考虑，该故障的原因分析及处理方法见表2-3-29。

表2-3-29 轿厢称重装置松动或失灵故障的原因分析及处理方法

原因分析	处理方法
超载失灵而长期超载运行，又没有报警	校正秤砣位置及微动开关位置，调整轿底四周垫块以及调节螺栓并予以锁定
称重装置因机械装配定位偏移或主秤砣松动偏移，导致秤杆触碰微动开关	

相关知识

1. 超载保护装置

电梯制动器对电梯的制动力是有一定限额的，若电梯超载运行，超过电梯制动器的制动能力及电梯的结构强度，就容易造成电梯出现蹲底事故，同时也会惊吓乘客。为了保证电梯的正常运行，电梯通常会设置超载保护装置，当电梯超载时，超载保护装置动作，发出控制信号，使电梯保持开门状态并停止运行，同时给出警示信号，告知电梯内的司机和乘客电梯已经超载，需要降低载重量。电梯的超载保护装置类型不同，装设位置也不同，有的装设在轿厢底，有的装设在轿厢顶绳头组合处，有的装设在机房。它的作用是当轿厢超过额定负载时，能发出警告信号并使轿厢不能起动运行，超载装置常见的有以下几种形式。

（1）活动轿厢　这种超载保护装置应用非常广泛、价格低、安全可靠，但更换与维修比较烦琐。通常采用橡胶垫作为称重元件，将这些橡胶元件固定在轿厢底盘与轿厢架固定底盘之间。当轿厢超载时，轿厢底盘受到载重的压力向下运动，使橡胶垫变形，触动微动开关，切断电梯相应的控制功能。一般设置两个微动开关，一个微动开关在电梯达到80%负载时动作，电梯确认为满载运行，电梯只响应轿厢内的呼叫，直驶到达呼叫站点；另一个微动开关在电梯达到110%载重量时发生动作，电梯确认为超载，电梯停止运行，保持开门，并给出警示信号。微动开关通过螺钉固定在活动轿厢底盘上，调节螺钉就可以调节载重量的控制范围。活动轿厢的结构示意图如图2-3-26所示。

（2）活动轿厢地板　这是安装在轿厢上的超载装置，活动地板四周与轿壁之间保持一定间隙，轿底支撑在称量装置上，随着轿底承受载荷的不同，轿底会微微地上下移动。当电梯超载时，会使活动轿厢地板下陷，将开关接通，给出电梯相应的控制信号。

（3）轿顶称量装置　轿顶称量装置是以压缩弹簧组作为称量元件，在轿厢架上梁的绳头组合处设置超载装置的杠杆，当电梯承受不同载荷时，绳头组合会带动超载装置的杠杆发生上下摆动。当轿厢超载时，杠杆的摆动会触动微动开关，给电梯相应的控制信号。轿顶称量装置如图 2-3-27 所示。

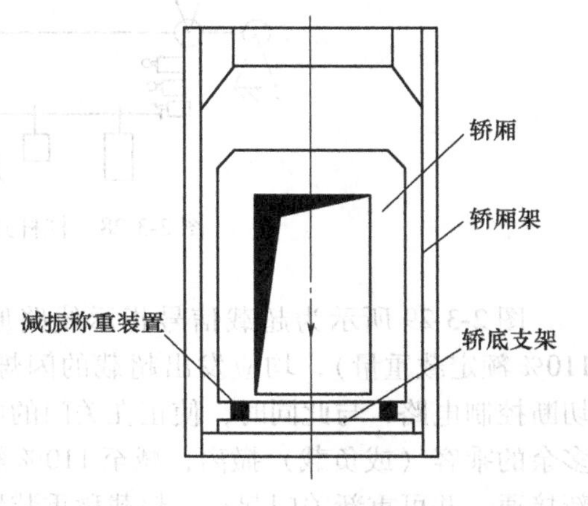

图 2-3-26　活动轿厢的结构示意图

（4）机房称量装置　当轿底和轿顶都不方便安装超载装置，且电梯采用 2∶1 绕法时，可以将超载装置装设在机房中。它的结构与原理与轿顶称量装置类似，可以将其安装在机房的绳头板上，利用机房绳头组合随着电梯载荷的不同产生的上下摆动带动称量装置杠杆进行上下摆动。当电梯超载时，杠杆可以触动一个开关，将超载信号传送给电梯控制系统。

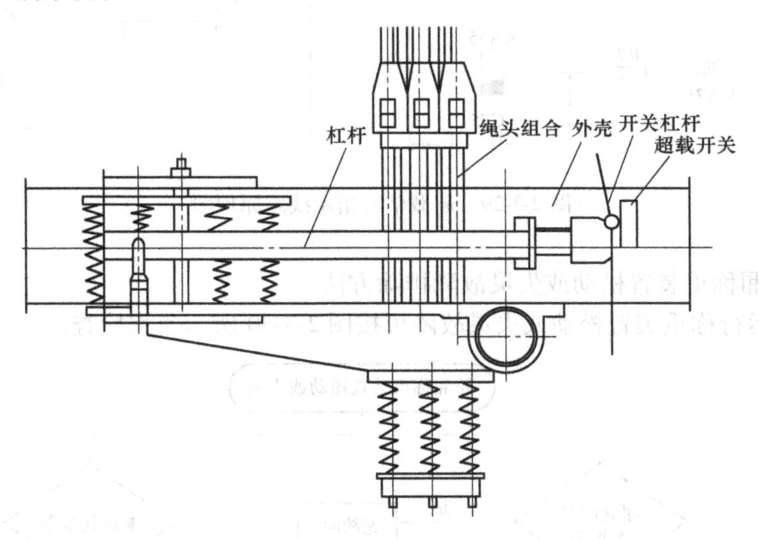

图 2-3-27　轿顶称量装置

（5）电磁式称量装置　随着电梯技术的不断发展，特别是电梯群控技术的发展，客观上要求电梯的控制系统精确地了解每台电梯的载荷量，才能使电梯的调度与运行达到最佳状态。因此，传统的开关量载荷信号已经不能适用于群控技术，现在很多电梯采用电磁式称量装置，为电梯控制系统提供连续变化的载荷信号。这样，一方面可以方便群控系统进行调度，另一方面可以将载荷信号传递给电梯的拖动系统，在电梯起动和运行期间调节供给曳引机的电流，调节曳引机的转速，保证电梯的平稳运行。

目前，电梯上大都采用活动轿底称重装置，其结构特点是：轿厢体与轿底分离，轿壁直接安装在轿底框架上，轿厢活络地板支承在称重装置上，它能随载重的增减在轿厢体内上下浮动。图 2-3-28 所示是电梯最为常用的超载称重装置之一。

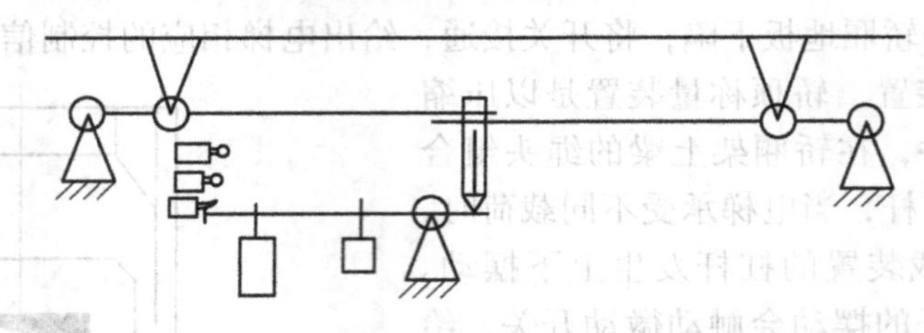

图 2-3-28 杠杆式超载称重装置结构示意图

图 2-3-29 所示为超载信号指示线路原理图。不论何种称重装置，只要电梯超载（约 110% 额定载重量），均应发出超载的闪烁灯光信号和断续的铃声，同时，称重装置动作，切断控制电路，与此同时，使正在关门的电梯停止关门，成为开启或电梯不关门状态，直到多余的乘客（或负载）撤离，减至 110% 额定载重量以下，轿底回升不再超载，控制电路重新接通，并可重新关门起动。超载称重装置必须动作可靠。

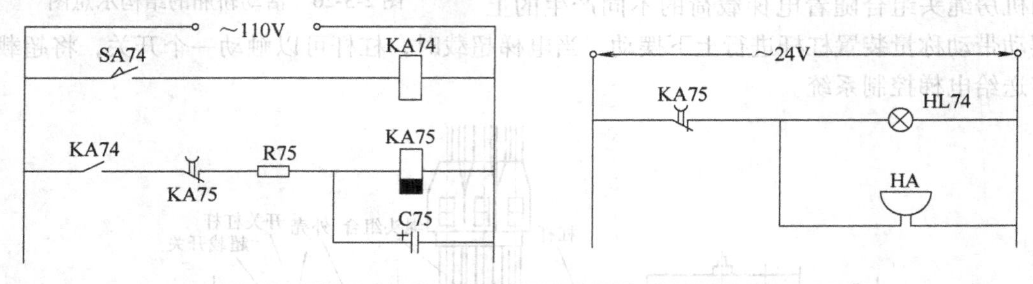

图 2-3-29 超载信号指示线路原理图

2. 电梯轿厢称重装置松动或失灵故障排除方法

电梯轿厢运行称重装置松动或失灵故障可按图 2-3-30 所示流程检查。

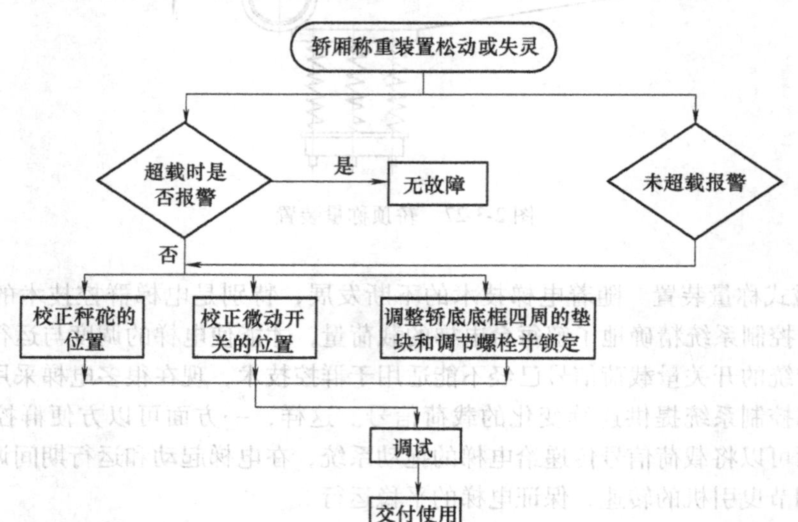

图 2-3-30 电梯轿厢称重装置松动或失灵故障检修流程

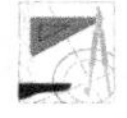

任务准备

根据任务，选用仪表、工具和器材见表2-3-30。

表2-3-30 仪表、工具和器材明细

序号	名称	型号与规格	单位	数量
1	常用钳工工具	钢丝钳、螺钉旋具、尖嘴钳、剥线钳、普通扳手、活扳手、呆扳手等	套	1
2	万用表	自定	块	1
3	钳形电流表	0～50A	块	1
4	劳保用品	绝缘鞋、工作服、护目镜等	套	1

任务实施

1. 电梯轿厢称重装置松动或失灵故障发生后的检查或调整

1）检查电梯超载时是否发出报警。

2）检查秤砣的位置以及微动开关的位置。

3）调整轿底底框四周的垫块和调节螺栓的位置。

2. 注意事项

1）操作时不要损坏其他设备。

2）校正秤砣的位置以及微动开关的位置时，应按正确的操作步骤进行。

3）调整轿底底框四周的垫块和调节螺栓时，要按正确的方法进行操作，操作时要注意平衡。

4）检修及更换过程中不能损伤导线或使导线连接脱落。

5）故障排除后，通电状态进行试验，必须按规程操作。

模块三 电梯层门、轿门的故障及排除

任务1 电梯层门、轿门开关过程有摩擦

知识目标

1. 熟悉电梯层门、轿门开关过程有摩擦的故障原因。
2. 掌握电梯层门、轿门开关过程有摩擦的故障排除方法。

能力目标

1. 能够熟练分析电梯层门、轿门开关过程有摩擦的原因。
2. 学会并逐步熟练排除故障。

任务描述（见表 2-3-31）

表 2-3-31　任务描述

工作任务	要　求
1. 电梯层门、轿门开关过程有摩擦的机械故障检测	1. 正确分析造成电梯层门、轿门开关过程有摩擦的故障原因 2. 熟记检测故障的安全规程
2. 电梯层门、轿门开关过程有摩擦的机械故障排除	1. 掌握分析故障的方法，熟悉故障产生的原因 2. 检测故障时要严格遵守安全规程 3. 维修过程要符合工艺要求

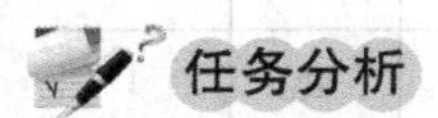

电梯停止运行时，出现层门、轿门开关过程有摩擦的现象，从机械角度考虑，该故障的原因分析及处理方法见表 2-3-32。

表 2-3-32　电梯层门、轿门开关过程有摩擦故障的原因分析及处理方法

原因分析	处理方法
门摆杆故障	1. 更换门脚以及校正层门门板与内墙壁之间的空隙 2. 校正门摆杆，重新装配与调整

1. 检查与排除层门、轿门的机械故障

1）检查与更换已坏或已磨损的门滑块、滑轮、滑轮轴承，以确保正常滑行，同时调整门脚的高度在 4～6mm。

2）去除导轨上的污垢并调整上、下导轨垂直、平行、扭曲等，修整导轨异常的突起，确保滑行正常。

3）调整两边主动杆与从动杆的杆臂，长度要一致，即将门关闭，门中心与曲柄轮中心相交（移动短门臂狭槽内长臂端部的暗销即可）。

4）更换或调整 V 带，并调整两轴平行度与张紧力。

5）更换同步带以及调整张紧力。

6）更换已拉伸的链条并调整两轴平行度和中心平面。

7）更换已损坏的电动机，调整磁钢制动器的间隙。

8）凡是活动部位和谈动部位均上油。

2. 电梯噪声的限制

《电梯技术条件》中规定，当电梯运行时，机房噪声小于 70dB，轿厢内噪声小于 45dB，开关门过程噪声小于 50dB，可评为优等品；当机房噪声超过 80dB 或轿厢内噪声超过 55dB 以及开关门过程噪声超过 65dB 时，认为该电梯不合格，应作为电梯故障来排除。

【小提示】

开关门噪声的产生：

电梯开关门在电梯停止运行时进行。开关门时，由门电动机驱动开关门机构，带动轿厢门和厅门开启或闭合，同时使门锁闭装置打开或闭合。因此，在开关门过程中，门电动机的旋转、开门机构的转动或摆动、门扇沿着门导轨的滑动以及门锁的开闭过程都会因振动、摩擦、碰击而产生噪声。电梯开关门过程的噪声源较为简单，部位也比较集中，比较容易判别。

3. 门的结构与组成

门的结构与组成如图 2-3-31 所示。

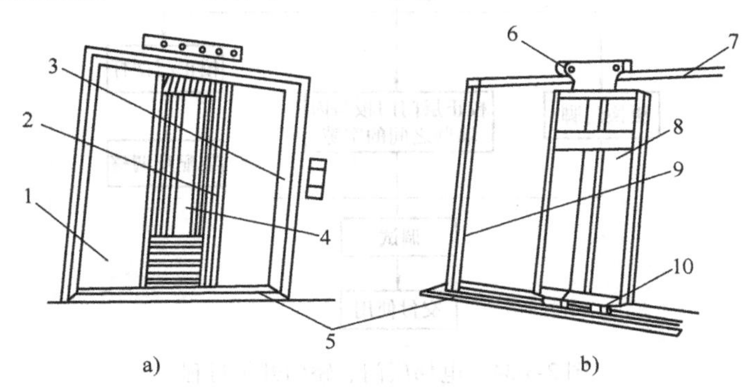

图 2-3-31 门的结构与组成

a）层门外面 b）层门内面

1—层门 2—轿厢门 3—门套 4—轿厢 5—门地坎 6—门滑轮 7—层门导轨架 8—门扇 9—厅门门框立柱 10—门滑块

4. 轿门门刀与层门门锁滚轮的配合

轿厢平层停站后，安装在轿门上的门刀将装于层门上的门锁滚轮夹在中间，并与此两滚轮保持一定间隙。当收到电控柜的开门信号时，轿门电动机驱动门机，当门刀夹住门锁滚轮移动距离超过开锁行程时，锁壁与锁钩脱离啮合，此时开锁完成，并由轿门门刀带动层门门锁滚轮继续走完整个开门过程。轿门门刀、层门门锁如图 2-3-32、图 2-3-33 所示。

图 2-3-32 轿门门刀

图 2-3-33 层门门锁

5. 电梯层门、轿门开关过程有摩擦故障排除方法

电梯层门、轿门开关过程有摩擦的故障可按图 2-3-34 所示流程检查。

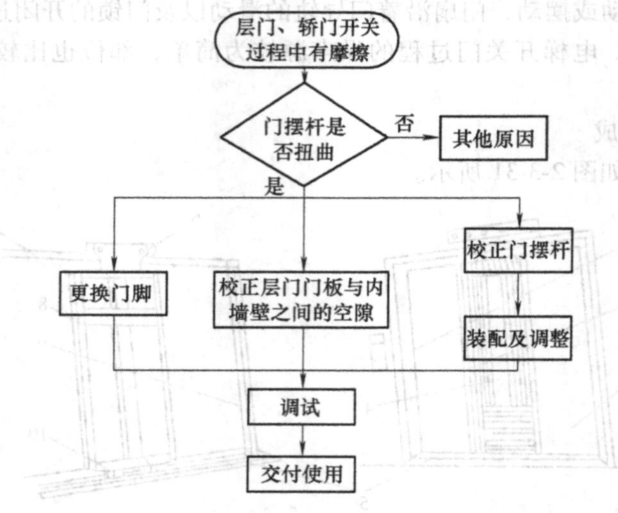

图 2-3-34　电梯层门、轿门开关过程有摩擦故障检修流程

任务准备

根据任务，选用仪表、工具和器材见表 2-3-33。

表 2-3-33　仪表、工具和器材明细

序号	名称	型号与规格	单位	数量
1	常用钳工工具	钢丝钳、螺钉旋具、尖嘴钳、剥线钳、普通扳手、活扳手、呆扳手等	套	1
2	万用表	自定	块	1
3	钳形电流表	0～50A	块	1
4	塞尺		把	2
5	劳保用品	绝缘鞋、工作服、护目镜等	套	1

任务实施

1. 电梯层门、轿门开关过程有摩擦故障发生后的检查

1）检查门摆杆是否扭曲。

2）检查及校正层门门板与内墙壁之间的空隙。

3）检查校正门摆杆。

2. 注意事项

1）操作时不要损坏其他设备。

2）更换门脚时应按规程操作。

3）校正层门门板与内墙壁之间的空隙时，要按正确的方法进行操作，操作时要注意确定空隙的大小。

4）校正门摆杆以及重新装配调整时，要按正确的方法进行操作。

5）检修及更换过程中不能损伤导线或使导线连接脱落。

6）故障排除后，通电状态进行试验，必须按规程操作。

任务2 电梯层门、轿门不能开启、闭合

知识目标

1. 熟悉电梯层门、轿门不能开启、闭合的故障原因。
2. 掌握电梯层门、轿门不能开启、闭合的故障排除方法。

能力目标

1. 能够熟练分析电梯层门、轿门不能开启、闭合的原因。
2. 学会并逐步熟练排除故障。

任务描述（见表2-3-34）

表2-3-34 任务描述

工作任务	要　求
1. 电梯层门、轿门不能开启、闭合的机械故障检测	1. 正确分析造成电梯层门、轿门不能开启、闭合的故障原因 2. 熟记检测故障的安全规程
2. 电梯层门、轿门不能开启、闭合的机械故障排除	1. 掌握分析故障的方法，熟悉故障产生的原因 2. 检测故障时要严格遵守安全规程 3. 维修过程要符合工艺要求

任务分析

电梯停止运行时，出现层门、轿门不能开启、闭合的现象，从机械角度考虑，该故障的原因分析及处理方法见表2-3-35。

表2-3-35 电梯层门、轿门不能开启、闭合故障的原因分析及处理方法

<table>
<tr><th>原因分析</th><th>处理方法</th></tr>
<tr><td>开、关门电动机已坏或门机磁钢制动器咬死</td><td rowspan="5">1. 检查与更换门脚并修正地坎滑槽，调整上坎导轨的直线度并确保层轿门门框下沿与地坎间隙为4～6mm
2. 如果门机已坏应立即更换，并调整磁钢制动器的吸合间隙
3. 校正从动支撑杆以及两轴平行度，使它们在同一个中心平面上，以防止传动带/链脱落</td></tr>
<tr><td>链条脱落、带未张紧、同步带脱落，其原因是主动轴与从动轴中心偏移</td></tr>
<tr><td>门机从动支撑杆弯曲</td></tr>
<tr><td>层门、轿门上坎导轨下坠，使层门、轿门门框下沿拖地</td></tr>
<tr><td>门脚撞坏嵌入地坎，造成不能开启和关闭</td></tr>
</table>

相关知识

1. 开/关门机构

电梯的开/关门方式分为手动和电动两种。电动开/关门一般称为自动开/关门。由于自动开/关门具有效率高、能减轻司机劳动强度等优点，因此，目前生产的电梯绝大多数都是自动开/关门电梯。

（1）手动开/关门机构　电梯产品中采用手动开/关门的情况已经很少，但在少数货用、医用电梯中还有采用手动开/关门的。

采用手动开/关门的电梯，是依靠分别装置在轿门和轿顶、层门与层门框上的拉杆门锁装置来实现的。

拉杆门锁装置包括装在轿顶或层门框上的锁和装在轿门或层门上的拉杆两部分。门关好时，拉杆的顶端插入锁的孔里，由于拉杆压簧的作用，在正常情况下拉杆不会自动脱开锁，而且轿门外和层门外的人员用手也扒不开层门和轿门。开门时，司机手抓拉杆往下拉，拉杆压缩弹簧使拉杆的顶端脱离锁孔，再用手将门往开门方向推，便能实现手动开门。

由于轿门和层门之间没有机械方面的联动关系，因此开门或关门时，司机必须先开启轿门后再开启层门，或者先关闭层门后再关闭轿门。

采用手动门的电梯，必须是有专职司机控制的电梯。开/关门时，司机必须用手依次关闭或打开轿门和层门，因而司机的劳动强度很大，而且电梯的开门尺寸越大，劳动强度就越大。随着科学技术的发展，采用手动开/关门的电梯将越来越少，逐步被自动开/关门电梯所取代。常用的手动拉杆门锁装置如图 2-3-35 所示。

（2）自动开/关门机构　自动开门机构安装在轿顶的门口处，除了能自动开启、关闭轿厢门，还应具有自动调速的功能，以避免在始端与终端发生冲击。根据使用要求，一般开门时速度是先慢后快再慢，而关门时是先快后慢再慢。

根据门的型式不同，自动开门机构也不相同。两扇中分式自动开门机构可同时驱动左、右门，且以相同的速度，做相反方向的运动。这种开门机构一般分为单臂中分式开门机构和双臂中分式开门机构（图 2-3-36、图 2-3-37）。两扇旁开式自动开门机构单臂中分式门机构具有相同的结构，不同之处是多了一条慢门连杆（图 2-3-38）。

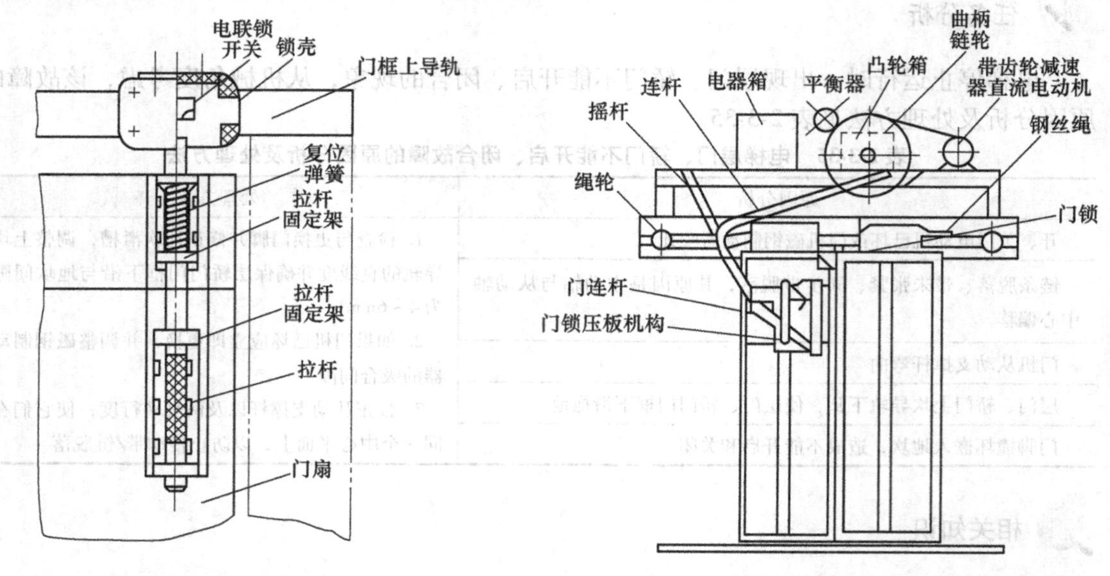

图 2-3-35　手动拉杆门锁装置　　图 2-3-36　单臂中分式开门机构

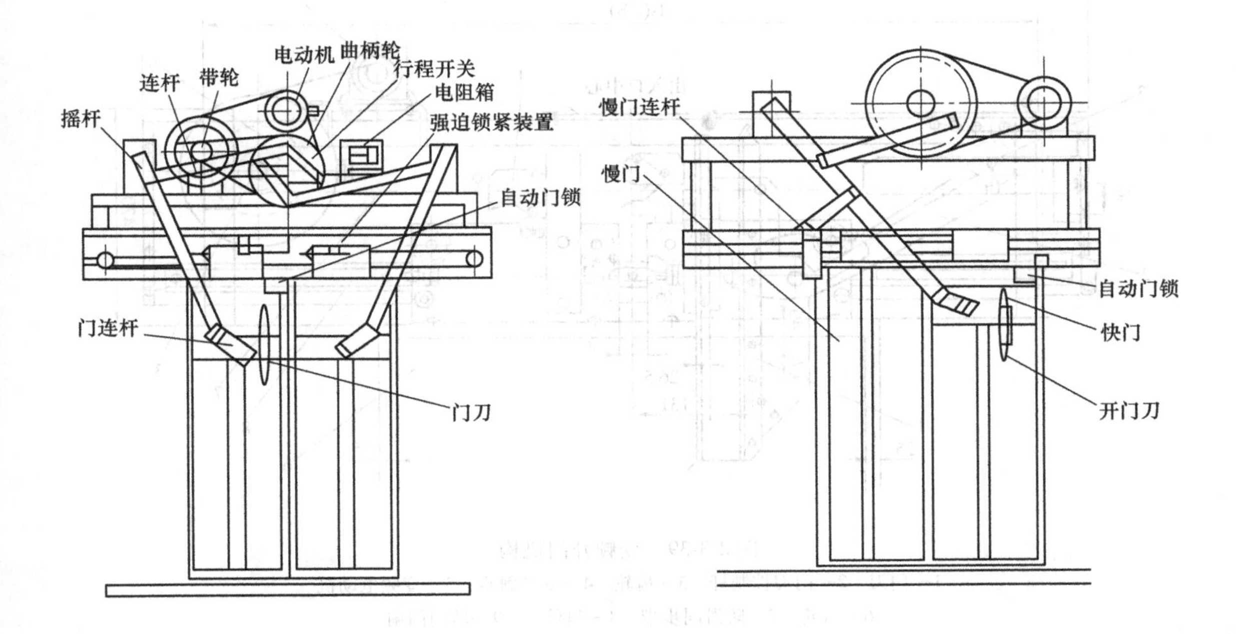

图 2-3-37 双臂中分式开门机构　　图 2-3-38 两扇旁开式门开门机构

(3) 开/关门机构的一般工作原理　开/关门机构设置在轿厢上部特制的钢架上。当电梯需要开门时，开/关门电动机通电旋转，经带轮减速；当最后一级减速带轮转动 180°时，门达到开门的最后位置；当需要关门时，电动机反转，经带轮减速；当最后一级减速带轮转动 180°时，门达到关门的最后位置。

【小提示】

开/关门的调速要求；

在关门（或开门）的起始阶段和最后阶段都要求门的速度不要太高，以减少门的抖动和撞击，为此，在门的关闭和开启的过程中需要有调速过程，通常是机械上要配合电气控制电路，设置微动调速开关。

【知识拓展】

随着技术的发展，变频门机的出现，使自动开门机构构造更简单，性能更好。目前乘客电梯多采用变频开门机构（图 2-3-39）。自动开门机构采用变频电动机及同步带，不但省掉复杂的减速和调速装置使结构简单化，而且开关平稳，噪声小，还减少能耗。

2. 人工紧急开锁和强迫关门装置

为了在必要时（如救援）能从层站外打开层门，每个层门都应有人工紧急开锁装置。工作人员可用三角形的专用钥匙从层门上部的锁孔中插入，通过门后的装置（如开门顶杆）将门锁打开。在无开锁动作时，开锁装置应自动复位，不能仍保持开锁状态，每个层站的层门均应设紧急开锁装置。

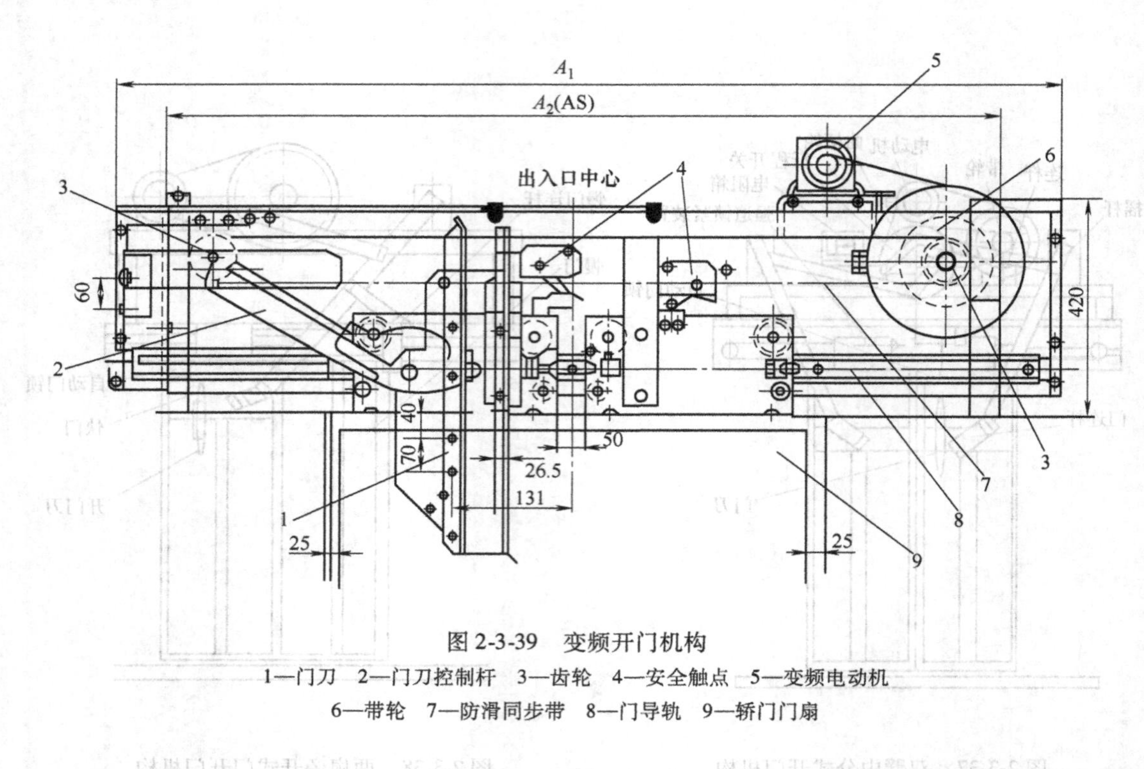

图 2-3-39　变频开门机构

1—门刀　2—门刀控制杆　3—齿轮　4—安全触点　5—变频电动机

6—带轮　7—防滑同步带　8—门导轨　9—轿门门扇

当轿厢不在层站时，层门无论什么原因开启时，都必须有强迫关门装置使该层门自动关闭，如图 2-3-40 所示的强迫关门装置是利用重锤的重力，通过钢丝绳、滑轮将门关闭。强迫关门装置也有利用弹簧来实施关门的。

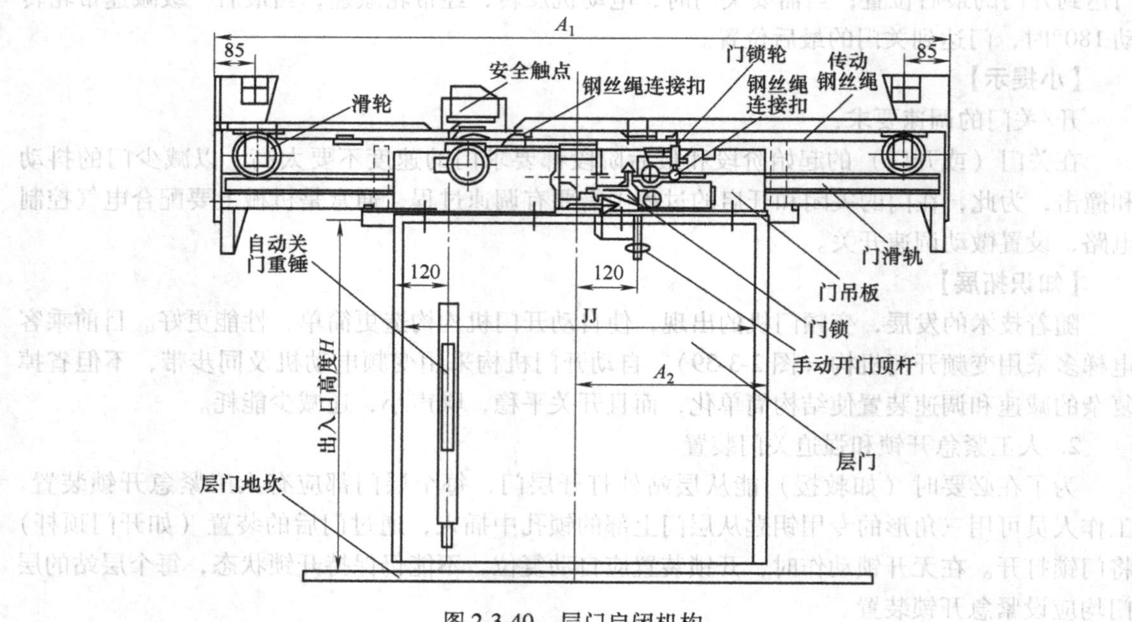

图 2-3-40　层门启闭机构

3. 电梯层门、轿门不能开启、闭合故障排除方法

电梯层门、轿门开关过程有摩擦的故障可按图 2-3-41 所示流程检查。

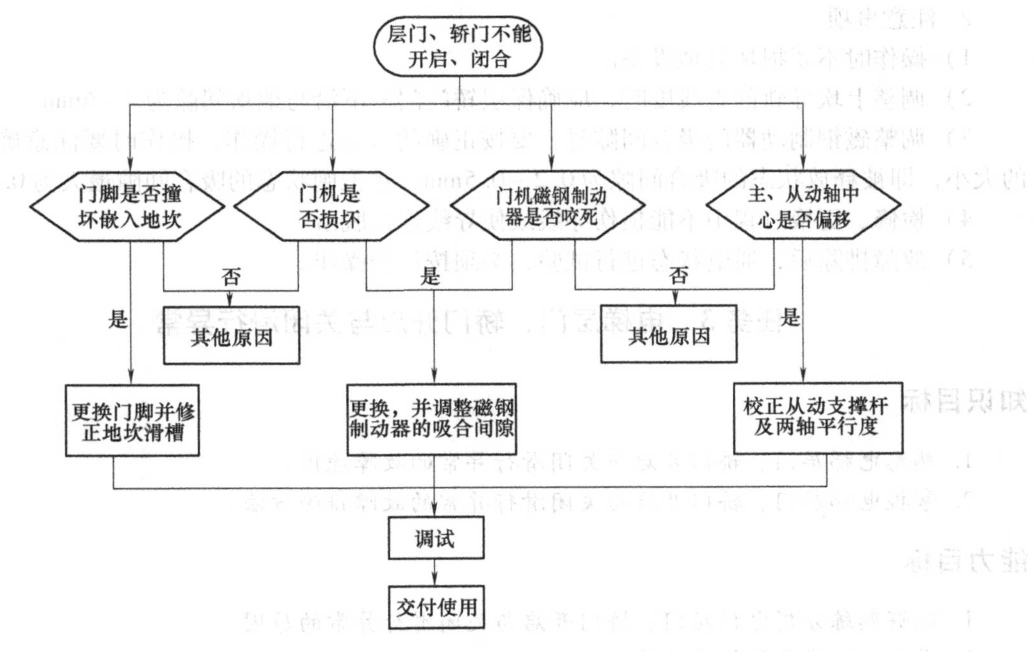

图 2-3-41 电梯层门、轿门不能开启、闭合故障检修流程

任务准备

根据任务，选用仪表、工具和器材见表 2-3-36。

表 2-3-36 仪表、工具和器材明细

序号	名称	型号与规格	单位	数量
1	常用钳工工具	钢丝钳、螺钉旋具、尖嘴钳、剥线钳、普通扳手、活扳手、呆扳手、锉刀等	套	1
2	万用表	自定	块	1
3	钳形电流表	0～50A	块	1
4	塞尺		把	2
5	劳保用品	绝缘鞋、工作服、护目镜等	套	1

任务实施

1. 电梯层门、轿门不能开启、闭合故障发生后的检查与校正

1）检查门脚是否撞坏嵌入地坎。若损坏，则更换门脚并修正地坎滑槽，调整上坎导轨的直线度。

2）检查门机是否损坏及门机磁钢制动器是否咬死。若损坏，则应立即更换，并调整磁钢制动器的吸合间隙。

3）检查从动支撑杆以及两轴平行度是否在同一个中心平面上。若有故障，则校正使它们在同一个中心平面上，以防止传动带/链脱落。

2. 注意事项

1）操作时不要损坏其他设备。

2）调整上坎导轨的直线度时，应确保层轿门门框下沿与地坎间隙为4～6mm。

3）调整磁钢制动器的吸合间隙时，要按正确的方法进行操作，操作时要注意确定间隙的大小，即被释放状态的吸合间隙为0.2～0.5mm，被抱闸状态的吸合间隙最大为0.3mm。

4）检修、更换过程中不能损伤导线或使导线连接脱落。

5）故障排除后，通电状态进行试验，必须按规程操作。

任务3　电梯层门、轿门开启与关闭滑行异常

知识目标

1. 熟悉电梯层门、轿门开启与关闭滑行异常的故障原因。
2. 掌握电梯层门、轿门开启与关闭滑行异常的故障排除方法。

能力目标

1. 能够熟练分析电梯层门、轿门开启与关闭滑行异常的原因。
2. 学会并逐步熟练排除故障。

任务描述（见表2-3-37）

表2-3-37　任务描述

工作任务	要　求
1. 电梯层门、轿门开启与关闭滑行异常的机械故障检测	1. 正确分析造成电梯层门、轿门开启与关闭滑行异常的故障原因 2. 熟记检测故障的安全规程
2. 电梯层门、轿门开启与关闭滑行异常的机械故障排除	1. 掌握分析故障的方法，熟悉故障产生的原因 2. 检测故障时要严格遵守安全规程 3. 维修过程要符合工艺要求

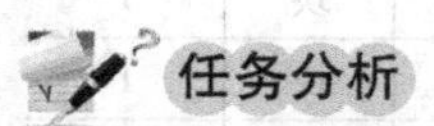

电梯层门、轿门在开启与关闭时，出现滑行异常的现象，从机械角度考虑，该故障的原因分析及处理方法见表2-3-38。

表2-3-38　电梯层门、轿门开启与关闭滑行异常故障的原因分析及处理方法

原因分析	处理方法
垂直度差异，平行度差异 滑轮轴承磨损或上导轨磨损或有污垢	1. 检查与更换已坏或已磨损的门脚、滑轮、滑轮轴承 2. 去除导轨上的污垢并调整上、下导轨垂直和水平平面的直线度和平面度 3. 调整两扇主动杆与从动杆的杆臂
下门脚磨损、折断或下导轨滑槽有异常的缺陷或滑出地坎	

（续）

原因分析	处理方法
上导轨下坠，致使层门、轿门下移触碰地坎	4. 更换或调整V带，并调整两轴平行度、中心平面和张紧力 5. 更换同步带、调整张紧力 6. 更换已拉伸的链条并调整两轴平行度和中心平面 7. 更换已坏电动机
V带磨损或失去张紧力，链条与链轮磨损使中心距拉长	
从动轮支撑杆弯曲	
主动杆与从动杆支点磨损	
门机磁钢制动器未调整好或门机发生故障	

相关知识

1. 门机系统检查

1）门电动机同步带、V带的检查，以松紧度的检查与调整，表面有无破损，同步带内有无异物，在开关门时带和各轮及其他部件有无不正常摩擦。

2）检查门电动机、编码器工作中有无异常振动、异响，各固定螺钉是否紧固，清洁。

3）轿门路轨检查清洁，开关门时有无异响，轿门开关门到位检查调整，GS尺寸检查，电气开关检查试验，轿门关闭时注意是电气开关接通后光电到位开关动作。

4）轿门传动装置检查，各连接销、轴润滑，安全触板活动连接部位润滑，门滑块检查。

5）轿门门扇的各间隙检查调整（门框、中缝 、地坎），光幕安全触板的调整检查。各固定螺钉检查紧固，清洁。

2. 更换V带的步骤

1）关掉电源，卸下防护罩，旋松马达的装配螺栓。

2）移动电动机使V带足够松弛，不需撬开就能取下V带。

3）取下旧V带，检查是否有异常磨损。过度的磨损可能就意味着传动装置的设计或保养上存在问题。

4）选择合适的V带替换。

5）清洁V带及带轮，应将抹布沾少许不易挥发的液体擦拭，采用在清洁剂中浸泡或是使用清洁剂刷洗V带的方法均是不可取的；为除去油污及污垢，用砂纸擦或用尖锐的物体刮削，显然也是不可取的。V带在安装使用前必须保持干燥。

6）检查带轮是否有裂纹或磨损，较为简单的办法是使用盖茨轮槽量具来检查。若磨损过量，则必更换带轮。

7）检查带轮是否成直线对称。

8）检查其余的传动装置及部件，如轴承和轴套的对称性、耐用性及润滑情况等。

9）对于多条带传动装置而言，则必须更换所有带，如果多条带传动装置上只更换一根旧带，新带的张力可能会合适，但所有的旧带则会张力不足，传动装置可能就仅这条新带负载，致使新带过早损坏。

10）调整传动装置中心距，用手转几圈主动轮，使用带张力测量仪检查张力是否适当。

11）拧紧电动机安装螺栓，纠正扭矩。

12）更换防护罩。

13）建议采取试运转程序。此程序包括动转传动装置，在满负载情况下运行而后停止，检查并将张力调整到推荐数值。满负载下带的运转可以使带与轮槽完全吻合。如有可能使带运转 24h，试运转程序可减少以后重调张力的次数。

14）运转开始时，观察是否有异常振动，细听是否有异常噪声。最好是关掉机器，检查轴承及电动机的状况；若是摸上去觉得太热，可能是带太紧，或是轴承不对称，或润滑不正确。

3. 电梯层门、轿门开启与关闭滑行异常故障排除方法

电梯层门、轿门开启与关闭滑行异常的故障可按图 2-3-42 所示流程检查。

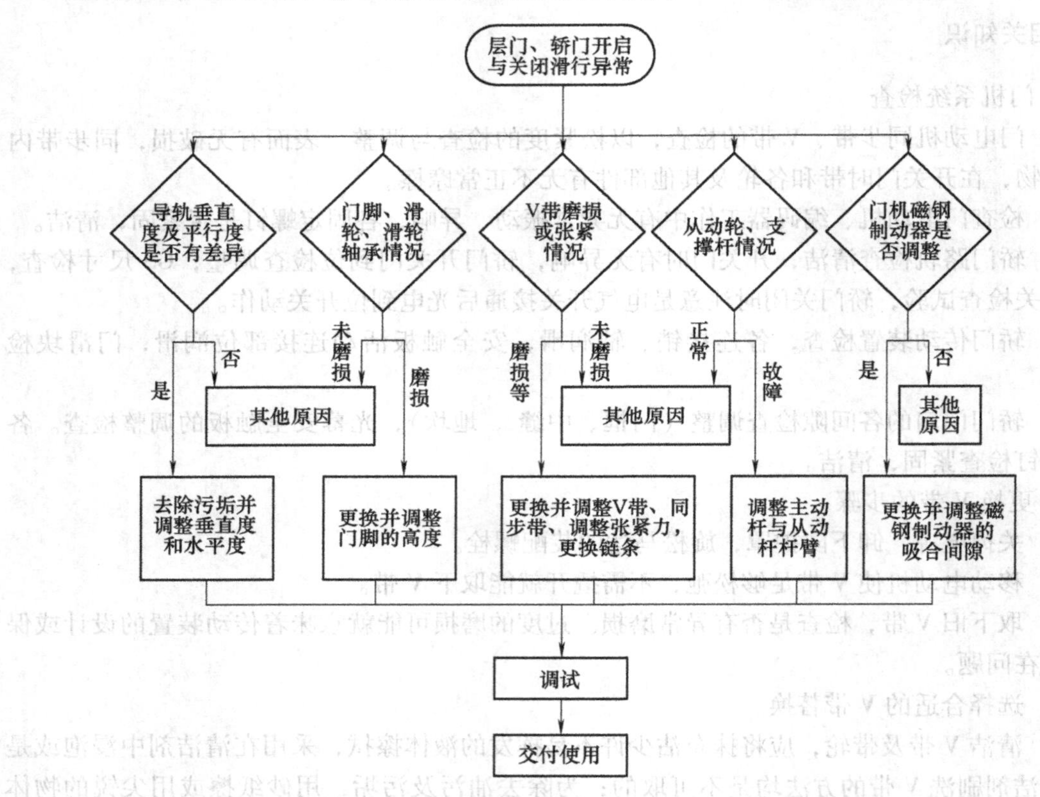

图 2-3-42　电梯层门、轿门开启与关闭滑行异常故障检修流程

任务准备

根据任务，选用仪表、工具和器材见表 2-3-39。

表 2-3-39　仪表、工具和器材明细

序号	名称	型号与规格	单位	数量
1	常用钳工工具	钢丝钳、螺钉旋具、尖嘴钳、剥线钳、普通扳手、活扳手、呆扳手、锉刀等	套	1
2	万用表	自定	块	1

（续）

序号	名称	型号与规格	单位	数量
3	钳形电流表	0～50A	块	1
4	塞尺		把	2
5	劳保用品	绝缘鞋、工作服、护目镜等	套	1

任务实施

1. 电梯层门、轿门开启与关闭滑行异常故障发生后，应进行必要的检查、调整与更换

1）检查与更换已坏或已磨损的门脚、滑轮、滑轮轴承，以确保正常滑行，同时调整门脚的高度。

2）去除导轨上的污垢并调整上、下导轨垂直和水平平面的直线度和平面度（垂直、水平、扭曲、等高），去除与修正导轨异常的凸起，确保滑行正常。

3）调整两扇主动杆与从动杆的杆臂，长度要一致，将中分门门缝间隙调整到1～2mm，即将门关闭，门中心与曲柄轮中心相交。调整方法是移动短门臂狭槽内长臂端部的暗销。

4）更换或调整V带，并调整两轴平行度、中心平面和张紧力。

5）更换同步带并调整张紧力。

6）更换已拉伸的链条并调整两轴平行度和中心平面。

7）更换已损坏的电动机，调整磁钢制动器的间隙。

2. 注意事项

1）操作时不要损坏其他设备。

2）调整门脚的高度时，应确保层轿门门框下沿与地坎间隙为4～6mm。

3）调整磁钢制动器的吸合间隙时，要按正确的方法进行操作，操作时要注意确定间隙的大小，即被释放状态的吸合间隙为0.2～0.5mm，被抱闸状态的吸合间隙最大为0.3mm。

4）调整两扇主动杆与从动杆的杆臂时，应将中分门门缝间隙调整到1～2mm。

5）更换V带时，应按正确的步骤进行，更换完毕后要做适当的调整。

6）凡是活动部位和滚动部位均上润滑油。

7）检修及更换过程中不能损伤导线或使导线连接脱落。

8）故障排除后，通电状态进行试验，必须按规程操作。

模块四 电梯制动故障及排除

任务1 制动装置发热

知识目标

1. 熟悉电梯制动装置发热的故障原因。

2. 掌握电梯制动装置发热的故障排除方法。

能力目标

1. 能够熟练分析电梯制动装置发热的原因。
2. 学会逐步熟练排除故障。

任务描述（见表 2-3-40）

表 2-3-40　任务描述

工作任务	要　求
1. 电梯制动装置发热的机械故障检测	1. 正确分析造成电梯制动装置发热的故障原因 2. 熟记检测故障的安全规程
2. 电梯制动装置发热的机械故障排除	1. 掌握分析故障的方法，熟悉故障产生的原因 2. 检测故障时要严格遵守安全规程 3. 维修过程要符合工艺要求

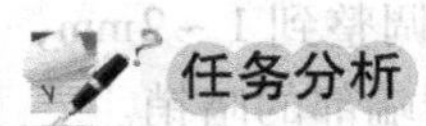

任务分析

电梯运行时，出现制动装置发热现象，从机械角度考虑，该故障的原因分析及处理方法见表 2-3-41。

表 2-3-41　电梯制动装置发热原因及处理方法

原因分析	处理方法
制动器电磁吸铁（磁体）工作行程过大或过小	调节制动器电磁吸铁工作行程
制动电磁铁在工作时，由于磁杆有卡住的现象，会产生较大的电流，使制动装置发热	调整磁杆，使其自由滑动而无被卡住现象
闸瓦片与制动轮之间的间隙偏移，造成单边摩擦生热，同时制动效果也不好	调节制动器弹簧的张紧度

相关知识

1. 制动器的安全技术要求

1）当轿厢以 125% 额定载荷并以额定速度向下运行时，操作制动器应能使曳引机停止运转，且制动加速度的绝对值平均不大于 1g，所以制动弹簧力的大小要调整合适。

2）正常运行时，制动器应在持续通电下保持松开状态。

3）切断制动器电流，至少应用两个独立的电气装置来实现。当电梯停止时，有一个电气装置（触点）未打开，最迟到下次运行方向改变时，电梯不能再运行。

4）在结构上制动瓦的压力必须由有导向的压缩弹簧或重锤施加。而且在制动时，必须有两块制动瓦和制动带作用在制动轮上。对电机轴和蜗杆轴不产生附加载荷。

5）在结构上应能在紧急操作时用手动松开制动器，一般称“人工开闸”。而且“开闸”状态必须由一个持续力来保持。

6）制动器应动作灵活，制动时两侧闸瓦应紧密、均匀地贴合在制动轮的工作面上，松闸时应同步离开，每侧闸瓦四角处间隙平均值不大于 0.7mm，如果不满足应调整限位螺钉。

2. 制动器弹簧与双头螺栓的检查

检查制动器弹簧的有关尺寸，确保两个弹簧的压力相等。弹簧的长度在100% ~300%内，不可超过弹簧刻度所注的“L”位置。双头螺栓不可接触制动臂的扎壁。检查双头螺栓的锁紧螺母相制动弹簧的双螺母是否锁紧，调校制动器弹簧的压力。轿厢在无负荷情况下，低速向上运行，调校制动弹簧压力，使平层准确度不超过30mm，在150%载荷的情况下降，平层准确度不超过+120mm。制动臂、制动轮与制动瓦的结构如图2-3-43所示。

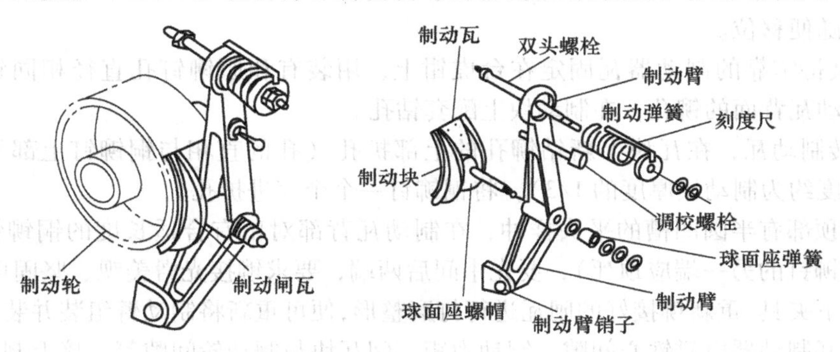

图2-3-43 制动臂、制动轮与制动瓦的结构

3. 制动臂的检查处理方法

检查没有转动时的制动臂轴；检查制动臂动作时是否平稳；检查球面座的表面是否损坏；检查制动靴动作是否平滑。调整制动靴弹簧压力的方法如下：在制动器动作停止的情况下，用螺母将弹簧收紧至压缩，然后将螺栓释放0.5 ~1转。检查制动器的底座和制动臂有无破裂。清洁并润滑制动臂和制动靴，在制动臂的支持轴上涂5号机油。清洁完毕后，在球面座上涂5号机油。

若球面座的表面损坏或生锈，用120 ~150号砂纸修理和清洁。在调校螺栓尾部接触制动杆处涂5号机油。

4. 制动器动块（衬垫）的检查与保养

检查衬垫是否有裂痕及是否装配正确，若制动衬边（块）有裂痕应更换衬垫。检查衬垫上是否有油污，若有将油污清理干净，否则应更换。确保固定制动块的铆钉头埋入衬套的深度大于1mm。确认衬垫的接触面积超过80%衬垫面积，若达不到则要修整衬垫面。当电梯运行时，制动块不可摩擦制动轮。检查制动衬垫（块）时，只在制动器的一边进行，而在另一边制动闸瓦与制动轮的接触应可靠，并确认电梯能够被制动块刹住。制动闸瓦的结构如图2-3-44所示。

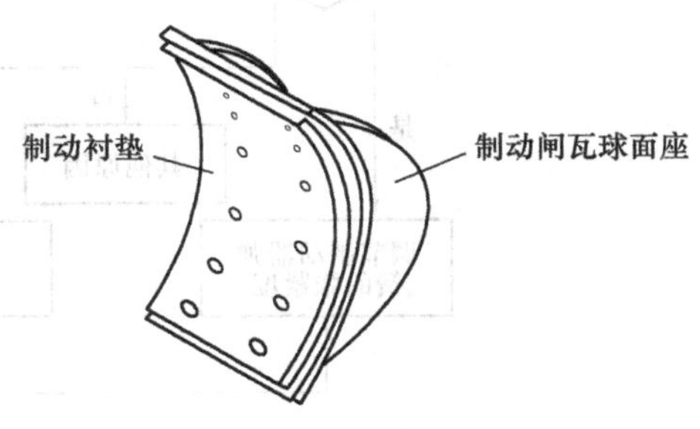

图2-3-44 制动闸瓦的结构

5. 制动器闸瓦衬垫（块）的更换方法

1）将轿厢升至顶层，关断电源，并做好安全措施。

2）拆下制动器电源线并作序号标记，从曳引机上拆下制动臂。

3）在拆下的制动臂上作出方向记号（以免装配时出错），再从制动臂上拆下制动闸瓦。

4）在制动闸瓦背面（非制动块面）用锋利的扁铲（錾子）剔除铆接制动块上铜铆钉的“元宝头”。

5）用细小的样冲将铜铆钉冲出，将已磨损（薄）的旧制动衬垫（块）从制动瓦上取下。

6）依据原制动瓦（衬垫）的尺寸、铆钉孔的数量和直径、孔距等，在新衬料上割取和原衬垫大小（厚度合乎要求）一样的衬料块。

7）用特制的带弧度的弹簧夹子将预更换的衬料块夹持在制动瓦上，要与瓦上弧度贴合紧密，不能随便移位。

8）将夹持牢靠的制动器瓦固定在台虎钳上，用装有和原铆钉孔直径相同钻头的手电钻，透过制动瓦背面的铆孔，在制动块上配套钻孔。

9）翻转制动瓦，在瓦块上新钻铆孔的上部扩孔（孔的直相与铜铆钉上部平头直径一致，扩孔深度约为制动块厚度的1/3），将铜铆钉一个个穿进扩孔。

10）用顶部有半圆凹槽的平头样冲，在制动瓦背部对留有合适长度的铜铆钉一个一个进行铆接（铆钉的另一端应顶死），要先中间后两端，要求铆接光滑美观、坚固可靠。

11）取下夹具，重新铆接好的闸瓦进行打磨整形，便可重新将制动臂组装并装回制动架。

12）调好制动器电磁铁心间隙、制动力矩、间瓦块与制动轮间隙等，接上制动器电源。

13）送电后，检查制动器打开与施闸的情况，一切正常后方可投入使用。

6. 动闸瓦制动间隙的调整

动闸瓦制动间隙的调整，见单元中模块二的任务4。

7. 电梯制动装置发热故障排除方法

电梯制动装置发热的故障可按图2-3-45所示流程图检查。

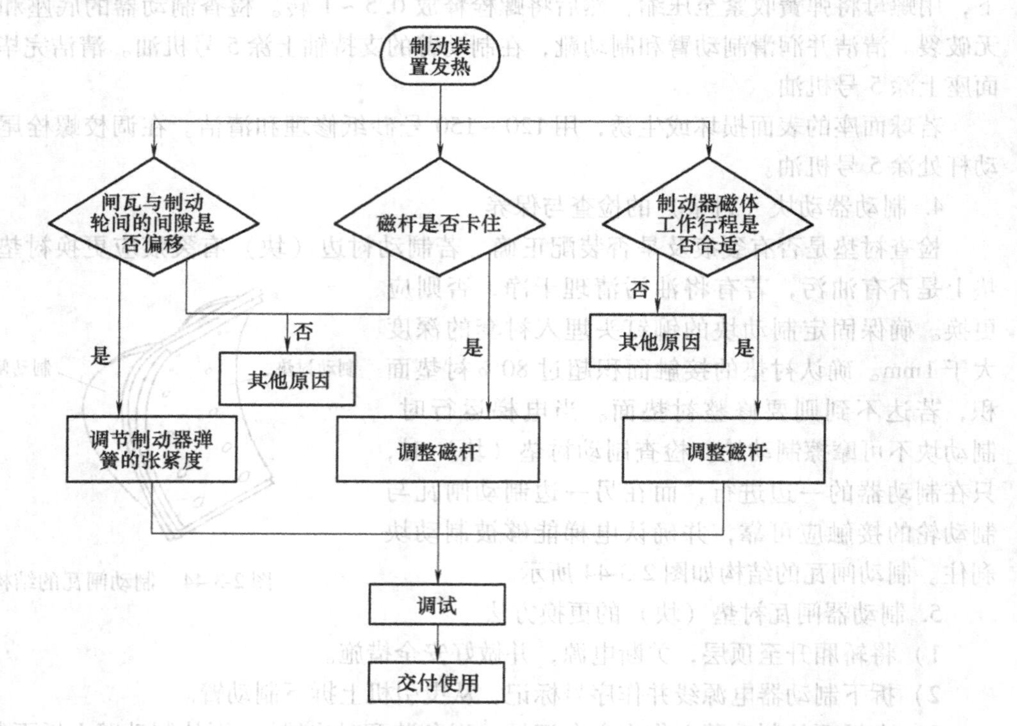

图2-3-45　电梯制动装置发热故障检修流程

任务准备

根据任务，选用仪表、工具和器材见表2-3-42。

表2-3-42　仪表、工具和器材明细

序号	名称	型号与规格	单位	数量
1	常用钳工工具	钢丝钳、螺钉旋具、尖嘴钳、剥线钳、普通扳手、活扳手、呆扳手、螺钉旋具等	套	1
2	万用表	自定	块	1
3	钳形电流表	0～50A	块	1
4	塞尺		把	1
5	钳工工具	冲子、錾子等	套	1
6	砂纸	120～150号	张	若干
7	劳保用品	绝缘鞋、工作服、护目镜等	套	1

任务实施

1. 电梯制动装置发热故障发生后的检查

1）检查闸瓦片与制动轮间的间隙是否偏移。

2）检查制动器电磁吸铁（磁体）工作行程是否过大或过小。

3）检查制动电磁铁在工作时，磁杆是否有卡住的现象。

2. 注意事项

1）操作时不要损坏其他设备。

2）调节制动器弹簧的张紧度。压缩弹簧的长度可根据制动轮半径和磁体尺寸决定，制动器弹簧的规格和圈数应从安装说明书中查取。

3）调节制动器电磁铁的工作行程约为2mm，要确保制动器灵活可靠，抱闸时闸瓦应紧密地贴合于制动轮的工作表面上；松闸时闸瓦片应同时离开制动轮工作表面，不得有局部摩擦，此时的间隙不得大于0.6mm（或0.7mm）。当环境温度为40℃时，在额定电压下其通电率为40%时，温升不得超过80℃。

4）磨损的闸瓦片应及时成对地更换，经更换的闸瓦片要确保要求。

5）检修、更换过程中不能损伤导线或使导线连接脱落。

6）故障排除后，通电状态进行试验，必须按规程操作。

【知识拓展】（以400型立式制动器的调整为例）

调整和正确使用制动器，必须依照电梯的具体使用情况和使用要求，边试验边调整。这样才能使制动系统处于最佳状态，才能保证电梯的安全运行。

1. 立式制动器的调整要求

1）制动轮（联轴器）在转动时往往是电梯的振源和噪声源，要使其平衡运转，径向圆跳动量不能过大，其值不得超过0.015～0.03mm。

2）闸瓦块距闸轮左、右间隙应均匀相等，特别是四角的间隙要均匀，避免运动时局部干涉和制动时偏载。瓦块与制动轮之间应是面接触，一般应控制在80%左右。

3）制动器电磁铁在电梯运行时应处于吸合（门开）状态。这时，闸块与闸轮距离应均匀，间隙越小越稳定可靠，一般不大于0.7mm，并且四角间隙均匀相等。

4）制动力矩应根据电梯额定速度进行调整，不能过大。若过大，闸瓦抱死闸轮时间过快，将引起较大的冲击载荷，影响电梯的使用寿命，也可能造成对乘客的伤害。

2. 具体调整方法

图2-3-46a所示为制动器调整示意图，图2-3-46b所示为电磁系统简图。设电磁铁挡盖被弹簧压在线圈上，当制动臂推动推杆时，使挡盖左移4～6mm，移动量越大，推力越小。通电后，挡盖被线圈吸合，推杆右移打开制动臂。由此可见，推力的大小要靠调整挡盖与线圈的距离和弹簧伸缩量。制动块与制动轮的间隙调整同样用调整挡盖与线圈的间隙以及调制动臂支点曲轴来完成。

3. 维修时对制动器的调整

（1）制动间隙的调整　松开并微调防松螺母6，直到制动瓦块与制动轮相摩擦。缓慢拧紧螺钉5，直到制动轮转动时制动瓦块不与制动轮摩擦，拧紧螺母6。再用相同方法调整另一制动臂，如图2-3-46a所示。

（2）制动力矩的调整　松开螺母9，调节防松螺母以增减弹簧的长度达到理想的制动效果，继而拧紧防松螺母9。再用相同方法调整另一制动臂的弹簧，如图2-3-46b所示。

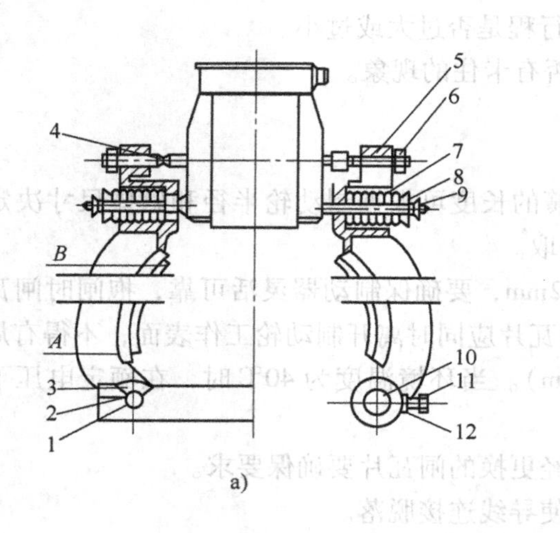

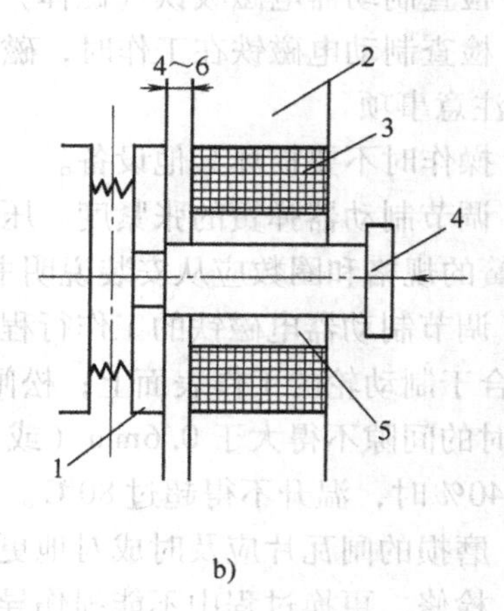

图2-3-46　400型立式磁力制动器简图

a）调整示意图

1—销　2—螺钉　3—板簧　4—挡块　5—调节螺钉　6、9—防松螺母

7—弹簧　8—垫圈　10—偏心轴　11、12—螺钉

b）电磁力系统简图

1—电磁铁挡盖　2—电磁铁　3—线圈　4—磁力推杆　5—套筒

4. 更换制动瓦块后的调整方法

1）电梯停于基站，检查制动器通电后制动是否缓解。若无缓解，停电。

2）松开螺母6，调节螺钉5，使其离离开挡块9约4mm，并确认挡块位于行程的最外点。

3）拧紧螺母9，使垫圈8与弹簧7接触、当制动块靠近制动轮时，拧紧螺钉5，使挡块4向电磁铁中心移动1mm，再拧紧螺母6。

4）向电磁铁送电后，制动块与制动轮应无接触。此时，B点与A点处的间隙分别约为0.5mm与0.7mm，且其他处间隙均匀。

5）若与上述情况差距较大，则要调节偏心轴10。在断电情况下松开螺母6，使螺钉5离开挡块4约4mm，并确认挡块4在行程的最外点。

6）松开螺母9，使垫圈8与弹簧7接触。

7）松开螺钉2，同时解除销1与板簧3的连接。

8）松开螺钉11、12，调节偏心轴10，使制动块与制动轮吻合。

9）拧紧螺钉11、12，装回板簧3、销1，拧紧螺钉2。

10）当制动块靠近制动轮时，拧紧螺钉5，使挡块4向电磁中心移动约1mm，然后拧紧螺母6。

11）按制动器的调整方法调节弹簧7。

5. 注意事项

1）应在有曳引力作用下进行。

2）瓦块磨损1.5mm左右应更换。

3）瓦块磨损后或更换瓦块后，只增加弹簧压力是错误的，应按以上方法进行全过程调整。

4）当瓦块与制动轮接触间隙不在要求范围时，应调整偏心轴。

任务2 轿厢冲顶或蹲底

知识目标

1. 熟悉电梯轿厢冲顶或蹲底的故障原因。
2. 掌握电梯轿厢冲顶或蹲底的故障排除方法。

能力目标

1. 能够熟练分析电梯轿厢冲顶或蹲底的原因。
2. 学会并逐步熟练排除故障。

任务描述（见表2-3-43）

表2-3-43 任务描述

工作任务	要 求
1. 电梯轿厢冲顶或蹲底的机械故障检测	1. 正确分析造成电梯轿厢冲顶或蹲底的故障原因 2. 熟记检测故障的安全规程

（续）

工作任务	要　求
2. 电梯轿厢冲顶或蹲底的机械故障排除	1. 掌握分析故障的方法，熟悉故障产生的原因 2. 检测故障时要严格遵守安全规程 3. 维修过程要符合工艺要求

任务分析

电梯运行时，出现轿厢冲顶或蹲底现象，从机械角度考虑，该故障的原因分析及处理方法见表 2-3-44。

表 2-3-44　电梯轿厢冲顶或蹲底故障的原因分析及处理方法

<table>
<tr><th>原因分析</th><th>处理方法</th></tr>
<tr><td>对重的重量与轿厢的自重再加上额定载重，两者平衡系数未能匹配</td><td rowspan="4">1. 对于新安装的电梯出现上述故障现象时，应核查供货清单的对重数量以及每块的质量，同时做额定载重的运行试验
2. 另外需做超载试验，轿厢分别移至上端或下端，向下或向上运行，目测轿厢有否倒拉现象
3. 检查和调整上、下平层的磁开关位置和极限开关位置</td></tr>
<tr><td>钢丝绳与曳引轮绳严重磨损或钢丝绳外表面油脂过多</td></tr>
<tr><td>制动器闸瓦间隙太大或制动器弹簧的压力太小</td></tr>
<tr><td>上、下平层的磁开关位置有偏差或上、下极限开关位置装配有误</td></tr>
</table>

相关知识

1. 额定载重试验

额定载重试验见单元一中模块二的任务 2。

2. 平衡系数

平衡系数测定见单元一中模块三的任务 2。

3. 极限开关检验的技巧与禁忌

极限开关是电梯的一个重要安全开关，起着防止电梯冲顶和蹲底的安全保护作用。

（1）检验要求　井道上下两端应装设极限位置保护开关。它应在轿厢或对重接触缓冲器前起作用，并在缓冲器被压缩期间保持其动作状态。

（2）检验技巧　慢速移动轿厢，当其靠近极限开关时，按动开关，电梯应能停止上下两方向运行；分别短接上下极限开关和限位开关，提升（下降）轿厢，使对重（轿厢）完全压实在缓冲器上，检查极限开关是否在整个过程中保持动作状态。

（3）检验禁忌　检验时要以检修速度向上或向下运行，切忌以额定速度运行。

4. 电梯轿厢冲顶或蹲底故障排除方法

电梯轿厢冲顶或蹲底故障可按图 2-3-47 所示流程检查。

运行时间较长的电梯出现此类故障时，应检查钢丝绳与绳槽之间是否有油污以及钢丝绳与绳槽之间的磨损状况。如果磨损严重，则更换绳轮和钢丝绳，如果未磨损，则需清洗钢丝绳与绳槽。

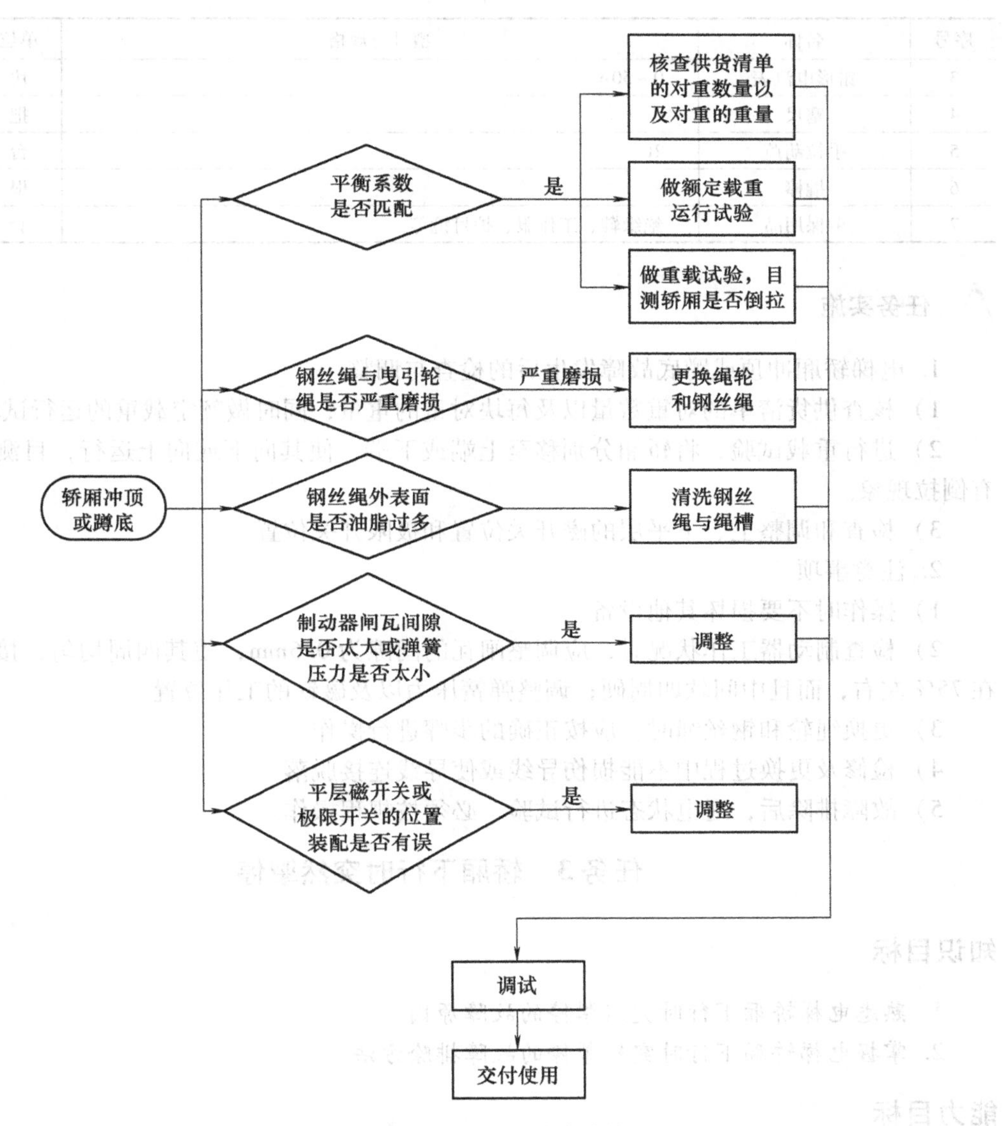

图 2-3-47 电梯轿厢冲顶或蹲底故障检修流程

任务准备

根据任务，选用仪表、工具和器材见表 2-3-45。

表 2-3-45 仪表、工具和器材明细

序号	名称	型号与规格	单位	数量
1	常用钳工工具	钢丝钳、螺钉旋具、尖嘴钳、剥线钳、普通扳手、活扳手、呆扳手、螺钉旋具等	套	1
2	万用表	自定	块	1

（续）

序号	名称	型号与规格	单位	数量
3	钳形电流表	0~50A	块	1
4	塞尺		把	2
5	手拉葫芦	2t	台	1
6	撬棒		根	1
7	劳保用品	绝缘鞋、工作服、护目镜等	套	1

任务实施

1. 电梯轿厢冲顶或蹲底故障发生后的检查与调整

1）核查供货清单的对重数量以及每块对重的重量，同时做额定载重的运行试验。

2）进行重载试验，将轿厢分别移至上端或下端，使其向下或向上运行，目测轿厢是否有倒拉现象。

3）检查和调整上、下平层的磁开关位置和极限开关位置。

2. 注意事项

1）操作时不要损坏其他设备。

2）检查制动器工作状况时，应调整闸瓦的间隙为0.6mm，使其四周均匀，接触啮合面在75%左右，而且中间软四周硬；调整弹簧压力以及磁铁的工作位置。

3）更换绳轮和钢丝绳时，应按正确的步骤进行操作。

4）检修及更换过程中不能损伤导线或使导线连接脱落。

5）故障排除后，通电状态进行试验，必须按规程操作。

任务3　轿厢下行时突然掣停

知识目标

1. 熟悉电梯轿厢下行时突然掣停的故障原因。
2. 掌握电梯轿厢下行时突然掣停的故障排除方法。

能力目标

1. 能够熟练分析电梯轿厢下行时突然掣停的原因。
2. 学会并逐步熟练排除故障。

任务描述（见表2-3-46）

表2-3-46　任务描述

工作任务	要　求
1. 电梯轿厢下行时突然掣停的机械故障检测	1. 正确分析造成电梯轿厢下行时突然掣停的故障原因 2. 熟记检测故障的安全规程
2. 电梯轿厢下行时突然掣停的机械故障排除	1. 掌握分析故障的方法，熟悉故障产生的原因 2. 检测故障时要严格遵守安全规程 3. 维修过程要符合工艺要求

任务分析

电梯向下运行时，出现轿厢突然掣停现象，从机械角度考虑，该故障的原因分析及处理方法见表2-3-47。

表2-3-47 电梯轿厢下行时突然掣停故障的原因分析及处理方法

原因分析	处理方法
限速器调整不当，离心块弹簧老化，其拉力未能克服动作速度的离心力	1. 检查和调整安全钳楔块与导轨之间的间隙，保证间隙在2～3mm，并应有良好的润滑
限速器钢丝绳调整不当，其张紧力不够或钢丝绳直径变化，引起钢丝拉伸	2. 更换已变形的限速器钢丝绳，并调整其张紧力，确保运行中无跳动
导轨直线度偏差与安全钳楔块间隙过小，擦碰导轨，引起摩擦阻力，致使误动作	3. 限速器定期保养，去除污垢加润滑油，保证旋转零件灵活运转

相关知识

1. 安全钳

安全钳是超速保护装置的重要动作器件之一，最好安装在轿厢下部。但是，如果对重或平衡重下部确实有人能够到达的空间存在，对重或平衡重上也需要装设安全钳装置。

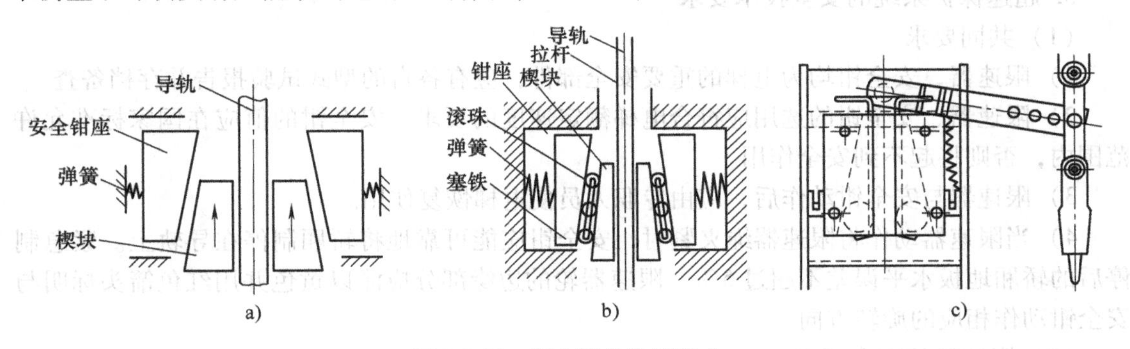

图2-3-48 安全钳的常见形式

a）瞬时动作式 b）渐进式 c）带有缓冲作用的瞬时动作式

安全钳的种类多种多样，有瞬时动作式、渐进式和带有缓冲作用的瞬时动作式三种。瞬时动作式如图2-3-48a所示，渐进式如图2-3-48b所示，带有缓冲作用的瞬时动作式如图2-3-48c所示。

2. 限速器动作速度的选择

（1）限速器超速保护开关动作速度的选择 国家标准规定，在轿厢上行或下行的速度达到限速器动作速度之前，限速器或其他装置上的一个符合规定的电气安全装置应使电梯驱动主机停止运转。但是，对于额定速度不大于1m/s的电梯，此电气安全装置最迟可在限速器达到其动作速度时起作用，以便安全装置动作时，“电气优先”，即先断电后制停。

（2）配用渐进式安全钳的限速器动作速度的选择 操纵轿厢安全钳装置的限速器动作速度，因电梯额定速度的不同而不同。对于额定速度小于或等于1.0m/s的电梯，其限速器最小动作速度为电梯额定速度的115%，其最大动作速度为1.5m/s；对于额定速度大于1.0m/s的电梯，限速器最小动作速度为电梯额定速度的115%，其最大动作速度应按下面的公式进行计算：$v \leq 1.25u + 0.25/u$，其中u为额定速度。

（3）设计专门的限速器　电梯额定速度较低且额定载重量大的电梯，应设计专门的限速器。

（4）控制对重安全钳和安全钳限速器的动作速度　对重安全钳装置的限速器动作速度应大于安全钳装置的限速器动作速度，但不能大于10%。

在对电梯大修改造更换限速器时应注意和了解以上两条。以上所指的限速器动作速度是指夹持钢丝绳时的电梯速度。

（5）限速器钢丝绳要具有足够的强度和耐磨性能　限速器动作时，对限速绳的作用力至少应为300N。限速器钢丝绳应有良好的柔韧性，其破断拉力应为操作安全钳所需拉力的8倍。国家标准规定，其公称直径不得小于6mm，一般选用直径为8mm的外粗式纤维芯钢丝绳。其安全系数应不小于8。为保护钢丝绳，要求限速器轮与钢丝绳公称直径之比应大于30，使限速器钢丝绳有足够的弯曲度。

钢丝绳与安全钳传动机构的连接一般用锥套牢固连接，绳头组合应完好无损。限速器绳距底坑距离：高速电梯为750mm±50mm，快速电梯为550mm±50mm，低速电梯为400mm±50mm。

3. 超速保护系统的安全技术要求

（1）共同要求

1）限速器、安全钳均为电梯的重要安全部件，应有各自的型式试验报告并存档备查。

2）限速器、安全钳的选用应符合电梯额定速度的要求，安全钳的值应在国家标准允许范围内，否则将起不到安全作用。

3）限速器与安全钳动作后，应由专职人员使电梯恢复使用。

4）当限速器动作将限速器绳夹紧时，安全钳应能可靠地将轿厢制停在导轨上。紧急制停后的轿厢地板水平误差不超过5%。限速器轮的边缘部分应涂以黄色并用红色箭头标明与安全钳动作相应的旋转方向。

（2）限速器的安全要求

1）限速器出厂时已调整好并加了封记的部件，维修和使用时不得随意起动和调整。

2）钢丝绳与夹绳钳口之间应有5mm左右的间距。限速器绳钳口应清洁，无油污。

3）限速器绳应保持一定张力。绳不应有断裂、扭曲现象。

4）断绳开关的位置应调整好，当张紧轮下降50mm时，应能断开安全回路。

5）要定期做好限速器功能试验，当限速器达到限制速度时，应能将限速器绳夹持紧，电气安全装置动作应符合要求。

（3）安全钳的安全要求

1）安全钳钳口应保持清洁，无油污，应定期对安全钳做功能性试验。

2）安全钳楔块与导轨间隙因电梯额定速度的不同或生产厂家的要求而不同，有的安全钳楔块中带有滚轮，出厂时已调整好，安装时不需再调整。但应检查其是否符合国标要求。

3）安全钳装设位置各生产厂家有所不同，有的厂家设置在轿底下横梁处，有的厂家设置在轿顶侧，还有的设置在轿顶上横梁处。装在轿底的安全钳，其电气开关的复位是靠人为将轿厢提起来实现的，当安全钳开关动作后，维修人员应先将安全钳电路短接，然后使电梯以检修速度上升，可使安全钳机构与安全钳开关同时复位。

4）在装有额定载重量的轿厢自由下落的情况下，渐进式安全钳装置制动时的平均加速度的绝对值应为$0.2\sim1m/s^2$。

4. 限速器与安全钳的联动试验

（1）试验条件

1）瞬时式安全钳：轿厢应载有均匀分布的额定载荷。

2）渐进式安全钳：轿厢应载有均匀分布的125%额定载荷。

3）轿厢应处于检修运行状态。

4）短接限速器开关。

5）轿内无人，定期检验时轿厢应在空载下运行。

（2）试验操作

1）在机房操作平层运行慢速下行。

2）人为使限速器动作，此时限速绳应被卡住，安全钳拉杆被提拉起来，安全钳开关和楔块也应动作，曳引机被制停。制动器失电制动，下行按钮不起作用。

3）人为短接安全钳开关，在机房操作下行。此时曳引钢丝绳会在曳引轮上打滑，验证轿厢已被制停在左导轨上；操作时动作应快，见到曳引绳打滑时立即停机。

4）检查轿厢底的倾斜度应不大于5%。

5）在已短接了限速器和安全钳开关的基础上，在机房以检修速度将轿厢上提，限速器与安全钳应复位。

6）限速器开关应手动复位，而安全钳开关则随轿厢提起后会自动复位或用手动复位。

7）检查导轨受损情况，并及时予以修复，判定安全钳楔块间隙是否合适。

5. 钢性夹持式限速器的分解与加油

钢性夹持式限速器的结构如图2-3-49所示。

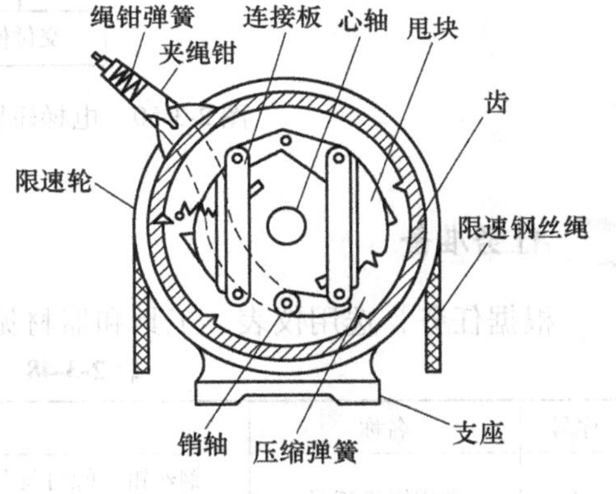

图2-3-49　刚性夹持式限速器的结构

1）停梯断开总电源，在底坑将限速器张紧装置垫起，使限速器钢丝绳不受拉力作用。

2）使限速器外部保持清洁，拔下限速器心轴两侧的销钉，取出心轴，取下拔叉，并摘下限速绳。

3）松开轮轴上的顶丝，将轮轴抽出，此时制动圆盘和限速器轮即可一同从座架上被拆下。

4）取下制动圆盘，露出内部结构。清扫圆盘及限速器的棘爪、棘齿、连杆、离心重块等。对锈蚀不灵活的零部件应进行清洗，注意不要动可调节压缩弹簧及其封铅。

5）清洁绳钳表面的油污，对于清洁拆下来的轮轴及其油线应抹适量油，以利于装配。

6）按与上述拆卸相反的程序装配好限速器，在限速器钢丝绳未装紧之前，用手转动限速轮使其按逆时针方向（即轿厢上行时转动方向）旋转，转动应灵活且无卡阻现象。顺时针（即轿厢下行时转动方向）快速旋转时，能带动偏心拔叉动作。

7）撤下底坑张紧装置支撑物，使限速器钢丝绳张紧。向限速器油杯内注满钙基润滑脂。

6. 电梯轿厢下行时突然掣停故障排除方法

电梯轿厢下行时突然掣停的故障可按图2-3-50所示流程检查。

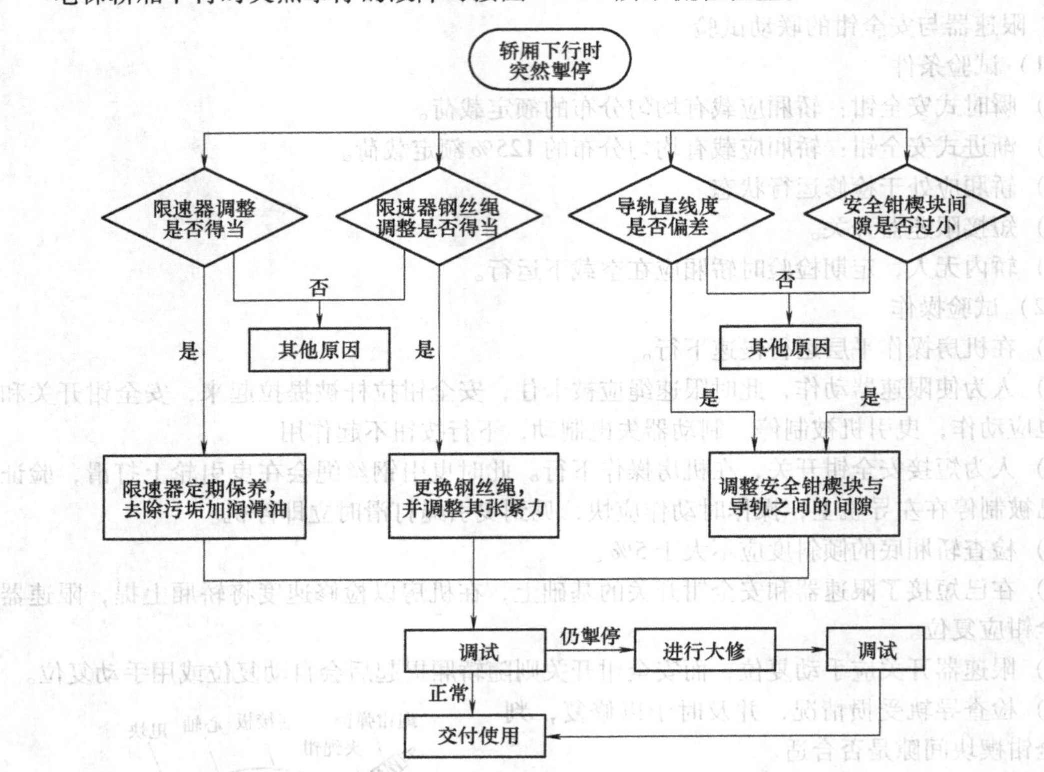

图2-3-50 电梯轿厢下行时突然掣停故障检修流程

任务准备

根据任务，选用仪表、工具和器材见表2-3-48。

表2-3-48 仪表、工具和器材明细

序号	名称	型号与规格	单位	数量
1	常用钳工工具	钢丝钳、螺钉旋具、尖嘴钳、剥线钳、普通扳手、活扳手、呆扳手、螺钉旋具等	套	1
2	万用表	自定	块	1
3	钳形电流表	0～50A	块	1
4	塞尺		把	2
5	手拉葫芦	2t	台	1
6	撬棒		根	1
7	支撑棒		根	2
8	劳保用品	绝缘鞋、工作服、护目镜等	套	1

任务实施

1. 电梯轿厢下行时突然掣停故障发生后的检查与调整

1）检查和调整安全钳楔块与导轨之间的间隙，并应有良好的润滑。

2）更换已变形的限速器钢丝绳，并调整其张紧力。

3）限速器要定期保养，去除污垢还要加注润滑油。

2. 注意事项

1）操作时不要损坏其他设备。

2）检查与调整安全钳楔块与导轨之间的间隙，保证间隙为2～3mm。

3）更换已变形的限速器钢丝绳时，应按正确的步骤进行操作。

4）进行运行试验时如果还是出现掣停现象，则应由专业厂家对限速器加强保养，更换或调整限速器弹簧，确保限速器与轿厢运行速度同步。

5）在现场调试与检测时，应按照规程正确操作，注意设备和人生的安全。

6）检修及更换过程中不能损伤导线或使导线连接脱落。

7）故障排除后，通电状态进行试验，必须按规程操作。

任务4　轿厢突然停止并关人

知识目标

1. 熟悉电梯轿厢突然停止并关人的故障原因。
2. 掌握电梯轿厢突然停止并关人的故障排除方法。

能力目标

1. 能够熟练分析电梯轿厢突然停止并关人的原因。
2. 学会并逐步熟练排除故障。

任务描述（见表2-3-49）

表2-3-49　任务描述

工作任务	要　求
1. 电梯轿厢突然停止并关人的机械故障检测	1. 正确分析造成电梯轿厢突然停止并关人的故障原因 2. 熟记检测故障的安全规程
2. 电梯轿厢突然停止并关人的机械故障排除	1. 掌握分析故障的方法，熟悉故障产生的原因 2. 检测故障时要严格遵守安全规程 3. 维修过程要符合工艺要求

任务分析

电梯运行时，出现轿厢突然停止并关人现象，从机械角度考虑，该故障的原因分析及处理方法见表2-3-50。

表 2-3-50　电梯轿厢突然停止并关人故障的原因分析及处理方法

原因分析	处理方法
轿门门刀触碰层门门锁滑轮	1. 放人 2. 若因外来电源断电或者电网电压波动较大而引起跳闸，只要等待外来电源正常即可恢复正常 3. 维修人员在轿顶上，将检修开关拨向检修位置，检查电梯慢车向上、下运行情况，根据检查情况检修 4. 在上述故障排除的情况后，通电调试，仍是向下运行时突然停车，则应检查限速器，进行修理和调试
称重装置的秤砣偏位	
限速器钢丝绳拉伸触碰极限开关	
限速器内有故障，在没有超速运行的情况下提前动作	
制动器有故障，使之抱闸	
突然停电，电源跳闸	
曳引机闷车，热继电器跳闸	
安全钳锲口间隙太小，与导轨接口处擦碰	

相关知识

1. 导轨检修技巧

（1）导轨接头处弯曲的处理　松开两根导轨接头压板螺栓，旋转弯接头处的螺栓。在压板松开部位加垫钢片，待调直后可将螺栓拧紧。若弯曲程度比较严重，可适当加大调整范围。

（2）导轨工作面的处理　用锉刀、砂纸及油石修磨凹坑、麻斑、毛刺与划伤。修理后应打磨光滑，不能留下痕迹。

（3）导轨接头处台阶高的处理　自台阶开始，在 250 ~ 300mm 范围内将其磨平。

（4）导轨位移与松动的处理　对导轨架开焊部位进行补焊，紧固连接板及压板上的螺栓。

（5）导轨面脏污与缺油的处理　用煤油清洗导轨和导靴靴衬，定期向导靴内加注润滑油，并调整导靴靴衬的伸出量，保证对导轨的良好润滑。

（6）定期检查导轨架的焊接或紧固情况　对焊接不牢及脱焊部位进行补焊，对松脱的螺栓要予以旋紧或更换。

（7）检查导轨架的锈蚀情况　及时清理锈蚀部位，锈蚀严重时应予以更换。检查导轨架的水平度，若超过标准，应及时调整。

（8）靴衬与导轨工作面顶面的间隙调整　当间隙较大时，可将靴衬取下，在靴衬顶面加垫片进行调整。若侧面间隙较大，对于整体式导靴，可在靴衬测背面加垫片进行调整。对于嵌片式导靴，可调节侧靴衬螺钉。若间隙过大，需要更换新靴衬。

（9）检查导靴与导轨架的连接情况　若导靴与导轨架紧固螺栓松动，应将螺母旋下，加弹簧垫圈，然后将螺母旋紧。

（10）其他检查　若检查中发现弹性滑动导靴对导轨的初压力（压紧力）减小时，可调整弹簧的压缩量，或更换弹簧和靴衬。此外，对于导靴上的零部件，当其磨损或变形严重、损坏时，应立即更换。应使导靴、导轨保持清洁，并及时添加润滑油。

2. 导轨的校正（见单元一中模块一的任务 2）

3. 限速器的调整（见任务 3）

4. 制动器的调整（见任务 1）

5. 电梯轿厢突然停止并关人故障排除方法

电梯轿厢突然停止并关人的故障，首先放人，然后可按图 2-3-51 所示流程检查。

（1）放人

1）电梯司机或维修人员要安抚并稳住乘客不要慌张，然后切断电源，用松闸手柄打开制动器，盘动飞轮，到接近层楼平面位置，可将门打开放出乘客（如果在突然停车前，轿厢是向下运行，而轿厢平面比较接近层楼平面，但向下无法盘动，此时，只能向上盘动）。

2）在电源正常的情况下，此时轿厢停留在上、下层楼之间，维修人员可以打开层门在轿顶上操作检修开关，将它拨向检修位置，使电梯处于检修状态，操作检修按钮，开慢车至层站放出乘客。

3）对于困在轿厢内的乘客，遇到这种情况不必慌张，要保持镇静，可以通过对讲电话或者按操作箱上的警铃，发出求救信号，等待维修人员。若因断电警铃失去作用，在无望求援的情况下，被困人员可以打开轿厢轿顶安全窗，设法从安全窗上到轿顶上，打开层门门锁，拉开层门，安全迅速地撤离（被困人员到达轿顶后，千万不可将安全窗关门，以防突然供电，电梯起动，出现意外事故；若层楼较高，可设法垫高人体高度，打开层门，使乘客从电梯中撤离。

（2）检修　电梯轿厢突然停止并关人的故障，基本检修流程可按图 2-3-51 进行。轿厢以慢车向上、下运行检查，出现只能下行、只能上行和不能上下行的现象分别按图 2-3-52、图 2-3-53 和图 2-3-54 的流程进行检修。

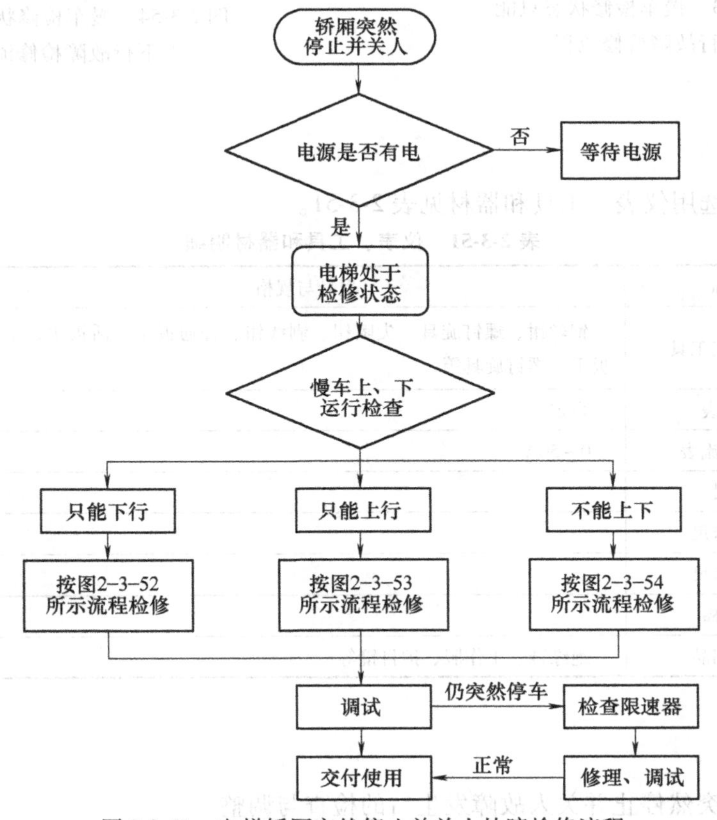

图 2-3-51　电梯轿厢突然停止并关人故障检修流程

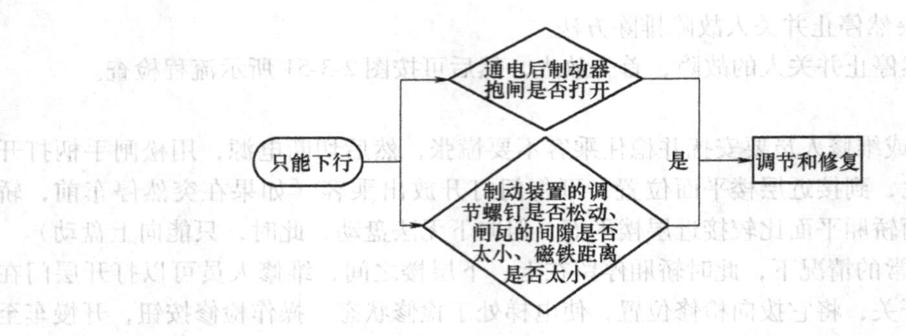

图 2-3-52　慢车检修状态只能下行故障检修流程

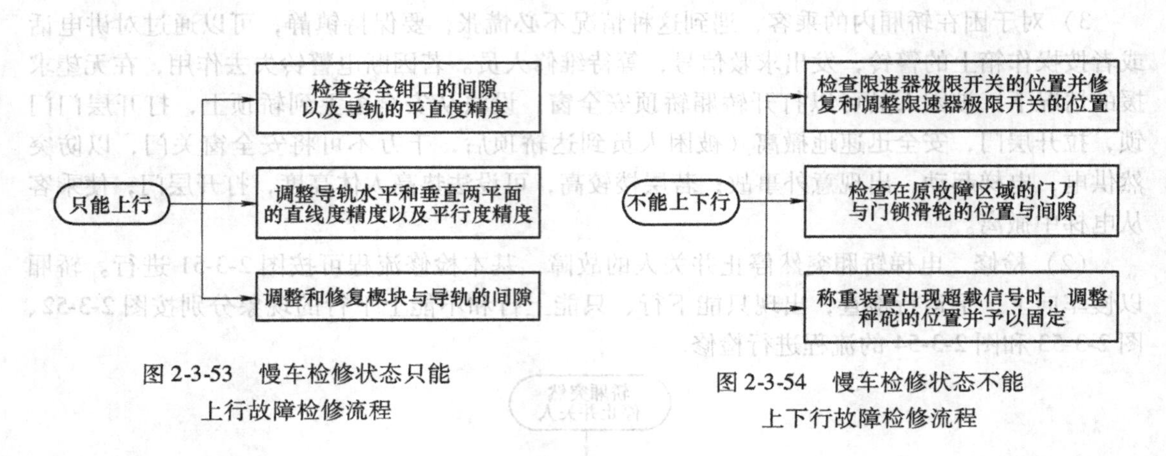

图 2-3-53　慢车检修状态只能上行故障检修流程

图 2-3-54　慢车检修状态不能上下行故障检修流程

任务准备

根据任务，选用仪表、工具和器材见表 2-3-51。

表 2-3-51　仪表、工具和器材明细

序号	名称	型号与规格	单位	数量
1	常用钳工工具	钢丝钳、螺钉旋具、尖嘴钳、剥线钳、普通扳手、活扳手、呆扳手、螺钉旋具等	套	1
2	万用表	自定	块	1
3	钳形电流表	0～50A	块	1
4	塞尺		把	2
5	粗校卡尺		把	1
6	精校卡尺		把	1
7	支撑棒		根	2
8	劳保用品	绝缘鞋、工作服、护目镜等	套	1

任务实施

1. 电梯轿厢突然停止并关人故障发生后的检查与调整

1）检查通电后制动器抱闸是否打开。

2）检查制动装置的调节螺钉是否松动或闸瓦的间隙是否太小或电磁铁距离是否太小。

3）检查安全钳口的间隙以及接导轨的平直度精度，同时调整导轨水平和垂直两平面的直线度以及平行度精度，调整和修复楔块与导轨的间隙。

4）检查限速器极限开关的位置并修复和调整限速器极限开关的位置。

5）检查在原故障区域的门刀与门锁滑轮的位置与间隙。

6）检查称重装置是否发出超载信号，发出超载信号时调整秤砣的位置，并予以固定。

2. 注意事项

1）操作时不要损坏其他设备。

2）出现电梯轿厢突然停止并关人故障时，首先做到是按正确操作步骤放人。

3）调整导轨的水平和垂直两平面的直线精度以及平行度精度时，应用正确的工具按操作工艺流程进行操作。

4）若按图 2-3-51 流程图检修完毕后，通电调试，发现向下运行时仍有突然停车的现象，则应检查限速器，并请专业厂家的专业人员进行修理和调试。

5）在现场调试与检测时，应按规程正确操作，注意设备和人生的安全。

6）检修及更换过程中不能损伤导线或使导线连接脱落。

7）故障排除后，通电状态进行试验，必须按规程操作。

单元四　电梯电气故障维修

模块一　电梯层门、轿门的故障及排除

任务1　轿门不能打开

知识目标

1. 熟悉电梯门系统的电气结构。
2. 掌握电梯层门、轿门不能打开的故障分析方法。

能力目标

1. 能够熟练分析电梯层门、轿门不能打开的故障原因。
2. 能够熟练检修门系统的电器元件。
3. 能够熟练检修门机调控电路。

任务描述（见表2-4-1）

表2-4-1　任务描述

工作任务	要　求
1. 电梯层门、轿门不能打开的电气故障检测	1. 正确分析门机调控线路工作原理 2. 门系统的电器元件检测符合工艺要求 3. 熟记带电检测故障电路安全规程
2. 电梯层门、轿门不能打开的电气故障排除	1. 理解电路的工作原理，掌握分析故障的方法 2. 带电检测故障线路时要严格遵守安全规程 3. 维修过程要符合工艺要求

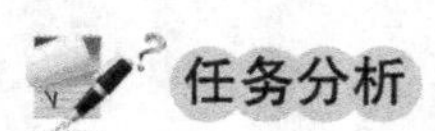

任务分析

门系统上的故障在整梯故障率中占有很大的比例。一般情况下，电梯运行到达预定的层楼平面站时，电梯层门、轿门不能开启，其故障原因有许多方面，常见电梯层门、轿门不能开启故障的原因分析及处理方法见表2-4-2。

表 2-4-2 常见电梯层门、轿门不能开启故障的原因分析及处理方法

原因分析	处理方法
处于消防员操作等运行状态	解除消防员操作运行状态
门电动机供电断相及失电	检查电源
轿内开门按钮、层外召唤按钮没有释放	更换或修复已坏的按钮
安全触板、门光电或门光幕（栅）失灵和误动	检查与调整门系统电气装置
开门终端开关没有动作或关门限位开关没有复位	更换或调整终端开关的位置
行程开关、光电开关失灵损坏	更换行程开关、光电开关
控制器发出的开门指令回路中断或关门接触器线路不通、线圈断路或触点接触不良	检修并更换线路和接触器

相关知识

1. 常见电梯层门、轿门的开启环节电路

常见电梯层门、轿门的开启环节电路如图 2-4-1 所示。

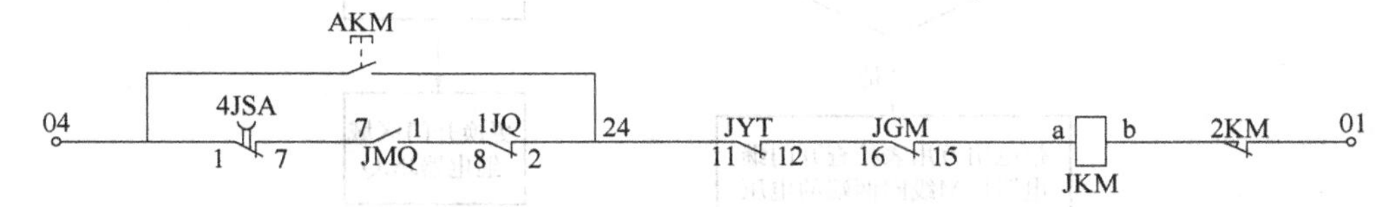

图 2-4-1 常见电梯层门、轿门的开启环节电路

2. 电梯层门、轿门的开启环节电路分析

1）开门干簧继电器 YMQ 存在故障。可能因为开门干簧继电器 YMQ 开路使开门区域继电器 JMQ 的线圈失电而释放，常开触点 JMQ（1，7）断开，开门继电器 JKM 无法得电工作，使电梯轿门不能开启。

2）开门区域继电器 JMQ 的常开触点或开门继电器 JKM 的线圈发生故障，JMQ 和 JKM 均未吸合，致使电梯层门、轿门无法开启。

3）开门限位开关 2KM 故障。开门限位开关 2KM 的常闭触点开路，开门继电器 JKM（a，b）的线圈无法得电工作，使开门电动机不能通电运行。

4）开门环节电路中继电器的常闭触点存在故障。开门回路的继电器的触点有 4JSA（1，7）、1JQ（2，8）、JYT（11，

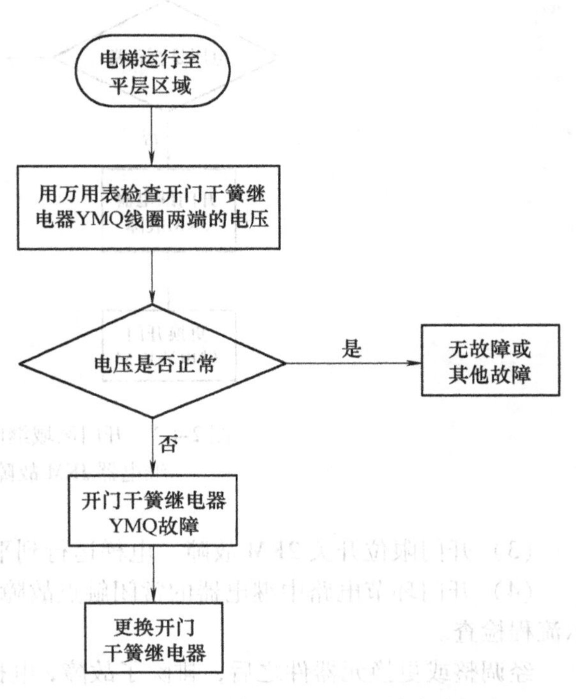

图 2-4-2 开门干簧继电器 YMQ 故障检查流程

12）和 JGM（15，16）。继电器触点的损坏会直接影响开门电动机的正常运行。

3. 电梯层门、轿门的开启环节电路故障排除

（1）开门干簧继电器 YMQ 故障　电梯运行到平层区域后，可按图 2-4-2 所示流程检查。

（2）开门区域继电器 JMQ 的常开触点或开门继电器 JKM 的线圈故障　电梯运行到平层区域后，可按图 2-4-3 所示流程检查。

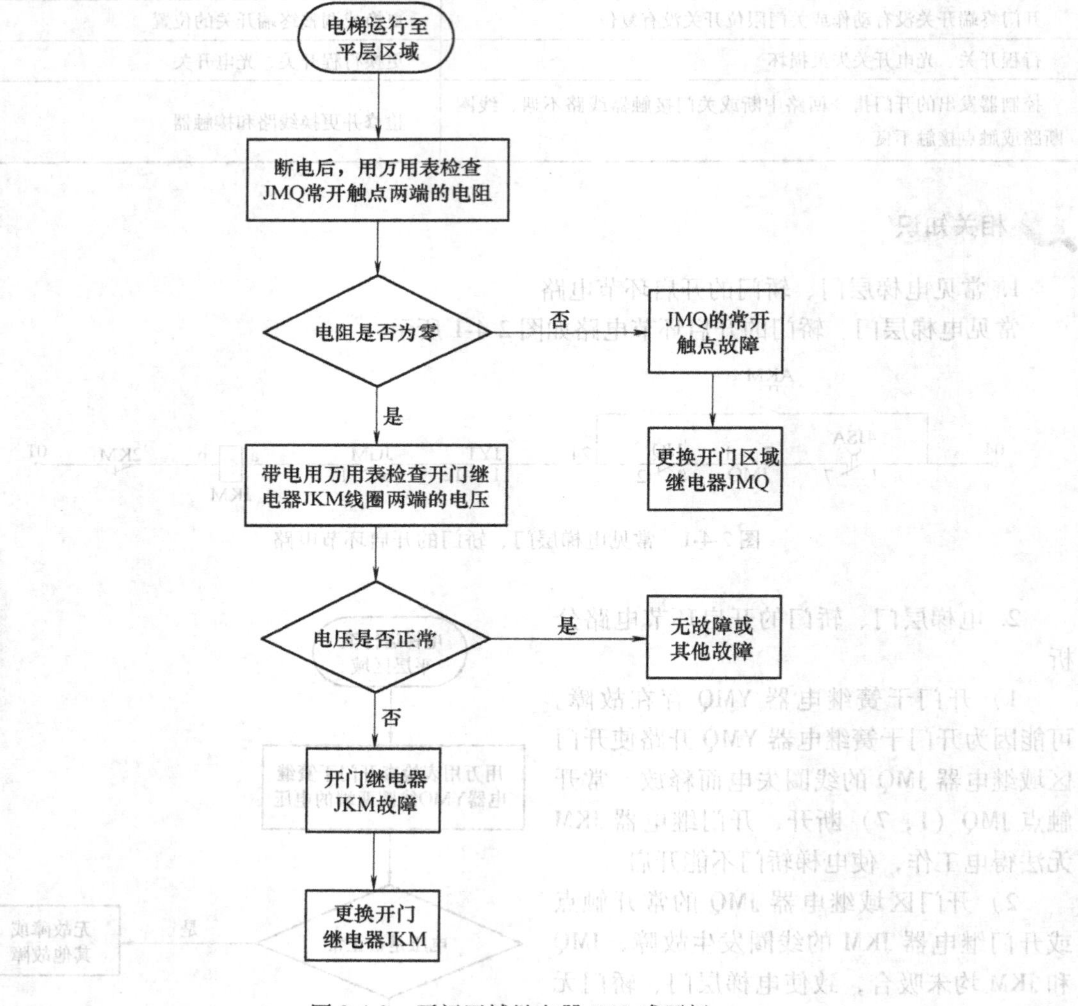

图 2-4-3　开门区域继电器 JMQ 或开门继电器 JKM 故障检查流程

（3）开门限位开关 2KM 故障　电梯运行到平层区域后，可按图 2-4-4 所示流程检查。

（4）开门环节电路中继电器的常闭触点故障　电梯运行到平层区域后，可按图 2-4-5 所示流程检查。

经调整或更换元器件之后，排除了故障，电梯层门、轿门即能恢复正常开启。

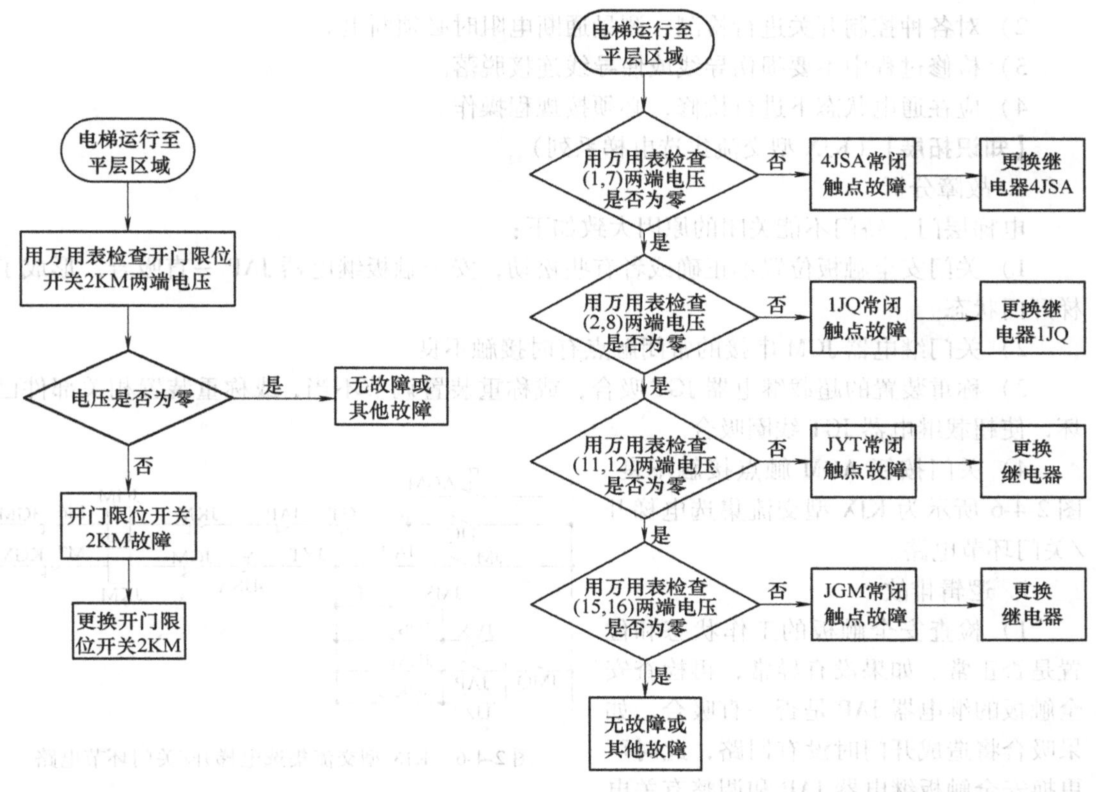

图 2-4-4　开门限位开关 2KM 故障检查流程　　图 2-4-5　开门环节常闭点故障检查流程

任务准备

根据任务，选用仪表、工具和器材见表 2-4-3。

表 2-4-3　仪表、工具和器材明细

序号	名称	型号与规格	单位	数量
1	电工通用工具	验电器、钢丝钳、螺钉旋具、电工刀、尖嘴钳、剥线钳等	套	1
2	万用表	自定	块	1
3	劳保用品	绝缘鞋、工作服等	套	1

任务实施

1. 常规检修

1）检查是否处于消防员操作运行状态。

2）检查门电动机机电源是否正常。

3）若常规检修均正常，则表明故障出自电梯层门、轿门的开启环节电路。按照检修方法排除故障。

2. 注意事项

1）操作时不要损坏元器件。

2）对各种控制开关进行检测，测量通断电阻时必须断电。

3）检修过程中不要损伤导线或使导线连接脱落。

4）应在通电状态下进行检修，必须按规程操作。

【知识拓展】（KJX 型交流集选电梯系列）

1. 故障分析

电梯层门、轿门不能关闭的原因大致如下：

1）关门安全触板位置不正确或者有些松动，安全触板继电器 JAP 一直吸合，形成了电梯开门状态。

2）关门继电器 JGM 串接的常闭触点有时接触不良。

3）称重装置的超载继电器 JGT 吸合，或称重装置调节不当，或称重装置相关部件已损坏，使超载继电器 JGT 线圈吸合。

4）关门按钮 AGM 触点接触不良。图 2-4-6 所示为 KJX 型交流集选电梯开/关门环节电路。

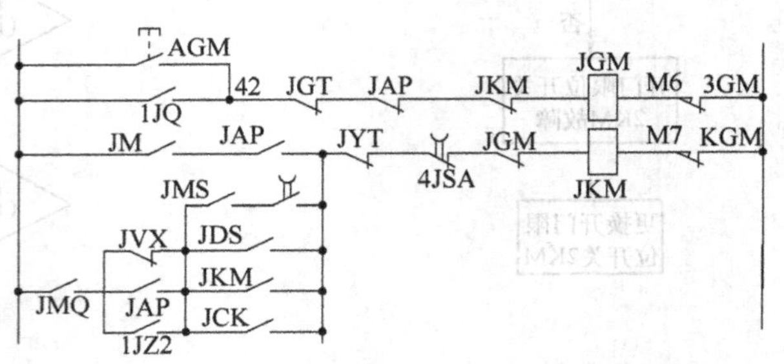

图 2-4-6　KJX 型交流集选电梯开/关门环节电路

2. 逻辑排故

1）检查安全触板的工作状态和位置是否正常。如果没有异常，再检查安全触板的继电器 JAP 是否一直吸合，如果吸合将造成开门时没有回路，此时可更换安全触板继电器 JAP 和调整有关电路。

2）检查关门继电器 JGM 串接的常闭触点是否开路，如果开路，即更换关门继电器 JGM 的元器件。

3）检查电梯轿厢活络轿底是否有松动与异常，检查超载继电器 JGT 是否吸合，如果继电器都正常，则应修复和调整称重装置。

4）检查关门按钮 AGM 触点，如果触点不好，即需更换关门按钮。经调整和检查之后，排除了故障，电梯即恢复正常运行。

任务 2　轿门不能关闭

知识目标

1. 熟悉电梯门系统的电气结构。
2. 掌握电梯层门、轿门不能关闭的故障分析方法。

能力目标

1. 能够熟练分析电梯层/轿门不能关闭的故障原因。
2. 能够熟练检修门系统的电器元件。
3. 能够熟练检修门电动机调控电路。

任务描述（见表2-4-4）

表 2-4-4　任务描述

工作任务	要　求
1. 电梯层门、轿门不能关闭的电气故障检测	1. 正确分析门电动机调控电路的工作原理 2. 门系统的电器元件检测符合工艺要求 3. 熟记带电检测故障电路安全规程
2. 电梯层门、轿门不能关门的电气故障排除	1. 理解电路的工作原理，掌握分析故障的方法 2. 带电检测故障电路时要严格遵守安全规程 3. 维修过程要符合工艺要求

任务分析

门系统上的故障在整梯故障率中占有很大的比例。一般情况下，电梯运行到达预定的层楼平面站，电梯层门、轿门开启之后不能关闭，其故障原因有许多方面，常见电梯层门、轿门不能关闭故障的原因分析及处理方法见表2-4-5。

表 2-4-5　常见电梯层门、轿门不能关闭故障的原因分析及处理方法

原因分析	处理方法
处于消防员操作运行状态	解除消防员操作运行状态
门电动机供电断相及失电	检查电源
轿厢超载保护被触发	调整超载装置的触点位置
轿内开门按钮、层外召唤按钮没有释放	更换或修复已坏的按钮
安全触板、门光电或门光幕（栅）失灵和误动	检查与调整门系统电气装置
开门终端开关没有动作或关门限位开关没有复位	更换或调整终端开关的位置
行程、光电开关失灵损坏	更换行程开关、光电开关
门电动机、调控板被烧毁及门电动机热保护开关跳断	重新合上热保护开关
控制器发出的关门指令回路中断或关门接触器线路不通、线圈断路或触点接触不良	检修并更换电路和接触器

相关知识

1. 电梯轿门的关闭环节电路

电梯轿门的关闭环节电路如图2-4-7所示。

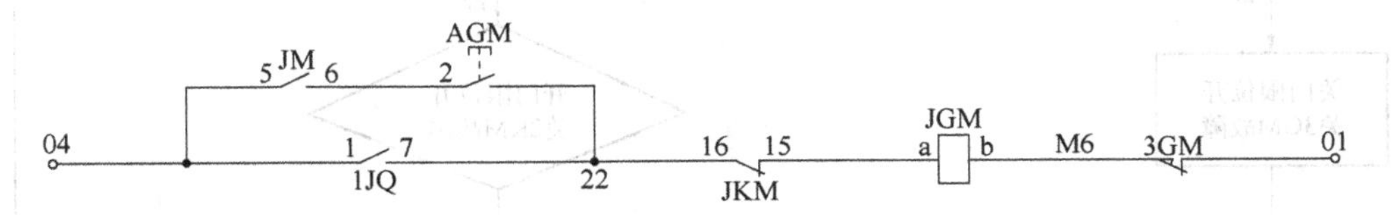

图 2-4-7　电梯层门、轿门的关闭环节电路

2. 电梯轿门关闭环节电路分析

1）关门限位开关3GM的常闭触点开路。关门限位开关3GM开路使关门继电器JGM线

圈失电而无法吸合，也就无法关门，其工作原理如图 2-4-7 所示。

2）开门限位开关 2KM 触点或限位的“撞块”（又称为撞弓）不到位，2KM 常闭触点短路，使开门继电器 JKM 在开门过程结束后仍处于吸合状态。因此开/关门系统机械和电气的互锁使关门继电器 JGM（a，b）无法接通，也就无法关门，如图 2-4-7 所示。

3）继电器 1JQ 的线圈损坏而造成 1JQ 的常开触点（1，7）严重烧坏，使 1JQ 触点不能吸合或触点无法正常接触，使（04，22）线段之间开路，无法关门。

4）控制电源的整流二极管 2BZ 发生故障。二极管 2BZ 开路，使定向环节电路（08，01）两点被切断，使向上和向下的控制继电器 JFS 和 JFX、向上和向下方向的继电器 JKS 和 JKX 都无法工作。定向环节电路如图 2-4-8 所示。

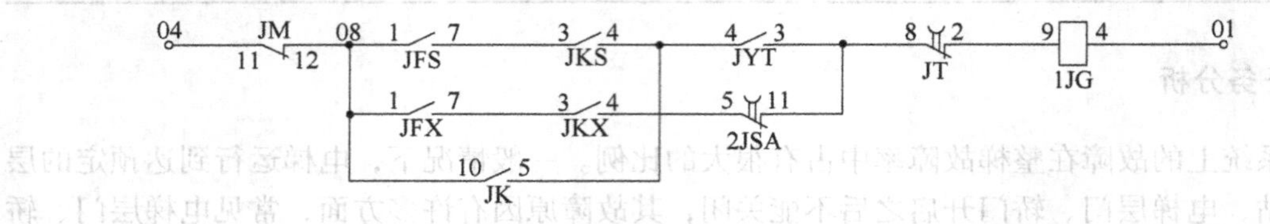

图 2-4-8　定向环节电路

3. 电梯轿门关闭环节电路故障排除

（1）关门限位开关 3GM 故障　切断控制电源，用电阻测量法检查 JGM 关门继电器是否闭合。可按图 2-4-9 所示流程检查。

（2）开门限位开关 2KM 故障　检查时，电梯处于检修状态，在轿顶上用检查控制柜法进行检修。可按图 2-4-10 所示流程检查。

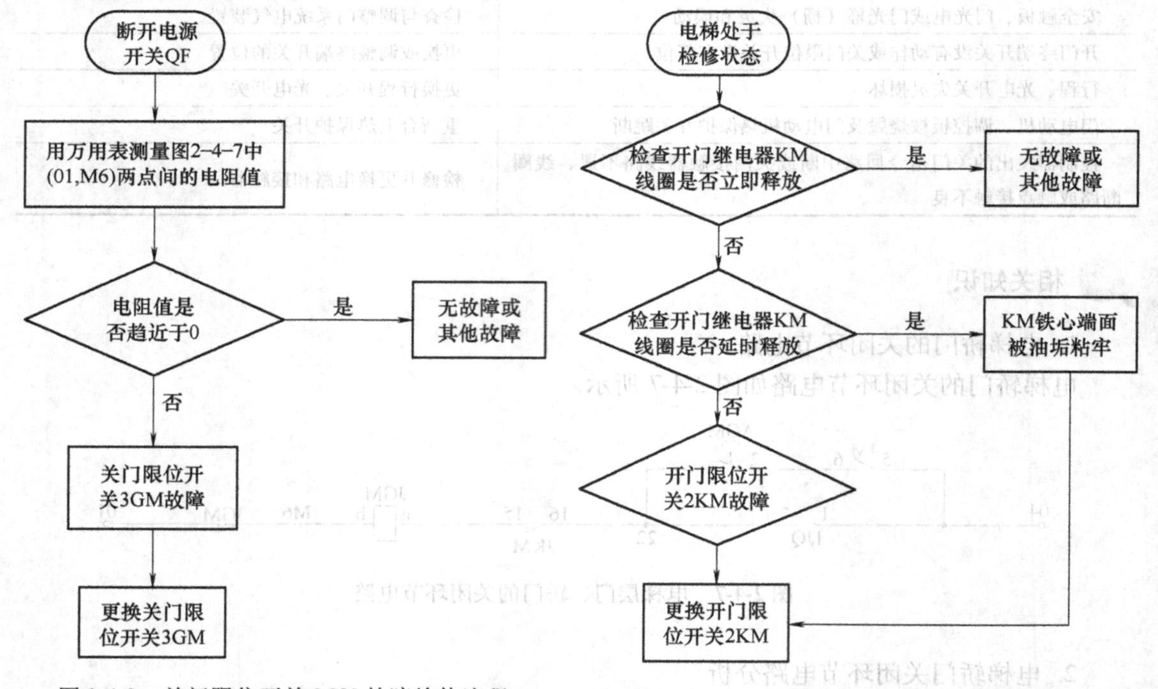

图 2-4-9　关门限位开关 3GM 故障检修流程　　　图 2-4-10　开门限位开关 2KM 故障检修流程

（3）继电器类故障　继电器类故障，可用电压测量法按可按图 2-4-11 所示流程检查。

【小提示】

若每次按图 2-4-11 所示流程检查的电压与控制电压相等，则说明该段电路无故障；若某一级无电压或电压低于控制电源电压，则说明该级的前一级存在断路或接触不良故障，应立即更换或修复，即可使关门电动机恢复正常运行。1JQ 继电器虽然吸合，但测量图 2-4-7 中（01，22）两点之间无电压，则说明 1JQ 继电器的常开触点（1，7）接触不良。此时只

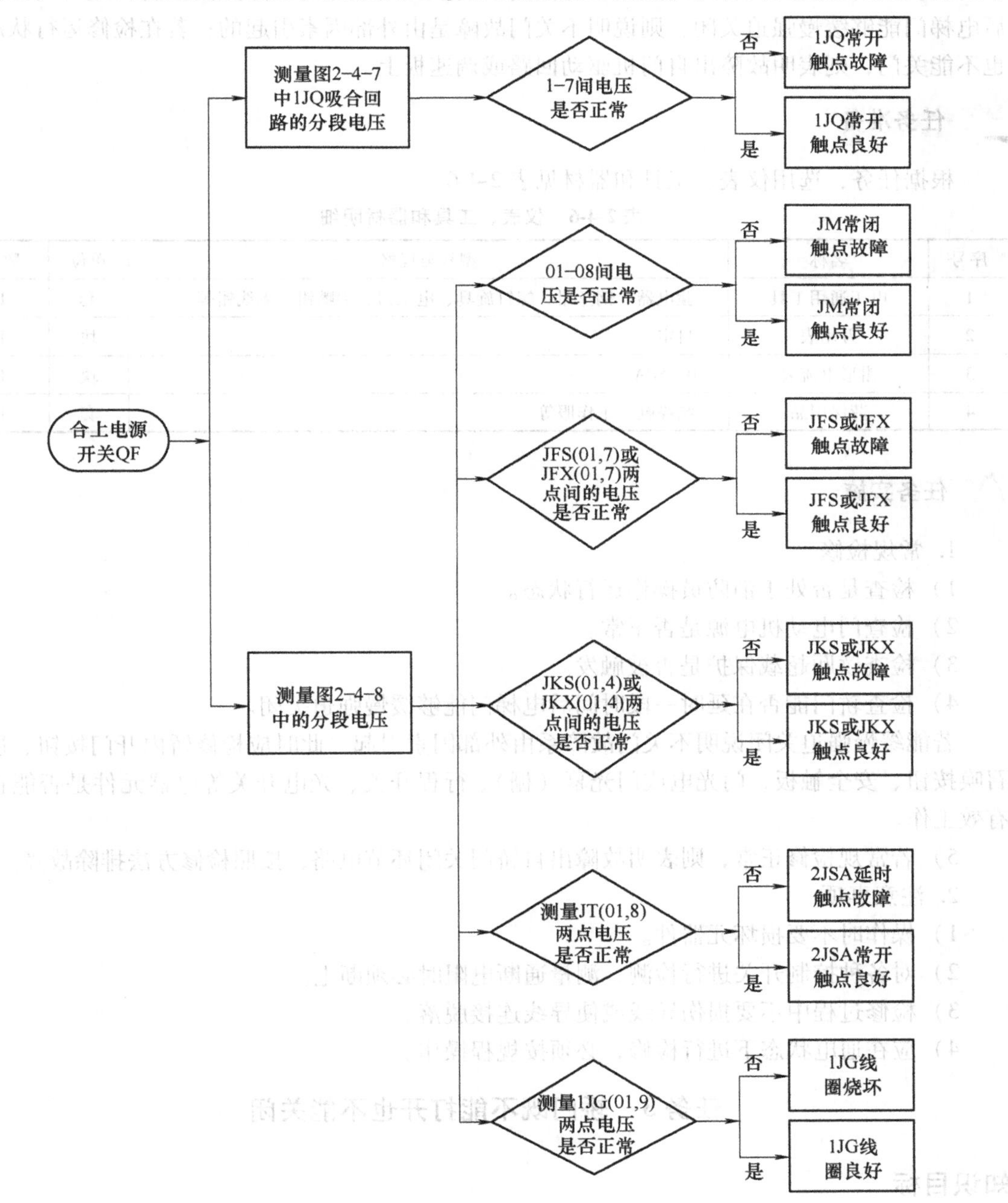

图 2-4-11　继电器类故障检修流程

需修整1JQ继电器的触点或更换1JQ继电器，即能使关门电动机恢复正常运行。

（4）检查控制电源的整流二极管2BZ　检查其（01，负极）两点的电压，若是无电压，则可能是2BZ开路，只需更换整流二极管2BZ，即能使关门电动机恢复正常工作。

【小技巧】

对于故障原因要根据不同品牌系列的门驱动系统的技术特点去分析和排除。在此提供一个简易快捷的区分已配备强迫关门功能但门系统不关门故障的排除办法。若在延时一段时间后电梯门能够缓慢强迫关闭，则说明不关门故障是由外部因素引起的；若在检修运行状态下也不能关门，则表明故障出自门机驱动回路或调速板上。

任务准备

根据任务，选用仪表、工具和器材见表2-4-6。

表2-4-6　仪表、工具和器材明细

序号	名称	型号与规格	单位	数量
1	电工通用工具	验电器、钢丝钳、螺钉旋具、电工刀、尖嘴钳、剥线钳等	套	1
2	万用表	自定	块	1
3	钳形电流表	0～50A	块	1
4	劳保用品	绝缘鞋、工作服等	套	1

任务实施

1. 常规检修

1）检查是否处于消防员操作运行状态。

2）检查门电动机电源是否正常。

3）检查轿厢超载保护是否被触发。

4）检查轿门能否在延时一段时间后电梯门能够缓慢强迫关闭。

若能缓慢强迫关闭说明不关门故障系由外部因素引起，此时应检修轿内开门按钮、层外召唤按钮、安全触板、门光电或门光幕（栅）、行程开关、光电开关等电器元件是否能正常有效工作。

5）若常规检修正常，则表明故障出自轿门关闭环节电路，按照检修方法排除故障。

2. 注意事项

1）操作时不要损坏元器件。

2）对各种控制开关进行检测，测量通断电阻时必须断电。

3）检修过程中不要损伤导线或使导线连接脱落。

4）应在通电状态下进行检修，必须按规程操作。

任务3　轿门既不能打开也不能关闭

知识目标

1. 熟悉电梯门系统的电气结构。

2. 掌握电梯层门、轿门既不能打开也不能关闭的故障分析方法。

能力目标

1. 能够熟练分析电梯层门、轿门既不能打开也不能关闭的故障原因。
2. 能够熟练检修门系统的电器元件。
3. 能够熟练检修门电动机调控电路。

任务描述（见表2-4-7）

表2-4-7 任务描述

工作任务	要 求
1. 电梯层门、轿门既不能开启也不能关闭的电气故障检测	1. 正确分析门电动机调控电路的工作原理 2. 门系统的电器元件检测符合工艺要求 3. 熟记带电检测故障电路安全规程
2. 电梯层门、轿门既不能开启也不能关闭的电气故障排除	1. 理解电路的工作原理，掌握分析故障的方法 2. 带电检测故障电路时要严格遵守安全规程 3. 维修过程要符合工艺要求

任务分析

门系统上的故障在整梯故障率中占有很大的比例。一般情况下，电梯运行到达预定的层楼平面站时，电梯层门、轿门不能开启。其故障原因有许多方面，常见电梯层门、轿门不能开启故障的原因分析及处理方法见表2-4-8。

表2-4-8 常见电梯层门、轿门既不能开启也不能关闭故障的原因分析及处理方法

原因分析	处理方法
处于消防员操作运行状态	解除消防员操作运行状态
门机供电断相及失电	检查电源
轿内开门按钮、层外召唤按钮没有释放	更换或修复已坏的按钮
安全触板、门光电或门光幕（栅）失灵和误动	检查与调整门系统电气装置
开门终端开关没有动作或关门限位开关没有复位	更换或调整终端开关的位置
行程开关、光电开关失灵损坏	更换行程开关、光电开关
控制器发出的开、关门指令回路中断或关门接触器线路不通、线圈断路或触点接触不良	检修并更换电路和接触器

相关知识

1. 电梯层门、轿门既不能开启也不能关闭故障分析

电梯运行至平层站，电梯层门、轿门不能开门或电梯在某一层站不能关门。故障原因可按电梯运行的工艺过程进行分析。

1）可能是门机（开门、关门电动机）的控制电路电源存在故障。应先检查门机电源的

熔丝是否熔断。若熔丝熔断，则门机的控制电源被切断，使电梯的门机无法正常工作。

2）可能是门机控制电路中的限流电阻 RMD 损坏，即门机电路中串联电阻 RMD 损坏，使门机工作电压被切断，从而使电梯的门机无法正常工作。

3）可能是层门上门锁机械/电气互锁联动装置存在问题。层门上门锁机械/电气互锁联动装置松动或原先调整的尺寸有变化，或控制柜上的开/关门继电器互锁装置松动，或开/关门继电器 JKM、JGM 的机械互锁装置调节不当，都会造成 JKM、JGM 继电器无法正常工作，使得电梯的门机无法正常工作。

4）基站层外开/关门门锁 YK 或井道基站的位置开关 KT 受损，而造成切断开/关门继电器 JKM、JGM 的工作电路，使得电梯门机无法正常工作。图 2-4-12 所示为电梯开/关门控制电路。

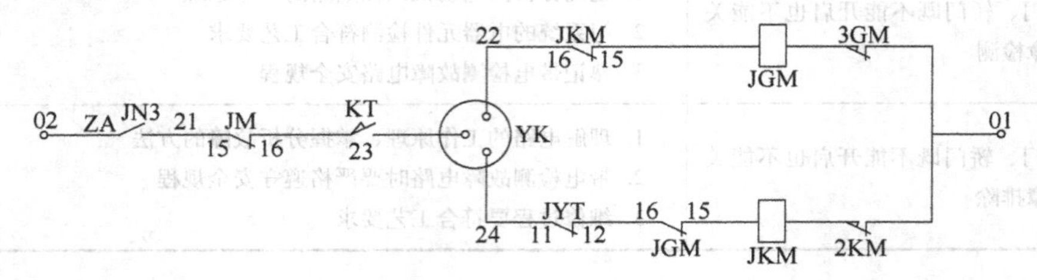

图 2-4-12　所示为电梯开/关门控制电路

2. 电梯层门/轿门既不能开启也不能关闭故障排除

1）门机（开/关门电动机）的控制电路电源存在故障。可按图 2-4-13 所示流程检查。

2）门机控制电路中的限流电阻 RMD 故障。可按图 2-4-14 所示流程检查。

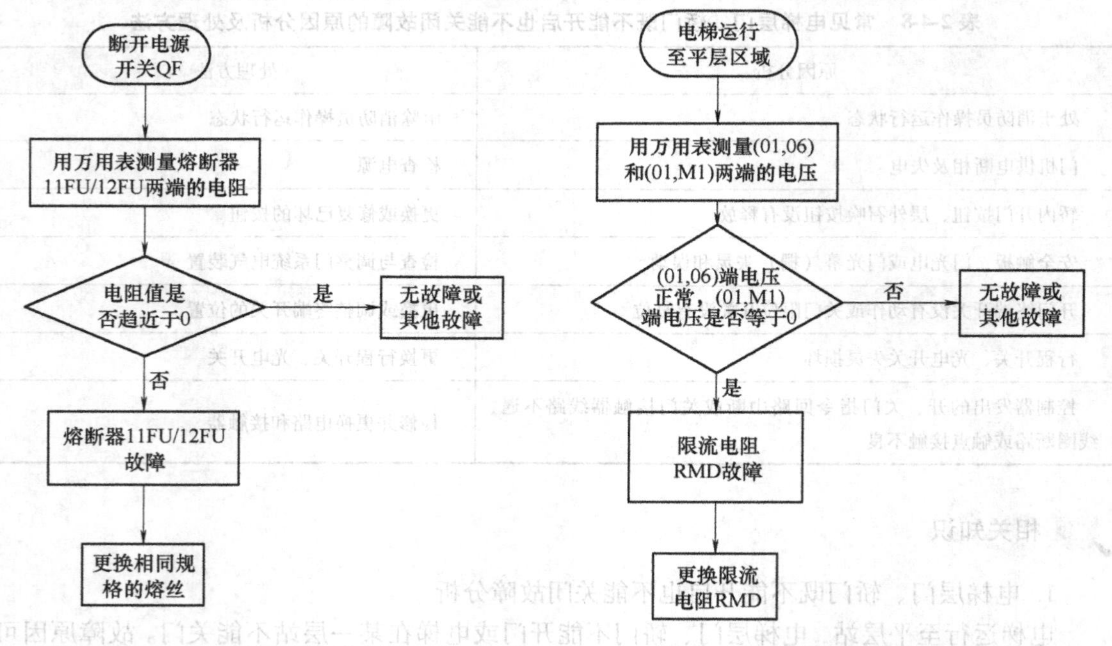

图 2-4-13　门机（开/关门电动机）的控制电路电源故障检查流程

图 2-4-14　门机控制电路中的限流电阻 RMD 故障检查流程

3）层门上门锁机械/电气互锁联动装置故障。可按图 2-4-15 所示流程检查。

4）基站层外开/关门门锁 YK 或井道基站的位置开关 KT 故障。可按图 2-4-16 所示流程检查。

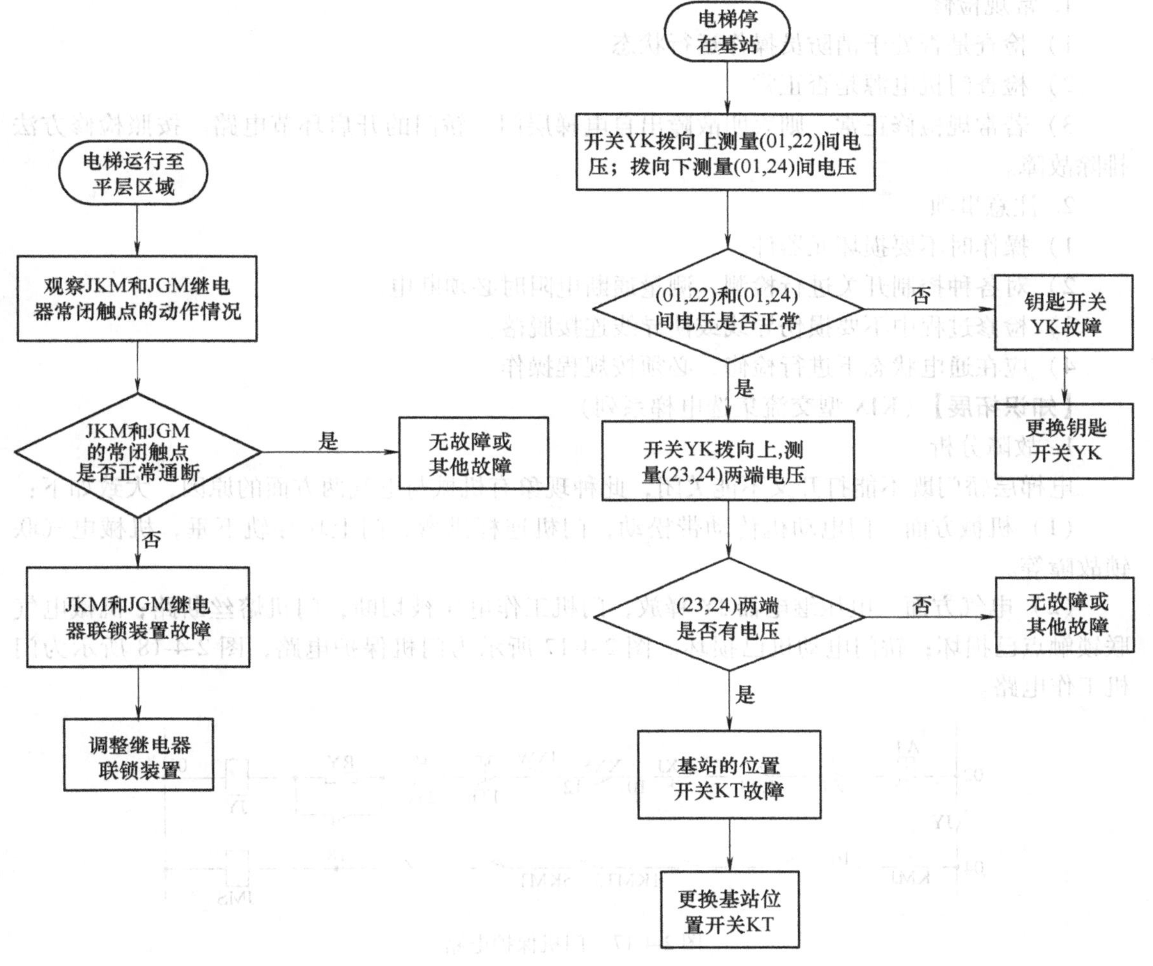

图 2-4-15　层门上门锁机械/电气互锁联动装置故障检查流程

图 2-4-16　基站层外开/关门门锁 YK 或井道基站的位置开关 KT 故障检查流程

按上述方法检查、调整或更换故障元器件，故障得以排除，电梯层门、轿门即能恢复正常的开启或关闭。

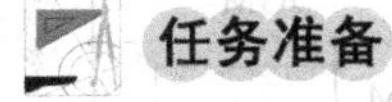

任务准备

根据任务，选用仪表、工具和器材见表 2-4-9。

表 2-4-9　仪表、工具和器材明细

序号	名称	型号与规格	单位	数量
1	电工通用工具	验电器、钢丝钳、螺钉旋具、电工刀、尖嘴钳、剥线钳等	套	1
2	万用表	自定	块	1
3	劳保用品	绝缘鞋、工作服等	套	1

任务实施

1. 常规检修

1）检查是否处于消防员操作运行状态。

2）检查门机电源是否正常。

3）若常规检修正常，则表明故障出自电梯层门、轿门的开启环节电路。按照检修方法排除故障。

2. 注意事项

1）操作时不要损坏元器件。

2）对各种控制开关进行检测，测量通断电阻时必须断电。

3）检修过程中不要损伤导线或使导线连接脱落。

4）应在通电状态下进行检修，必须按规程操作。

【知识拓展】（KJX 型交流集选电梯系列）

1. 故障分析

电梯层轿门既不能打开又不能关闭，此种现象有机械与电气两方面的原因，大致如下：

（1）机械方面　门电动机传动带松动，门机连杆拱弯，门上坎导轨下垂，机械电气联锁故障等。

（2）电气方面　电压继电器 JY 释放，门机工作电压被切断；门机熔丝断路；机械电气联锁触点已损坏；轿门电动机已损坏。图 2-4-17 所示为门机保护电路，图 2-4-18 所示为门机工作电路。

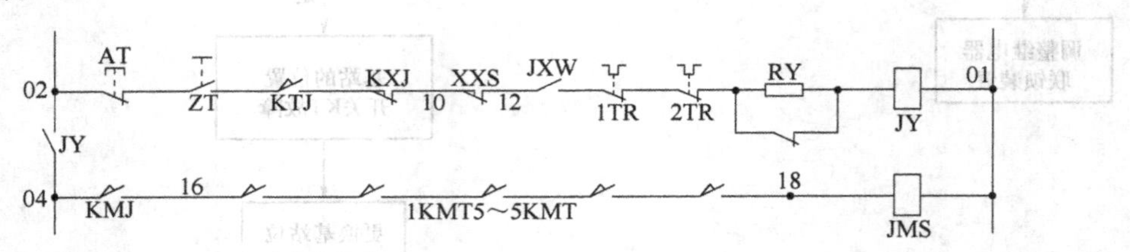

图 2-4-17　门机保护电路

2. 逻辑排故

（1）机械方面　调整门电动机传动带的张紧力或更换电动机传动带（V 带或同步带），调整和修复门机的连杆，调整门上坎导轨以及机械电气联锁的位置。

（2）电气方面　检查和调整、修复或更换门锁的触点，检查门机熔丝熔断的原因并且检查其电路，检查或更换电压继电器 JY，更换门电动机。

经调整后，排除了故障，电梯即恢复正常运行。

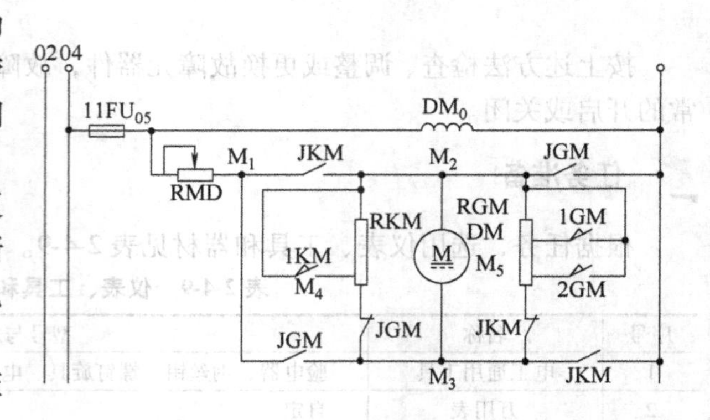

图 2-4-18　门机工作电路

模块二 电梯单方向单速度运行中的故障及排除

任务1 电梯单一方向运行

知识目标

1. 熟悉电梯方向控制电路的工作原理。
2. 掌握电梯单一方向运行的电气故障检测方法。
3. 掌握电梯单一方向运行的电气故障排除方法。

能力目标

1. 能够熟练分析电梯单一方向运行的故障原因。
2. 能够熟练检修电梯方向控制电路的电器元件。
3. 能够熟练检修电梯方向控制电路。

任务描述（见表2-4-10）

表2-4-10 任务描述

工作任务	要求
1. 电梯单一方向运行的电气故障检测	1. 正确分析方向控制电路工作原理 2. 方向控制电路的电器元件检测符合工艺要求 3. 熟记带电检测故障电路安全规程
2. 电梯单一方向运行的电气故障排除	1. 理解电路的工作原理，掌握分析故障的方法 2. 带电检测故障电路时要严格遵守安全规程 3. 维修过程要符合工艺要求

任务分析

电梯上/下方向运行是由方向控制电路（见图2-4-19）控制的，电梯只单一方向运行，则说明方向控制电路中出现了故障，故障原因有许多方面。

1）限位开关3KW（或4KW）动作后未复位，主电路处于断开状态。

2）上行或下行接触器S或X中有一个线圈和触点可能出现问题，使上行或下行的运行方向控制电路只能单一方向运行。

3）上行或下行接触器S或X的外接线接触不好或出现断线使接触器S或X的工作电源被切断而无法工作。

相关知识

1）限位开关3KW或4KW故障，可按图2-4-20所示流程检查。

2）上行或下行接触器S或X中有一个线圈故障，可按图2-4-21所示流程检查。

3）上行或下行接触器S或X的外接线故障，可按图2-4-22所示流程检查。

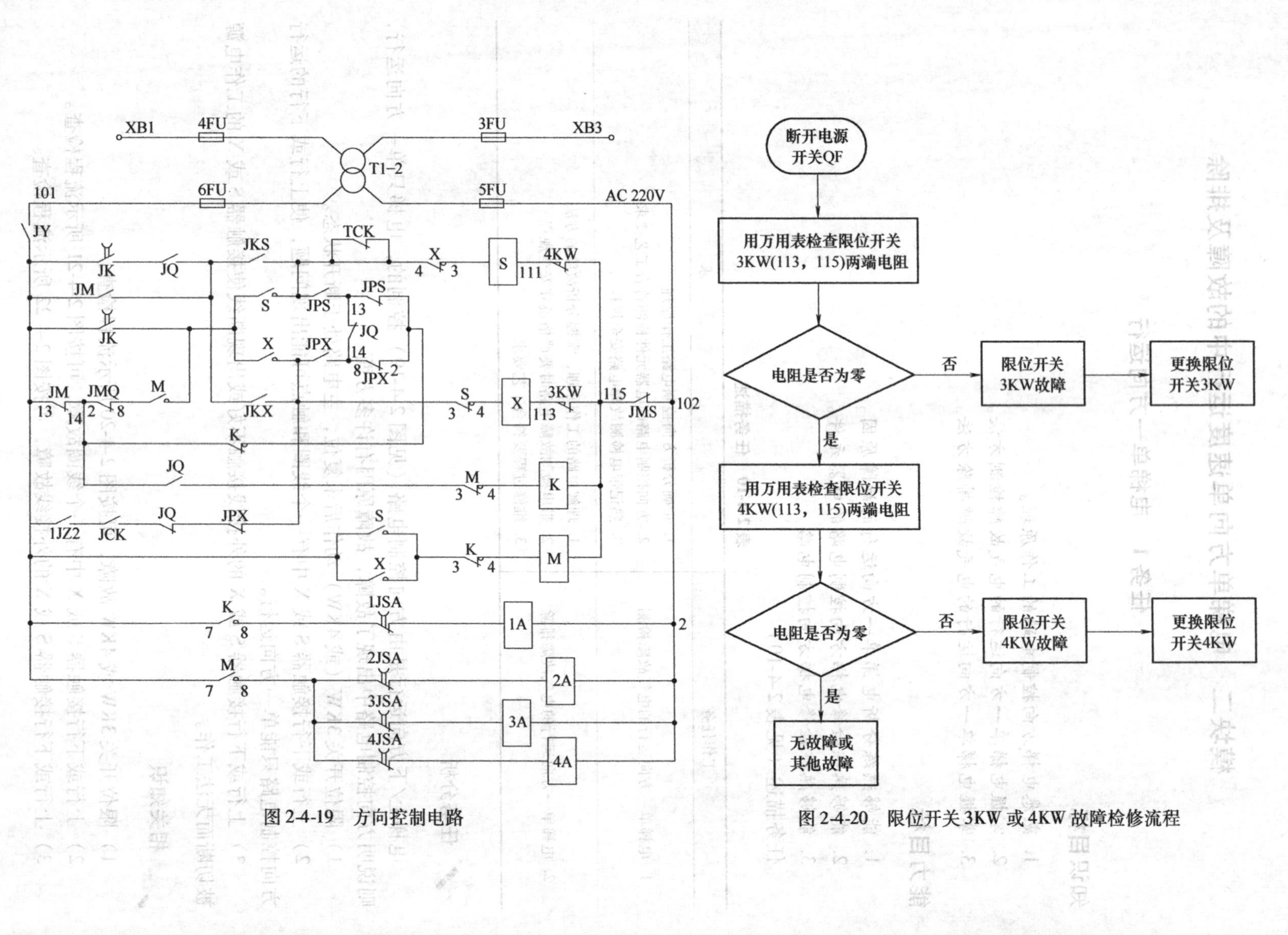

图 2-4-19　方向控制电路

图 2-4-20　限位开关 3KW 或 4KW 故障检修流程

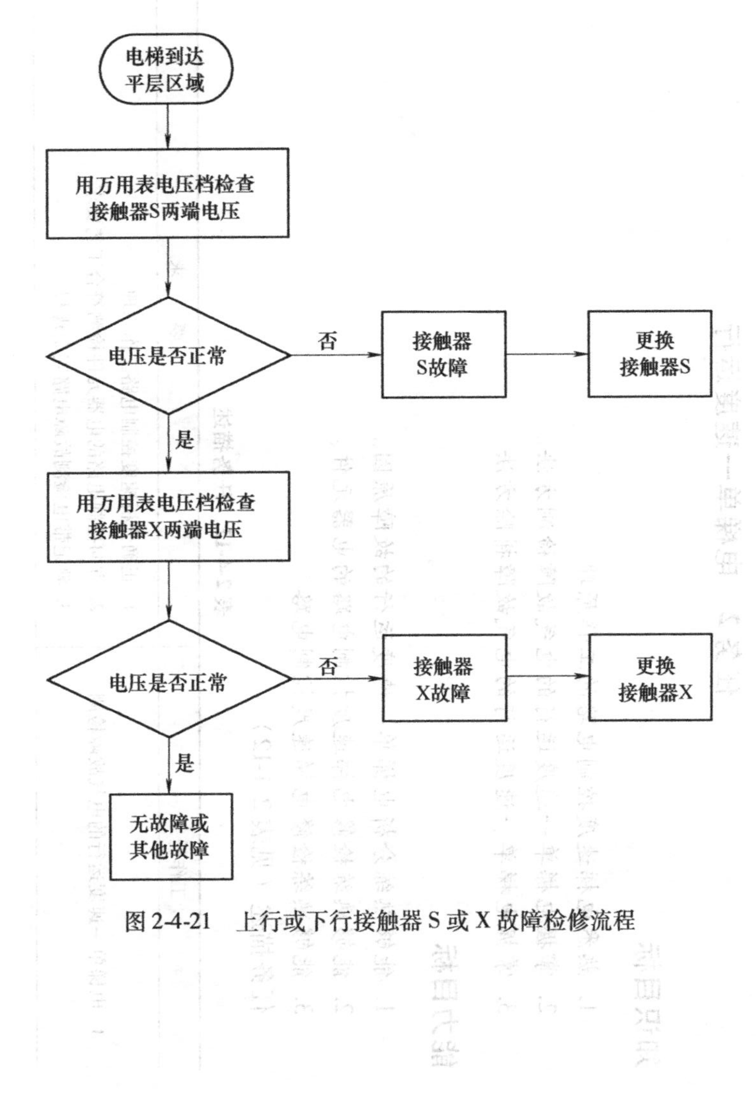

图 2-4-21　上行或下行接触器 S 或 X 故障检修流程

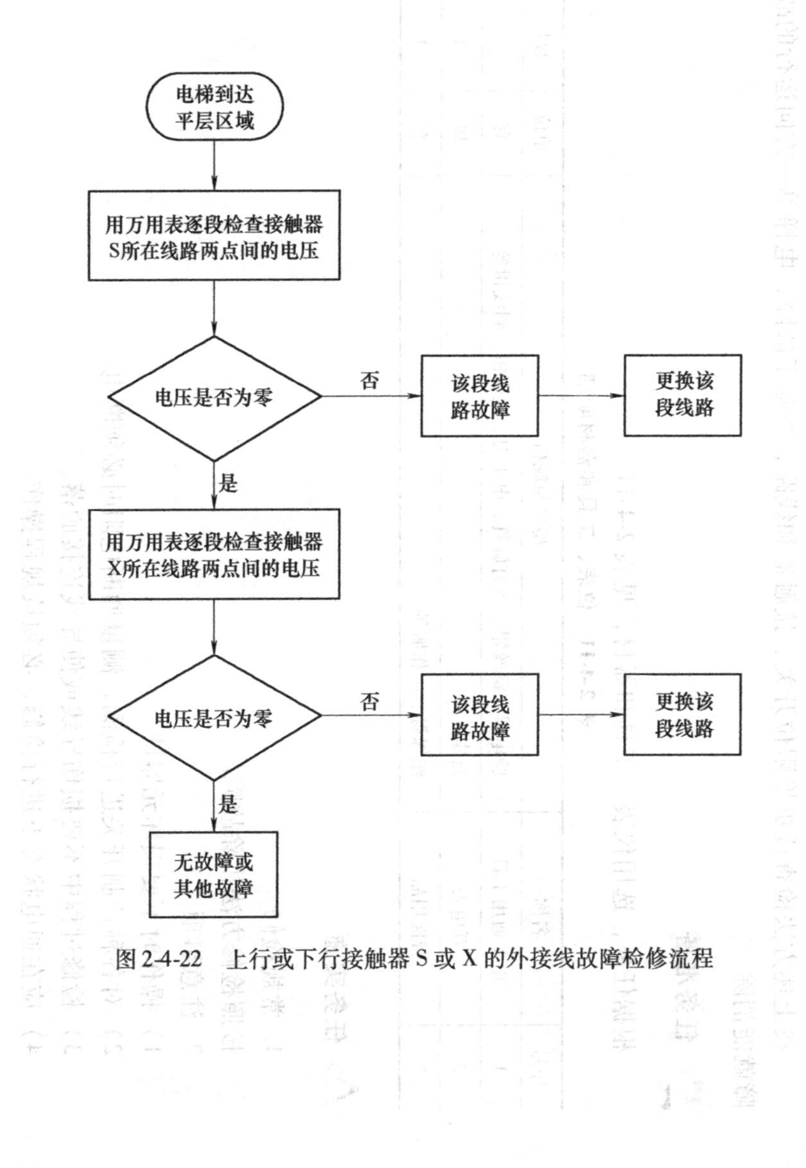

图 2-4-22　上行或下行接触器 S 或 X 的外接线故障检修流程

按上述方法检查或更换限位开关、接触器和线路，排除了故障，电梯单一方向运行的故障就能消除。

任务准备

根据任务，选用仪表、工具和器材，见表2-4-11。

表2-4-11　仪表、工具和器材明细

序号	名称	型号与规格	单位	数量
1	电工通用工具	验电器、钢丝钳、螺钉旋具、电工刀、尖嘴钳、剥线钳等	套	1
2	万用表	自定	块	1
3	劳保用品	绝缘鞋、工作服等	套	1

任务实施

1. 常规检修

按照检修方法排除故障。

2. 注意事项

1）操作时不要损坏元器件。

2）对各种控制开关进行检测，测量通断电阻时必须断电。

3）检修过程中不要损伤导线或使导线连接脱落。

4）应在通电状态下进行检修，必须按规程操作。

任务2　电梯单一速度运行

知识目标

1. 熟悉电梯速度控制电路的工作原理。
2. 掌握电梯单一速度运行的电气故障检测方法。
3. 掌握电梯单一速度运行的电气故障排除方法。

能力目标

1. 能够熟练分析电梯单一速度运行的故障原因。
2. 能够熟练检修电梯速度控制电路的电器元件。
3. 能够熟练检修电梯速度控制电路。

任务描述（见表2-4-12）

表2-4-12　任务描述

工作任务	要　求
1. 电梯单一速度运行的电气故障检测	1. 正确分析速度控制电路工作原理 2. 方向控制电路的电器元件检测符合工艺要求 3. 熟记带电检测故障电路安全规程

（续）

工作任务	要 求
2. 电梯单一速度运行的电气故障排除	1. 理解电路的工作原理，掌握分析故障的方法 2. 带电检测故障电路时要严格遵守安全规程 3. 维修过程要符合工艺要求

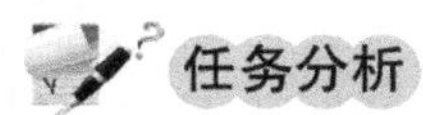

任务分析

电梯单一速度（快/慢车）的运行是由主回路交流双速电动机（变极调速 6 极/24 极）的接触器 K 或 M 所控制的，如图 2-4-19 所示。

电梯只有单一速度的运行，则说明电动机变极调速的控制电路出现了故障。原因可能是：

1）电梯快/慢车的某一接触器 K 或 M 损坏，使之只有一个接触器回路能够运行（若 M 损坏，K 则导通）。

2）快/慢车的接触器 K 或 M 的某一处接线不好，或者出现断线现象，从而使快/慢车的某一接触器 K 或 M 的工作电源被切断而无法正常工作。

相关知识

1）电梯快/慢车的接触器 K 或 M 损坏故障，可按图 2-4-23 所示流程检查。

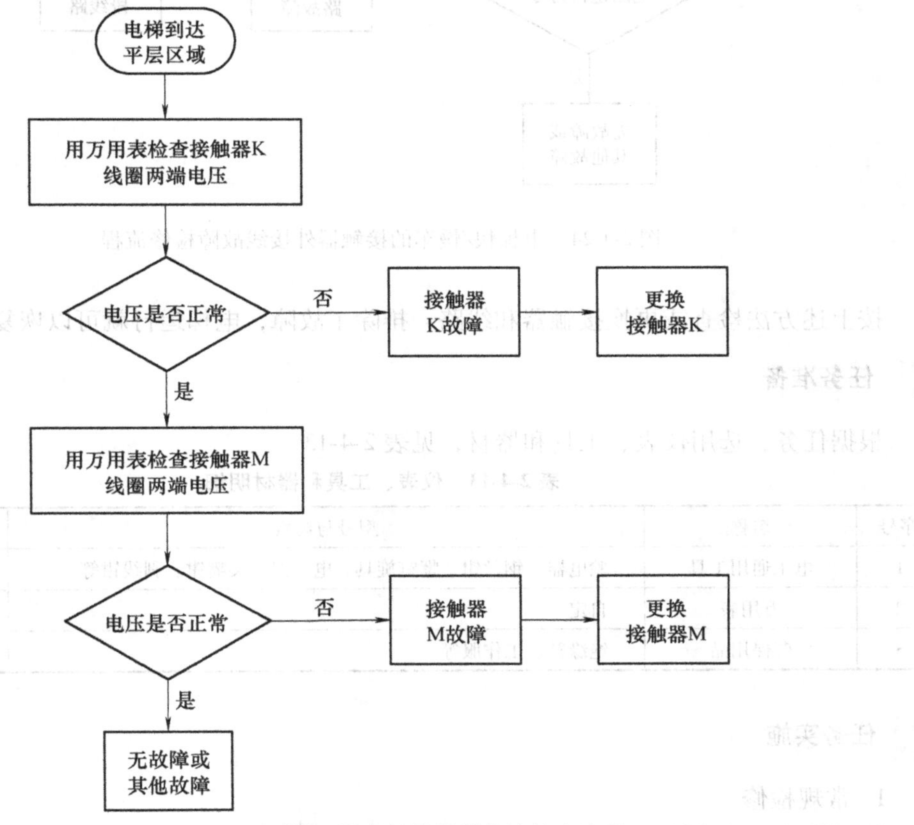

图 2-4-23 电梯快/慢车的接触器故障检查流程

2）电梯快/慢车的接触器外接线故障，可按图 2-4-24 所示流程检查。

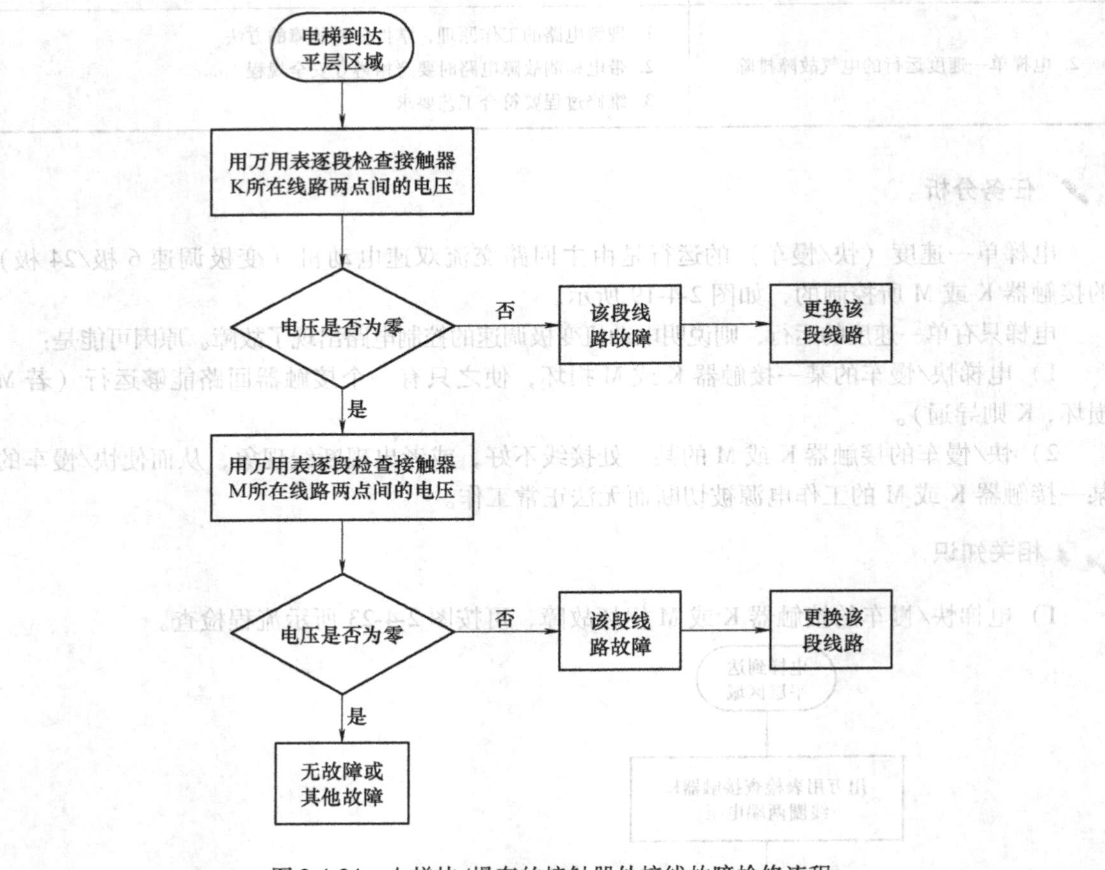

图 2-4-24　电梯快/慢车的接触器外接线故障检修流程

按上述方法检查或更换接触器和线路，排除了故障，电梯运行就可以恢复正常。

任务准备

根据任务，选用仪表、工具和器材，见表 2-4-13。

表 2-4-13　仪表、工具和器材明细

序号	名称	型号与规格	单位	数量
1	电工通用工具	验电器、钢丝钳、螺钉旋具、电工刀、尖嘴钳、剥线钳等	套	1
2	万用表	自定	块	1
3	劳保用品	绝缘鞋、工作服等	套	1

任务实施

1. 常规检修

按照检修方法排除故障。

2. 注意事项

1）操作时不要损坏元器件。

2）对各种控制开关进行检测，测量通断电阻时必须断电。

3）检修过程中不要损伤导线或使导线连接脱落。

4）应在通电状态下进行检修，必须按规程操作。

模块三 电梯运行中的故障及排除

任务1 电梯运行中有振动

知识目标

1. 熟悉电梯主电路控制环节的电气结构。
2. 掌握电梯运行中有振动的故障分析方法。

能力目标

1. 能够熟练分析电梯运行中有振动的故障原因。
2. 能够熟练检修主电路控制环节的电器元件。
3. 能够熟练检修主电路控制环节的电气线路。

任务描述（见表2-4-14）

表2-4-14 任务描述

工作任务	要 求
1. 电梯运行振动的电气故障检测	1. 正确分析电梯主电路控制环节工作原理 2. 电梯主电路控制环节的电器元件检测符合工艺要求 3. 熟记带电检测故障电路安全规程
2. 电梯运行振动的电气故障排除	1. 理解电路的工作原理，掌握分析故障的方法 2. 带电检测故障电路时要严格遵守安全规程 3. 维修过程要符合工艺要求

任务分析

电梯原来可以正常地运行，但时而会发生轿厢运行时稍有振动感。

1）首先考虑电网的电源电压的波动。电源电压的波动在5%范围之内时一般视为正常，同时昼夜的负载变化也会使电源电压发生波动。经二极管整流后，稳压电源输出电压的波动也会引起振动。

2）控制柜内调压电阻RY存在故障。图2-4-25所示为主电路控制环节。若调压电阻RY损坏，使电压继电器JY吸合，由于电压继电器JY的常闭触点开路，也会使得电压继电器JY两端电压不能持久。因此，电压继电器JY触点不断地吸合与释放，所以，电压继电器JY会产生剧烈的抖动与噪声，造成运行中电梯轿厢的振动。

3）电压继电器 JY 故障。由于电压继电器 JY 本身的故障，造成触点不断地吸合与释放，所以，电压继电器 JY 会产生剧烈的抖动与噪声，造成运行中电梯轿厢的振动。

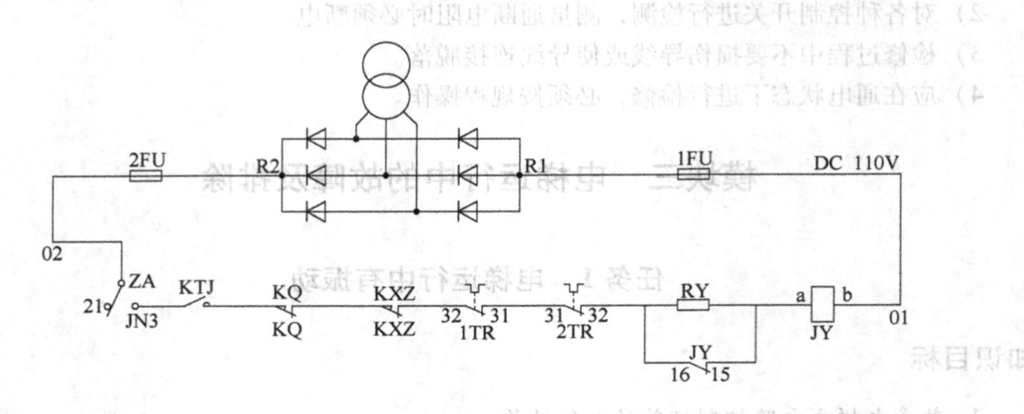

图 2-4-25　主电路控制环节

相关知识

1）电网电源电压的波动故障。电梯运行到平层区域之后，可按图 2-4-26 所示流程检查。

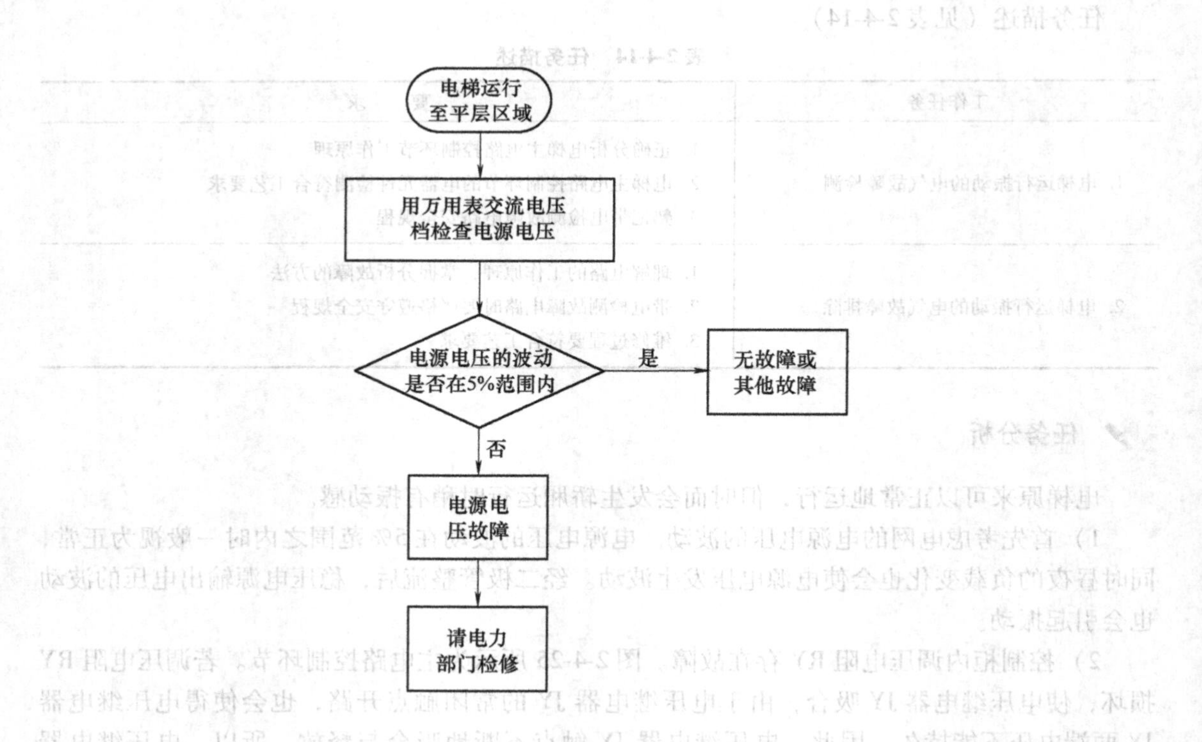

图 2-4-26　电网电源电压的波动故障检查流程

2）调压电阻 RY 故障。电梯运行到平层区域后，可按图 2-4-27 所示流程检查。

3）电压继电器 JY 故障。电梯运行到平层区域后，可按图 2-4-28 所示流程检查。

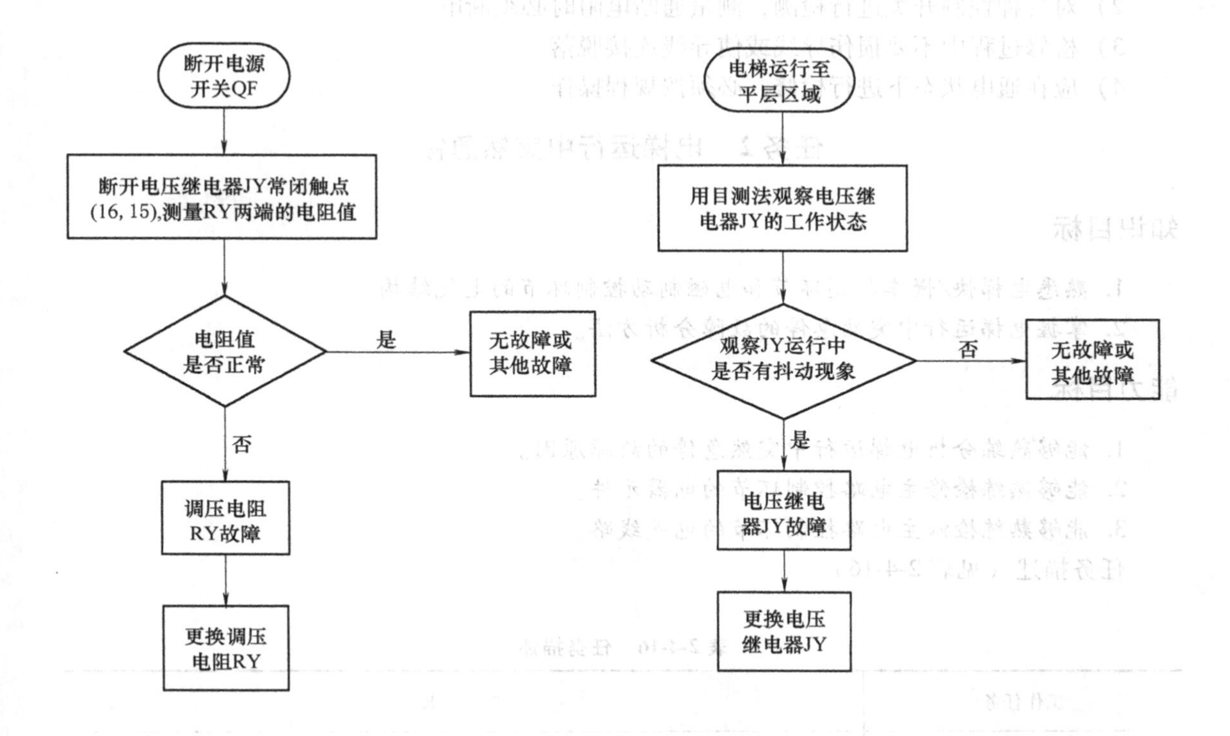

图 2-4-27　调压电阻 RY 故障检查流程　　图 2-4-28　电压继电器 JY 故障检查流程

更换电压继电器 JY 或调压电阻 RY，排除了故障，电梯即能恢复正常运行。

任务准备

根据任务，选用仪表、工具和器材，见表 2-4-15。

表 2-4-15　仪表、工具和器材明细

序号	名称	型号与规格	单位	数量
1	电工通用工具	验电器、钢丝钳、螺钉旋具、电工刀、尖嘴钳、剥线钳等	套	1
2	万用表	自定	块	1
3	劳保用品	绝缘鞋、工作服等	套	1

任务实施

1. 常规检修

按照检修方法排除故障。

2. 注意事项

1）操作时不要损坏元器件。

2）对各种控制开关进行检测，测量通断电阻时必须断电。

3）检修过程中不要损伤导线或使导线连接脱落。

4）应在通电状态下进行检修，必须按规程操作。

任务2　电梯运行中突然急停

知识目标

1. 熟悉电梯快/慢车控制环节和电磁制动控制环节的电气结构。
2. 掌握电梯运行中突然急停的故障分析方法。

能力目标

1. 能够熟练分析电梯运行中突然急停的故障原因。
2. 能够熟练检修主电路控制环节的电器元件。
3. 能够熟练检修主电路控制环节的电气线路。

任务描述（见表2-4-16）

表2-4-16　任务描述

工作任务	要　求
1. 电梯运行中突然急停的电气故障检测	1. 正确分析电梯快/慢车控制环节和电磁制动控制环节的工作原理 2. 电梯快/慢车控制环节和电磁制动控制环节的电器元件检测符合工艺要求 3. 熟记带电检测故障电路安全规程
2. 电梯运行中突然急停的电气故障排除	1. 理解电路的工作原理，掌握分析故障的方法 2. 带电检测故障电路时要严格遵守安全规程 3. 维修过程要符合工艺要求

任务分析

电梯运行中突然急停是由于电磁制动器DZZ的制动线圈失电所致。电磁制动器DZZ制动的特点是通电松闸、断电抱闸。由于制动器线圈的失电而抱闸，则会引起运行中的电梯突然急停。

1）快车继电器JK的故障会引起时间继电器延时作用的消失，在快/慢车接触器K与M的切换过程中，由于快车继电器JK延时断开触点（3，8）（见图2-4-29）过早，切断了上/下方向运行的接触器S与X的回路，使接触器S或X触点释放，从而造成电梯的急停。图2-4-29所示为快/慢车控制环节，图2-4-30所示为电磁制动控制环节。

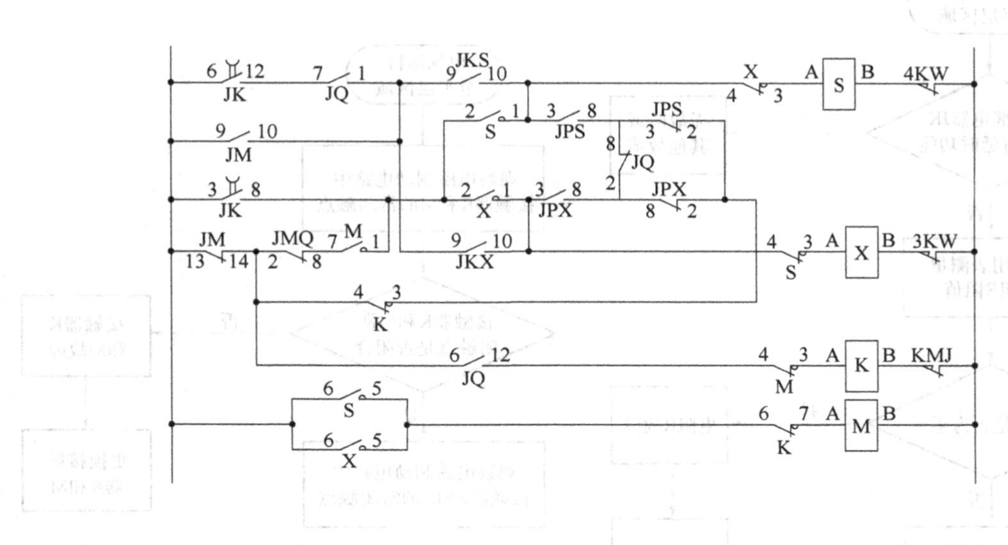

图 2-4-29　快/慢车控制环节

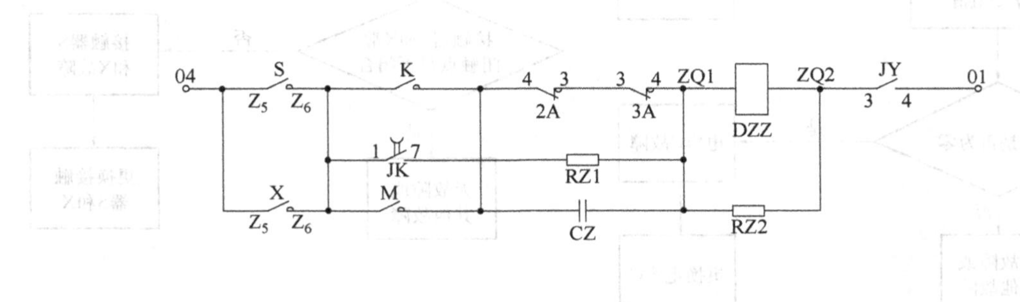

图 2-4-30　电磁制动控制环节

2）快/慢车接触器 K 和 M 与上/下行接触器 S 和 X 的辅助触点的损坏也会造成制动器因失电而抱闸制动，使电梯急停。电梯急停的过程是：上/下行接触器 S 与 X 失电，引起慢车接触器 M 失电，再引起电磁制动器 DZZ 线圈失电，使制动器抱闸而制动，造成电动机的急停。

相关知识

1）RC 阻容电路故障。电梯运行到平层区域后，可按图 2-4-31 所示流程图检查。

2）快/慢车接触器 K 和 M 与上/下行接触器 S 和 X 的辅助触点故障。可按图 2-4-32 所示流程检查。

经更换或调整元器件及其参数，排除了电气及机械的故障，电梯即能恢复正常运行。

任务准备

根据任务，选用仪表、工具和器材，见表 2-4-17。

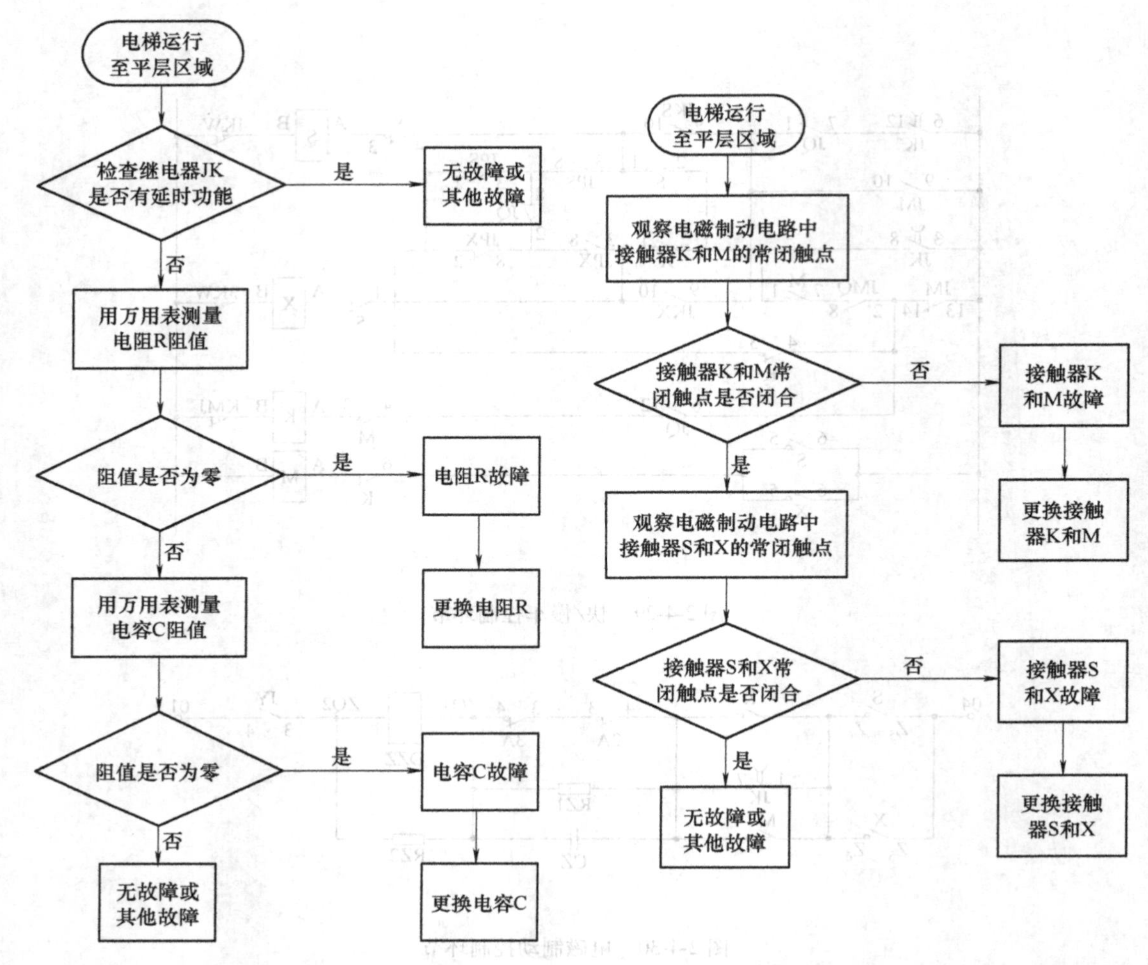

图 2-4-31　RC 阻容电路故障检查流程

图 2-4-32　快/慢车接触器 K 和 M 与上/下行接触器 S 和 X 的辅助触点故障检查流程

表 2-4-17　仪表、工具和器材明细

序号	名称	型号与规格	单位	数量
1	电工通用工具	验电器、钢丝钳、螺钉旋具、电工刀、尖嘴钳、剥线钳等	套	1
2	万用表	自定	块	1
3	劳保用品	绝缘鞋、工作服等	套	1

任务实施

1. 常规检修

按照检修方法排除故障。

2. 注意事项

1）操作时不要损坏元器件。

2）对各种控制开关进行检测，测量通断电阻时必须断电。

3）检修过程中不要损伤导线或使导线连接脱落。

4）应在通电状态下进行检修，必须按规程操作。

【知识拓展】（KJX 型交流集选电梯系列）

1. 故障分析

电梯在运行中突然停车，故障原因大约有以下几种类型：

1）控制电源可能存在着故障。

2）电源电压可能断相。

3）电动机的热继电器动作后没有复位。

4）电梯轿门的门刀擦碰层门门锁的滑轮。

5）电压继电器 JY 串接的触点时有接触不良的现象。

6）上/下运行接触器（S/X）和慢/快接触器（M/K）串接的常闭触点有时接触不良。上述六种类型的故障原因，只要有其中一种，即会产生突然停车。

2. 逻辑排故

排除故障次序按上述类型逐个检查。

1）检查外接总电源是否有电，检查控制柜的输入电源是否有进线电压。

2）检查相序继电器是否有损坏，否则会造成电源的断相。

3）目测电动机的热继电器是否有跳脱并且查看电流的数值，将电流数值拨向较大档位。

4）检查和调整电梯门刀与门锁的位置。

5）用目测法检查各个接触器（S/X、M/K）的吸合情况。

6）用目测法检查电压继电器 JY 触点的接触情况。

经调整、检查并更换了已损坏的元器件后，排除了故障，电梯即恢复正常运行。

任务 3　电梯运行中不能上/下行

知识目标

1. 熟悉电梯上/下运行控制电路的电气结构。
2. 掌握电梯运行中不能上/下行的故障分析方法。

能力目标

1. 能够熟练分析电梯运行中不能上/下行的故障原因。
2. 能够熟练检修电梯运行中不能上/下行的电器元件。
3. 能够熟练检修电梯运行中不能上/下行的电气线路。

任务描述（见表 2-4-18）

表 2-4-18　任务描述

工作任务	要　求
1. 电梯运行中不能上/下行的电气故障检测	1. 正确分析电梯上/下运行控制电路的工作原理 2. 电梯上/下运行控制电路的电器元件检测符合工艺要求 3. 熟记带电检测故障电路安全规程

（续）

工作任务	要　求
2. 电梯运行中不能上/下行的电气故障排除	1. 理解电路的工作原理，掌握分析故障的方法 2. 带电检测故障电路时要严格遵守安全规程 3. 维修过程要符合工艺要求

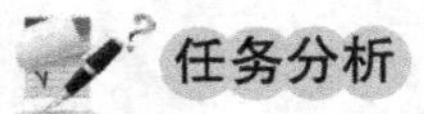

任务分析

电梯运行方向控制电路如图 2-4-19 所示。电梯上/下运行控制电路如图 2-4-33 所示。

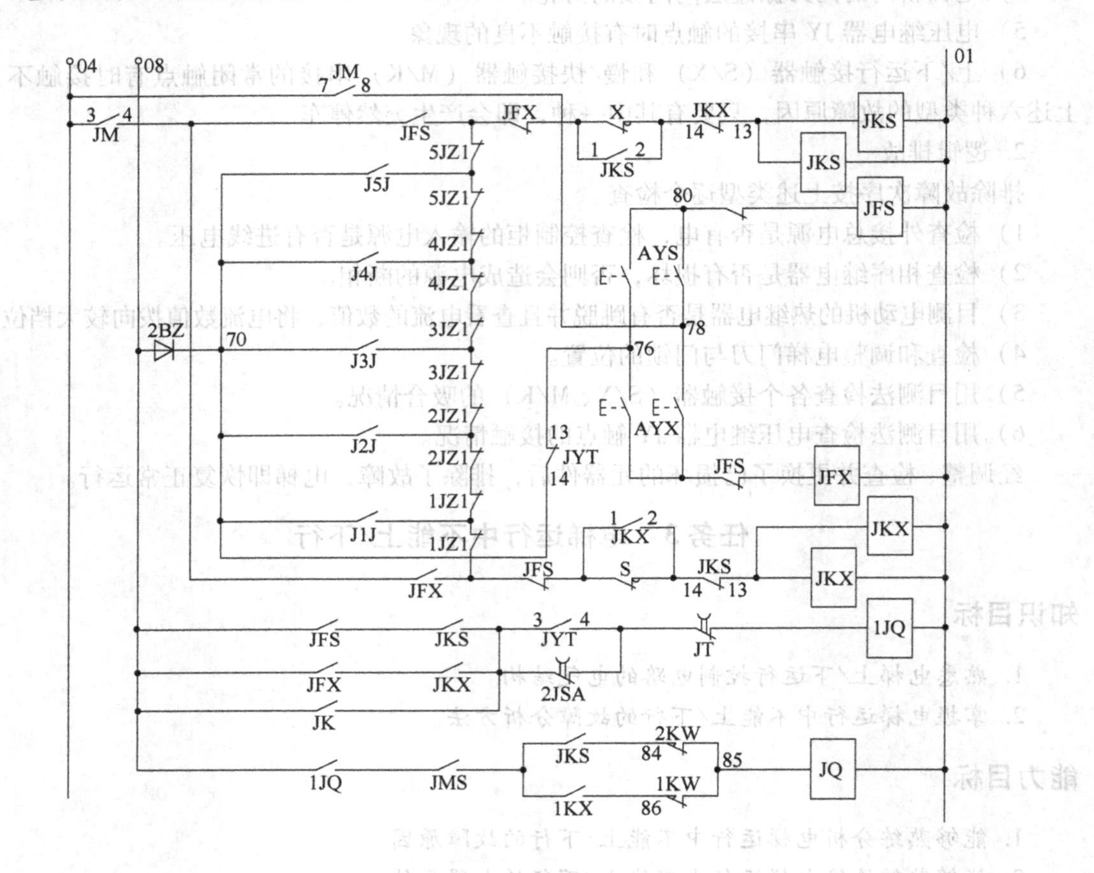

图 2-4-33　电梯上/下运行控制电路

根据对控制电路的分析，可能会存在的故障原因大致有以下几点。

1）运行继电器 JYT 的故障点。在电压继电器 JY 工作状态下，电梯的上/下行由运行继电器 JYT 作为回路控制。若运行继电器 JYT 的常闭触点（13，14）未能闭合接通，则会形成开路，此时，即使按动上/下行的控制按钮，上/下行继电器 JFS、JFX 的线圈也不能工作，电梯也无法运行。

2）电压继电器 JY 的故障点。电压继电器 JY 的触点故障可能使电压继电器 JY 的常开触点（01，02）接触不良或者触点严重烧毛而引起回路（01，04）失电，此时电梯也会无法运行。

3）电压继电器 JY 或门锁继电器 JMS 的故障点。电压继电器 JY 的另一对常开触点（9，10）接触不良，或者门锁继电器 JMS 的常开触点（5，10）接触不良，造成控制回路失电，电梯也会无法运行。

相关知识

根据上述分析的几种可能的故障原因，可首先弄清电梯在出现运行中不能上/下行的故障前是否有异常的运行状态，再观察电梯的机房是否正常地供电，电梯在层站准备发车运行时按上/下行继电器 JFS 或 JFX 的按钮时，电梯有没有运行信号。一般检查采用开路短接法和电压测量法。

1）运行继电器 JYT 的故障可按图 2-4-34 所示流程检查。

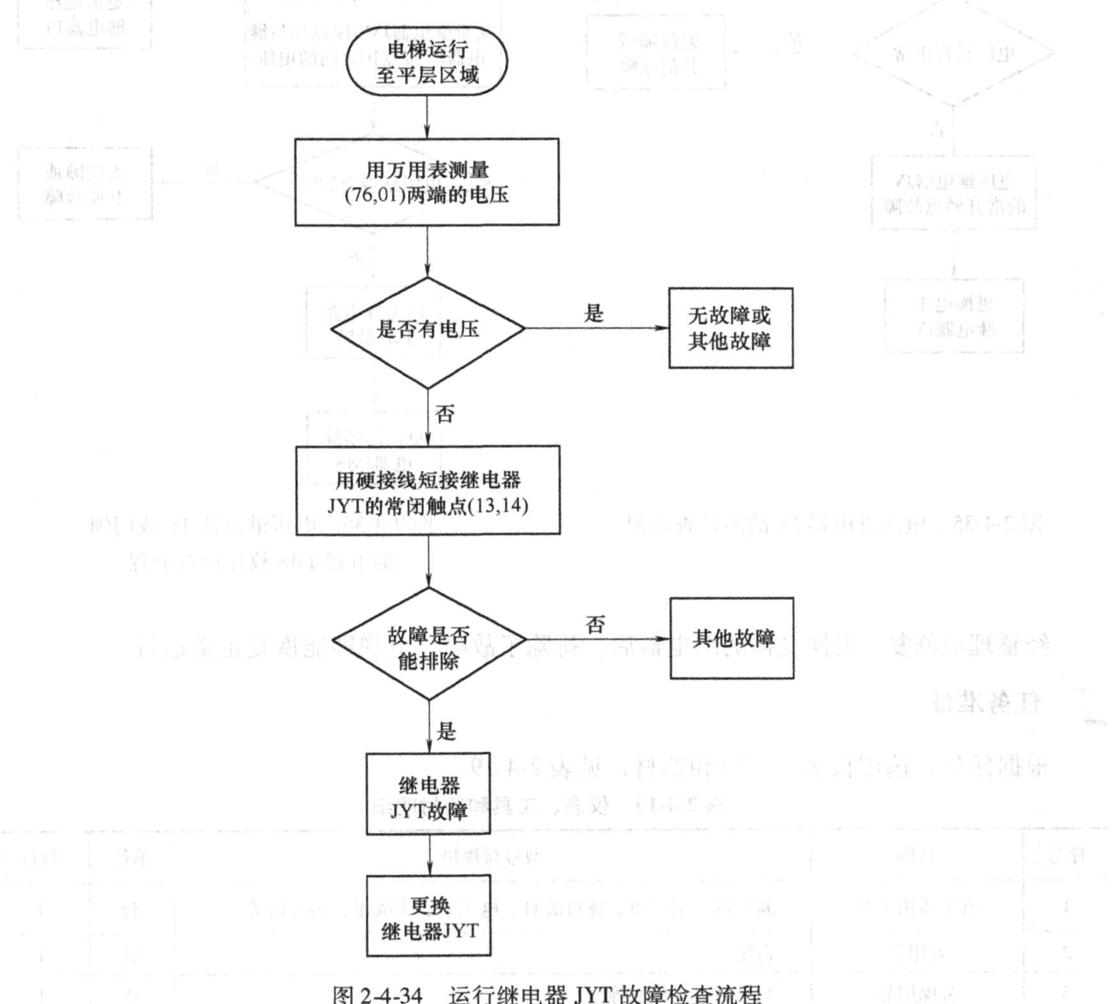

图 2-4-34 运行继电器 JYT 故障检查流程

2）电压继电器 JY 的故障可按图 2-4-35 所示流程检查。

3）电压继电器 JY 或门锁继电器 JMS 的故障可按图 2-4-36 所示流程检查。

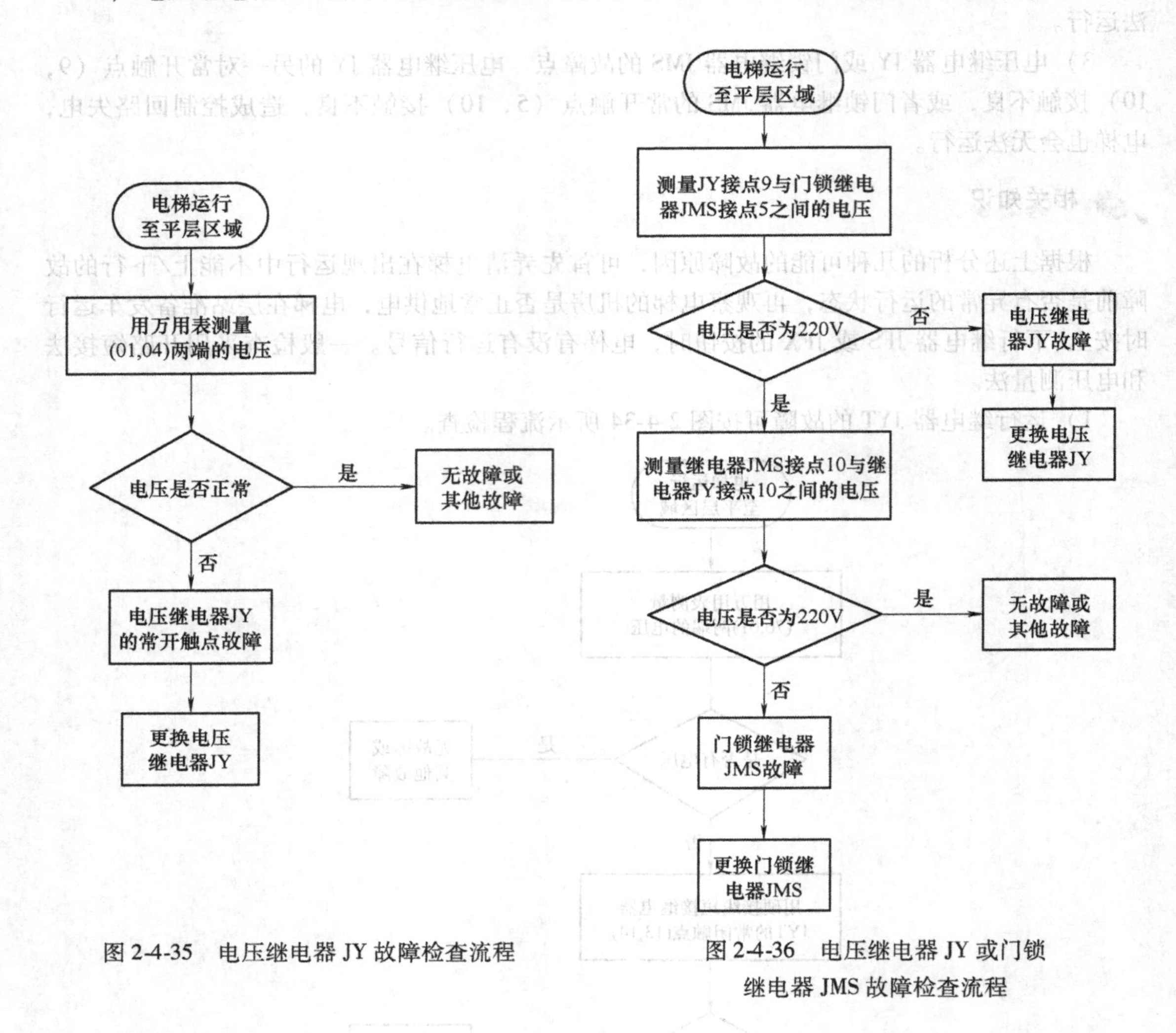

图 2-4-35　电压继电器 JY 故障检查流程

图 2-4-36　电压继电器 JY 或门锁继电器 JMS 故障检查流程

经整理或修复、更换受损的继电器后，排除了故障，电梯即能恢复正常运行。

任务准备

根据任务，选用仪表、工具和器材，见表 2-4-19。

表 2-4-19　仪表、工具和器材明细

序号	名称	型号与规格	单位	数量
1	电工通用工具	验电器、钢丝钳、螺钉旋具、电工刀、尖嘴钳、剥线钳等	套	1
2	万用表	自定	块	1
3	劳保用品	绝缘鞋、工作服等	套	1

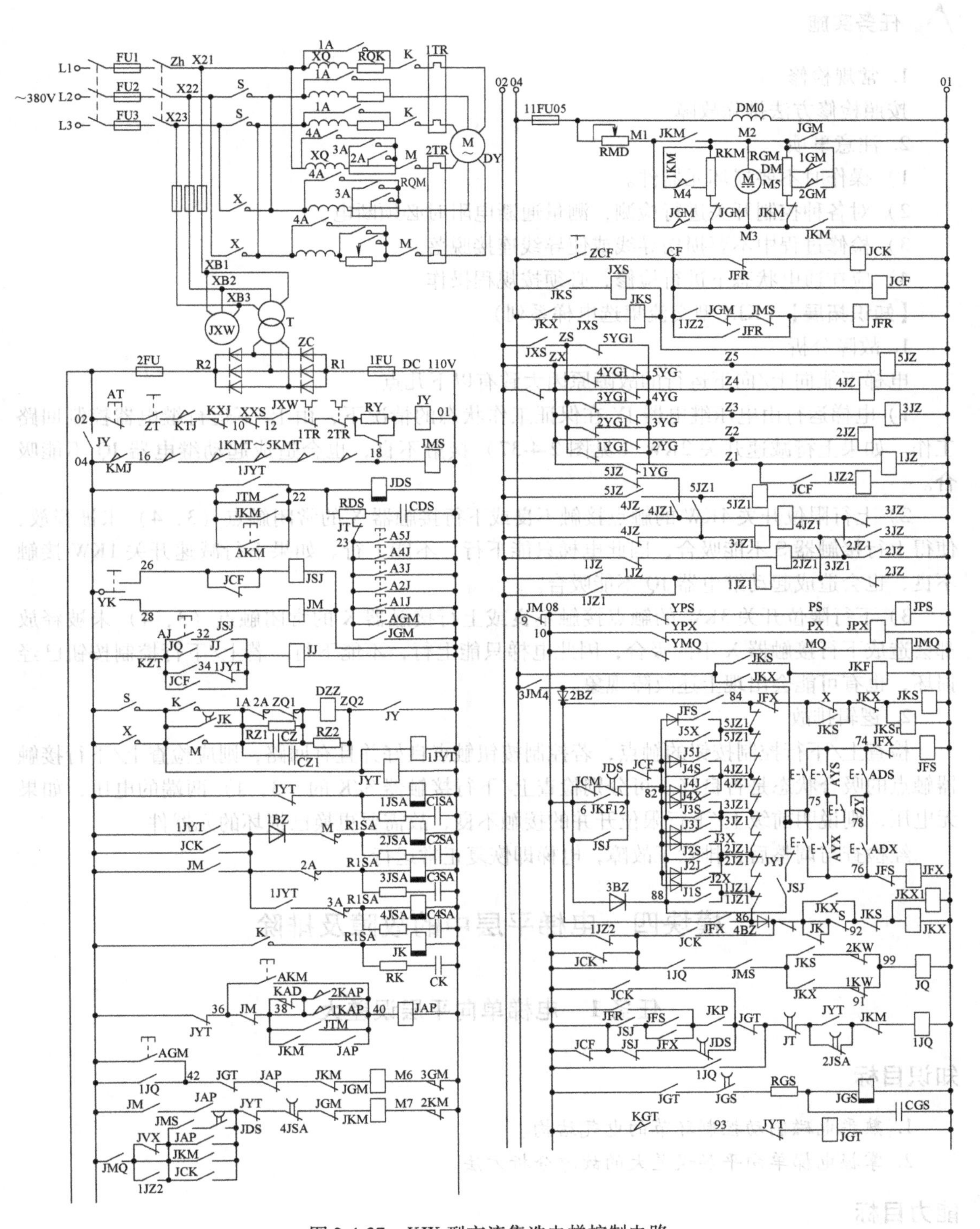

图 2-4-37　KJX 型交流集选电梯控制电路

任务实施

1. 常规检修

按照检修方法排除故障。

2. 注意事项

1）操作时不要损坏元器件。

2）对各种控制开关进行检测，测量通断电阻时必须断电。

3）检修过程中不要损伤导线或使导线连接脱落。

4）应在通电状态下进行检修，必须按规程操作。

【知识拓展】（KJX 型交流集选电梯系列）

1. 故障分析

电梯不能向上/向下运行的故障原因大致有以下几点。

1）电梯运行由电压继电器 JY 在保证工作状态的情况下，由上/下运行继电器控制回路工作。如果上行减速开关 2KW（见图 2-4-37）接触不良，也会造成起动继电器 JQ 不能吸合。

2）上行限位开关 4KW 的触点接触不良或下行接触器 X 的常闭触点（3，4）未被释放，使得上行接触器 S 不能吸合，因此电梯只能下行，不能上行。如果下行减速开关 1KW 接触不良，也会造成起动继电器 JQ 不能吸合。

3）下行限位开关 3KW 的触点接触不良或上行接触器 K 的常闭触点（3，4）未被释放都会造成下行接触器 X 不能吸合，因此电梯只能上行，不能下行。若上/下行控制按钮已经损坏，也有可能会出现上述故障现象。

2. 逻辑排故

检查上/下行控制按钮的触点，若控制按钮触点良好并且有回路，则应检查上/下行接触器触点的吸合状态是否良好。可分别检查上/下行接触器 S/K 的（3，4）两端的电压，如果无电压，则说明前级上/下行限位开并的接触不良，故需要更换已损坏的元器件。

经检查与调整后，排除了故障，电梯即恢复正常运行。

模块四　电梯平层中的故障及排除

任务 1　电梯单向平层误差大

知识目标

1. 熟悉电磁制动控制环节的电气结构。
2. 掌握电梯单向平层误差大的故障分析方法。

能力目标

1. 能够熟练分析电梯单向平层误差大的故障原因。
2. 能够熟练检修电磁制动控制环节的电器元件。

3. 能够熟练检修电磁制动控制环节的电气线路。

任务描述（见表2-4-20）

表2-4-20 任务描述

工作任务	要 求
1. 电梯单向平层误差大的电气故障检测	1. 正确分析电磁制动控制环节工作原理 2. 电梯电磁制动控制环节的电器元件检测符合工艺要求 3. 熟记带电检测故障电路安全规程
2. 电梯单向平层误差大的电气故障排除	1. 理解电路的工作原理，掌握分析故障的方法 2. 带电检测故障电路时要严格遵守安全规程 3. 维修过程要符合工艺要求

任务分析

根据对控制电路的分析，电气方面可能会存在的故障原因大致如下：

当电梯上/下行时，进入平层区域，由于上/下平层干簧继电器YPS/YPX受损或损坏，运行中的电梯轿厢上的平层铁板插入开门干簧继电器YMQ，使开门继电器JMQ吸合，交流接触器S/X自动将回路断开，迫使电梯提前停车，无法正确平层。快/慢车和电磁制动控制环节分别如图2-4-29和图2-4-30所示。

相关知识

平层干簧继电器YPS/YPX故障，电梯运行到平层区域后，可按图2-4-38所示流程检查。

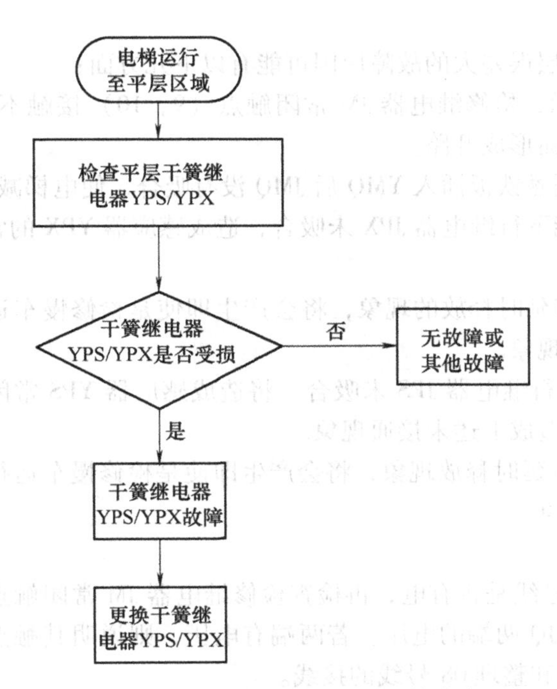

图2-4-38 平层干簧继电器YPS/YPX故障检查流程

经检查并更换干簧继电器 YPS/YPX 后，排除了故障，电梯即能恢复正常运行。

任务准备

根据任务，选用仪表、工具和器材，见表2-4-21。

表2-4-21　仪表、工具和器材明细

序号	名称	型号与规格	单位	数量
1	电工通用工具	验电器、钢丝钳、螺钉旋具、电工刀、尖嘴钳、剥线钳等	套	1
2	万用表	自定	块	1
3	劳保用品	绝缘鞋、工作服等	套	1

任务实施

1. 常规检修

按照检修方法排除故障。

2. 注意事项

1）操作时不要损坏元器件。

2）对各种控制开关进行检测，测量通断电阻时必须断电。

3）检修过程中不要损伤导线或使导线连接脱落。

4）应在通电状态下进行检修，必须按规程操作。

【知识拓展】（KJX 型交流集选电梯系列）

1. 故障分析

电梯减速后单向平层误差大的故障原因可能有以下几方面：

1）如图2-4-39所示，检修继电器 JM 常闭触点（9，10）接触不良，或者08号线的端子接线虚接或断接，从而形成开路。

2）在平层时，当隔磁铁板插入 YMQ 后 JMQ 没有吸合，使电梯减速也不能平层。

3）在上行时，可能下行继电器 JPX 未吸合，造成感应器 YPX 的常闭触点未接通，或者其连线松接或断线。

4）上行接触器 S 有延时释放的现象，将会产生即使是检修慢车运行和手动拨动开关运行也不会减速后平层的现象。

5）在下行时，若上行继电器 JPS 未吸合，将造成感应器 YPS 常闭触点未接通。如果其连线松动或断线，也将造成上述未接通现象。

6）下行接触器 X 有延时释放现象，将会产生即使是检修慢车运行和手动拨动开关运行也不会减速后平层的现象。

2. 逻辑排故

1）检查和测量08号线是否有电，再检查检修继电器 JM 常闭触点的接触情况。用电压测量法测量起动继电器 JQ 两端的电压。若两端有电压，则说明其触点已损坏，需要更换起动继电器 JQ，同时检查和整理08号线的接线。

2）用目测法检查上/下运行接触器 S/X 是否有延时释放的现象。如有延时释放，需要更

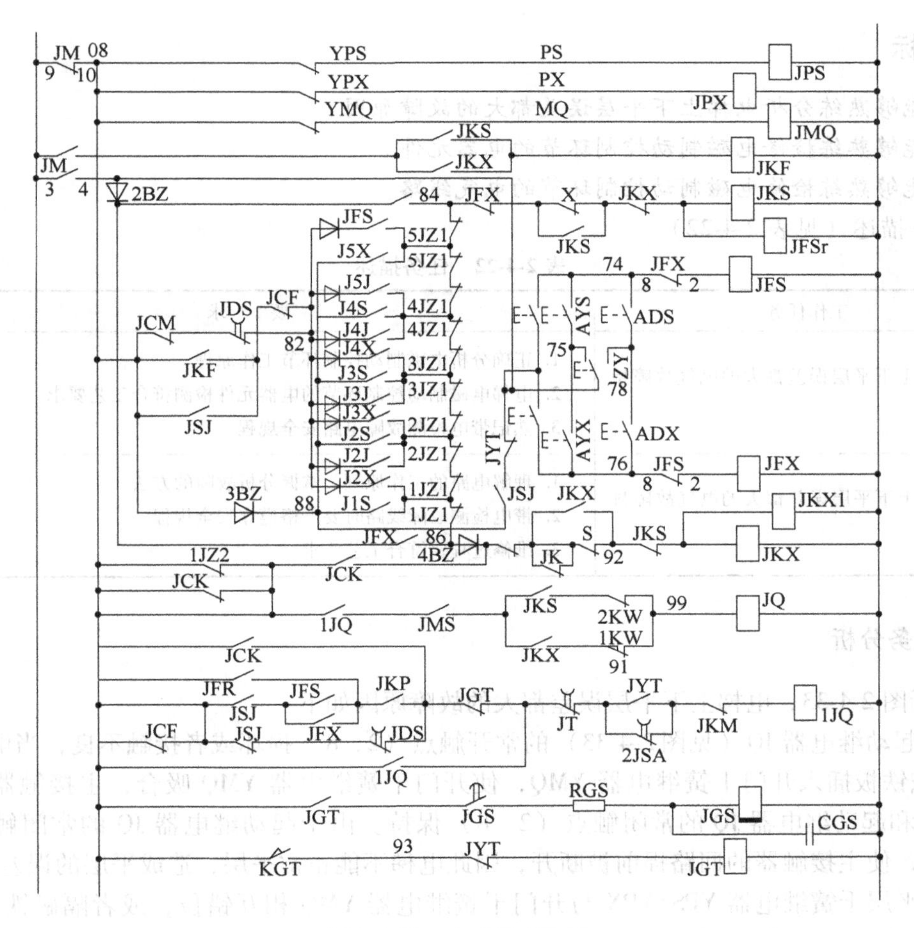

图 2-4-39 自动定向电路

换上/下运行接触器 S/X。

3）观察隔磁铁板插入的位置是否正确，并用目测法检查 JMQ 是否有吸合。若隔磁铁板的位置正确，则要更换 JMQ。

4）用电压测量法检查和测量感应器 YPX/YPS 常闭触点的两端电压，目测上/下运行继电器（JPS/JPX）的吸合状况，如果其未吸合，则要更换继电器。

经检查与调整，或更换已损坏的元器件，并且整理了线路，排除了故障，电梯即恢复正常运行。

任务 2 电梯上下平层误差都大

知识目标

1. 熟悉电磁制动控制环节的电气结构。
2. 掌握电梯上下平层误差都大的故障分析方法。

能力目标

1. 能够熟练分析电梯上下平层误差都大的故障原因。
2. 能够熟练检修电磁制动控制环节的电器元件。
3. 能够熟练检修电磁制动控制环节的电气线路。

任务描述（见表2-4-22）

表2-4-22 任务描述

工作任务	要求
1. 电梯上下平层误差都大的电气故障检测	1. 正确分析电磁制动控制环节工作原理 2. 电梯电磁制动控制环节的电器元件检测符合工艺要求 3. 熟记带电检测故障电路安全规程
2. 电梯上下平层误差都大的电气故障排除	1. 理解电路的工作原理，掌握分析故障的方法 2. 带电检测故障线路时要严格遵守安全规程 3. 维修过程要符合工艺要求

任务分析

分析图2-4-33，电梯上下平层误差都大的故障原因如下：

1）起动继电器JQ（见图2-4-33）的常开触点（2，8）损坏或者接触不良，当电梯减速后，隔磁铁板插入开门干簧继电器YMQ，使开门干簧继电器YMQ吸合，主接触器回路由JPS/JPX和起动继电器JQ的常闭触点（2，8）保持。由于起动继电器JQ的常闭触点（2，8）受损，使主接触器的回路提前被断开，因此电梯不能正常平层，造成平层的误差很大。

2）平层干簧继电器YPS/YPX与开门干簧继电器YMQ相互错位，或者隔磁铁板错位。当电梯进入上/下平层区域后，开门干簧继电器YMQ比平层干簧继电器YPS/YPX先动作，开门继电器JMQ吸合，交流接触器S/X自动断开回路，使电梯不能正常平层。

相关知识

1）起动继电器JQ的常开触点（2，8）损坏故障。电梯运行到平层区域后，可按图2-4-40所示流程检查。

2）平层干簧继电器YPS/YPX与开门干簧继电器YMQ相互错位故障，或者隔磁铁板错位故障。这属于机械故障，只需检查平层干簧继电器YPS/YPX是否受损。检查平层干簧继电器YPS/YPX与开门干簧继电器YMQ是否相互错位或与开门干簧继电器YPQ之间是否错位，如果错位只需纠正即可。

经检查、整理和错位纠正之后，排除了故障，电梯即能恢复正常运行。

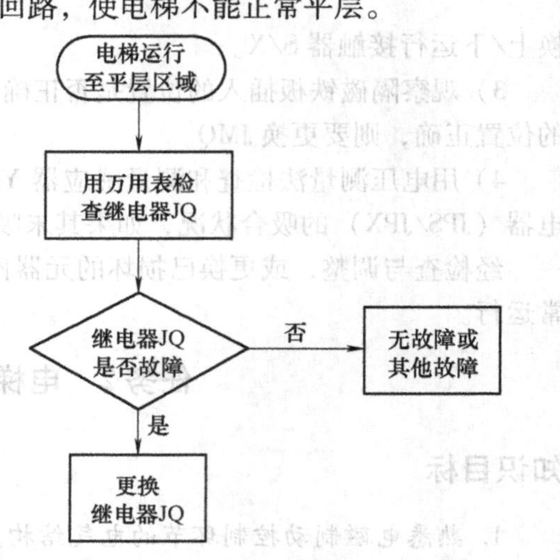

图2-4-40 起动继电器JQ的常开触点（2，8）损坏故障检查流程

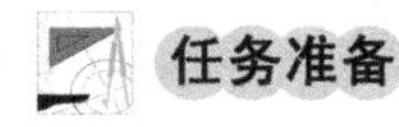

任务准备

根据任务，选用仪表、工具和器材，见表2-4-23。

表2-4-23 仪表、工具和器材明细

序号	名称	型号与规格	单位	数量
1	电工通用工具	验电器、钢丝钳、螺钉旋具、电工刀、尖嘴钳、剥线钳等	套	1
2	万用表	自定	块	1
3	钳形电流表	0～50A	块	1
4	劳保用品	绝缘鞋、工作服等	套	1

任务实施

1. 常规检修

按照检修方法排除故障。

2. 注意事项

1）操作时不要损坏元器件。

2）对各种控制开关进行检测，测量通断电阻时必须断电。

3）检修过程中不要损伤导线或使导线连接脱落。

4）应在通电状态下进行检修，必须按规程操作。

【知识拓展】（KJX型交流集选电梯系列）

1. 故障分析

电梯不论上行还是下行均有此类现象，其故障原因大致有：

1）起动继电器JQ的常闭触点（13，14）与快车接触器K的常闭触点（3，4）接触不良。

2）若上/下行均产生减速后突然停车的故障，则JMQ的常闭触点（2，8）和快车接触器K触点（7，8）接触不良。

3）若仅当上行时出现此类故障，则是因继电器JPS未吸合或继电器JPX常闭触点（8，2）接触不良，导致上行接触器S吸合不能维持。

4）若仅当下行出现此类故障，则是因继电器JPS未吸合或继电器JPX常闭触点（8，2）接触不良，导致下行接触器X吸合不能维持。

2. 逻辑排故

1）用目测法检查起动继电器JQ和快车接触器K的常闭触点是否吸合，如果没有吸合，则说明触点已经损坏或元器件已损坏，从而造成慢车运行没有回路。

2）用目测法检查继电器JPS/JPX的工作状态。

3）检查继电器JPS/JPG吸合与否以及继电器JPX常闭触点（8，2）的触点工作状态。

4）检查JMQ的常闭触点（2，8），快车接触器K的触点（7，8）及接触状态。

经检查与调整，更换已损坏的元器件并且整理线路，排除了故障，电梯即恢复正常运行。

任务3　电梯在各层平层误差大且没有规律

知识目标

1. 熟悉电梯控制柜的电气结构。
2. 掌握电梯在各层平层误差大且没有规律的故障分析方法。

能力目标

1. 能够熟练分析电梯在各层平层误差大且没有规律的故障原因。
2. 能够熟练检修电梯控制柜的电器元件。
3. 能够熟练检修电梯控制柜的电气线路。

任务描述（见表2-4-24）

表2-4-24　任务描述

工作任务	要　求
1. 电梯在各层平层误差大且没有规律的电气故障检测	1. 电梯电气控制柜的电器元件检测符合工艺要求 2. 熟记带电检测故障电路安全规程
2. 电梯在各层平层误差大且没有规律的电气故障排除	1. 理解电路的工作原理，掌握分析故障的方法 2. 带电检测故障时路时要严格遵守安全规程 3. 维修过程要符合工艺要求

任务分析

此类故障并非单一的电气故障，要从电气故障和机械故障两方面入手检查。

1）电气方面是控制柜输入的电源电压过低，影响了继电器和接触器的吸合灵敏度，也影响电磁制动器的正常工作。电梯的平衡系数尚未调整好，使轻载或重载上/下运行时，造成平层精度的不确定性。

2）从机械角度检查制动轮与闸瓦间隙是否过大，由于制动距离增加，而减弱了制动力，同时制动时间延时，并且受到负载大小的影响。制动器的压力弹簧张力比较弱，制动时制动的距离受负载大小的影响。

相关知识

1）控制柜输入的电源电压过低故障。电梯运行到平层区域后，可按图2-4-41所示流程检查。

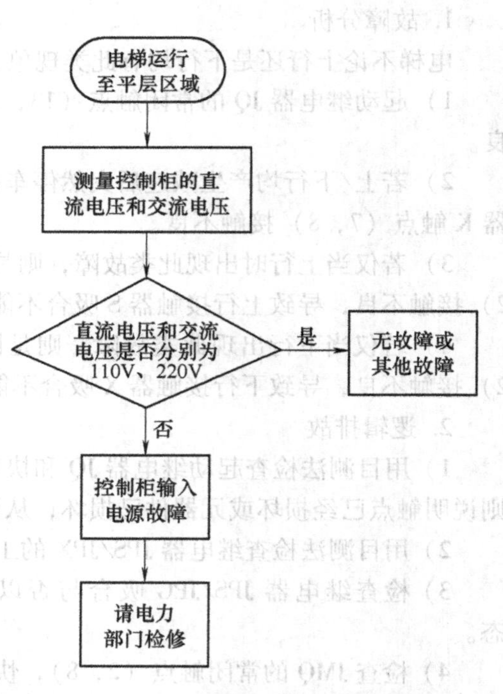

图2-4-41　控制柜输入的电源电压过低故障检查流程

2）机械故障。检查和调整制动器与闸瓦的间隙，两者应有0.6～0.7mm的间隙，以确保制动轮无卡住现象，闸瓦有良好的接触面。

检查与调整制动器的压力弹簧的张力，也就是调整制动的距离，不使电梯平层受负载变化的影响，从而提高平层的精确度。

调整平衡系数，当电梯轿厢（额定负载）在基站时，先观察轿厢是否会下滑，再将轿厢行至终端站（额定负载），再观察轿厢是否会下滑，倘若两种可能都存在，则说明电梯的对重需调整平衡系数（对重重量等于轿厢重量加上40%～50%的额定负载）。经检查、整理和调整之后，排除了故障，电梯即能恢复正常运行。

任务准备

根据任务，选用仪表、工具和器材，见表2-4-25。

表2-4-25 仪表、工具和器材明细

序号	名称	型号与规格	单位	数量
1	电工通用工具	验电器、钢丝钳、螺钉旋具、电工刀、尖嘴钳、剥线钳等	套	1
2	万用表	自定	块	1
3	钳形电流表	0～50A	块	1
4	劳保用品	绝缘鞋、工作服等	套	1

任务实施

1. 常规检修

按照检修方法排除故障。

2. 注意事项

1）操作时不要损坏元器件。

2）对各种控制开关进行检测，测量通断电阻时必须断电。

3）检修过程中不要损伤导线或使导线连接脱落。

4）应在通电状态下进行检修，必须按规程操作。

任务4 电梯倒拉自平层

知识目标

1. 熟悉电梯控制回路的电气结构。
2. 掌握电梯倒拉自平层的故障分析方法。

能力目标

1. 能够熟练分析电梯倒拉自平层的故障原因。
2. 能够熟练检修电梯控制回路的电器元件。
3. 能够熟练检修电梯控制回路的电气线路。

任务描述（见表2-4-26）

表2-4-26　任务描述

工作任务	要　求
1. 电梯倒拉自平层的电气故障检测	1. 电梯控制回路的电器元件检测符合工艺要求 2. 熟记带电检测故障电路安全规程
2. 电梯倒拉自平层的电气故障排除	1. 理解电路的工作原理，掌握分析故障的方法 2. 带电检测故障线路时要严格遵守安全规程 3. 维修过程要符合工艺要求

任务分析

1）电梯进入平层区域后，由隔磁铁板插入平层干簧继电器YPS/YPX与开门干簧继电器YMQ来控制电梯，当平层隔磁铁板的位移偏差出错时会影响电梯的正常平层。若电梯向上平层时，隔磁铁板插入YPS平层干簧继电器，JPS平层干簧继电器吸合，隔磁铁板又插入平层干簧继电器YPX，JPX平层干簧继电器吸合，接触器S的回路被断开（图2-4-19、图2-4-33）。

2）由于隔磁铁板的移位，使YPS平层干簧继电器脱离隔磁铁板，JPS平层继电器被重新切断。此时，电梯反向运行，从而出现倒拉自平层的现象。

相关知识

1）各有关平层的继电器YPS/YPX、YMQ受损故障。电梯运行到平层区域后，可按图2-4-42所示流程检查。

2）检查与调整隔磁铁板的位置，应使平层干簧继电器处于隔磁铁板的中间位置。经过检查与调整，排除了故障，电梯即能恢复正常运行。

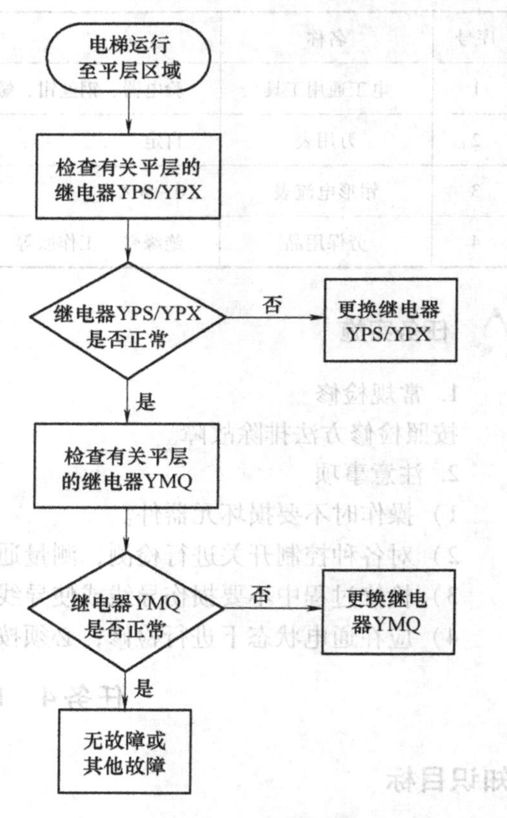

图2-4-42　各有关平层的继电器YPS/YPX、YMQ故障检查流程

任务准备

根据任务，选用仪表、工具和器材，见表2-4-27。

表2-4-27　仪表、工具和器材明细

序号	名称	型号与规格	单位	数量
1	电工通用工具	验电器、钢丝钳、螺钉旋具、电工刀、尖嘴钳、剥线钳等	套	1

（续）

序号	名称	型号与规格	单位	数量
2	万用表	自定	块	1
3	钳形电流表	0～50A	块	1
4	劳保用品	绝缘鞋、工作服等	套	1

任务实施

1. 常规检修

按照检修方法排除故障。

2. 注意事项

1）操作时不要损坏元器件。

2）对各种控制开关进行检测，测量通断电阻时必须断电。

3）检修过程中不要损伤导线或使导线连接脱落。

4）应在通电状态下进行检修，必须按规程操作。

模块五 电梯登记停层中的故障及排除

任务1 电梯某层登记无效

知识目标

1. 熟悉电梯层站指令登记电路的电气结构。
2. 掌握电梯层站指令登记无效的故障分析方法。

能力目标

1. 能够熟练分析电梯层站指令登记无效的故障原因。
2. 能够熟练检修电梯层站指令登记环节的电器元件。
3. 能够熟练检修电梯层站指令登记环节的电气线路。

任务描述（见表2-4-28）

表2-4-28 任务描述

工作任务	要 求
1. 电梯层站指令登记无效的电气故障检测	1. 正确分析电梯层站指令登记电路工作原理 2. 电梯层站指令登记电路的电器元件检测符合工艺要求 3. 熟记带电检测故障电路安全规程
2. 电梯层站指令登记无效的电气故障排除	1. 理解电路的工作原理，掌握分析故障的方法 2. 带电检测故障电路时要严格遵守安全规程 3. 维修过程要符合工艺要求

任务分析

层站指令登记电路如图 2-4-43 所示。当某层站按下指令登记信号，指令登记信号无效时，分析图 2-4-43 可知，若某层站指令登记继电器（如 J5X）已损坏或某层站线绕电阻（R5X）已损坏，会造成指令信号无法如约登记。

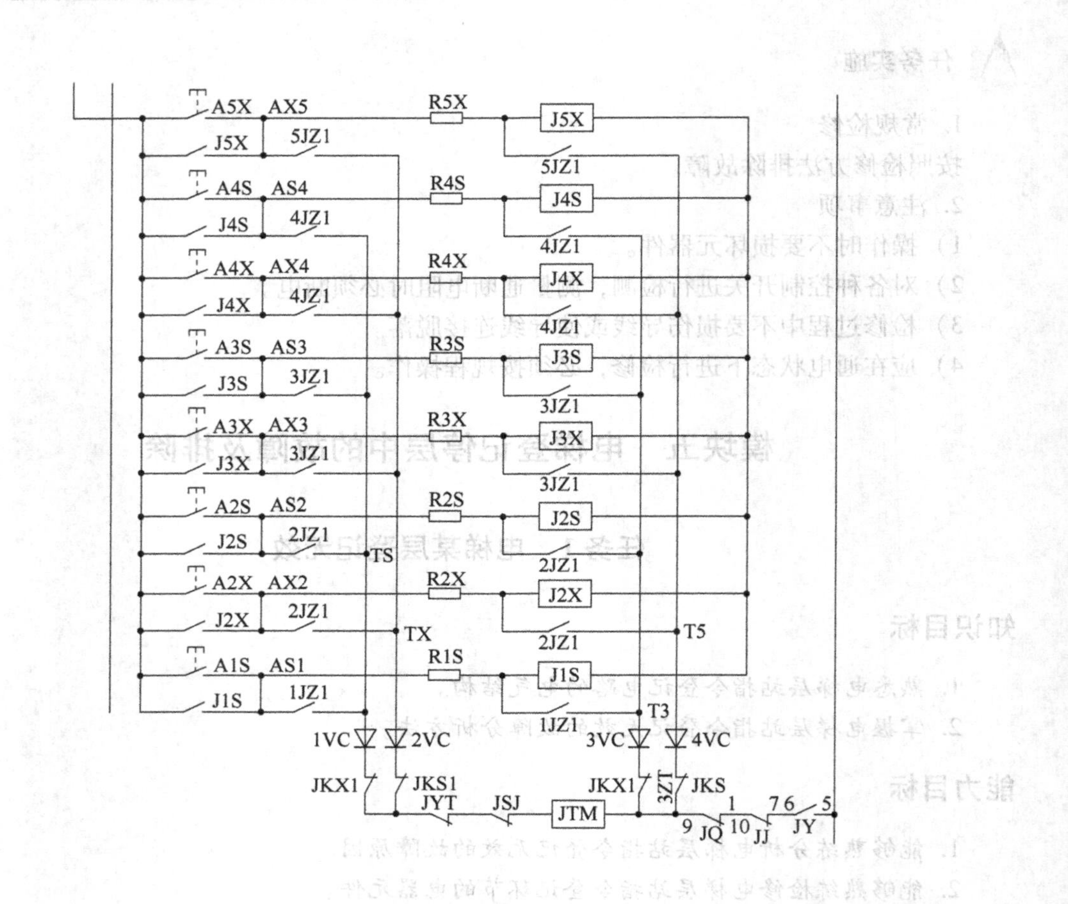

图 2-4-43　层站指令登记电路

相关知识

电梯层站指令登记无效的故障，电梯运行到平层区域后，可按图 2-4-44 所示流程检查。

经过检查与调整电气控制电路中的元器件，排除了故障，电梯即能恢复正常运行。

任务准备

根据任务，选用仪表、工具和器材，见表 2-4-29。

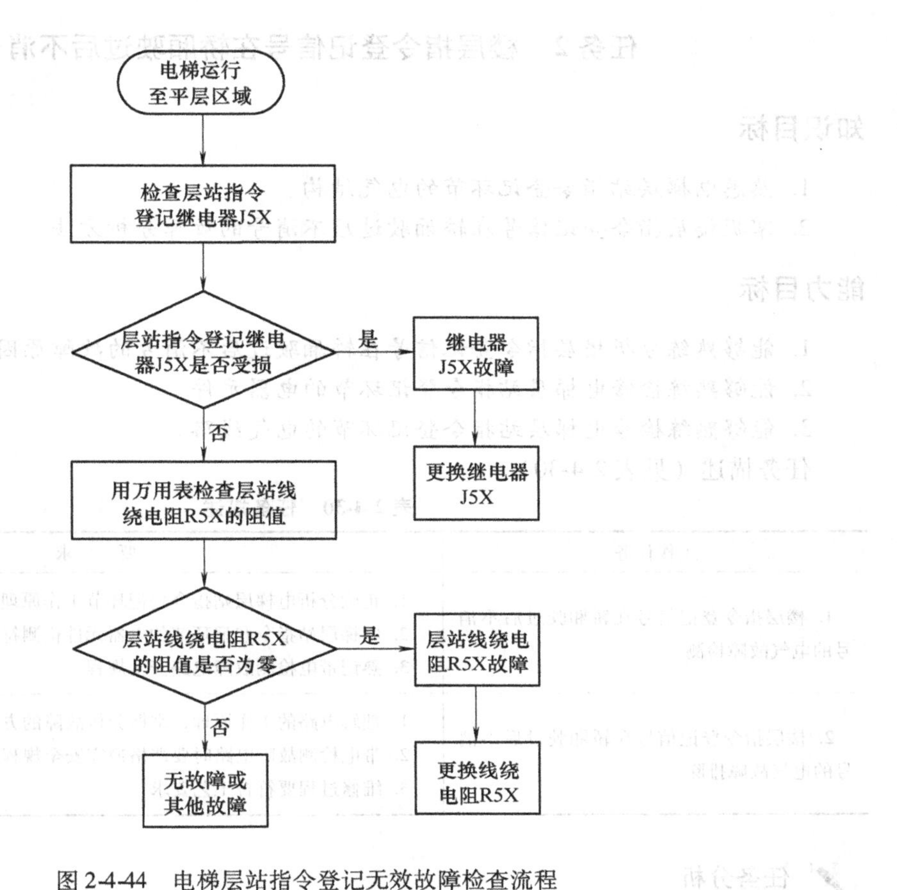

图 2-4-44　电梯层站指令登记无效故障检查流程

表 2-4-29　仪表、工具和器材明细

序号	名称	型号与规格	单位	数量
1	电工通用工具	验电器、钢丝钳、螺钉旋具、电工刀、尖嘴钳、剥线钳等	套	1
2	万用表	自定	块	1
3	劳保用品	绝缘鞋、工作服等	套	1

任务实施

1. 常规检修

按照检修方法排除故障。

2. 注意事项

1）操作时不要损坏元器件。

2）对各种控制开关进行检测，测量通断电阻时必须断电。

3）检修过程中不要损伤导线或使导线连接脱落。

4）应在通电状态下进行检修，必须按规程操作。

任务2　楼层指令登记信号在轿厢驶过后不消号

知识目标

1. 熟悉电梯层站指令登记环节的电气结构。
2. 掌握楼层指令登记信号在轿厢驶过后不消号的故障分析方法。

能力目标

1. 能够熟练分析楼层指令登记信号在轿厢驶过后不消号的故障原因。
2. 能够熟练检修电梯层站指令登记环节的电器元件。
3. 能够熟练检修电梯层站指令登记环节的电气线路。

任务描述（见表2-4-30）

表2-4-30　任务描述

工作任务	要　求
1. 楼层指令登记信号在轿厢驶过后不消号的电气故障检测	1. 正确分析电梯层站指令登记环节工作原理 2. 电梯层站指令登记环节的电器元件检测符合工艺要求 3. 熟记带电检测故障电路安全规程
2. 楼层指令登记信号在轿厢驶过后不消号的电气故障排除	1. 理解电路的工作原理，掌握分析故障的方法 2. 带电检测故障电路时要严格遵守安全规程 3. 维修过程要符合工艺要求

任务分析

电梯层站指令登记电路如图2-4-43所示。层楼指令登记信号在电梯轿厢驶过后不能消号的故障原因大致有：

1）该层感应器在轿厢驶过后感应器的常闭触点未断开，层楼继电器1～5JZ、5～1JZ保持吸合。

2）相邻层楼感应器在减速隔磁铁板插入后未能复位，该层继电器5～1JZ也保持吸合。

相关知识

1）电梯层楼的感应器故障，电梯运行到平层区域后，可按图2-4-45所示流程检查。

2）相邻层楼的感应器故障，电梯运行到平层区域后，可按图2-4-46所示流程检查。

经过检查与调整电气控制电路中的元器件，排除了故障，电梯即能恢复正常运行。

任务准备

根据任务，选用仪表、工具和器材，见表2-4-31。

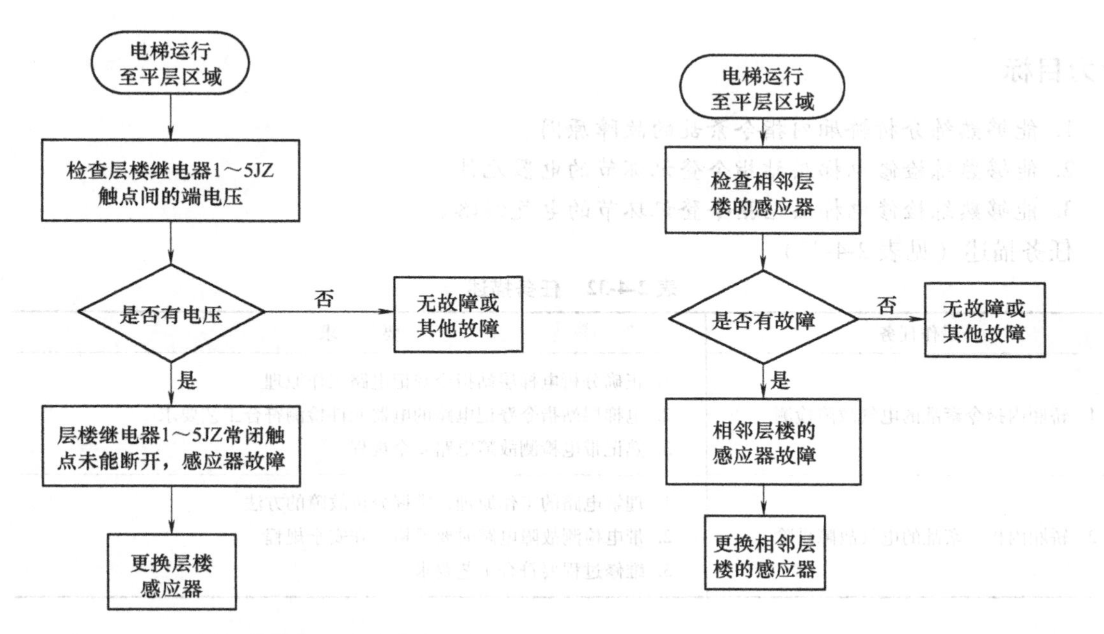

图 2-4-45　电梯层楼感应器的故障检查流程　　图 2-4-46　相邻层楼感应器的故障检查流程

表 2-4-31　仪表、工具和器材明细

序号	名称	型号与规格	单位	数量
1	电工通用工具	验电器、钢丝钳、螺钉旋具、电工刀、尖嘴钳、剥线钳等	套	1
2	万用表	自定	块	1
3	劳保用品	绝缘鞋、工作服等	套	1

任务实施

1. 常规检修

按照检修方法排除故障。

2. 注意事项

1）操作时不要损坏元器件。

2）对各种控制开关进行检测，测量通断电阻时必须断电。

3）检修过程中不要损伤导线或使导线连接脱落。

4）应在通电状态下进行检修，必须按规程操作。

任务 3　轿厢内指令紊乱

知识目标

1. 熟悉电梯层站指令登记电路的电气结构。

2. 掌握轿厢内指令紊乱的故障分析方法。

能力目标

1. 能够熟练分析轿厢内指令紊乱的故障原因。
2. 能够熟练检修电梯层站指令登记环节的电器元件。
3. 能够熟练检修电梯层站指令登记环节的电气线路。

任务描述（见表2-4-32）

表2-4-32　任务描述

工作任务	要　求
1. 轿厢内指令紊乱的电气故障检测	1. 正确分析电梯层站指令登记电路工作原理 2. 电梯层站指令登记电路的电器元件检测符合工艺要求 3. 熟记带电检测故障电路安全规程
2. 轿厢内指令紊乱的电气故障排除	1. 理解电路的工作原理，掌握分析故障的方法 2. 带电检测故障电路时要严格遵守安全规程 3. 维修过程要符合工艺要求

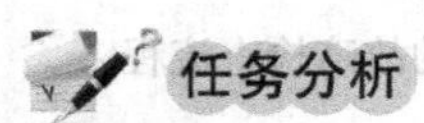

任务分析

轿内选层指令紊乱的原因大致有：

1）所有层楼都选不上。如图2-4-37所示，JKF的常开触点（6，12）接触不良，04号或01号线断线。

2）个别层楼选不上。个别层楼的指令继电器的触点接触不良或电阻断线。

3）应答完毕的信号不能消除。个别层楼继电器触点接触不良。

相关知识

1）JKF常开触点故障，电梯运行到平层区域后，可按图2-4-47所示流程检查。

2）层楼指令继电器的触点接触情况以及电阻断线所形成的开路故障，电梯运行到平层区域之后，可按图2-4-48所示流程检查。

经检查与调整电路并更换已损坏的元器件后，排除了故障，电梯即恢复正常运行。

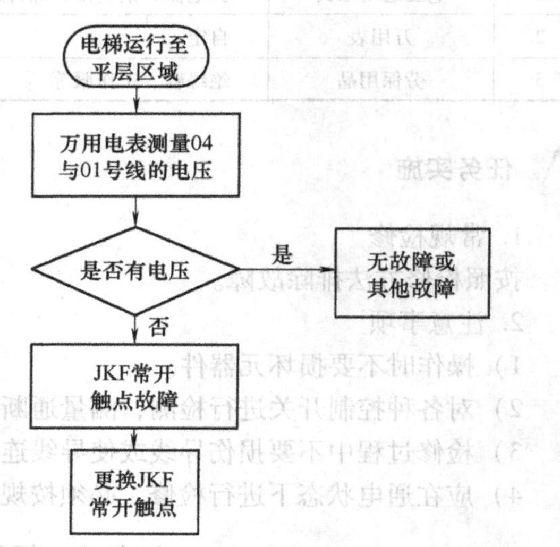

图2-4-47　JKF常开触点故障检查流程

任务准备

根据任务，选用仪表、工具和器材，见表2-4-33。

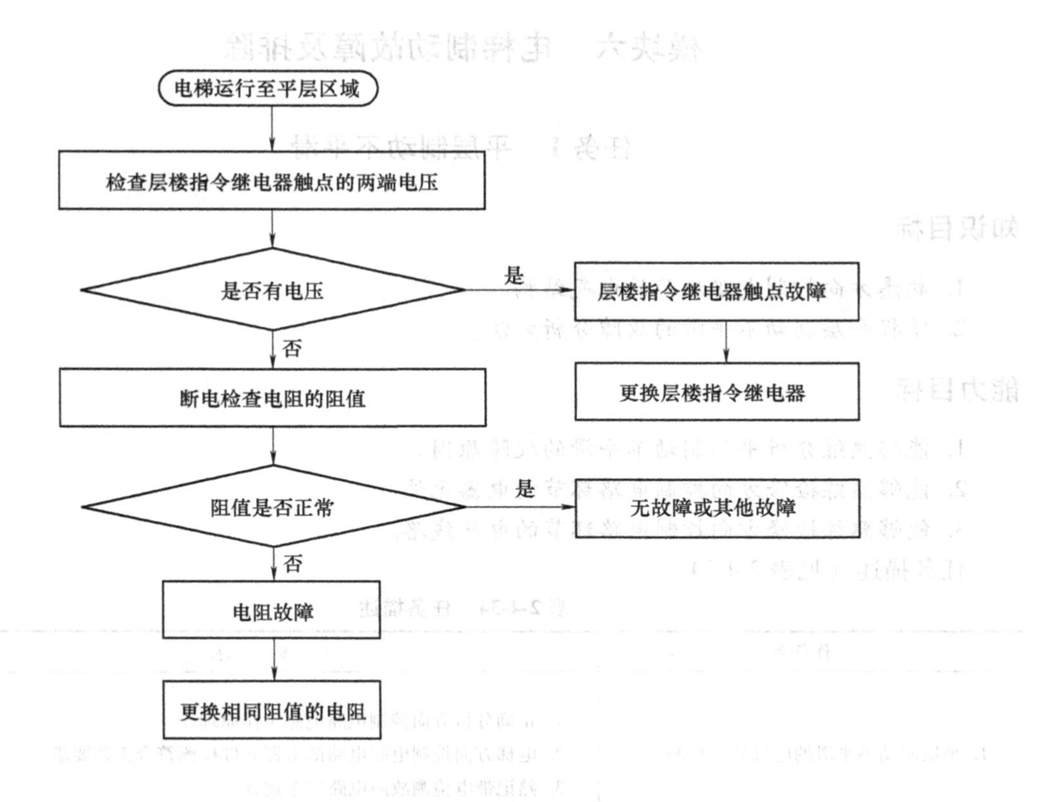

图 2-4-48　层楼指令继电器触点及电阻断线所形成的开路故障检查流程

表 2-4-33　仪表、工具和器材明细

序号	名称	型号与规格	单位	数量
1	电工通用工具	验电器、钢丝钳、螺钉旋具、电工刀、尖嘴钳、剥线钳等	套	1
2	万用表	自定	块	1
3	劳保用品	绝缘鞋、工作服等	套	1

任务实施

1. 常规检修

按照检修方法排除故障。

2. 注意事项

1）操作时不要损坏元器件。

2）对各种控制开关进行检测，测量通断电阻时必须断电。

3）检修过程中不要损伤导线或使导线连接脱落。

4）应在通电状态下进行检修，必须按规程操作。

模块六　电梯制动故障及排除

任务1　平层制动不平滑

知识目标

1. 熟悉方向控制电路环节的电气结构。
2. 掌握平层制动不平滑的故障分析方法。

能力目标

1. 能够熟练分析平层制动不平滑的故障原因。
2. 能够熟练检修方向控制电路环节的电器元件。
3. 能够熟练检修方向控制电路环节的电气线路。

任务描述（见表2-4-34）

表2-4-34　任务描述

工作任务	要　　求
1. 平层制动不平滑的电气故障检测	1. 正确分析方向控制电路电路工作原理 2. 电梯方向控制电路电路的电器元件检测符合工艺要求 3. 熟记带电检测故障电路安全规程
2. 平层制动不平滑的电气故障排除	1. 理解电路的工作原理，掌握分析故障的方法 2. 带电检测故障电路时要严格遵守安全规程 3. 维修过程要符合工艺要求

任务分析

电梯在平层区域内由快车变为慢车运行时，慢车接触器M的触点（8，7）、制动接触器2A的触点（8，7）、制动接触器3A的触点（8，7）存在不同程度的接触不良，或者制动时间继电器（见图2-4-19）2JSA、3JSA、4JSA的时间调整不当均可造成此类故障。

相关知识

平层制动不平滑故障，电梯运行时，可按图2-4-49所示流程检查。

排除了以上的故障，电梯即能恢复正常运行。

任务准备

根据任务，选用仪表、工具和器材，见表2-4-35。

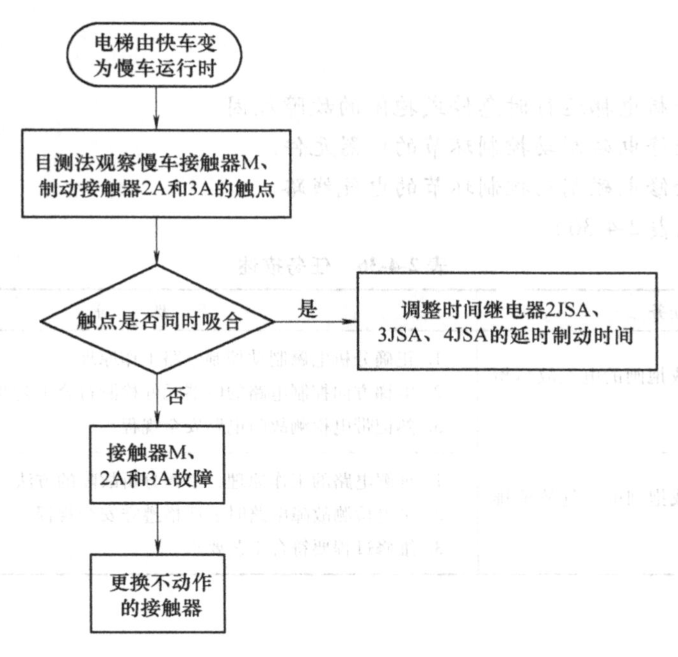

图 2-4-49　平层制动不平滑故障检查流程

表 2-4-35　仪表、工具和器材明细

序号	名称	型号与规格	单位	数量
1	电工通用工具	验电器、钢丝钳、螺钉旋具、电工刀、尖嘴钳、剥线钳等	套	1
2	万用表	自定	块	1
3	劳保用品	绝缘鞋、工作服等	套	1

任务实施

1. 常规检修

按照检修方法排除故障。

2. 注意事项

1）操作时不要损坏元器件。

2）对各种控制开关进行检测，测量通断电阻时必须断电。

3）检修过程中不要损伤导线或使导线连接脱落。

4）应在通电状态下进行检修，必须按规程操作。

任务2　电梯运行时急停或抱闸

知识目标

1. 熟悉电磁制动控制环节的电气结构。
2. 掌握电梯运行时急停或抱闸的故障分析方法。

能力目标

1. 能够熟练分析电梯运行时急停或抱闸的故障原因。
2. 能够熟练检修电磁制动控制环节的电器元件。
3. 能够熟练检修电磁制动控制环节的电气线路。

任务描述（见表2-4-36）

表2-4-36　任务描述

工作任务	要　求
1. 电梯运行时急停或抱闸的电气故障检测	1. 正确分析电磁制动控制电路工作原理 2. 电梯方向控制电路的电器元件检测符合工艺要求 3. 熟记带电检测故障电路安全规程
2. 电梯运行时急停或抱闸的电气故障排除	1. 理解电路的工作原理，掌握分析故障的方法 2. 带电检测故障电路时要严格遵守安全规程 3. 维修过程要符合工艺要求

任务分析

如图2-4-30所示，电梯在运行时，电磁制动器会突然抱闸，使电梯急停或抱闸。造成电磁制动器突然抱闸的原因可能有如下几点：

1）制动器线圈的电源开路。

2）电阻RZ1断线。

3）电磁制动器串接的触点烧蚀，引起电磁制动器失电而抱闸，造成电梯突然急停。

4）电磁制动器调整螺栓未调整好，也会造成上述故障。

5）电磁铁心间隙设计得过小或过大。

相关知识

1）制动器线圈的电源开路故障，电梯运行至平层区域后，可按图2-4-50所示流程检查。

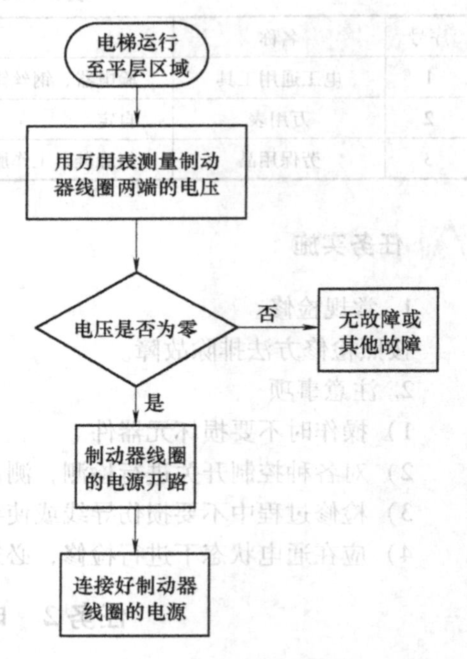

图2-4-50　制动器线圈的电源开路故障检查流程

2）电阻RZ1断线故障，电梯运行至平层区域后，可按图2-4-51所示流程检查。

3）电磁制动器串接的触点烧蚀故障，电梯运行至平层区域后，可按图2-4-52所示流程检查。

4）排除以上故障后还需要检查电磁制动器的调整螺栓，根据实际情况调整到位即可。另外，若还有电梯运行时急停或抱闸现象，则是因为电磁制定器的电磁铁心间隙设计得过小或过大，此时更换电磁制动器即可。

经检查与调试后，排除了故障，电梯即恢复正常运行。

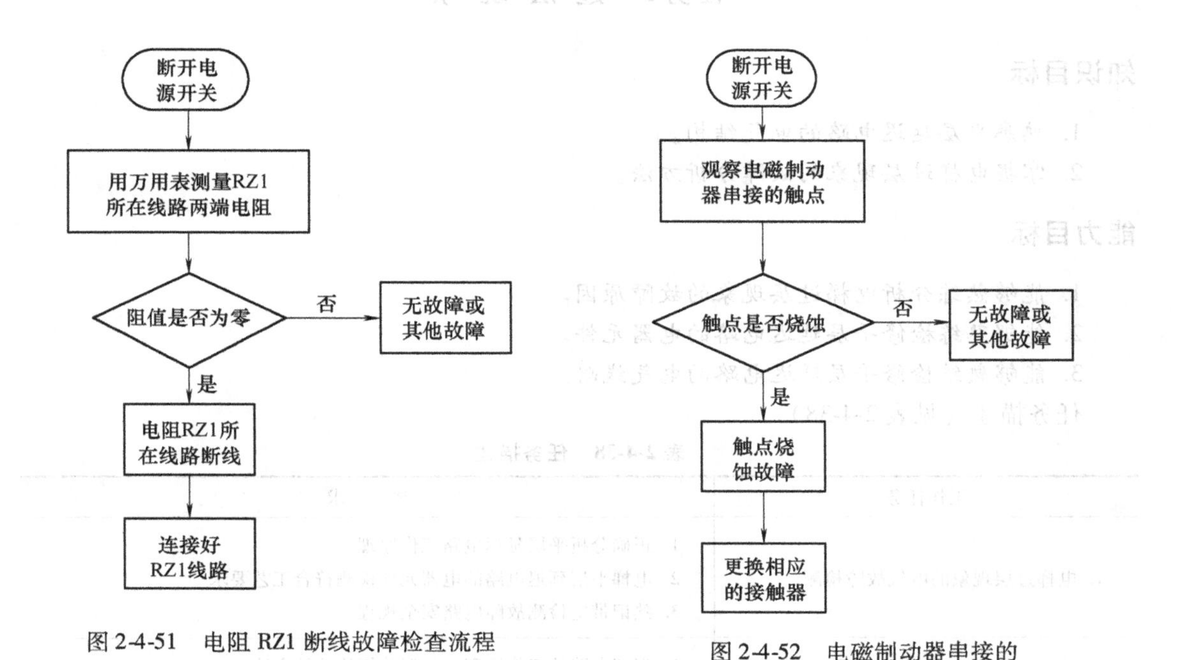

图 2-4-51 电阻 RZ1 断线故障检查流程

图 2-4-52 电磁制动器串接的触点烧蚀故障检查流程

任务准备

根据任务，选用仪表、工具和器材，见表 2-4-37。

表 2-4-37 仪表、工具和器材明细

序号	名称	型号与规格	单位	数量
1	电工通用工具	验电器、钢丝钳、螺钉旋具、电工刀、尖嘴钳、剥线钳等	套	1
2	万用表	自定	块	1
3	劳保用品	绝缘鞋、工作服等	套	1

任务实施

1. 常规检修

按照检修方法排除故障。

2. 注意事项

1）操作时不要损坏元器件。

2）对各种控制开关进行检测，测量通断电阻时必须断电。

3）检修过程中不要损伤导线或使导线连接脱落。

4）应在通电状态下进行检修，必须按规程操作。

任务3 过层现象

知识目标

1. 熟悉平层延迟电路的电气结构。
2. 掌握电梯过层现象的故障分析方法。

能力目标

1. 能够熟练分析电梯过层现象的故障原因。
2. 能够熟练检修平层延迟电路的电器元件。
3. 能够熟练检修平层延迟电路的电气线路。

任务描述（见表2-4-38）

表2-4-38 任务描述

工作任务	要　求
1. 电梯过层现象的电气故障检测	1. 正确分析平层延迟电路工作原理 2. 电梯平层延迟电路的电器元件检测符合工艺要求 3. 熟记带电检测故障电路安全规程
2. 电梯过层现象的电气故障排除	1. 理解电路的工作原理，掌握分析故障的方法 2. 带电检测故障电路时要严格遵守安全规程 3. 维修过程要符合工艺要求

任务分析

电梯在平层区域内应当减速时，其运行速度无法降下来，且有过层现象。其原因大致有：

1）制动接触器2A、3A、4A（见图2-4-19）的主触点烧蚀或接线松动。

2）制动时间继电器2JSA、3JSA、4JSA（见图2-4-53）的常闭触点（2，8）接触不良，造成相应的制动接触器不能吸合。

3）制动时间继电器2JSA、3JSA、4JSA延迟释放时间过长，从而制动过程延长，使电梯到达平层位置时速度不能减缓，造成过层现象。

相关知识

1）制动接触器触点烧蚀故障，电梯断电后，可按图2-4-54所示流程检查。

2）制动时间继电器的常闭触点接触不良故障，电梯断电后，可按图2-4-55所示流程检查。

3）排除了以上故障后若电梯还有过层现象，则制动时间继电器2JSA、3JSA、4JSA延迟释放时间过长，此时只需要调整延时时间即可。

经检查与调试后，排除了故障，电梯即恢复正常运行。

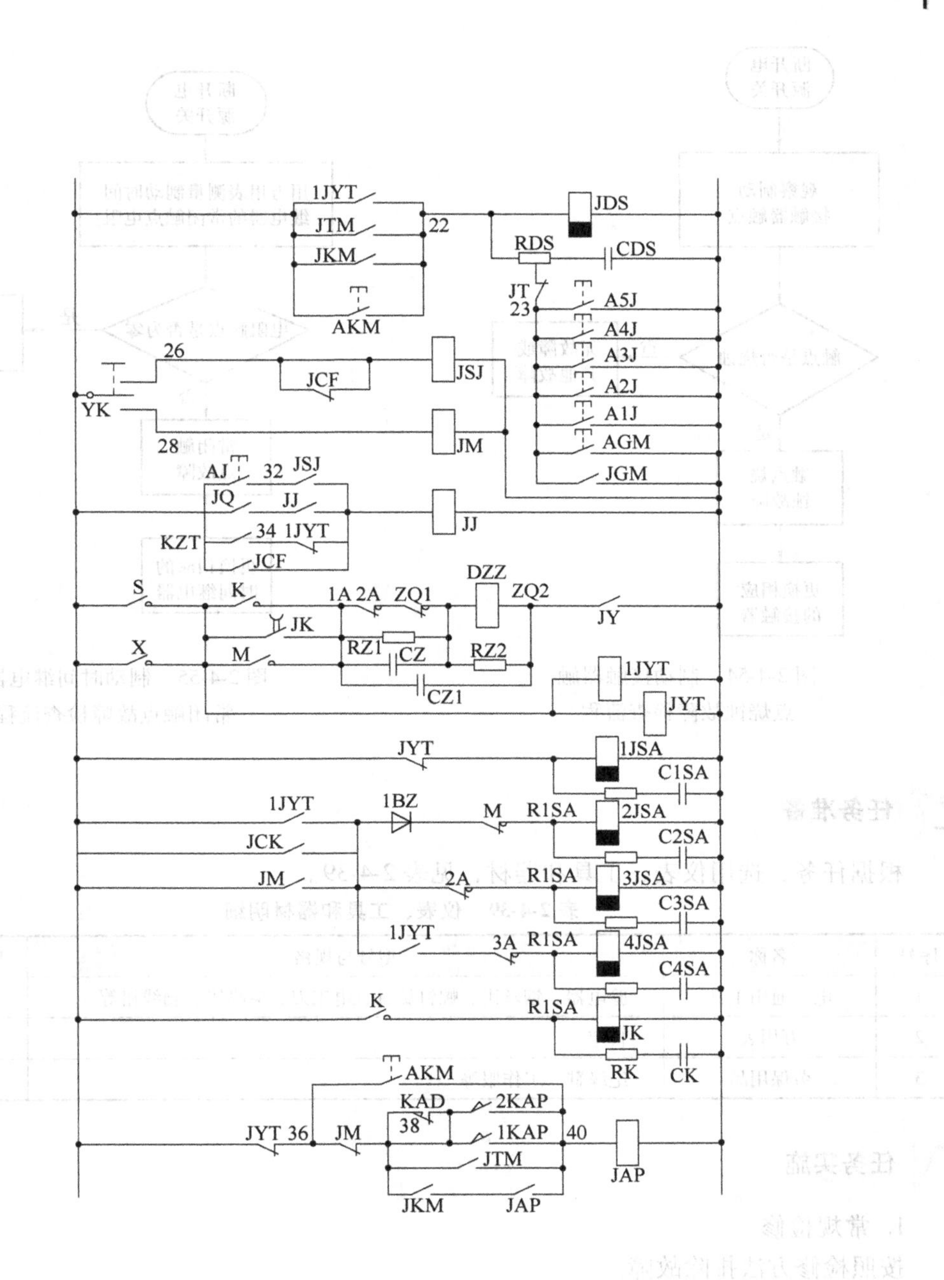

图 2-4-53　平层延迟电路

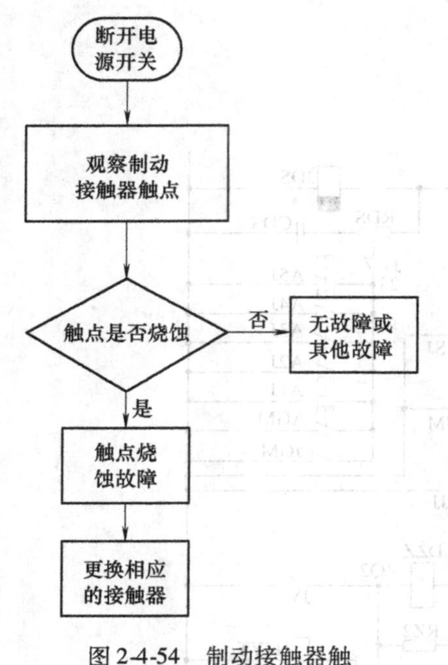

图 2-4-54　制动接触器触点烧蚀故障检查流程

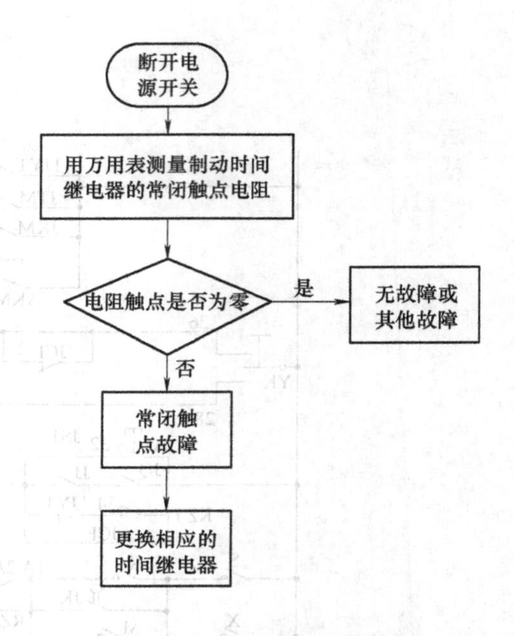

图 2-4-55　制动时间继电器的常闭触点故障检查流程

任务准备

根据任务，选用仪表、工具和器材，见表 2-4-39。

表 2-4-39　仪表、工具和器材明细

序号	名称	型号与规格	单位	数量
1	电工通用工具	验电器、钢丝钳、螺钉旋具、电工刀、尖嘴钳、剥线钳等	套	1
2	万用表	自定	块	1
3	劳保用品	绝缘鞋、工作服等	套	1

任务实施

1. 常规检修

按照检修方法排除故障。

2. 注意事项。

1）操作时不要损坏元器件。

2）对各种控制开关进行检测，测量通断电阻时必须断电。

3）检修过程中不要损伤导线或使导线连接脱落。

4）应在通电状态下进行检修，必须按规程操作。